高等院校精品课程系列教材

计算机网络技术教程

自顶向下分析与设计方法

第2版

吴功宜 吴英 编著
南开大学

Computer Networking
A Top-Down Approach Second Edition

U0394956

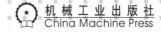
机械工业出版社
China Machine Press

图书在版编目（CIP）数据

计算机网络技术教程：自顶向下分析与设计方法 / 吴功宜，吴英编著 . —2 版 . —北京：机械工业出版社，2020.9

（高等院校精品课程系列教材）

ISBN 978-7-111-66444-4

I. 计… II.①吴… ②吴… III. 计算机网络 – 高等学校 – 教材 IV. TP393

中国版本图书馆 CIP 数据核字（2020）第 164242 号

本书按照自顶向下的分析与设计方法，在系统地讨论计算机网络的基本概念、网络技术发展的主线（互联网应用、无线网络与网络安全），以及广域网、局域网与城域网技术发展、演变的基础上，重点讨论了网络应用与应用层协议、网络应用体系结构与应用软件设计方法；从网络应用系统对传输层及低层所提供的服务功能与协议要求出发，介绍了传输层、网络层、数据链路层及物理层的概念与技术，并对当前研究与应用的热点——无线网络、网络安全技术进行了系统的讨论。

为了便于学生学习和掌握网络技术的基本知识与技能，同时考虑到学生参加硕士研究生入学考试的需要，作者编写了与本教材配套的例题解析与同步练习教材。任课教师可以参考辅导教材，根据教学进度安排课后作业；学生可以主动结合课程的学习，阅读例题解析并完成同步练习，加深对课程内容的理解，掌握网络技术基本知识与技能，同时为掌握网络应用系统设计与软件编程方法打下基础。

出版发行：机械工业出版社（北京市西城区百万庄大街 22 号　邮政编码 100037）

责任编辑：佘　洁　　　　　　　　　　　　责任校对：殷　虹

印　　刷：北京诚信伟业印刷有限公司　　　版　　次：2020 年 9 月第 2 版第 1 次印刷

开　　本：185mm×260mm　1/16　　　　　印　　张：23.25

书　　号：ISBN 978-7-111-66444-4　　　　定　　价：79.00 元

客服电话：（010）88361066　88379833　68326294　　　投稿热线：（010）88379604

华章网站：www.hzbook.com　　　　　　　　　　　　　读者信箱：hzjsj@hzbook.com

前 言

计算机网络技术的成熟与互联网的广泛应用，对当今人类社会的政治、科研、教育、文化与经济发展都产生了重大的影响。无论是政务运行、商务活动、文化教育，还是科学研究、休闲娱乐甚至军事活动，都越来越依赖于计算机网络与互联网。继报纸、电视、广播之后，互联网已成为一个重要的信息来源。当今社会逐渐成为一个运行在计算机网络上的社会，而计算机网络与电力网、电话网、电视网以及邮政系统一起，成为支持现代社会运行的基础设施。人们很难想象，如果某个国家的网络系统突然瘫痪，整个社会将变成什么样。总而言之，计算机网络与互联网的先进程度已成为一个国家的经济、文化、科学与社会发展水平的重要标志之一。

尽管计算机网络技术与应用的发展十分迅速，但是深入网络技术体系进行系统的研究和总结后，我们发现：经过几十年的发展，计算机网络技术已形成相对成熟的知识体系与处理问题的方式。比较近 20 年来的经典计算机网络教材，我们发现教材的基本编写思路可以分为以下两类。

第一类是采用"循序渐进"的思路，从介绍计算机网络的基本概念开始，按照从物理层、数据链路层、网络层、传输层到应用层的顺序，自底向上、逐步深入地解析网络原理与实现方法。采用这类编写思路的代表性著作是 Andrew S. Tanenbaum 编著的 *Computer Networks*。

第二类是采用"应用驱动"的思路，从介绍互联网应用系统的概念与功能开始，提出设计任务，按照从应用层到物理层的顺序，自顶向下、逐层剖析，完成网络应用系统设计方法与实现技术的讨论。采用这类编写思路的代表性著作是 James F. Kurose 等人编著的 *Computer Networking：A Top-Down Approach*。

这两本经典教材已被国内外很多大学采用，产生了重要的学术影响。笔者在多年计算机网络教学与科研工作中，使用和参考过这两本教材，也认真阅读和比较过它们的各个版本。笔者认为，这两本教材都非常成功。第一本教材通俗易懂，便于初学者由浅入深地理解网络工作原理和实现技术，与读者逐步深入的学习方法与思维过程相吻合。第二本教材从读者平时使用的互联网应用入手，提出"如何完成互联网应用系统设计与实现"任务，根据任务要求研究网络应用系统的设计方法与实现技术，循着解决问题的过程，剖析网络概念与工作原理。这种知识点组织方法更适合有一定基础的读者。总之，两本教材的特点都很鲜明，都有自己的读者群。

笔者过去编著和出版的计算机网络教材基本上采用的是第一种思路。当机械工业出版社华章公司的温莉芳副总经理盛情邀请笔者编写一本采用自顶向下方法讲授计算机网络的教材时，笔者很有兴趣。当笔者开始构思这本书的结构时，发现远比自己当初想象的难度要大，并且需要改变自己的思维方式。这种改变主要表现在以下几个方面。

第一，计算机网络与互联网之间的关系问题。计算机网络与互联网从技术上密不可分。但是，互联网不等同于计算机网络。互联网是计算机网络技术中最成功和最有影响力的应用。第一类教材采用"自底向上"的思路，尽管它一开始就介绍互联网技术与应用，但是读者在学习了应用层之后才能对互联网应用技术形成全面认识。第二类教材采用"自顶向下"的思路，它是以典型的互联网应用为背景，从网络应用功能实现的目的出发，循着实现应用程序的进程通信，逐层深入到低层的数据传输。两者的思路不同，必然要在结构设计上有明显区别。笔者在长时间思考之后认识到，以"自顶向下"结构组织教材内容的核心是 James F. Kurose 在 *Computer Networking：A Top-Down Approach* 中提出的"端系统"与"核心交换"的概念和思路。通过将复杂的互联网结构抽象为"端系统"与"核心交换"概念，就可以顺利地将互联网应用系统和应用层协议设计，与低层提供的网络进程通信和数据传输服务有机地联系起来，这样的知识点组织方法同样有利于读者理解计算机网络原理与实现技术。

第二，计算机网络教材在准确和系统地表述计算机网络技术的基本概念、体系结构与协议标准的同时，必须能够反映当前新的概念、应用和研究的发展。如何将当前网络技术研究与应用的热点 P2P 和无线网络技术融入"自顶向下"的教材体系，也是一个有趣且具有挑战性的问题。各种新的基于 P2P 的网络应用不断出现，成为 21 世纪网络应用的重要发展方向之一，受到学术界与产业界的高度重视。无线网络在军事和民用领域有重要的研究价值与应用前景，也是我国 21 世纪科技发展的重点领域之一。P2P 应用属于应用层问题，将 P2P 网络应用归并到应用层顺理成章。而无线网络具有其特殊性。无线局域网与无线城域网的研究主要集中在物理层、数据链路层上，而对于无线自组网、无线传感器网与无线网状网，还需要针对应用的需求专门研究适合这几类网络的网络层、传输层与应用层。因此，在本书中设计了第 9 章，专门讨论无线网络问题。

第三，如何适应计算机及相关专业本科生就业与研究生入学考试的需要，是构思与编写本教材的另一个重要出发点。本科生毕业有两条出路：直接就业和继续深造。无论是直接就业还是继续深造，计算机网络都是毕业生必须掌握的重要知识和应用技能。为了配合课堂教学，笔者结合近年来收集到的计算机、通信与软件企业招聘考题以及研究生入学试题，并根据本教材的章节与知识点结构，编写了与之配套的例题解析与同步练习教材——《计算机网络技术教程例题解析与同步练习》（第 2 版）。该配套教材基于"重点突出、难度适中"原则，采用例题解析与知识复习、难点分析相结合的思路，构成合理的例题和练习题体系，帮助学生理解和掌握网络知识与基本技能，同时希望对学生参加研究生入学考试与网络技术认证以及提高就业竞争力有所帮助。

在第 1 版 9 章结构的基础上，本着删除陈旧内容、增加相关新技术的原则对各章进行修订，并增加第 10 章"网络安全技术"，形成了第 2 版。各章的主要内容与课堂教学的学时安排如下：

第 1 章对计算机网络与互联网的发展阶段、重点问题、基本概念及标志性技术加以总结（建议学时：4）。

第 2 章讨论广域网、城域网与局域网技术的发展与演变过程（建议学时：4）。

第 3 章在分析互联网应用发展与工作模式的基础上，对基本的互联网应用、基于 Web 的互联网应用，以及基于 P2P、多媒体的互联网应用进行讨论（建议学时：6）。

第 4 章在总结网络应用系统设计方法的基础上，以 DNS、SMTP、DHCP、FTP、SNMP 以及 SIP 等协议为例，对网络应用系统功能、结构与应用层协议的设计方法进行讨论（建议学时：10）。

第 5 章从网络应用对传输层的服务要求出发，对网络环境中分布式进程通信的概念、传输层的 TCP 和 UDP，以及相应的编程方法进行讨论（建议学时：6）。

第 6 章从传输层对网络层的服务要求出发，对网络层的概念、IP 协议与 IP 地址、路由器与路由选择，以及下一代 IPv6 进行讨论（建议学时：10）。

第 7 章从网络层对数据链路层的服务要求出发，对差错控制和误码率的概念、点 – 点链路与共享链路的数据链路层，特别是以太网的工作原理，以及交换式局域网、虚拟局域网与高速局域网技术进行讨论（建议学时：5）。

第 8 章讨论数据通信的基本概念、数据编码、多路复用等（建议学时：3）。

第 9 章讨论无线局域网与 IEEE 802.11 协议，无线城域网与 IEEE 802.16 协议，蓝牙、ZigBee 与 IEEE 802.15.4 协议，以及无线自组网、无线传感器网、无线网状网技术（建议学时：6）。

第 10 章讨论网络安全的概念与 OSI 安全体系、加密与认证的基本方法、主要的网络安全协议，以及防火墙、入侵检测、恶意代码及防护技术（建议学时：6）。

建议前 8 章的教学学时为 48 学时，第 9 章与第 10 章作为选读内容，任课教师可根据教学安排来调整学时和选择重点内容。

本书相关的 RFC 文档列表、术语索引将在华章网站免费提供，读者可登录华章网站下载以上资源。

本书的第 1 ~ 2 章由吴功宜完成，第 3 ~ 10 章由吴英完成。全书由吴功宜统稿。

在本书写作过程中，笔者得到了南开大学徐敬东教授、张建忠教授的建议，在此谨表衷心的感谢。

书中若有错误与不妥之处，恳请读者批评指正。

吴功宜（wgy@nankai.edu.cn）

吴英（wuying@nankai.edu.cn）

南开大学计算机学院

目　　录

前言

第1章　计算机网络概论 ··················· 1
　1.1　计算机网络发展阶段与特点 ········· 1
　　1.1.1　计算机网络的发展阶段 ········· 1
　　1.1.2　ARPANET的研究与发展 ········· 2
　　1.1.3　互联网的形成与发展 ··········· 8
　1.2　计算机网络技术发展的三条主线 ···· 10
　　1.2.1　第一条主线：ARPANET到互联网 ···11
　　1.2.2　第二条主线：无线网络技术发展 ···11
　　1.2.3　第三条主线：网络安全技术发展 ···12
　1.3　计算机网络的定义与分类 ·········· 13
　　1.3.1　计算机网络的定义 ············ 13
　　1.3.2　计算机网络的分类 ············ 13
　1.4　计算机网络的拓扑结构 ············ 15
　　1.4.1　计算机网络拓扑的定义 ········ 15
　　1.4.2　计算机网络拓扑的分类 ········ 15
　1.5　计算机网络的组成与结构 ·········· 16
　　1.5.1　早期广域网的结构 ············ 16
　　1.5.2　互联网的基本结构 ············ 16
　1.6　网络体系结构与网络协议 ·········· 17
　　1.6.1　网络体系结构的概念 ·········· 17
　　1.6.2　OSI参考模型的发展 ··········· 19
　　1.6.3　TCP/IP与参考模型 ············ 22
　　1.6.4　一种建议的参考模型 ·········· 23
　　1.6.5　互联网标准、RFC文档与管理
　　　　　机构 ························· 24
　1.7　中国互联网的发展状况 ············ 26
　　1.7.1　CNNIC与互联网统计报告 ······ 26
　　1.7.2　中国互联网用户数的增长 ······ 27
　　1.7.3　中国互联网主干网的发展 ······ 28
　1.8　本章总结 ························· 29
第2章　广域网、局域网与城域网 ········ 30
　2.1　广域网 ··························· 30
　　2.1.1　广域网的主要特征 ············ 30
　　2.1.2　广域网技术的发展趋势 ········ 31

　　2.1.3　广域网与TCP/IP ·············· 39
　2.2　局域网 ··························· 40
　　2.2.1　局域网技术的发展过程 ········ 40
　　2.2.2　高速以太网技术的研究与发展 ··· 41
　2.3　城域网 ··························· 43
　　2.3.1　城域网概念的演变 ············ 43
　　2.3.2　宽带城域网的结构与层次划分 ··· 44
　　2.3.3　接入网技术 ·················· 47
　2.4　计算机网络的两种融合发展趋势 ···· 49
　　2.4.1　计算机网络、广播电视网与
　　　　　电信网的融合 ··············· 49
　　2.4.2　局域网、城域网与广域网的融合 ·· 50
　2.5　本章总结 ························· 51
第3章　互联网应用技术 ················ 52
　3.1　互联网应用技术概述 ·············· 52
　　3.1.1　互联网应用技术的发展阶段 ····· 52
　　3.1.2　C/S模式与P2P模式 ··········· 53
　3.2　互联网基本应用 ·················· 56
　　3.2.1　远程登录应用 ················ 56
　　3.2.2　电子邮件应用 ················ 57
　　3.2.3　文件传输应用 ················ 59
　　3.2.4　网络新闻应用 ················ 61
　3.3　基于Web技术的应用 ·············· 64
　　3.3.1　Web的基本概念 ·············· 64
　　3.3.2　电子商务应用 ················ 67
　　3.3.3　电子政务应用 ················ 68
　　3.3.4　搜索引擎应用 ················ 69
　3.4　基于多媒体技术的应用 ············ 72
　　3.4.1　博客应用 ···················· 72
　　3.4.2　播客应用 ···················· 73
　　3.4.3　网络电视应用 ················ 74
　　3.4.4　IP电话应用 ·················· 75
　3.5　基于P2P技术的应用 ·············· 77
　　3.5.1　文件共享应用 ················ 77
　　3.5.2　即时通信应用 ················ 80
　　3.5.3　流媒体应用 ·················· 82
　　3.5.4　共享存储应用 ················ 83

3.5.5 分布式计算应用 ················ 84

3.5.6 协同工作应用 ·················· 85

3.6 本章总结 ·························· 85

第4章 应用层与应用系统设计方法 ········ 86

4.1 网络应用与应用系统 ·············· 86

4.1.1 端系统与核心交换的概念 ········ 86

4.1.2 应用进程之间的相互作用 ······ 87

4.1.3 C/S与P2P工作模式 ············ 88

4.1.4 网络应用与应用层协议 ········ 89

4.1.5 网络应用对低层服务的要求 ······ 90

4.1.6 网络应用对传输层协议的选择 ······ 91

4.2 域名服务与DNS ················ 93

4.2.1 域名服务的设计思路 ·········· 93

4.2.2 域名系统的实现方案 ·········· 96

4.2.3 域名数据库的基本结构 ········ 97

4.2.4 域名解析的工作原理 ·········· 99

4.2.5 域名系统的性能优化 ········· 100

4.3 主机配置与DHCP ··············· 102

4.3.1 主机配置的基本概念 ········· 102

4.3.2 主机配置协议的发展 ········· 102

4.3.3 DHCP的基本内容 ············ 103

4.4 电子邮件与相关协议 ············· 106

4.4.1 邮件服务的设计思路 ········· 106

4.4.2 电子邮件系统结构 ··········· 107

4.4.3 SMTP的基本内容 ············ 108

4.4.4 MIME的基本内容 ············ 112

4.4.5 POP3、IMAP4与基于Web的

电子邮件 ··················· 113

4.5 文件传输与FTP ················· 115

4.5.1 FTP服务的工作模型 ········· 115

4.5.2 FTP的基本内容 ············· 116

4.6 Web服务与HTTP ··············· 118

4.6.1 HTTP的发展 ··············· 118

4.6.2 非持续连接与持续连接 ······· 119

4.6.3 HTTP的基本内容 ··········· 121

4.6.4 HTML的基本内容 ··········· 126

4.6.5 Web浏览器的结构 ··········· 129

4.7 即时通信与SIP ················· 131

4.7.1 即时通信的工作模型 ········· 131

4.7.2 SIP的基本内容 ············· 133

4.8 网络管理与SNMP ·············· 137

4.8.1 网络管理的基本概念 ········· 137

4.8.2 网管系统的工作原理 ········· 139

4.8.3 SNMP的基本内容 ············ 140

4.9 本章总结 ························· 143

第5章 传输层与传输层协议分析 ········· 144

5.1 传输层的基本概念 ··············· 144

5.1.1 传输层的基本功能 ··········· 144

5.1.2 应用层、传输层与网络层的

关系 ······················ 145

5.1.3 应用进程、套接字与传输层

协议 ······················ 146

5.1.4 网络环境中的应用进程标识 ···· 146

5.1.5 多种传输层协议的识别 ······· 148

5.2 传输层协议特点分析 ············· 149

5.2.1 两种传输层协议比较 ········· 149

5.2.2 传输层协议与应用层协议的

关系 ······················ 150

5.3 UDP ···························· 150

5.3.1 UDP的特点 ················ 150

5.3.2 UDP报文格式 ·············· 151

5.3.3 UDP校验和的基本概念与计算

示例 ······················ 152

5.3.4 UDP适用的范围 ············ 153

5.4 TCP ···························· 154

5.4.1 TCP的特点 ················ 154

5.4.2 TCP报文格式 ·············· 156

5.4.3 TCP连接建立与释放 ········· 158

5.4.4 TCP窗口与确认、重传机制 ···· 160

5.4.5 TCP流量控制与拥塞控制 ····· 165

5.4.6 UNIX进程通信实现方法 ······ 171

5.5 本章总结 ························· 175

第6章 网络层与网络层协议分析 ········· 176

6.1 网络层与IP的发展 ·············· 176

6.1.1 网络层的基本概念 ··········· 176

6.1.2 IP的演变与发展 ············ 177

6.2 IPv4的基本内容 ················ 178

6.2.1 IP的特点 ·················· 178

6.2.2 IPv4分组格式 ·············· 179

6.3 IPv4地址 ······················ 184

6.3.1 IP地址的概念与划分技术 ····· 184

6.3.2 标准分类的IP地址 ·········· 187

6.3.3 划分子网的三级地址结构 ····· 191

6.3.4 无类别域间路由 ············· 194

6.3.5 专用地址与内部网络地址规划 ··· 197

6.3.6 网络地址转换 ··············· 198

6.4 路由算法与分组交付 ····················· 200
6.4.1 分组交付和路由选择的概念 ······· 200
6.4.2 路由表的建立、更新与路由
协议 ····························· 205
6.4.3 路由信息协议 ····················· 207
6.4.4 开放最短路径优先协议 ··········· 209
6.4.5 边界网关协议 ····················· 213
6.4.6 路由器与第三层交换技术 ········· 214
6.5 互联网控制报文协议 ················· 219
6.5.1 ICMP的功能 ····················· 219
6.5.2 ICMP报文类型 ··················· 219
6.5.3 ICMP报文格式 ··················· 220
6.6 IP多播与IGMP ······················· 221
6.6.1 IP多播的概念 ····················· 221
6.6.2 IGMP的基本内容 ················· 223
6.6.3 多播路由器与隧道技术 ··········· 224
6.7 QoS与RSVP、DiffServ、MPLS协议 ·· 224
6.7.1 资源预留协议 ····················· 225
6.7.2 区分服务 ·························· 226
6.7.3 多协议标识交换 ··················· 228
6.8 地址解析协议 ······················· 229
6.8.1 地址解析的概念 ··················· 229
6.8.2 ARP报文格式 ····················· 230
6.9 移动IP ······························· 231
6.9.1 移动IP的概念 ····················· 231
6.9.2 移动IP的设计目标 ················· 232
6.9.3 移动IP结构与术语 ················· 233
6.9.4 移动IP的工作原理 ················· 234
6.10 IPv6 ································· 237
6.10.1 IPv6的研究背景 ················· 237
6.10.2 IPv6的主要特点 ················· 238
6.10.3 IPv6地址 ······················· 239
6.10.4 IPv6分组结构与基本头部 ········· 240
6.10.5 IPv6扩展头部 ··················· 244
6.10.6 IPv4到IPv6的过渡 ·············· 247
6.11 本章总结 ··························· 249
第7章 数据链路层与数据链路层
协议分析 ·························· 250
7.1 数据链路层的基本概念 ·············· 250
7.1.1 物理线路与数据链路 ·············· 250
7.1.2 数据链路层的主要功能 ··········· 251
7.2 差错产生与差错控制方法 ············ 251
7.2.1 设计数据链路层的原因 ··········· 251

7.2.2 差错产生原因和差错类型 ········· 252
7.2.3 误码率的定义 ····················· 252
7.2.4 检错码与纠错码 ··················· 253
7.2.5 循环冗余编码的工作原理 ········· 253
7.2.6 差错控制机制 ····················· 255
7.3 面向字符型数据链路层协议 ·········· 256
7.3.1 数据链路层协议的分类 ··········· 256
7.3.2 BSC协议的基本内容 ·············· 257
7.4 面向比特型数据链路层协议 ·········· 259
7.4.1 HDLC协议的研究背景 ··········· 259
7.4.2 数据链路配置和数据传输 ········· 259
7.4.3 HDLC帧格式 ····················· 260
7.4.4 HDLC协议的工作过程 ··········· 263
7.5 互联网数据链路层协议 ·············· 265
7.5.1 PPP的研究背景 ··················· 265
7.5.2 PPP的基本内容 ··················· 265
7.6 以太网与局域网组网 ················· 267
7.6.1 IEEE 802参考模型 ················ 267
7.6.2 以太网的工作原理 ················· 268
7.6.3 以太网帧格式 ····················· 271
7.7 高速以太网技术 ····················· 272
7.7.1 快速以太网 ························ 272
7.7.2 千兆位以太网 ····················· 273
7.7.3 万兆位以太网 ····················· 273
7.8 局域网组网技术 ····················· 275
7.8.1 交换式局域网技术 ················· 275
7.8.2 虚拟局域网技术 ··················· 276
7.8.3 局域网组网方法 ··················· 277
7.8.4 网桥与局域网互联 ················· 280
7.9 本章总结 ··························· 283
第8章 物理层与物理层协议分析 ·········· 284
8.1 物理层与物理层协议 ················· 284
8.1.1 物理层的基本概念 ················· 284
8.1.2 物理层向数据链路层提供的服务 ···· 285
8.2 数据通信的基本概念 ················· 285
8.2.1 信息、数据与信号 ················· 285
8.2.2 数据传输类型 ····················· 287
8.2.3 传输介质类型 ····················· 289
8.3 数据编码技术 ······················· 294
8.3.1 数据编码类型 ····················· 294
8.3.2 模拟数据编码技术 ················· 294
8.3.3 数字数据编码技术 ················· 296
8.3.4 脉冲编码调制技术 ················· 297

8.4 数据传输速率的相关概念 …………… 299
 8.4.1 数据传输速率的定义 …………… 299
 8.4.2 奈奎斯特准则与香农定律 …… 299
8.5 多路复用技术 ……………………… 300
 8.5.1 多路复用技术的分类 …………… 300
 8.5.2 时分多路复用 …………………… 301
 8.5.3 频分多路复用 …………………… 303
 8.5.4 波分多路复用 …………………… 303
8.6 本章总结 …………………………… 304

第9章 无线网络技术 ………………… 305
9.1 无线网络的基本概念 ……………… 305
 9.1.1 无线网络技术的分类 …………… 305
 9.1.2 无线分组网与无线自组网 …… 306
 9.1.3 无线传感器网 …………………… 306
 9.1.4 无线网状网 ……………………… 307
9.2 无线局域网技术 …………………… 307
 9.2.1 无线局域网的概念 ……………… 307
 9.2.2 无线局域网的技术分类 …… 308
 9.2.3 无线局域网的工作原理 …… 309
 9.2.4 IEEE 802.11标准 ……………… 311
9.3 无线城域网技术 …………………… 312
 9.3.1 宽带无线接入的概念 …………… 312
 9.3.2 IEEE 802.16标准 ……………… 313
9.4 无线个人区域网技术 ……………… 314
 9.4.1 蓝牙技术与协议 ………………… 314
 9.4.2 无线个人区域网与IEEE 802.15.4
   标准 ……………………………… 315
 9.4.3 ZigBee技术与协议 …………… 317
9.5 无线自组网技术 …………………… 318
 9.5.1 无线自组网的概念 ……………… 318
 9.5.2 无线自组网的应用领域 …… 319
 9.5.3 无线自组网的关键技术 …… 320
9.6 无线传感器网技术 ………………… 321
 9.6.1 无线传感器网的概念 …………… 321
 9.6.2 无线传感器网的应用领域 …… 321
 9.6.3 无线传感器网的基本结构 …… 323
 9.6.4 无线传感器网的关键技术 …… 325
9.7 无线网状网技术 …………………… 327

 9.7.1 无线网状网的概念 ……………… 327
 9.7.2 无线网状网的基本结构 …… 328
9.8 本章总结 …………………………… 329

第10章 网络安全技术 ………………… 331
10.1 网络安全与网络空间安全 ……… 331
 10.1.1 网络安全的重要性 …………… 331
 10.1.2 网络空间安全的概念 …… 332
 10.1.3 网络空间安全的理论体系 …… 333
10.2 OSI安全体系结构 ………………… 334
 10.2.1 安全体系结构的概念 …… 334
 10.2.2 网络安全模型的提出 …… 336
 10.2.3 网络安全标准 ………………… 337
10.3 加密与认证技术 ………………… 338
 10.3.1 密码学中的概念 ……………… 338
 10.3.2 对称密码体制 ………………… 339
 10.3.3 非对称密码体制 ……………… 340
 10.3.4 数字签名技术 ………………… 342
10.4 网络安全协议 …………………… 343
 10.4.1 网络层安全与IPSec …………… 343
 10.4.2 传输层安全与SSL …………… 346
 10.4.3 应用层安全与PGP、SET …… 347
10.5 防火墙技术 ……………………… 348
 10.5.1 防火墙的基本概念 …………… 348
 10.5.2 防火墙的主要类型 …………… 349
 10.5.3 防火墙系统结构 ……………… 351
10.6 入侵检测技术 …………………… 352
 10.6.1 入侵检测的概念 ……………… 352
 10.6.2 入侵检测技术分类 …………… 353
 10.6.3 蜜罐的概念 …………………… 354
10.7 恶意代码及防护技术 …………… 355
 10.7.1 恶意代码的演变 ……………… 355
 10.7.2 计算机病毒的概念 …………… 356
 10.7.3 网络蠕虫的概念 ……………… 357
 10.7.4 木马程序的概念 ……………… 357
 10.7.5 网络防病毒技术 ……………… 358
10.8 本章总结 ………………………… 359

参考文献 ………………………………… 360

第 1 章 计算机网络概论

本章主要讨论以下内容：
- 计算机网络的定义
- 计算机网络的形成与发展过程
- 计算机网络的类型
- 如何理解网络拓扑的基本概念
- 如何认识互联网的网络结构
- 处理复杂网络问题的基本方法

计算机网络是计算机技术与通信技术相互渗透、紧密结合的产物。互联网是计算机网络技术发展中最重要的应用。从时间的角度，计算机网络发展经历了 4 个阶段；从技术分类的角度，计算机网络技术沿着 3 条主线发展。

1.1 计算机网络发展阶段与特点

1.1.1 计算机网络的发展阶段

回顾计算机网络发展的历程，大致可以划分为 4 个阶段。

1. 第一阶段：计算机网络的技术与理论准备

第一阶段可以追溯到 20 世纪 50 年代。这个阶段的特点与标志性成果主要表现在：
- 数据通信技术的研究为计算机网络的形成奠定了技术基础。
- 分组交换概念的提出为计算机网络的研究奠定了理论基础。

2. 第二阶段：计算机网络的形成

第二阶段从 20 世纪 60 年代 ARPANET 与分组交换技术的应用开始。ARPANET 是计算机网络发展中的一个里程碑，对促进网络技术发展和理论体系形成起到了重要的推动作用，并为互联网的形成奠定坚实的基础。这个阶段出现了 3 项标志性成果：
- ARPANET 的成功运行证明了分组交换理论的正确性。
- TCP/IP 的广泛应用为更大规模的网络互联奠定了坚实的基础。
- DNS、E-mail、FTP、Telnet、BBS 等应用展现了网络技术应用的广阔前景。

3. 第三阶段：网络体系结构研究

第三阶段大致从 20 世纪 70 年代中期开始。在这个时期，各种广域网、局域网与公用分组交换网技术发展迅速，各个计算机生产商纷纷开发计算机网络，并提出自己的网络协议标准。如果不能推进网络体系结构与网络协议的标准化，则在不久的将来出现的更大规模的网络互联将面临巨大的阻力。

国际标准化组织（ISO）在推动开放系统互连（Open System Interconnection，OSI）参考模型与网络协议标准化研究方面做了大量工作，同时它也面临着 TCP/IP 的挑战。这个阶段

研究成果的重要性主要表现在:

- OSI 参考模型的研究对网络理论体系的形成与发展,以及推进网络协议标准化起到了重要的作用。
- TCP/IP 经受了市场和用户的检验,吸引了大量的投资,推动了互联网应用的发展,并成为业界事实上的标准。

4. 第四阶段: 互联网、无线网络等技术研究

第四阶段从 20 世纪 90 年代开始。这个阶段最有挑战性的是互联网、三网融合、无线网络、对等网络与网络安全等技术。第四阶段的特点主要表现在:

- 互联网(Internet)作为全球性网际网与信息系统,在当今政治、经济、文化、科研、教育与社会生活等方面展现出越来越重要的作用。
- 计算机网络与电信网、有线电视网的"三网融合"促进了宽带城域网的概念和技术演变。宽带城域网已成为现代化城市的重要基础设施之一。接入技术的发展扩大了终端用户设备的接入范围,进一步带动了互联网应用的发展。
- 无线局域网与无线城域网技术日益成熟并进入应用阶段。无线自组网、无线传感器网络的研究与应用受到了高度重视。
- 对等网络(Peer-to-Peer,P2P)研究促使新的网络应用不断涌现,并成为现代信息服务业新的产业增长点。
- 随着网络应用的快速增长,新的网络安全问题不断出现,促使网络安全技术研究进入高速发展阶段。

1.1.2 ARPANET 的研究与发展

1. ARPANET 的研究背景

世界上第一台电子数字计算机 ENIAC 出现于 1946 年,而通信技术的发展要比计算机技术早得多。回顾通信技术的发展,可以追溯到 19 世纪。1837 年莫尔斯发明了电报,1876 年贝尔发明了电话,1876 年马可尼发明了无线电通信,这些发明都为现代通信技术奠定了基础。但是,在很长的一段时间内,通信技术与计算机技术之间并没有直接联系,处于独立发展的阶段。当计算机技术与通信技术都发展到一定程度,并且社会上出现新的应用需求时,人们产生了将两项技术交叉融合的想法。计算机网络是计算机技术与通信技术高度发展、密切结合的产物。

20 世纪 50 年代初,由于美国军方的需要,美国半自动地面防空(SAGE)系统将远程雷达信号、机场与防空部队的信息,通过无线、有线线路与卫星信道传送到位于美国本土的一台 IBM 计算机进行处理。通信线路的总长度超过 241 万千米。这项研究开启了计算机技术与通信技术结合的尝试。随着美国半自动地面防空系统的实现,美国军方又考虑将分布在不同地理位置的多台计算机通过通信线路连接成计算机网络的需求。在民用方面,计算机技术与通信技术结合的研究也开始用于航空售票与银行业务中。

20 世纪 60 年代中期,世界正处于"冷战"的高潮时期。1957 年 10 月,苏联发射了第一颗人造卫星 Sputnik。美国为之震惊,很快成立了一个专门的国防研究机构,即美国国防部高级研究计划署(Advanced Research Projects Agency,ARPA)。由于它是美国国防部的一个机构,因此其英文缩写是 DARPA,其中 D(Defense)表示美国国防部。DARPA 是一个科研管理机构,它没有实验室与科学家,只是通过签订合同和发放许可方式,选择一些大学、研究机构和公司为该机构服务。

在与苏联军事力量的竞争中，美国军方需要一个专门用于传输军事命令与控制信息的网络。当时美国军方的通信主要依靠电话交换网，但是电话交换网是相当脆弱的。电话交换网是以每个地区的电话交换局为中心构成的星形结构，而地区交换局之间互连构成一个覆盖更大范围、层次结构的电话通信系统。在这种结构的系统中，如果一台交换机或连接它们的一条中继线路损坏，尤其是几个关键的长途电话局的交换机遭到破坏，就有可能导致整个电话网通信中断。DARPA 希望新的网络在遭遇核战争或自然灾害时，即使部分网络设备或通信线路遭到破坏，网络系统仍能利用剩余设备与通信线路继续工作，这样的网络被称为"可生存系统"。利用传统电话网无法实现"可生存系统"的要求，于是 DARPA 开始着手组织新型通信网络技术的研究。网络方案设计首先需要解决两个问题：网络拓扑结构与数据传输方式。早期的研究也是集中在这两个方面。

1960 年，DARPA 授权兰德（RAND）公司研究一种有效的通信网络方案。兰德公司是美国政府在二战后成立的一个重要的战略研究机构。最初，兰德公司的研究重点是冷战时期的军事战略问题。

2. 网络拓扑结构设计思路

第一种方案采用星形结构（如图 1-1 所示）。在集中式网络中，所有结点都与一个中心结点相连，这是一种典型的星形结构。所有结点发送的数据都通过中心结点转发。中心结点的损坏将造成整个网络瘫痪。在非集中式网络中，每个区域存在中心结点，区域内的结点都与一个中心结点相连，这是一种星形 – 星形结构，但仍无法避免星形结构的固有缺点。

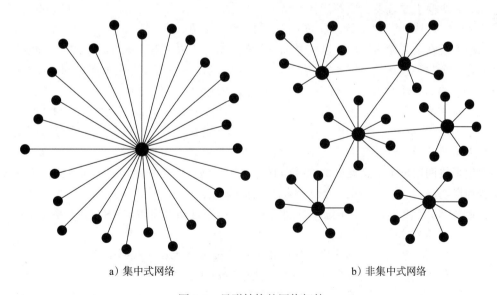

a) 集中式网络   b) 非集中式网络

图 1-1   星形结构的网络拓扑

第二种设计方案采用分布式结构（如图 1-2 所示）。分布式结构的网络中没有中心结点，每个结点与相邻结点连接，从而构成一个网状结构。如果网络中某个结点损坏，数据还可以通过其他路径传输。显然，这是一种高度分布和容错的网状结构。

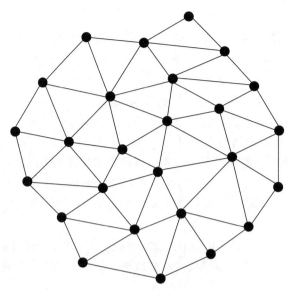

图 1-2   分布式结构的网络拓扑

3. 分组交换技术的设计思路

在计算机网络出现之前，电话交换网已经获得广泛的应用。电话交换网的特点主要有两点：一是电话用户在进行通话之前，需要通过电话交换机的线路交换（circuit switching），在两台电话机之间建立一条线路连接；二是电话交换网传输的是模拟语音信号。经过多年的发展，电话交换机经过多次更新换代，从人工接续、步进制、纵横制发展到目前的程控交换机，但是其本质特征始终没变，那就是仍采用线路交换方式。

电话交换网是为传输模拟语音信号而设计的，如果直接利用它传输计算机产生的数字数据信号肯定会出现新的问题。电话用户支付的通信线路费用是按占用线路的时间来计算的。线路交换为语音通信而设计，打电话时间平均为几分钟，呼叫过程约为 10 ~ 20s，对于通话时间来说不算太长。而计算机的数据传输通常是突发性的。如果在速率为 2400bit/s 的线路上传输 1000 位数据，真正用于数据传输的时间不到 0.5s。通信线路在大部分时间里是空闲的，大量通信线路资源被浪费。另一个重要的问题在于，电话线路的误码率较高，这对于语音通信来说问题不大。这是因为人类可根据对话的前后语句判断是否出错，并可人为地校正传输错误。电话交换网直接用于计算机数据传输则是不合适的，必须找出适用于计算机通信的交换技术。

4. 分组交换技术的主要特点

研究人员建议在分布式网络中采用分组交换（packet switching）技术。他们设想在一个网状结构、分布式控制的计算机网络中，将数据预先分成多个短的、有固定格式的分组。如果两台计算机之间不直接连接，则通过中间结点以"存储转发"方法转交分组。每个中间结点可根据线路状态与通信量，通过路由选择算法独立为分组选择合适的路径。这里所说的中间结点就是当前广泛使用的路由器。

最简单的路由选择算法是"热土豆"方法。人类接到一个烫手的热土豆时，他的本能反应就是立即扔出去，中间结点处理转发的分组时可采取类似方法，接收到转发分组后尽快寻找一个路径转发出去。同时，设计者需要考虑：如果任何一个中间结点或线路出现故障，如何绕过故障结点或线路转发分组。具备这样特征的计算机网络称为分组交换网。因此，分组交换技术的 3 个重要概念为分组、路由选择与存储转发。

5. 报文与分组

如果不对待传输数据的长度做任何限制，直接将其封装成一个数据包进行传输，则这种经过封装的数据包称为报文（message）。报文可能包含一个小的文本或语音文件，也可能包含一个大的图像或视频文件。将报文作为一个数据单元进行传输的方法称为报文交换。

报文交换方法存在以下几个主要缺点：

1）当路由器将一个长报文转发到下一个路由器时，必须保留报文副本，以备出错时重传。而长报文传输所需时间较长。路由器须等待该报文传输的确认消息返回后，再决定是删除报文副本还是重传该报文。这个过程需要较长的等待时间。

2）在相同误码率的情况下，报文越长，传输出错的可能性越大，用于重传报文的时间越多。

3）由于每次传输的报文长度可能不同，通信协议在每次处理报文时必须判断报文的起始与结束，这就造成通信协议的效率较低。

4）由于报文长度总是在变化，路由器必须用较多的空间存储副本。这时，短报文会造成路由器存储空间的利用率低。

因此，报文交换并不是一个最佳的方案。在这种背景下，研究人员提出了分组交换的概念。图 1-3 给出了报文与分组的结构。

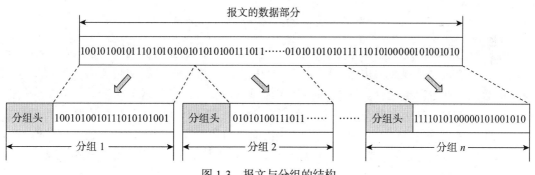

图 1-3　报文与分组的结构

如果对待传输数据的长度做一定限制后，再将数据封装成固定长度的数据包进行传输，则这种经过封装的数据包称为分组（packet）。如果一个报文的数据长度为 3572 位，协议规定每个分组的数据长度最大为 1024 位，则可将 3572 位分为 4 个分组，前 3 个分组的数据长度为 1024 位，第 4 个分组的数据长度为 500 位。按照协议规定的格式，在每个数据字段前面增加一个头部，则可以构成 4 个分组。

需要注意：在计算机网络的讨论中，数据长度的单位是位（bit）或字节（byte），通常将 bit 简写为 b，而将 byte 简写为 B。

分组交换方法主要有以下两个优点：

1）将报文划分为有固定格式和最大长度限制的分组，有利于提高路由器检测分组是否出错及重传处理过程的效率，也有利于提高路由器存储空间的利用率。

2）路由选择算法可根据线路通信状态、网络拓扑变化，动态地为不同分组选择不同的传输路径，有利于降低分组传输延迟，提高数据传输的可靠性。

实践证明，"分组交换"设计思想为计算机网络的研究与发展指出了正确的方向。

6. ARPANET 的设计思想

1967 年，DARPA 将注意力转移到计算机网络研究上，提出了 ARPANET 的研究任务。与传统的通信网络不同，ARPANET 需要连接不同的计算机，满足"可生存网络"要求，并保证数据传输的可靠性。

根据 DARPA 提出的设计要求，ARPANET 在方案中采取分组交换的思想。设计者将 ARPANET 分为两个部分：通信子网与资源子网。通信子网中的转发结点用小型机实现，它们被称为接口报文处理器（Interface Message Processor，IMP）。IMP 通过速率为 56kbit/s 的传输线路来连接。为了保证数据传输的可靠性，每个 IMP 都与多个 IMP 连接。如果有些 IMP 或线路毁坏，仍可通过其他路径完成分组转发。IMP 就是当前广泛应用的路由器的雏形。图 1-4 给出了通信子网结构与分组交换原理。

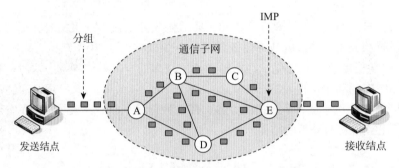

图 1-4　通信子网结构与分组交换原理

在最初的实验网络中，每个结点由一台计算机与一台 IMP 构成，它们被放置在同一个房间中，并通过一条很短的电缆连接起来。IMP 将计算机发送的报文封装成多个长度符合要求的分组，通过路由选择算法为每个分组选择路径，然后将这些分组陆续转发给下一个 IMP。这个 IMP 正确接收并存储该分组后，再继续向下一个 IMP 进行转发。如果发现传输出错，则通知上一个 IMP 进行重传。通过多个 IMP 的转发过程，分组最终会到达目的结点。由于同一报文的不同分组可能经过不同路径到达目的结点，因此这些分组到达目的结点时可能出现重复、丢失或乱序等现象。

7. ARPANET 的发展过程

在开展分组交换理论研究的同时，DARPA 以招标方式准备组建通信子网，一共有 12 家公司参与竞标。DARPA 最终选择了 BBN 公司。在通信子网中，BBN 公司以 DDP316 小型机作为 IMP，且它们都经过专门改进。考虑到计算机系统的可靠性，IMP 没有采用外接磁盘系统。出于经济上的原因，通信线路租用的是电话公司的 56kbit/s 线路。

在完成网络结构与硬件设计之后，这时面对的重要问题是开发网络软件。1969 年，研究人员在美国犹他州召开会议，参会人员多数是加入项目的研究生。这些研究生希望像之前完成其他编程工作一样，由网络专家解释设计方案与需要编写的软件，并为每人分配一个比较具体的软件编程任务。当他们发现在场的并没有网络专家，也没有完整的网络设计方案时，大家感到很吃惊，意识到必须自己想办法找到该做的事情。

1969 年 12 月，包含 4 个结点的实验网络开始运行，它们是加州大学洛杉矶分校（UCLA）、加州大学圣塔芭芭拉分校（UCSB）、斯坦福研究院（SRI）和犹他大学（UTAH）。这 4 所大学和机构都与 DARPA 签订过合作协议，并拥有不同的、互不兼容的计算机系统。

其中，UCLA 的主机是 SDS SIGMA7，操作系统是 SEX；UCSB 的主机是 IBM 360/75，操作系统是 OS/MVT；SRI 的主机是 SDS 940，操作系统是 Genie；UTAH 的主机是 DEC PDP-10，操作系统是 Tenex。图 1-5 给出了 ARPANET 最初的结构。

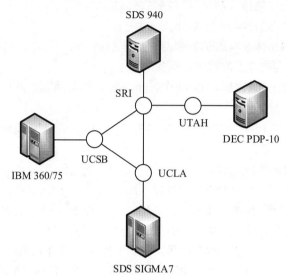

图 1-5　ARPANET 最初的结构

第一台 IMP 安装在 UCLA，据当时的负责人伦纳德·克兰罗克回忆，1969 年 9 月 2 日，这台 IMP 安装成功。1969 年 10 月 1 日，第二台 IMP 在 SRI 安装成功。为了测试两台 IMP 之间的数据传输情况，实验双方通过电话联络。伦纳德·克兰罗克让研究生从 UCLA 主机向 SRI 主机输入"Login"命令，当键入第一个字母"L"后，他询问对方是否收到，对方回答收到"L"。当键入第二个字母"o"后，对方回答收到"o"。当键入第三个字母"g"后，SRI 主机出现故障，第一次数据传输实验失败。但是，这是一个非常重要的时刻，它标志着计算机网络时代已经来临。

从 1969 年到 1971 年，经过两年对应用层协议的研究与开发，研究人员首先推出了远程登录（Telnet）服务。

1972 年，ARPANET 结点数增加到 15 个。随着英国伦敦大学与挪威皇家雷达研究所的主机接入，ARPANET 结点数增加到 23 个，同时标志着 ARPANET 的国际化。

1972 年，第一个电子邮件（E-mail）程序出现。1973 年，电子邮件通信量已占 ARPANET 总通信量的 3/4。

除了组建 ARPANET 之外，DARPA 还资助了卫星与无线分组网的研究。其中有一个著名的实验：研究人员在美国加利福尼亚州一辆行驶的汽车上通过无线分组网向 SRI 主机发送数据，SRI 主机通过 ARPANET 将该数据发送到东海岸，然后通过卫星通信系统将该数据发送到英国伦敦的一所大学。这样，坐在汽车上的研究人员可在移动过程中使用位于伦敦的主机。实验结果表明，无线分组网设计方案是成功的，同时也暴露出一个问题，那就是 ARPANET 的网络控制协议（Network Control Protocol，NCP）仅适用于单一网络内部通信的要求，而不适用于多个网络互联的需求，这就提出了新的网络互联协议的研究课题。

8. ARPANET 的重要贡献

ARPANET 是一个典型的广域网，它的研究成果证明了分组交换理论的正确性，也展现了计算机网络广阔的应用前景。ARPANET 是计算机网络技术发展的里程碑，它对计算机网络理论与技术的发展有重大的奠基作用。ARPANET 的贡献主要表现在：

- 研究了计算机网络定义与分类方法。
- 提出了资源子网与通信子网的二级网络结构概念。
- 研究了分组交换的协议与实现技术。
- 研究了层次型网络体系结构的模型与协议体系。
- 开展了 TCP/IP 与网络互联技术的研究。

1975 年，ARPANET 已经接入 100 多台主机，实验阶段结束，并移交给美国国防部国防通信局正式运行。

1983 年，ARPANET 向 TCP/IP 的转换结束。同时，ARPANET 被分为两个独立的部分：一部分仍叫 ARPANET，用于进一步的研究；另一部分规模稍大一些，成为著名的 MILNET，用于军方的非机密通信。

20 世纪 80 年代中期，ARPANET 的规模不断增大，并开始成为互联网的主干网。1990 年，ARPANET 被新的网络代替。虽然 ARPANET 已经退役，但是因为它对网络技术发展的影响，人们会永远记住它。迄今为止，MILNET 仍然在运行。

20 世纪 70 年代至 80 年代，计算机网络技术发展十分迅速，期间出现了大量计算机网络，仅美国国防部就资助了多个网络。同时，还出现了一些研究性网络、公共服务网络以及校园网络。

这里，需要注意术语"internet"与"Internet"的区别。"internet"表示的是网络互联技术，它是一个技术方面的术语。"Internet"是当前广泛应用的互联网的专用术语，它也经常被译为"因特网"。

1.1.3　互联网的形成与发展

1. NSFNET 网络的影响

20 世纪 70 年代后期，美国国家科学基金会（National Science Foundation，NSF）认识到 ARPANET 对研究工作的重要影响。各国科学家可利用 ARPANET 不受地理位置限制，合作完成研究项目或共享研究数据。但是，并不是所有大学都有这样的机会，接入 ARPANET 的大学必须与美国国防部有合作项目。

图 1-6 给出了从 ARPANET 到 Internet 的发展过程。为了使更多大学能共享 ARPANET 资源，NSF 计划建设一个虚拟网络，即计算机科学网（CSNET）。CSNET 的中心是一台 BBN 计算机，对于那些不能接入 ARPANET 的大学，它们可通过电话拨号接入 BBN 主机，以它作为网关间接接入 ARPANET。1981 年，CSNET 实现与 ARPANET 互联。经过几年的快速发展，CSNET 已连接美国几乎所有大学计算机系的主机。

随着 TCP/IP 的标准化，ARPANET 规模持续扩大，不仅美国国内有很多网络接入 ARPANET，很多国家的网络也陆续接入 ARPANET。针对 TCP/IP 互联的主机数急剧增加的情况，网络系统运行和主机管理成为急需解决的问题。在这种背景下，研究者提出了 DNS 的研究课题。DNS 将接入网络的主机划分成不同域，使用分布式数据库存储主机命名相关信息，通过域名管理和组织网络中的主机，将物理结构"无序"的 ARPANET 变成逻辑结构"有序"、可管理的网络系统。

最初记录主机名与 IP 地址对应关系的是一个文本文件"hosts.txt"，所有主机在查询对应关系时都需要从 NIC（互联网信息中心）下载该文件。1982 年，研究者发现随着接入网络的主机数增多，以该方式记录所有联网主机的信息变得越来越困难，执行名字查询时的效率也变得越来越差。经过几年的深入研究，DNS 相关研究获得了很大进展。1984 年，第一个 DNS 程序 JEEVES 开始使用。1988 年，BSD UNIX 4.3 推出其 DNS 程序 BIND。

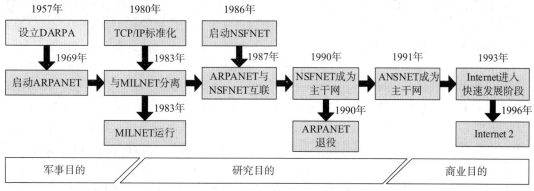

图 1-6　从 ARPANET 到 Internet 的发展过程

　　1984 年，NSF 决定组建 NSFNET，其主干网连接美国 6 个超级计算中心。NSFNET 通信子网使用的硬件与 ARPANET 基本相同。但是，NSFNET 从开始就使用 TCP/IP，它是第一个使用 TCP/IP 的广域网。NSFNET 采用的是层次结构，分为主干网、地区网与校园网。各大学的主机接入校园网，校园网接入地区网，地区网接入主干网，主干网通过高速线路接入 ARPANET。NSFNET 是指包括主干网与地区网在内的整个网络。校园网用户可通过 NSFNET 访问数千所大学、研究所的主机资源。

　　NSFNET 建成的同时就出现网络负荷过重的情况，促使 NSF 决定立即开始研究下一步发展问题。随着网络规模持续扩大和网络应用增多，NSF 认识到不能从财政上继续支持该网络。虽然有不少商业机构打算参与运营，但 NSF 不允许这个网络用于商业用途。在这种情况下，NSF 希望由一个非营利性公司来运营 NSFNET。因此，MERIT、MCI 与 IBM 公司共同组建了 ANS 公司。1990 年，ANS 公司开始接管 NSFNET，并在全美范围内组建 T3 主干网。1991 年，NSFNET 主干结点都与 T3 主干网相连。

　　在美国发展 NSFNET 的同时，其他国家和地区也在建设与 NSFNET 兼容的网络。例如，欧洲国家为其研究机构建立的 EBONE、Europa NET 等。当时，这两个网络采用 2Mbit/s 的通信线路与很多欧洲城市相连。每个欧洲国家有一个或多个国家网，它们都与 NSFNET 兼容。这些网络为 Internet 的发展奠定了基础。

　　从 1991 年开始，NSF 仅支付 NSFNET 10% 的通信费，同时开始放宽 NSFNET 使用限制，允许通过网络传输商业信息。1995 年，NSFNET 正式退役，并作为研究项目回归科研用途。同年，NSF 和 MCI 合作建设高速互联网，其主干网传输速率提高到 4.8Gbit/s，用于代替原来的 NSFNET 主干网。

2. Internet 的形成

　　1983 年 1 月，TCP/IP 正式成为 ARPANET 标准。此后，大量的网络、主机与用户开始连入 ARPANET，促使 ARPANET 的规模快速增长，并在此基础上形成了 Internet。随着很多地区性网络连入 Internet，它逐步扩展到其他国家与地区。很多已存在的网络陆续连入 Internet，如空间物理网、IBM 大型机网、欧洲学术网等。20 世纪 80 年代中期，人们开始认识到这种大型网络的作用。20 世纪 90 年代是 Internet 发展的黄金时期，用户数以平均每年翻一番的速度增长。

最初 Internet 用户只限于科研和学术领域。20 世纪 90 年代初，Internet 上的商业活动开始缓慢发展。1991 年，美国成立商业网络交换协会，允许在 Internet 上开展商务活动，各公司逐渐意识到 Internet 在商业上的价值。Internet 商业应用开始迅速发展，其用户数量很快超过科研和学术用户。商业应用推动 Internet 更加迅猛地发展，规模扩大、用户增加、应用拓展、技术更新，Internet 几乎深入社会生活每个角落，并成为一种全新的工作、学习和生活方式。

ANS 公司建设的 ANSNET 是 Internet 主干网，其他国家或地区的主干网通过 ANSNET 接入 Internet。家庭用户通过电话线接入 Internet 服务提供商（Internet Service Provider，ISP）。办公用户可以通过局域网接入校园网或企业网。这些局域网分布在各个建筑物内，用于连接各个系所或研究室的主机等设备。校园网、企业网通过专用线路与地区网络连接。校园网中的主机等设备都是用户可访问的资源。

从用户的角度来看，Internet 是一个全球范围的信息资源网，接入 Internet 的主机既是信息服务的提供者，也是信息服务的使用者。因此，Internet 代表着全球范围无限增长的信息资源，它是迄今为止人类拥有的最大规模知识宝库。传统的互联网应用主要包括 E-mail、Telnet、FTP、Web 浏览等。随着 Internet 规模的迅速扩大，各种类型的网络应用也进一步得到拓展。浏览器、搜索引擎、P2P、流媒体技术的出现，对 Internet 的发展产生了重要的作用，使得 Internet 中的信息更丰富、使用更简洁。Internet 商业化造成网络流量剧增，这也直接导致了网络性能的急剧下降。

20 世纪 90 年代，世界经济进入一个全新的发展阶段，进一步推动了信息产业的发展，信息技术与网络应用已成为衡量综合国力与企业竞争力的重要标准。1993 年 9 月，美国公布国家信息基础设施（National Information Infrastructure，NII）建设计划，NII 被形象地称为信息高速公路。美国建设信息高速公路的计划触动世界各国，各国开始认识到信息产业发展对经济发展的重要作用，很多国家开始制定自己的信息高速公路建设计划。1995 年 2 月，全球信息基础设施委员会（Global Information Infrastructure Committee，GIIC）成立，目的是推动与协调各国信息技术与信息服务的发展与应用。在这种情况下，全球信息化的发展趋势已经不可逆转。

1996 年，美国 NSF 设立了"下一代 Internet"（Next Generation Internet，NGI）研究计划，支持一些大学和科研机构建设了一个高速网络试验床（very high speed Backbone Network Service，vBNS）。1998 年，美国 100 多所大学联合成立 UCAID（University Corporation for Advanced Internet Development），开始从事 Internet 2 研究计划。UCAID 建设了另一个高速网络试验床 Abilene，并于 1999 年 1 月开始提供服务。这两个项目都是在高速网络试验床上开展下一代互联网及典型应用的研究，力争构造一个全新概念的新一代互联网络，为美国的教育和科研提供世界最先进的信息基础设施，并保持美国在高速计算机网络及其应用领域的技术优势。

1.2 计算机网络技术发展的三条主线

在分析计算机网络发展 4 个阶段的基础上，读者可根据技术分类的角度来认识计算机网络发展的 3 条主线。图 1-7 给出了计算机网络发展的 3 条主线。计算机网络技术发展的第一条主线是从 ARPANET 到互联网；第二条主线是从无线分组网到无线自组网、无线传感器网的无线网络技术；伴随着前两条主线同时发展的第三条主线是网络安全技术。

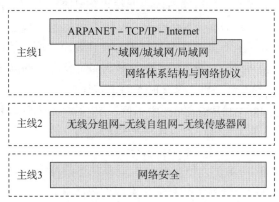

图 1-7   计算机网络发展的 3 条主线

1.2.1   第一条主线：ARPANET 到互联网

在讨论第一条主线"ARPANET 到互联网"时，需要注意以下几个重要特点。

1）ARPANET 研究奠定了互联网发展的基础，而联系二者的是 TCP/IP。

2）从 ARPANET 演变到互联网的过程中，强烈的社会需求促进了广域网、城域网与局域网技术的研究，而广域网、城域网与局域网技术的成熟与标准化进一步加速了互联网的发展进程。

3）TCP/IP 的研究与设计的成功，对互联网的快速发展起到了重要的推动作用。从总体的发展趋势来看，除了计算机与个人手持设备（PDA）之外，手机、固定电话、照相机、摄像机以及各种家用电器将来都会连接到互联网中。

4）与传统的客户 / 服务器（Client/Server，C/S）工作模式不同，对等（Peer to Peer，P2P）工作模式淡化了服务提供者与使用者的界限，以"非中心化"的方式使更多用户同时身兼服务提供者与使用者的双重身份，进一步扩大了网络资源共享的范围和深度，有效提高了网络资源利用率，最终达到信息共享最大化的目的，因此 P2P 技术受到学术界与产业界的高度重视，被评价为"改变互联网的新一代网络技术"。新的基于 P2P 的网络应用不断出现，已成为 21 世纪网络应用的重要研究方向之一。

5）随着互联网的广泛应用，计算机网络、电信网与有线电视网从结构、技术到服务领域正在快速融合，成为 21 世纪信息产业发展最具活力的领域。

1.2.2   第二条主线：无线网络技术发展

在讨论第二条主线"无线网络技术发展"时，需要注意以下几个重要特点。

1）从是否需要基础设施的角度，无线网络可分为基于基础设施与无基础设施两类。IEEE 802.11 无线局域网（Wireless LAN，WLAN）与 IEEE 802.16 无线城域网（Wireless MAN，WMAN）属于需要基础设施的一类无线网络。无线自组网与无线传感器网属于不需要基础设施的另一类无线网络。

2）在无线分组网的基础上发展起来的无线自组网（Ad hoc）是一种自组织、对等式、多跳、无线移动网络，在军事、特殊应用领域有重要的应用前景。

3）当无线自组网技术日趋成熟时，无线通信、微电子、传感器技术得到快速发展。在军事领域中，研究者提出将无线自组网与传感器技术相结合，直接促使了无线传感器网的出现。无线传感器网（Wireless Sensor Network，WSN）可用于对敌方兵力与装备监控、战场目标定位与评估、核攻击和生物化学攻击监测等，并在安全、应急、医疗与环保等特殊领域都有着重要的应用前景。WSN 立即引起政府、军队和研究部门的高度关注，被评价为"21世纪最有影响的 21 项技术之一"和"改变世界的十大技术之首"。

4）无线网状网（Wireless Mesh Network，WMN）又称为无线网格网，它是无线自组网在接入领域的一种应用。WMN 将作为对无线局域网、无线城域网技术的补充，成为解决无线接入"最后一公里"问题的重要技术手段之一。

5）如果说广域网的作用是扩大信息社会中资源共享的范围，局域网进一步增强了共享信息资源的深度，则无线网络提高了共享信息资源的灵活性，而无线传感器网将会改变人类与自然界的交互方式，它将极大地扩展现有网络的功能和人类认识世界的能力。

1.2.3 第三条主线：网络安全技术发展

在讨论第三条主线"网络安全技术发展"时，需要注意以下几个重要特点。

1）人类创造了网络虚拟社会的繁荣，同时也制造了网络虚拟社会的麻烦。网络安全是现实社会的安全问题在网络虚拟社会中的反映。现实世界中真善美的东西，网络虚拟社会都会有。同样，现实社会中丑陋的东西，网络虚拟社会中也会有，只是迟早的问题，也只是表现形式不一样。网络安全技术伴随着前两条主线的发展而发展，永远不会停止。

2）现实社会对网络技术的依赖程度越高，网络安全技术就越显得重要。网络安全是网络技术研究中一个永恒的主题。

3）网络安全技术的发展验证着"魔高一尺，道高一丈"的古老哲理。在"攻击－防御－新攻击－新防御"的循环中，网络攻击技术与防攻击技术相互影响、相互制约，共同发展，这个过程将一直延续下去。目前，网络攻击已开始从最初的显示才能、玩世不恭，逐步发展到出于经济利益驱动的有组织犯罪，甚至是恐怖活动。

4）正如现实世界中危害人类健康的各种"病毒"一样，它只会随着时间演变，不可能灭绝。只要人类存在，就一定存在危害人类健康的病毒。同样，只要计算机和网络存在，就一定存在危害网络运转的计算机病毒。计算机病毒会伴随着计算机与网络技术的发展而演变。网络是传播计算机病毒的重要渠道。计算机病毒是计算机与网络永远的痛。

5）网络安全是一个系统的社会工程。网络安全研究涉及技术、管理、道德与法制环境等多个方面。网络的安全性是一个链条，它的可靠程度取决于链条中最薄弱的环节。实现网络安全是一个过程，而不是任何一个产品可以代替的。在加强网络安全技术研究的同时，必须加快网络法制建设，加强人们的网络法制观念与道德教育。

从当前的发展趋势来看，网络安全问题已超出技术和传统意义上计算机犯罪的范畴，已发展成为国家之间的一种政治与军事斗争手段。各国只能立足于自身，研究网络安全技术，培养专业人才，发展网络安全产业，构筑网络与信息安全保障体系。

1.3　计算机网络的定义与分类

1.3.1　计算机网络的定义

在计算机网络发展的不同阶段，人们对计算机网络提出了不同定义。这些定义反映当时网络技术发展水平，以及人们对网络的认识程度。这些定义可以分为 3 类：广义观点、资源共享观点与用户透明性观点。

从当前计算机网络的特点来看，资源共享角度的定义能够比较准确地描述出计算机网络的基本特征。资源共享观点将计算机网络定义为"以能够相互共享资源的方式互联起来的自治计算机系统的集合"。相比之下，广义观点定义的是计算机通信网络，而用户透明性观点定义的是分布式计算机系统。

资源共享观点的定义符合当前计算机网络的基本特征，这主要表现在：

1）建立计算机网络的主要目的是实现计算机资源的共享。计算机资源主要指计算机硬件、软件与数据。网络用户既可使用本地计算机中的资源，又可通过网络访问联网的远程计算机中的资源。

2）联网计算机是分布在不同地理位置的独立"自治计算机"。这些计算机之间没有明确的主从关系，每台计算机既可以联网工作，也可以脱离网络独立工作。联网计算机可以为本地用户提供服务，也可以为远程的网络用户提供服务。

3）联网计算机之间通信必须遵循共同的网络协议。计算机网络是由多台计算机互联而成，联网计算机之间需要不断交换数据。为了保证计算机之间有条不紊地交换数据，联网计算机在交换数据的过程中，需要遵守某种事先约定好的通信规则。

尽管网络技术与应用已经取得了很大进展，新的技术不断涌现，但是计算机网络的定义仍能准确描述现阶段网络的基本特征。

1.3.2　计算机网络的分类

计算机网络分类的基本方法主要有两种：一种是按网络采用的传输技术分类，另一种是按网络覆盖的地理范围分类。

1. 按网络采用的传输技术分类

由于计算机网络采用的传输技术决定了其主要技术特征，因此根据网络采用的传输技术对网络进行分类是一种可行的方法。在通信技术中，通信信道的类型有两类：广播信道与点－点信道。在广播信道中，多个结点共享一个通信信道，一个结点广播数据，其他结点必须接收数据。在点－点信道中，一条通信线路只能连接一对结点，如果两个结点之间没有直接连接，则它们只能通过中间结点来转发。显然，计算机网络需要通过信道来传输数据，其采用的传输技术只能有两类，即广播方式与点－点方式。因此，相应的计算机网络也可以分为两类，即广播式网络与点－点式网络。

在广播式网络中，所有联网计算机共享一条公共信道。当一台计算机利用共享信道发送数据时，其他计算机都会"收听"这个数据。由于发送的分组中带有目的地址与源地址，接收分组的计算机将检查目的地址是否与本结点地址相同。如果相同，接收该分组；否则，丢弃该分组。显然，在广播式网络中，分组的目的地址可分为 3 类：单一结点地址、多结点地址与广播地址。

在点－点式网络中，每条物理线路连接两台计算机。如果计算机之间没有直接连接，它们之间的传输数据需要通过中间结点转发，直至到达目的结点。由于连接多台计算机之间的线路结构可能很复杂，因此从源结点到目的结点可能存在多条路径。路由选择算法用于决定数据从源结点到目的结点的传输路径。采用存储转发与路由选择机制，这是点－点式网络与广播式网络的重要区别。

2. 按网络覆盖的地理范围分类

按计算机网络覆盖的地理范围进行分类，可以很好地反映不同类型网络的技术特征。计算机网络覆盖的地理范围不同，它们采用的传输技术也会不同，这样就形成了不同的网络技术特征与服务功能。

按照覆盖的地理范围来划分，计算机网络可以分为4类。

（1）广域网

广域网（Wide Area Network，WAN）又称为远程网，覆盖的地理范围从几十千米到几千千米。广域网覆盖一个国家、地区，或横跨几个洲，可以形成国际性远程计算机网络。广域网的通信子网可以利用公用分组交换网、卫星通信网和无线分组交换网，将分布在不同地区的计算机系统互联，达到更大范围的资源共享的目的。

（2）城域网

城市地区网络通常简称为城域网（Metropolitan Area Network，MAN）。城域网是介于广域网与局域网之间的一种高速网络。城域网设计目标是满足几十千米范围内的大量机关、校园、企业的多个局域网互联的需求，以实现大量用户之间的数据、图像、语音与视频等多种数据的传输。

（3）局域网

局域网（Local Area Network，LAN）用于将有限范围内（如一个实验室）的各种计算机、终端与外设互联起来。根据采用的技术、应用范围和协议标准不同，局域网可分为共享介质局域网与交换式局域网。局域网技术发展迅速并且应用广泛，它是计算机网络中最活跃的领域之一。

从应用的角度来看，局域网的技术特点主要表现在：

- 局域网覆盖有限的地理范围，适用于机关、校园、企业等有限范围内的计算机、终端与外设的联网需求。
- 局域网提供高传输速率（10Mbit/s ~ 10Gbit/s）、低误码率的数据传输环境。
- 局域网通常属于一个单位所有，易于建立、维护与扩展。
- 从介质访问控制方法的角度，局域网可分为共享介质局域网与交换式局域网。
- 从传输介质类型的角度，局域网可分为有线局域网与无线局域网。
- 局域网可用于个人计算机组网、大规模计算机集群的后端网络、存储区域网络、高速办公网络、企业与学校的主干网络。

（4）个人区域网

个人区域网（Personal Area Network，PAN）的覆盖范围最小（通常为10m以内），用于连接计算机、平板电脑、智能手机等数字终端设备。由于PAN主要以无线技术实现联网设备之间的数据传输，因此其准确定义应该是无线个人区域网（Wireless Personal Area Network，WPAN）。由于个人区域网的通信技术与无线局域网有较大差异，因此将它从无线局域网中独立出来是有必要的。

1.4　计算机网络的拓扑结构

无论互联网络的结构如何复杂，它们总是由一些基本网络单元构成。计算机网络拓扑研究可帮助读者了解网络结构及其技术特征。

1.4.1　计算机网络拓扑的定义

计算机网络设计的第一步是解决在给定计算机的位置，在保证一定的响应时间、吞吐量与可靠性的条件下，通过选择适当的通信线路、线路带宽与连接方式，以便保证整个网络的结构合理与成本低廉。为了应付复杂的网络结构设计，人们引入了网络拓扑的概念。

拓扑学是几何学的一个分支，它从图论演变而来。拓扑学将实体抽象成与其大小、形状无关的点，将连接实体的线路抽象成线，进而研究点、线、面之间的关系。

网络拓扑即通过网络结点与通信线路之间的连接关系表示网络结构，并反映整个网络中各个实体之间的结构关系。网络拓扑设计是建设计算机网络的第一步，它也是选择与实现具体的网络协议的基础，它对网络性能、可靠性与通信费用等都有很大影响。实际上，网络拓扑主要是指通信子网的拓扑结构。

1.4.2　计算机网络拓扑的分类

基本网络拓扑主要有 5 种类型：星形、环形、总线型、树形与网状拓扑。图 1-8 给出了基本网络拓扑的结构。

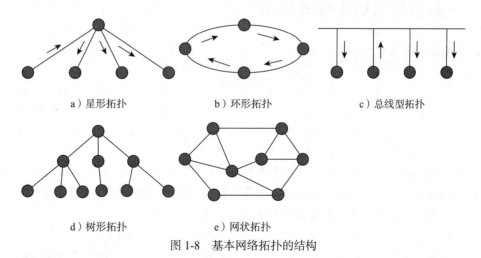

a）星形拓扑　　　　　b）环形拓扑　　　　　c）总线型拓扑

d）树形拓扑　　　　　e）网状拓扑

图 1-8　基本网络拓扑的结构

1. 星形拓扑

图 1-8a 给出了星形拓扑的结构。在星形拓扑中，所有结点都通过点 – 点线路与中心结点连接。中心结点可以控制全网的通信，任何两个结点之间的通信都要通过中心结点。星形拓扑的主要优点是：结构简单，易于实现，便于管理。但是，中心结点是网络性能与可靠性的瓶颈，中心结点的故障将会造成整个网络瘫痪。

2. 环形拓扑

图 1-8b 给出了环形拓扑的结构。在环形拓扑中，结点之间通过点 – 点线路连接成闭合环路。数据在环中沿一个方向逐个结点传输。环形拓扑的主要优点是：结构简单，传输延时

确定。但是，每个结点以及通信线路都是可靠性的瓶颈。环中的任何一个结点或线路出现故障，都会造成整个网络瘫痪。为了方便结点加入或离开环，以及控制数据传输顺序，需要设计复杂的环维护协议。

3. 总线型拓扑

图 1-8c 给出了总线型拓扑的结构。在总线型拓扑中，所有结点连接在一条作为公共传输介质的总线上，通过总线以广播方式发送与接收数据。当一个结点利用总线发送数据时，其他结点只能接收数据。如果两个或两个以上结点同时发送数据，将会出现冲突，造成数据传输的失败。总线型拓扑的主要优点是：结构简单，易于实现。但是，其重点是需要解决多结点访问总线的介质访问控制问题。

4. 树形拓扑

图 1-8d 给出了树形拓扑的结构。在树形拓扑中，结点按层次进行连接，数据交换主要在上下层结点之间完成，相邻及同层结点之间通常很少交换数据，或者数据交换量较小。树形拓扑可看成星形拓扑的一种扩展，更适用于数据汇聚类的应用。

5. 网状拓扑

图 1-8e 给出了网状拓扑的结构。网状拓扑又称为无规则形拓扑。在网状拓扑中，结点之间的连接关系是任意的，没有任何规律性。网状拓扑的主要优点是：系统可靠性高。但是，网状拓扑的结构非常复杂，需要采用路由选择、拥塞控制等机制。当前存在的广域网通常采用的是网状拓扑。

1.5 计算机网络的组成与结构

1.5.1 早期广域网的结构

从以上讨论中可以看出，最早出现的计算机网络是广域网。广域网的设计目标是将分布在很大地理范围内的多台计算机互联起来。早期的计算机主要是指大型机、中型机或小型机。这里的计算机通常被称为主机（host）。用户通过连接到主机上的终端来访问本地主机，以及位于广域网中的远程主机。

联网的主机有两个主要功能：一是为本地的用户提供服务；二是通过通信线路与通信控制处理机连接，完成网络通信功能。网络系统主要由通信控制处理机与通信线路构成，负责完成广域网中不同主机之间的数据传输任务。

从逻辑功能上来看，计算机网络很自然地分成两部分：资源子网与通信子网。其中，资源子网主要包括主机、终端及控制器、外部设备、各种软件与信息资源等。资源子网负责完成网络的数据处理业务，为网络用户提供各种资源与服务。通信子网主要包括通信控制处理机、通信线路、其他通信设备等。通信子网负责完成网络数据传输、路由与分组转发等通信处理任务。

1.5.2 互联网的基本结构

随着互联网的规模急剧扩大与应用日趋广泛，简单的两级结构网络模型已很难表述现代互联网的结构。互联网是一个由大量路由器将广域网、城域网、局域网等各类网络互联而成，结构始终处于不断变化状态的网际网。图 1-9 给出了简化的互联网结构。其中，国际或国家级主干网是互联网的主干部分。这些主干网由分布在不同地理位置、通过光纤连接的大量路由器构成，负责提供高带宽的数据传输服务。

　　大量的计算机通过符合 IEEE 802.3 标准的局域网、IEEE 802.11 标准的无线局域网、IEEE 802.16 标准的无线城域网、无线自组网（Ad hoc）、无线传感器网（WSN）、电话交换网（PSTN）或有线电视网（CATV）接入本地的企业网或校园网。企业网或校园网通过路由器汇聚到作为地区主干网的宽带城域网。宽带城域网通过城市宽带出口连接到国际或国家主干网。国际或国家主干网、地区主干网和大量企业网或校园网组成互联网。各级主干网中连接有很多服务器集群，为接入的用户提供各种互联网服务。

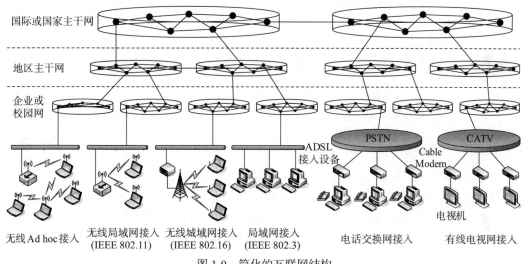

图 1-9　简化的互联网结构

1.6　网络体系结构与网络协议

　　理解互联网的网络结构、工作原理和各种网络应用的实现方法，首先需要掌握网络体系结构的基本概念与处理网络问题的基本方法。

1.6.1　网络体系结构的概念

1. 网络协议的概念

　　计算机网络由多个互联的结点组成，结点之间需要不断地交换数据与控制信息。为了做到有条不紊地交换数据，每个结点必须遵守一些事先约定好的规则。这些规则明确规定所交换数据的格式和时序。这些为网络数据交换而制定的规则、约定与标准称为协议（protocol）。协议主要由以下三个要素组成：

- 语法：用户数据与控制信息的结构与格式。
- 语义：需要发出何种控制信息，以及完成的动作与响应。
- 时序：对事件实现顺序的详细说明。

　　通过认真观察现实社会中的邮政系统结构，以及如何利用该系统完成信件的发送与接收，有助于增进对网络体系结构与网络协议的了解。图 1-10 给出了邮政系统的信件发送与接收过程。例如，你是一位在南开大学读书的大学生，当你想给在广州的父母写一封信时，你所做的第一步是书写一封信；第二步是按国内的信封书写标准，在信封左上角书写收信人的地址，在信封中部写上收信人的姓名，在信封右下角书写发信人的地址；第三步是将信件封入信封并贴上邮票；第四步是将信件投入邮箱中。这样，发信人的工作已经完成，他并不需要了解如何处理信件。

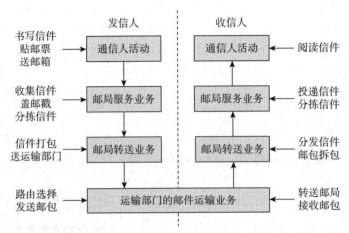

图 1-10 邮政系统的信件处理过程

邮递员定时从各个邮箱内收集信件，检查信件上的邮票是否符合要求，并在加盖邮戳后运送到该地区的邮政枢纽。工作人员根据信件的目的地址，将送往相同地区的邮件打成一个邮包，并在邮包上粘贴运输与中转信息。如果从天津到广州不需要中转，当天从天津到广州的所有信件将打在一个包中，并通过公路、铁路或航空运输到广州。当这个邮包送到广州地区的邮政枢纽时，邮件分拣员将这个邮包拆开，并将信件按目的地址进行分拣，然后运输到各个区县下属的邮局网点，最后由邮递员将信件送到收信人的邮箱。当收信人从邮箱中取出信件后，可以拆开并阅读信件。至此，一次完整的信件发送与接收过程完成。

实际的邮政系统是一个复杂的系统，它与计算机网络有很多相似之处。通过分析邮政系统的组织结构与工作流程，对理解网络体系结构有很多有益的启示。

2. 几个重要的概念

计算机网络与现实中的邮政系统相似，它们都涉及以下 4 个重要概念：

- 协议（protocol）
- 层次（layer）
- 接口（interface）
- 体系结构（architecture）

层次是人们处理复杂问题的基本方法。人们对于那些难以处理的复杂问题，通常是分解为多个容易处理的小问题。邮政系统涉及全国甚至世界各地亿万人之间信件传送的复杂问题，它采用的解决方法是：不同地区的系统分成相同的层次；不同系统的同等层具有相同功能；高层使用低层提供的服务。计算机网络与邮政系统的层次结构有很多相似点。层次结构体现对复杂问题"分而治之"的模块化方法，可以极大地降低复杂问题的处理难度，这是网络研究中采用层次结构的直接动力。

接口是同一结点内相邻层之间交换信息的连接点。在现实的邮政系统中，邮箱是发信人与邮递员之间的接口。同一结点的相邻层之间有明确规定的接口，低层通过接口向高层提供服务。只要接口条件与低层功能不变，低层功能的实现方法与技术的变化不会影响到高层的运行。

体系结构是层次结构模型与各层协议的集合。对于结构复杂的网络协议，最好的组织方式是层次结构模型。网络协议就是按照层次结构模型来组织的。网络体系结构对应该实现的功能进行精确的定义，而具体通过哪些硬件与软件来完成这些功能是实现问题。因此，体系结构是抽象的，而实现是具体的。

3. 网络体系结构的提出

计算机网络采用层次结构具有以下优点：

1）各层之间相互独立，高层无须知道低层如何实现，仅需知道通过层次之间的接口提供的服务。

2）当其中任何一层发生变化时，如实现技术发生改变，只要接口保持不变，则该层之上各层均不受影响。

3）各层都可采用最合适的技术来实现，实现技术的改变不影响其他层。

4）整个系统被分解为多个易于处理的部分，这种结构使得庞大、复杂系统的实现和维护变得容易。

5）每层的功能与提供的服务已有精确说明，这样设计有利于促进网络协议标准化。

1974 年，IBM 公司提出世界上第一个网络体系结构，即系统网络体系结构（System Network Architecture，SNA）。此后，一些大公司陆续提出各自的网络体系结构。它们的共同点是都采用分层技术，但是层次划分、功能分配与实现技术不同。随着计算机网络技术的飞速发展，各种计算机联网和各种网络互联成为迫切需要解决的问题。OSI 参考模型就是在这个背景下被提出并开展研究的。

1.6.2 OSI 参考模型的发展

1. OSI 参考模型的提出

从历史上来看，对计算机网络标准方面有很大贡献的国际组织是国际电报与电话咨询委员会（CCITT）和国际标准化组织（ISO）。后来，CCITT 改组为国际电信联盟（ITU）。CCITT 与 ISO 的工作领域不同，CCITT 主要从通信角度考虑标准制定问题，ISO 更关注网络体系结构与网络协议。随着计算机网络技术的发展，通信与信息处理之间的界限变得模糊，它们成为 CCITT 与 ISO 共同关心的领域。

1974 年，ISO 发布了著名的 ISO/IEC 7498 标准，它定义了网络互连的七层框架，这就是开放系统互连（Open System Internetwork，OSI）参考模型。在 OSI 框架下，进一步详细规定每层的功能，以实现开放环境中的互连（interconnection）、互操作（interoperation）与应用的可移植（portability）。CCITT 的 X.400 建议书也定义了一些相似的内容。

2. OSI 参考模型的定义

OSI 参考模型中的"开放"是指只要遵循这个标准，该系统可以与位于世界上任何地方、遵循相同标准的其他系统通信。在 OSI 标准的制定过程中，采用的方法是将整个庞大、复杂的问题划分为多个容易处理的小问题，这就是分层的体系结构处理方法。OSI 标准采用的是三级抽象：

- 体系结构（architecture）
- 服务定义（service definition）

● 协议说明（protocol specification）

OSI 参考模型定义了开放系统的层次结构、层次之间的相互关系，以及各层可能提供的服务。它作为一个框架来协调与组织各层协议的制定，也是对网络内部结构的精炼概括与描述。OSI 标准中的各种协议定义了需要发送的控制信息，以及通过用哪种过程来解释这个控制信息。协议规程的说明具有严格的约束。

OSI 参考模型的服务定义详细说明了各层所提供的服务。某层提供的服务是指该层及以下各层的一种能力，这种服务通过接口提供给相邻高层。各层提供的服务与这些服务的具体实现无关。同时，它还定义了层次之间的接口与各层使用的原语，但是并不涉及相应接口或原语的实现方法。

OSI 参考模型没有提供一个具体的实现方法，它只是描述了一些概念，用于协调进程之间通信标准的制定。在 OSI 参考模型的范围内，只要各种协议是可以实现的，各种产品只要遵循 OSI 的协议就可以互连。也就是说，OSI 参考模型并不是一个标准，而是一种在制定标准时使用的概念性框架。

3. OSI 参考模型的结构

OSI 参考模型采用典型的分层结构。OSI 参考模型的每层是一个模块，用于执行某种基本功能，并且具有一套相应的协议。根据分而治之的原则，OSI 参考模型将通信功能划分为 7 层，其划分层次的主要原则是：

● 网络中的各个结点拥有相同的层次。

● 不同结点的同等层具有相同的功能。

● 同一结点中的相邻层之间通过接口来通信。

● 每层使用相邻下层提供的服务，并向它的相邻上层提供服务。

● 不同结点的同等层通过协议来通信。

图 1-11 给出了 OSI 参考模型的结构。OSI 参考模型可以分为 7 个层次，从下到上依次为物理层、数据链路层、网络层、传输层、会话层、表示层与应用层。数据需要在相邻层之间进行传递，这个传递过程通过命令来实现，这里的命令称为原语（primitive），传递的数据称为协议数据单元（Protocol Data Unit，PDU）。在某种 PDU 进入相邻层之前，需要为 PDU 添加该层的控制信息，或者拆除该层的控制信息。在 OSI 参考模型的使用过程中，会话层与表示层的功能逐渐弱化，近年来已经很少讨论它们。

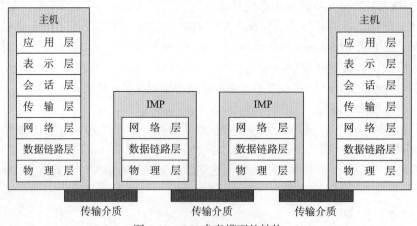

图 1-11　OSI 参考模型的结构

OSI 参考模型各层的主要功能如下。

（1）物理层（physical layer）

物理层是 OSI 参考模型的最低层，主要功能是利用传输介质实现比特序列的传输。

（2）数据链路层（data link layer）

数据链路层是 OSI 参考模型的第二层，主要功能是采用差错控制与流量控制方法，使得有差错的物理线路变成无差错的数据链路。

（3）网络层（network layer）

网络层是 OSI 参考模型的第三层，主要功能是实现路由选择、分组转发与拥塞控制等功能，为分组传输选择最佳的路由。

（4）传输层（transport layer）

传输层是 OSI 参考模型的第四层，主要功能是为高层用户提供可靠的端 – 端（end-to-end）通信服务，向高层屏蔽下层数据通信的具体细节。

（5）会话层（session layer）

会话层是 OSI 参考模型的第五层，主要功能是维护不同计算机之间数据通信的会话过程。

（6）表示层（presentation layer）

表示层是 OSI 参考模型的第六层，主要功能是处理不同计算机之间的数据表示方式，如格式变换、加密 / 解密、压缩 / 恢复等。

（7）应用层（application layer）

应用层是 OSI 参考模型的最高层，主要功能是以应用软件方式提供相应的网络服务，如远程登录、电子邮件、文件传输、Web 浏览等。

4. OSI 环境的基本概念

研究 OSI 参考模型时需要清楚它描述的范围，这个范围称为 OSI 环境（OSI Environment，OSIE）。OSI 环境主要包括：主机中从应用层到物理层的 7 层与通信子网，即图 1-12 中虚线覆盖的范围。用于连接不同结点的传输介质不包括在 OSI 环境中。

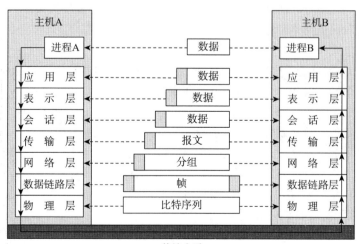

图 1-12　OSI 环境中的数据传输过程

图 1-12 给出了 OSI 环境中的数据传输过程。主机 A 和主机 B 在连接到网络之前，并不需要用于实现应用层到物理层功能的硬件与软件。如果它们希望连接到网络，这时就必须增加相应的硬件和软件。一般情况下，物理层、数据链路层与网络层大多由硬件来实现，而其他高层基本上都通过软件来实现。

在 OSI 环境中，数据传输过程包括以下几步。

1）当进程 A 的数据传送到应用层时，应用层为数据加上本层的控制报头，构成应用层的协议数据单元，然后传送到表示层。

2）表示层为数据加上本层的控制报头，构成表示层的协议数据单元，然后传送到会话层。经过类似的过程，数据被传送到传输层。

3）传输层为数据单元加上本层的控制报头，构成传输层的协议数据单元，称为报文（message），然后传送到网络层。

4）由于网络层的协议数据单元长度有限制，报文可能被分成多个较短的数据部分，分别加上本层的控制报头，构成网络层的协议数据单元，称为分组（packet），然后传送到数据链路层。

5）数据链路层为数据单元加上本层的控制报头，构成数据链路层的协议数据单元，称为帧（frame），然后传送到物理层。

6）物理层通过传输介质以比特序列方式将数据传送到其他结点。当数据到达目的结点后，从物理层逐层拆除相应的控制报头，并将数据发送给相邻上层，最后主机 B 的应用层将数据传送给进程 B。

在 OSI 环境中，进程 A 的数据经过复杂的处理过程传送给了进程 B。但是，对于每台主机的应用进程来说，OSI 环境中的数据流处理过程是透明的。进程 A 的数据就像是直接传送给进程 B，这是开放系统在网络通信中的作用。

1.6.3 TCP/IP 与参考模型

1. TCP/IP 的特点

OSI 参考模型研究的初衷是希望为网络体系结构与协议的发展提供一种国际标准。OSI 参考模型的研究对促进网络理论体系的形成起到了重要的作用，但是它也受到了 TCP/IP 的挑战。

TCP/IP 是互联网中重要的通信规程，规定了计算机之间通信使用的命令与响应、PDU 格式、相应的动作等。TCP/IP 具有以下几个主要特点：

- 开放的协议标准。
- 独立于特定的计算机硬件与操作系统。
- 独立于特定的网络硬件，可以运行在局域网、城域网与广域网，适用于网络互联。
- 统一的网络地址分配方案，所有运行 TCP/IP 的设备都具有唯一的网络地址。
- 标准化的应用层协议，可以提供多种可靠的网络服务。

2. TCP/IP 参考模型的层次结构

TCP/IP 参考模型可以分为 4 个层次，从下到上依次为：主机 – 网络层、互联层、传输层与应用层。TCP/IP 参考模型与 OSI 参考模型的层次之间有固定的对应关系（如图 1-13 所示）。这里，TCP/IP 参考模型的主机 – 网络层对应于 OSI 参考模型的数据链路层、物理层；TCP/IP 参考模型的互联层对应于 OSI 参考模型的网络层；TCP/IP 参考模型的传输层对应于 OSI 参考模型的传输层；TCP/IP 参考模型的应用层对应于 OSI 参考模型的应用层、表示层与会话层。

（1）主机–网络层（host-to-network layer）

主机–网络层是 TCP/IP 参考模型的最低层，负责通过网络发送和接收 IP 分组。主机–网络层没有规定具体协议，它采取开放的策略，可使用广域网、局域网与城域网的各种协议。这体现了 TCP/IP 的开放性与兼容性，也是 TCP/IP 成功的重要基础。

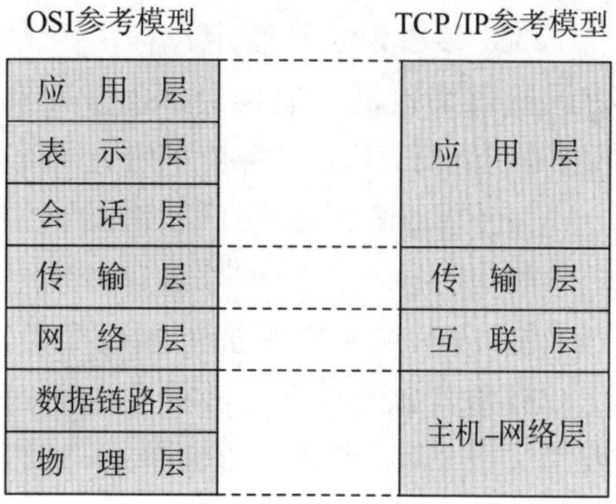

（2）互联层（internet layer）

互联层是 TCP/IP 参考模型的第二层，其中的 IP 提供尽力而为（best effort）的分组传输服务。在早期的 IP 讨论中，经常将分组称为数据报（datagram）。

互联层的主要功能包括：

图 1-13　两种参考模型的层次对应关系

- 处理来自传输层的数据发送请求，将传输层报文段封装成 IP 分组，通过路由选择算法确定适当的发送路径，并将 IP 分组转发到下一个结点。
- 处理接收的来自其他结点的 IP 分组，如果目的地址为本结点的 IP 地址，则拆除 IP 分组的报头并交给传输层处理；否则，通过路由选择算法确定适当的发送路径，并将 IP 分组转发到下一个结点。
- 处理互联网络的路由选择、流量控制与拥塞控制。

（3）传输层（transport layer）

传输层是 TCP/IP 参考模型的第三层，在不同主机的进程之间建立和维护端-端连接，在网络环境中实现分布式进程通信。

传输层定义了两种不同的协议：传输控制协议（Transport Control Protocol，TCP）与用户数据报协议（User Datagram Protocol，UDP）。其中，TCP 是一种可靠、面向连接的传输层协议。TCP 提供流量控制与拥塞控制功能，协调收发双方的发送与接收，以达到正确传输数据的目的。UDP 是一种不可靠、无连接的传输层协议。UDP 主要用于对传输效率要求更高的网络应用。

（4）应用层（application layer）

在讨论应用层协议时，需要注意两个基本问题：一是属于标准协议还是专用协议，二是使用哪种传输层协议。

从是否标准化的角度，应用层协议可以分为两类：一是标准的应用层协议，二是专用的应用层协议。目前，基于 C/S 模式的应用层协议多数属于第一类，如 Telnet、SMTP、FTP、HTTP、SNMP、DNS 等；基于 P2P 技术的应用层协议多数属于第二类，如 BitTorrent、Gnutella、Skype、QQ 等。

从使用的传输层协议的角度，应用层协议可以分为 3 类：仅依赖 TCP 的应用层协议，仅依赖 UDP 的应用层协议，可依赖 TCP 或 UDP 的应用层协议。其中，仅依赖 TCP 的应用层协议有 Telnet、SMTP、FTP、HTTP 等；仅依赖 UDP 的应用层协议有 SNMP、TFTP 等；可依赖 TCP 或 UDP 的应用层协议有 DNS。

1.6.4　一种建议的参考模型

无论是 OSI 或 TCP/IP 参考模型及相关协议，它们都有成功和不足的地方。ISO 计划通过推动 OSI 参考模型研究促进网络标准化，但是实际上它的目标并没有达到。TCP/IP 采取正确的策略，抓住有利的时机，伴随互联网发展并成为当前公认的标准。

OSI 参考模型在制定过程中因为考虑各方面因素，导致它变得大而全，这样势必会造成协议的效率较低。但是，OSI 参考模型的研究成果及其提出的很多概念对后来的网络技术研究具有重要的指导意义。

为了保证计算机网络教学的科学性与系统性，本书将采纳一种简化的参考模型（如图 1-14 所示）。这是一种折中的方案，它吸取了以上两种参考模型的优点。这种参考模型包括 5 层，比 OSI 参考模型少了表示层与会话层，但是以数据链路层与物理层代替了 TCP/IP 参考模型的主机 – 网络层。

| 应 用 层 |
| 传 输 层 |
| 网 络 层 |
| 数据链路层 |
| 物 理 层 |

图 1-14　一种简化的参考模型

1.6.5　互联网标准、RFC 文档与管理机构

1. 网络标准化组织

计算机网络与互联网技术的快速发展得益于网络体系结构、协议标准化方面的努力。在相关领域有影响的国际标准化组织主要包括：

- 国际标准化组织（International Organization for Standardization，ISO）：致力于数据通信标准、OSI 参考模型等的制定。
- 电气与电子工程师协会（Institute of Electrical and Electronics Engineers，IEEE）：致力于局域网领域最重要的 IEEE 802 标准的制定。
- 国际电信联盟（International Telecommunication Union，ITU）：致力于电信网协议、通信规范、互联方案等相关标准的制定。

2. RFC 文档

最早的 RFC 文档的名称是 "RFC1 Host Software"，1969 年 4 月由参与 ARPANET 研究的 UCLA 研究生 Steve Crocker 发布。Steve Crocker 的最初设想是希望创造一种非官方、所有研究人员之间交流成果的方式，系列发布各种网络技术与标准的研究文档，并取名为请求评价（Request For Comment，RFC）。这种方式很快受到所有研究人员的欢迎，并逐步形成有关互联网研究成果、标准讨论的主要方式，在互联网技术与标准从构思到修改、确定的过程中发挥重要作用，也是当前研究人员了解互联网技术动态的信息来源。各种 RFC 文档都可从 http://www.rfc-editor.org 网站找到。

在了解 RFC 文档的过程中，需要注意以下几个问题：

1）任何研究人员都可以提交 RFC 文档。管理机构收到某个文档并经过专家审查后，根据接收文档的时间对文档进行编号。第一个 RFC 文档序号为 1，即 "RFC1 Host software"，之后很快出现关于主机软件的第二个文档，即 "RFC2 Host software"。从 1969 年第一个 RFC 文档出现至 2019 年的 50 年中，已发布的各类 RFC 文档超过 8000 个。

2）不是所有 RFC 文档都会成为互联网标准，其中仅有很少的一部分成为互联网标准。互联网标准制定需要经过 4 个阶段：草案（draft）、建议标准（proposed standard）、草案标准（draft standard）与标准（standard）。"草案"阶段的 RFC 文档是供大家讨论用的。当草案经过 IETF 初审认为可能成为标准时，将被接受为"建议标准"并分配永久编号。"草案标准"阶段的 RFC 文档表示正在被考虑和审查过程中的标准。"标准"阶段的 RFC 文档表示该文档已成为互联网标准。

3）RFC 文档分为 3 种形式：实验性文档、信息性文档与历史性文档。其中，实验性文档是某项技术研究的当前实验进展报告。信息性文档是互联网相关的一般性或指导性信息。历史性文档表示该协议已经被新的协议取代，或者是没有达到一定的成熟程度、从未被使用过的标准。

4）对于一个网络协议可能出现很多 RFC 文档。例如，讨论 TCP 的第一个 RFC 文档"RFC793 Transmission Control Protocol"在 1981 年发布。为了解决 TCP 在网络拥塞时的恢复机制，以及选择传输窗口、超时数值、报文段长度等问题，在之后的 20 多年中陆续发布了十几个有关 TCP 功能扩充、调整的 RFC 文档。当读者希望全面了解一个协议的细节时，可能需要阅读多个 RFC 文档。另外，对于同一个协议，可能由新的文档来代替旧的文档。因此，查询 RFC 文档时须注意两个问题：一是注意 RFC 文档的类型，二是确定是否为最新文档。

3. 互联网管理机构

实际上，没有任何组织、企业或政府能够完全拥有互联网，它由一些独立的机构来管理，这些机构都有自己特定的职能。图 1-15 给出了互联网管理机构的结构。多数的互联网管理或研究机构有两个共同点：一是它们的非营利性特征；二是采用自下向上的结构。这种结构体现了互联网资源与服务的开放与公平原则。

互联网管理或研究机构主要包括：

- 互联网协会（Internet Society，ISOC）：它是一个非政府、非营利的行业性国际组织，致力于为全球互联网发展创造有益、开放的条件，并为互联网制定相应的标准、发布信息、进行培训等。此外，ISOC 还致力于社会、经济、政治、道德、立法等能够影响互联网发展方向的工作。

- 互联网体系结构委员会（Internet Architecture Board，IAB）：它是 ISOC 下设的一个技术咨询机构，承担 ISOC 技术顾问组的角色，负责定义整个互联网的架构和长期发展规划，以及任命 IETF 主席和 IESG 成员。

- 互联网工程任务组（Internet Engineering Task Force，IETF）：它是 ISOC 下设的一个技术研究机构，负责互联网相关技术标准的研发和制定。具体的技术性工作由内部的各个工作组来承担，主要包括应用程序、通用部分、互联网、业务和管理、实时应用程序和基础设施、路由、安全、传输等 8 个工作组。

- 互联网工程指导组（Internet Engineering Steering Group，IESG）：它是 IETF 的上层指导委员会，负责管理 IETF 活动和标准制定程序，批准或纠正各个工作组的研究成果，并具有设立与终止工作组的权限。

- 互联网研究任务组（Internet Research Task Force，IRTF）：它是 ISOC 下设的一个技术研究机构，专注于互联网的一些长期问题研究。

- 互联网名称与号码分配委员会（Internet Corporation for Assigned Names and Numbers，ICANN）：它是一个非政府、非营利的行业性国际组织，负责监督全球 IP 地址和自治域号码分配、域名系统和根域名服务器的管理，以及互联网协议相关号码和参数的分配。

- 互联网号码分配机构（Internet Assigned Numbers Authority，IANA）：它是 ICANN 下设的一个管理机构，负责具体执行 ICANN 的上述分配工作。

- 互联网网络信息中心（Internet Network Information Center，InterNIC）：它是 ICANN

下设的一个服务机构，负责提供域名注册服务的公开信息，以及网络知识产权方面的支持工作。

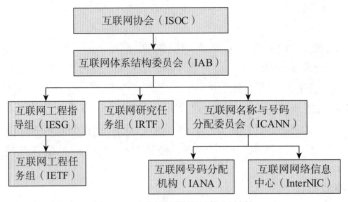

图 1-15   互联网管理机构的结构

1.7   中国互联网的发展状况

1.7.1   CNNIC 与互联网统计报告

近年来，我国互联网发展速度越来越快，对政治、经济、教育、社会生活等方面的影响越来越大。1997 年 6 月 3 日，中国互联网信息中心（China Internet Network Information Center，CNNIC）成立，并开始管理我国互联网主干网。作为中国信息社会重要基础设施的建设者、运行者和管理者，CNNIC 的主要职责包括：负责国家网络基础资源的运行、管理和服务，承担国家网络基础资源的技术研发并保障安全，开展互联网发展研究并提供咨询，促进全球互联网开放合作和技术交流。

CNNIC 负责开展我国互联网发展状况等多项统计工作。从 1997 年开始，CNNIC 每年发布两次"中国互联网络发展状况统计报告"，描绘我国互联网半年来的宏观发展状况。根据这些统计报告中给出的各项数据分析，如上网用户数、IP 地址、域名与网站个数、国际出口带宽等，我国互联网多年来一直处于快速增长状态。近年来，移动互联网与智能终端等技术的快速发展为我国互联网发展注入了新的活力。

下面给出 CNNIC 发布的几组统计数据：

- 1997 年 10 月，CNNIC 发布第 1 次"中国互联网络发展状况统计报告"。报告显示：截至 1997 年 10 月，我国的上网计算机数为 29.9 万台，上网用户数为 62 万，其中 75% 采用的是拨号上网方式；我国的".CN"域名数量为 4066 个；我国的网站数量约为 1500 个；我国的国际出口带宽总和为 25Mbit/s。在所有流量中，Web 服务流量占 78.3%，电子邮件流量占 10.7%，FTP 流量占 8.4%。
- 2004 年 1 月，CNNIC 发布第 13 次"中国互联网络发展状况统计报告"。报告显示：截至 2003 年 12 月，我国的上网用户规模达到 7950 万，其中宽带上网用户为 1740 万，专线上网用户为 2660 万；我国的 IPv4 地址资源为 4145 万个；我国的域名总数为 34 万个，其中".CN"域名达到 15.8 万个；我国的网站总数为 59.6 万个，其中".CN"网站数为 6 万个；我国的国际出口带宽总和为 27 216Mbit/s。在网络应用中，上网用户最常使用的依次是电子邮件、网络新闻与搜索引擎。

- 2011 年 1 月，CNNIC 发布第 27 次"中国互联网络发展状况统计报告"。报告显示：截至 2010 年 12 月，我国的上网用户规模达到 4.57 亿，互联网普及率为 34.3%，通过手机上网用户达到 3.03 亿；我国的 IPv4 地址资源为 2.78 亿个，IPv4 地址资源即将分配完毕；我国的域名总数为 866 万个，其中".CN"域名达到 435 万个；我国的网站总数为 191 万个，其中".CN"网站数为 113 万个；我国的国际出口带宽总和为 1 089 956Mbit/s。网络购物是用户数增长最快的应用，预示着更多的经济活动步入互联网时代。

- 2020 年 4 月，CNNIC 发布第 45 次"中国互联网络发展状况统计报告"。报告显示：截至 2020 年 3 月，我国的上网用户规模达到 9.04 亿，互联网普及率为 64.5%，通过手机上网用户达到 8.97 亿；我国的 IPv4 地址数量达到 3.87 亿个，拥有 IPv6 地址 50 877 块；我国的域名总数为 5094 万个，其中".CN"域名达到 2243 万个；我国的网站总数为 497 万个，其中".CN"网站数为 341 万个；我国的国际出口带宽总和为 8 827 751Mbit/s。需要注意的是，以手机为中心的智能设备已成为"万物互联"的基础，并在构筑个性化、智能化的应用场景。

1.7.2　中国互联网用户数的增长

通过对 CNNIC 发布的"中国互联网络发展状况统计报告"进行分析，可以看出我国互联网用户规模的增长速度非常快。从 2008 年开始，中国互联网用户规模已达到世界首位，这得益于我国经济多年来的持续高速增长。图 1-16 给出了近年来我国上网用户数的增长情况。从图中可以看出，2013 年，我国上网用户规模达到 6.18 亿，互联网普及率为 45.8%；2020 年，我国上网用户规模约为 9.04 亿，互联网普及率为 64.5%。从 2013 年至 2020 年，我国上网用户规模增长了 46%，互联网普及率提升了 41%。

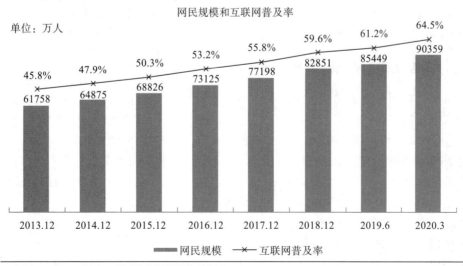

来源：CNNIC 中国互联网络发展状况统计调查　　　　　　　　　2020.3

图 1-16　近年来我国上网用户数的增长情况

随着智能手机的普及与移动互联网应用的推广，我国手机上网用户规模的增长速度很快，并在整体上网用户规模中所占的比例越来越高。图 1-17 给出了近年来我国手机上网用户数的增长情况。从图中可以看出，2013 年，我国上网用户规模达到 5 亿，手机用户数占上网用户数的比例为 81%；2020 年，我国手机上网用户规模达到 8.97 亿，手机用户数占上网用户数的比例为 99.3%。从 2013 年至 2020 年，我国手机上网用户规模增长了 79.4%，手机用户数占上网用户数的比例提升了 22.6%。

图 1-17　近年来我国手机上网用户数的增长情况

　　近年来，我国互联网覆盖范围逐步扩大，入网门槛进一步降低。一方面，"网络覆盖工程"加速实施，更多居民用得上互联网。截至 2020 年年底，全国行政村通光纤的比例达到 98%，贫困村通宽带的比例超过 99%，更多居民用网需求获得保障。另一方面，互联网"提速降费"工作取得实质性进展，更多居民用得起互联网。国内各大电信运营商落实相关政策，自 2018 年 7 月起，移动互联网跨省漫游成为历史，运营商移动流量单价降幅均超过 55%，居民信息交流效率获得提升。

1.7.3　中国互联网主干网的发展

　　1994 年，我国开始正式接入国际互联网，同年建立与运行自己的域名体系。我国的运营商分别建立各自的主干网。1997 年，根据第 1 次"中国互联网络发展状况统计报告"的数据，当时的运营商包括 CHINANET、CERNET、CSTNET 与 CHINAGBN，国际出口带宽总和为 25 408Mbit/s，连接的国家主要有美国、德国、法国与日本等。此后，我国在互联网主干网的建设上投入巨大，拥有的国际出口带宽逐年增长。截至 2020 年 3 月，我国的国际出口带宽总和达到 8 827 751Mbit/s，相比上年度的增长率为 19.8%。

　　目前，我国主要包括以下几个主干网：

- 中国电信 + 中国联通 + 中国移动：8 651 623Mbit/s
- 中国科技网（CSTNET）：114 688Mbit/s
- 中国教育与科研计算机网（CERNET）：61 440Mbit/s

其中，中国电信、中国联通与中国移动的网络分别由我国三大电信运营商来运营，这些网络都是面向公众提供服务的；CERNET 是服务于教育领域的互联网，当前已连接国内几乎所有高校以及教育机构；CSTNET 是服务于科研领域的互联网，当前已连接包括中科院在内的各大科研单位。2003 年，我国启动中国下一代互联网示范工程（CNGI）。2004 年年底，初步建成了 CERNET2 核心网络。经过多年的建设，CNGI 已建成包括 6 个核心网络、22 个城市的 59 个结点、2 个交换中心、273 个驻地网的 IPv6 示范网络。

从以上数据可以看出，伴随着我国经济多年持续高速发展，互联网应用在"十五""十一五"与"十二五"期间获得快速发展。我国上网用户规模保持平稳增长，网络应用模式不断创新，网上与网下服务的融合加速，公共服务网络化步伐加快，这些都成为上网用户规模增长的推动力。互联网发展成果为我国信息产业发展奠定了坚实的基础，也为新的网络技术研究提供了更广阔的发展空间。

1.8 本章总结

本章主要讲述了以下内容：

1）从发展时间的角度，计算机网络发展大致经历 4 个阶段。第一个阶段是网络技术与理论准备阶段；第二个阶段是网络形成阶段；第三个阶段是网络体系结构研究与协议标准化阶段；第四个阶段是互联网、无线网络与网络安全发展阶段。

2）从技术分类的角度，计算机网络技术可归纳为 3 条主线。第一条主线是从ARPANET 到互联网；第二条主线是从无线分组网到无线自组网、无线传感器网的无线网络技术；第三条主线是伴随前两条主线发展的网络安全技术。

3）互联网应用发展基本上可分为 3 个阶段。在第一阶段互联网只提供基本的网络服务功能；第二阶段是由于 Web 技术的出现，使互联网在电子商务、电子政务、远程教育等方面得到快速发展；第三阶段是基于 P2P 网络的应用，将互联网应用推向新的阶段。

4）从资源共享观点来看，计算机网络是"以能相互共享资源的方式互联起来的自治计算机系统的集合"。按照覆盖的地理范围，计算机网络可分为 4 种类型：广域网、城域网、局域网与个人区域网。

5）计算机网络拓扑通过网中结点与通信线路之间的几何关系表示网络结构。网络拓扑反映网络中各个实体之间的结构关系。常见的网络拓扑主要包括：星形拓扑、环形拓扑、总线型拓扑、树形拓扑与网状拓扑。

6）OSI 参考模型定义网络互联的 7 层框架，并详细规定每层的功能，以实现开放系统环境中的互联性、互操作性与应用的可移植性。OSI 参考模型的层次从低到高依次为：物理层、数据链路层、网络层、传输层、会话层、表示层与应用层。

7）TCP/IP 具有开放性特征，独立于特定的计算机硬件与操作系统，可以运行在局域网、广域网等环境中，适用于网络的互联，对互联网技术的发展起到奠基作用。TCP/IP 参考模型随着 TCP/IP 的成熟而受到关注，它定义的层次从低到高依次为：主机 – 网络层、互联层、传输层与应用层。

第 2 章　广域网、局域网与城域网

本章主要讨论以下内容：
- 广域网技术的特征与发展趋势
- 引起城域网的概念与技术演变的原因
- 高速局域网技术的特征与发展趋势
- 接入技术与局域网、城域网的关系

互联网是由大量的局域网、城域网与广域网互联而成的网际网，了解局域网、城域网与广域网技术对于理解互联网工作原理有重要作用。本章将系统地讨论广域网、局域网、城域网技术的特征与发展趋势。

2.1　广域网

2.1.1　广域网的主要特征

在计算机网络发展的过程中，出现最早的是广域网技术，其次是局域网技术，而城域网技术早期是融入局域网技术中开展研究的。随着计算机网络技术的广泛应用，特别是互联网技术的快速发展，局域网、城域网与广域网各自按照不同的应用定位发展，形成了各自鲜明的技术特点，而网络互联的发展使得三种网络在互联网中融为一体。

作为互联网中的主干网，广域网主要具有以下两个基本特征。

（1）广域网的定位是一种公共数据网络

局域网通常属于一个单位所有，组建成本较低，易于建立与维护，它通常采用的模式是自建、自管与自用。广域网通常不是属于一个单位所有，建设投资很大，难以管理与维护，它通常由电信运营商负责组建、运营与维护。有特殊需要的国家部门与大型企业也可以组建自己使用和管理的专用网络。

网络运营商组建的广域网需要为广大用户提供高质量的数据传输服务，这类广域网具有公用数据网（Public Data Network，PDN）的性质。用户可以在公用数据网上开发各种网络应用系统。如果用户需要使用广域网提供的服务，可以向网络运营商租用通信线路或其他资源。网络运营商需要按照合同的要求，为其用户提供电信级的 7×24（每星期 7 天、每天 24 小时）服务。

（2）广域网的研究重点是宽带核心交换技术

早期的广域网主要用于大型计算机系统的互联，用户终端首先接入本地计算机系统，本地计算机系统再接入广域网。用户终端登录到本地计算机系统之后，才能够对异地的联网计算机资源进行访问。针对这样的网络使用模式，研究人员提出将其划分为资源子网与通信子网两级结构。随着互联网应用的快速发展，广域网更多的是作为覆盖地区、国家、洲际地理区域的核心交换平台。

目前，大量的用户计算机通过局域网或其他接入技术接入城域网，城域网再接入用于连接不同城市区域的广域网，大量的广域网通过互联形成了宽带、核心交换平台，从而构成了一种层次结构的大型互联网。因此，简单地描述单个广域网的通信子网与资源子网的两级结构，已不能准确描述出当前互联网的网络结构。

随着互联网技术的发展与网络应用的变化，广域网作为互联网的宽带、核心交换平台的组成部分，其研究重点已从开始阶段的"如何接入不同类型的计算机系统"，转变为"如何提供保证服务质量（Quality of Service，QoS）的宽带核心交换服务"。因此，广域网的研究重点是宽带核心交换技术。

2.1.2　广域网技术的发展趋势

1. 用于构成广域网的主要通信技术与网络类型

在广域网的发展过程中，用于构成广域网的通信技术与网络类型主要包括：

- 公共电话交换网（Public Switching Telephone Network，PSTN）
- 综合业务数字网（Integrated Service Digital Network，ISDN）
- 数字数据网（Digital Data Network，DDN）
- X.25 分组交换网
- 帧中继（Frame Replay，FR）
- 异步传输模式（Asynchronous Transfer Mode，ATM）
- 千兆以太网（Gigabit Ethernet，GE）与万兆以太网（10 Gigabit Ethernet，10GE）

2. 广域网研究的技术路线

通过分析广域网的发展与演变的历史，人们发现广域网技术和标准的研究人员主要分为两类：电信网技术研究人员与计算机网络技术研究人员。这两类技术人员在研究思路与协议的表述方法上存在明显的差异，在技术上表现出明显的竞争与互补关系。

（1）电信网技术研究人员采用的技术路线

从事电话交换、电信网技术研究的人员考虑问题的方法是：如何在成熟技术和广泛使用的电信传输网的基础上，将传统的语音传输业务和数据传输业务相结合，这导致了综合业务数字网、X.25 分组交换网、帧中继与光纤波分复用技术的研究与应用。

早期人们利用电话交换网的模拟信道，使用调制解调器（modem）完成计算机与计算机之间的低速数据通信。1974 年，X.25 网出现。随着光纤的大规模应用，1991 年简化的 X.25 协议的帧中继技术得到广泛应用。这几种技术在早期广域网建设中发挥了一定的作用。

ATM 网络的概念最初由从事电话交换与电信网研究的技术人员提出。他们试图将语音传输与数据传输在一个网络中完成，覆盖从局部范围到广域范围的整个领域。但是，这条技术路线是不成功的。尽管目前某些广域网仍使用 ATM 技术，但是它的发展空间已经很小。

20 世纪 80 年代，光纤波分复用（Wavelength Division Multiplexing，WDM）技术是为传统的电信业务服务，它并不适合于传输 IP 分组。出于经济上的原因，电信运营商不会轻易放弃大量已有的成熟、可靠的同步光网络/同步数字体系（Synchronous Optical Network/Synchronous Digital Hierarchy，SONET/SDH）设备。为了适应数据业务发展的需要，电信运营商采取在 SDH 的基础上支持 IP 协议，并不断融合 ATM 和路由交换功能，构成以 SDH 为基础的广域网平台。广域网发展的一个重要趋势是"IP over SONET/SDH"。

（2）计算机网络技术研究人员采用的技术路线

从事计算机网络技术研究的人员是在电信网的基础上，考虑如何在物理层利用已有的通信线路和设备，将分布在不同地理位置的计算机互联起来。在此基础上，他们将研究重点放在物理层接口标准、数据链路层协议与网络层 IP 协议上。当局域网的光以太网（optical Ethernet）技术日趋成熟和广泛应用时，他们调整了高速局域网的设计思路，在传输速率为 1Gbit/s、10Gbit/s 的 Ethernet 物理层设计中，利用光纤作为传输介质，将 Ethernet 技术从局域网扩大到城域网和广域网。传输速率为 100Gbit/s 的 Ethernet 物理层也将遵循这种设计思路。利用光以太网技术促成广域网、城域网与局域网在技术上融合的研究路线有很好的发展前景。

图 2-1 给出了广域网技术的发展过程。图中涉及的技术以 ISDN、X.25、WDM 与 GE/10GE/100GE 这 4 条路线来组织。图中横坐标给出了相应技术的出现时间。

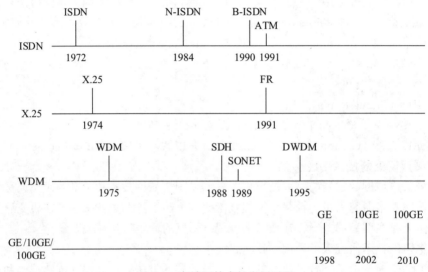

图 2-1　广域网技术的发展过程

3. 从 X.25 网到帧中继网

（1）X.25 网的基本概念

X.25 网出现于 1974 年，它是一种典型的公共分组交换网。X.25 协议规定了用户终端与 X.25 交换机之间的接口标准。图 2-2 给出了 X.25 网的结构。X.25 网是基于 X.25 协议组建的公共分组交换网，构成网络的结点都是 X.25 交换机。

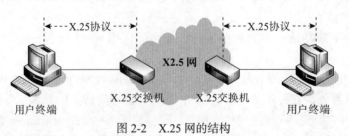

图 2-2　X.25 网的结构

当时电信公司提供的传输线路通信质量不好，误码率高且传输速率低。在这种情况下，X.25 协议的设计重点是解决数据传输的差错控制问题，这种设计思路带来的直接效果就是协议结构复杂。X.25 网的传输速率比较低，通常为 64kbit/s。

　　早期的很多国家和地区都组建了 X.25 网，典型的网络主要包括 TELENET、DATAPAC、TRANSPAC 等。1989 年，中国的 X.25 网 CHINAPAC 投入使用。

　　（2）帧中继技术的发展背景

　　随着计算机通信技术的不断发展，数据通信环境和联网需求也在变化。这种变化主要表现在以下几个方面：

- 传输介质由原来的电缆逐步发展到光纤，光纤的误码率很低，数据传输速率高。
- 局域网的数据传输速率提高得很快，局域网之间高速互联的需求越来越强。
- 用户计算机性能提高，可承担一部分原来由通信子网承担的通信处理功能。

　　X.25 协议执行过程复杂，必然增大网络的传输延迟，降低数据传输的服务质量，不能适应局域网高速互联的要求。针对这种情况，人们提出一种建议：在传输速率高、误码率低的光纤上，使用简单的协议以减小网络延迟，将差错控制等功能交给用户计算机完成，这就促进了帧中继技术的发展。1991 年，第一个帧中继网在美国问世，最大传输速率为 1.5Mbit/s。目前，有些电信运营商仍在提供帧中继服务。

　　帧中继网的特点主要表现在以下两个方面：

　　1）高速率与低延时。帧中继是一种采用虚电路的广域网技术，其协议简单、高效。帧中继网工作在物理层与数据链路层，差错控制等功能由高层协议完成。帧中继交换机只要检测到接收帧的目的地址就立即开始转发。在 X.25 网中，每个帧通过 X.25 交换机转发时，约有 30 步差错检测及其他操作。在帧中继网中，每个帧通过帧中继交换机转发时，仅需执行 6 步处理操作，这明显会减少转发延时。实验结果表明，帧中继网处理一个帧的转发延时比 X.25 网小一个数量级；帧中继网的吞吐量比 X.25 网高一个数量级。因此，人们通常将帧中继的转发过程称为 X.25 的流水线方式。

　　2）提供虚拟专用网服务。帧中继网的设计目标主要是局域网之间互联，采用面向连接方式为用户提供虚拟专用线路服务，用户之间可利用专线形成一个虚拟专用网（Virtual Private Network，VPN）。图 2-3 给出了基于帧中继的 VPN 结构。VPN 能提供较高的安全性和服务质量。帧中继网在早期的第二层（即数据链路层）VPN 领域一直占主导地位。

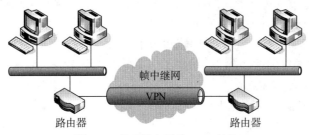

图 2-3　基于帧中继的 VPN 结构

4. 从 B-ISDN 到 ATM 网

　　（1）宽带综合业务数字网

　　现代通信的一个重要特点是信息的数字化与通信业务的多样化。在一些发达国家，电话业务已趋于饱和，但是一些非电话业务（如传真、电报、数据通信）发展迅速。现有的电话网、电报网、数据通信网等，只能分别为用户提供电话、电报、数据通信等业务。用户通过一条线路只能得到一种服务。当用户需要使用多种服务时，需要按服务类型申请多条线路。

这种按业务组网的方式的缺点是用户成本高、线路利用率低。在这种背景下，CCITT 提出将语音、数据、图像等业务综合在一个网中的设想，即建立 ISDN。

ISDN 致力于实现以下几个目标：

- 提供一个在世界范围内协调一致的数字通信网，支持各种通信服务。
- 为通信网络之间进行数字传输提供完整的标准。
- 提供一个标准的用户接口，通信网内部变化对终端用户透明。

与原来单一业务的电信网不同，ISDN 线路可以供多种业务共用，同时传输电话、电报、数据等多种信息。ISDN 从 20 世纪 70 年代开始构思，80 年代开始研究和试验。1984 年，美国、日本、英国、法国等国家先后建立 ISDN 实验网。1988 年，CCITT 开始在各国推动 ISDN 向商用化方向发展。

随着光纤、多媒体与文件传输技术的发展，用户对数据传输速率的要求越来越高。在 ISDN 标准还没有完全制定时，研究人员提出了宽带综合业务数字网（Broadband-ISDN，B-ISDN）。B-ISDN 的设计目标是将语音、数据、图像与视频的传输，以及传统的服务综合在一个通信网中，满足低速率到高速率的非实时、实时与突发性传输要求。由于 ATM 技术符合 B-ISDN 的需求，因此其底层的传输网采用 ATM 技术。

（2）ATM 网的基本概念

人们在刚开始接触 ATM 技术时，对这种技术被命名为"异步传输"感到疑惑。为了解释这个问题，需要研究 ATM 与传统 SONET/SDH 的区别。

在讨论电话交换网与 SONET/SDH 的设计思想时，强调数据在链路中的传输过程需要严格"同步"。SONET 与 SDH 的同步是在物理层。ATM 是一种面向连接的分组交换技术，传输的数据单元是固定长度的信元（cell）。信元是数据链路层的协议数据单元，它被插入 SDH 帧中进行传输。如果采用同步时分复用方法，则信元被插入 SDH 帧中的位置固定。ATM 采用统计时分复用方法分配带宽，信元被插入 SDH 帧中的位置并不固定。某个信元具体被插入哪个 SDH 帧中，取决于可用链路的忙闲程度，则信元到达目的结点的时间也会变化。相对于同步时分复用方法，ATM 的数据传输过程是异步的。

20 世纪 90 年代早期，电信公司的研究人员提出 ATM 技术。他们希望 ATM 网能承载语音、数据、电视、电报等所有形式的通信，将 ATM 网作为广域网、局域网、城域网都可用的传输网，同时解决 IP 网中存在的服务质量问题。但是，经过多年的发展，ATM 技术并没有达到设计人员的预期，目前它仅用于电话网的主干网中，作为广域网的核心交换网使用，普通用户并不会知道它的存在。

ATM 技术的主要特点表现在：

- ATM 采用的是面向连接的技术。
- ATM 采用的信元长度为 53B，其中头部长度为 5B，数据长度为 48B。
- ATM 以统计时分多路复用方式动态分配带宽，网络传输延时小，能够适应实时通信的要求。
- ATM 的数据传输速率为 155Mbit/s ~ 2.4Gbit/s。

在 ATM 交换方式中，文本、语音、视频等数据都被封装为信元。ATM 信元长度确定为 53B 是一种折中方案，主要出于延时和效率两方面的考虑。对于 64kbit/s 的语音业务，发送方通过 PCM 填充 48B 数据需要 6ms。如果传输经过压缩的语音，则由压缩引起的延时更长。在网络传输过程中，延时不断累积。在长途电话通信中，如果延时过长，如大于几十毫秒，产生的回声将影响通话质量。如果 ATM 网的主要业务是语音传输，则采用短信元是比较理想的。从传输效率的角度来看，信元头部长度固定，用户数据越长，额外开销所占比例越小，效率也越高。如果 ATM 网的主要业务是数据传输，则采用长信元将会更有效率。显然，ATM 信元长度主要是针对语音通信而提出的，对于计算机通信来说显得太短。

ATM 技术在保证传输实时性与服务质量方面有很大优势。但是，ATM 网并没有像设计人员最初预期的那样，代替广域网、局域网、城域网甚至电信网。原因很简单：一是造价和使用费用昂贵，二是其协议与已流行的 IP、Ethernet 不一致。以异构、造价昂贵的 ATM 技术代替已大量存在的计算机网络和电信网并不现实，而与 IP 网络紧密结合、发挥各自特点是一条可行之路。

20 世纪 90 年代初，为了适应互联网快速发展的需求，采用 ATM 网作为广域网主干是当时唯一的选择。随着网络规模的进一步扩大，ATM 主干路由器与接入路由器不断增加，维护庞大的 ATM 地址映射表已很费力。对于规模不断扩展的互联网，同时维护 ATM 与 IP 两种体系的系统越来越困难。从当前发展的情况来看，ATM 技术没有达到预期目标，但它在互联网的发展过程中起到了重要作用。

5. 从 SONET/SDH 到光传输网

（1）SONET 与 SDH

在讨论同步数字体系（SDH）之前，需要理解同步、异步与准同步的含义。为了保证数据传输系统的正常工作，接收端与发送端的时钟需要严格保持一致。否则，接收端不能正确判断接收到的二进制比特流。"同步"是数据通信中的一个重要概念，它描述了接收时钟与发送时钟保持一致的过程。

1）同步。如果一组信号为同步信号，意味着这些信号必须以相同的速率和相位传输。信号之间的相位或速率存在偏差是必然的，但这个偏差必须控制在规定范围内。在同步网络中，所有时钟都是通过基准参考时钟（PRC）获得的，时钟精度必须保持在 $\pm 1 \times 10^{-11}$ 内。这样的时钟精度只能通过铯原子钟获得。

2）准同步。如果一组信号为准同步信号，意味着这些信号必须以基本相同的速率和相位传输。信号之间的相位或速率存在偏差是必然的，但这个偏差也需要控制在规定范围内。如果两个网络的时钟都是通过 PRC 获得的，则两个网络的时钟精度也会存在偏差，这种系统通常被称为准同步系统。

3）异步。如果一组信号为异步信号，则这些信号之间的速率和相位偏差大于准同步信号。如果两个网络的时钟分别从各自的石英振荡器获得，则这两组信号就是异步信号。由于异步传输系统使用的时钟是独立和非同步的，时钟差异将会造成发送与接收速率上的差异。例如，DS3 的时钟误差为 $\pm 20 \times 10^{-6}$，DS3 的速率为 44.734Mbit/s，则时钟误差可能造成的最大误差为 ± 894.7bit/s。因此，为了保证接收端能够正确识别接收的数据，接收端和发送端之间必须采用复杂的同步技术。

SDH 是一种数据传输体制，它规范了数字信号的帧结构、复用方式、传输速率等级与接口码型等特征。

早期的运营商在其电话交换网中使用光纤时，时分多路复用（Time Division Multiplexing，TDM）设备是专用的，并且各个运营商采用的 TDM 标准不同。B-ISDN 是以光纤作为其传输干线，重要问题是对传输速率进行标准化。1988 年，美国国家标准协会（ANSI）的 T1.105 和 T1.106 定义了光纤传输系统的速率等级，即同步光网络（SONET）标准。SONET 定义了从 51.840Mbit/s ~ 2488.320Mbit/s 的传输速率体系，其基本速率（STS-1）是 51.840Mbit/s。SDH 标准不仅适用于光纤传输系统，也适用于微波与卫星传输系统。

（2）基本速率标准的制定

在数据通信研究初期曾出现过多种速率标准，有些标准目前仍然在使用。在系统地讨论 SDH 速率之前，需要回顾这些标准制定的背景。

1）T1 载波速率。T1 载波（T1 carrier）速率针对脉冲编码调制（Pulse Code Modulation，PCM）的时分多路复用（TDM）而设计。北美的 T1 系统将 24 路语音信道复用在一条通信线路上。每路语音模拟信号通过 PCM 编码器时，编码器每秒采样 8000 次。24 路 PCM 信号轮流将 8 位数据插入帧中。每个 8 位中，7 位是数据位，1 位用于信道控制。

由于每帧由 192 位（24×8）组成，并附加 1 位作为帧开始标志位，因此每帧共有 193 位。发送一帧所需时间为 125μs。T1 载波的传输速率为：

$$((24 \times 8 + 1)/125) \times 10^6 = 1.544 \,(\text{Mbit/s})$$

2）E1 载波速率。由于历史的原因，除了北美的 24 路的 T1 载波，还存在另一个不兼容的速率标准，即欧洲的 30 路 PCM 的 E1 载波（E1 carrier），也称为 E1 一次群速率。

E1 标准是 CCITT 制定的。E1 系统将 30 路语音信道和 2 路控制信道复用在一条通信线路上。30 路 PCM 信号与 2 路控制信号轮流将 8 位数据插入帧中。

每帧由 256 位（32×8）组成。发送一帧所需时间为 125μs。E1 载波的传输速率为：

$$32 \times (8/125) \times 10^6 = 2.048 \,(\text{Mbit/s})$$

3）STM-1 速率。STM-1 帧是一个块状结构，每行 270B，共 9 行，每秒发送 8000 帧。因此，STM-1 的传输速率为：

$$270 \times 8 \times 9 \times 8000 = 155.520 \times 10^6 = 155.52 \,(\text{Mbit/s})$$

（3）SDH 速率体系

在实际的使用中，SDH 速率体系涉及 3 种速率：SONET 的 STS 与 OC 速率，以及 SDH 的 STM 速率。它们之间的区别表现在：

- STS 定义的是数字电路接口的电信号传输速率。
- OC 定义的是光纤上传输的光信号速率。
- STM 是电话公司为国家之间主干线路的数字信号规定的速率标准。

STS-1 对应 810 路语音信道。以此类推，STS-3 对应 2430 路信道，STS-12 对应 9720 路信道，STS-24 对应 19 440 路信道，STS-48 对应 38 880 路信道。

1988 年，ANSI 通过了最早的两个 SONET 标准，即 T1.105 与 T1.106。其中，T1.105 是为光纤传输系统定义的速率等级，它以 51.840Mbit/s 为基础，大致对应于 T3、E3 速率，称为第 1 级同步传输信号（STS-1），其对应的光信号称为第 1 级光载波（Optical Carrier-1，OC-1），并定义 8 个 OC 级速率。T1.106 定义光接口标准，以便实现光接口的标准化。表 2-1 给出了 SONET 的 OC 级、STS 级与 SDH 的 STM 级的速率对应关系。

SDH 信号中的基础速率是 STM-1，其速率为 155.520Mbit/s。更高等级的 STM-n 是将 STM-1 同步复用而成。4 个 STM-1 构成 1 个 STM-4（622.080Mbit/s）；16 个 STM-1 构成 1 个 STM-16（约 2.5Gbit/s）；64 个 STM-1 构成 1 个 STM-64（约 10Gbit/s），相当于复用了 12 万条语音信道。图 2-4 给出了 SDH 的复用结构。

表 2-1　SONET 和 SDH 的速率对应关系

传输速率 /（Mbit/s）	OC 级	STS 级	STM 级
51.840	OC-1	STS-1	
155.520	OC-3	STS-3	STM-1
466.560	OC-9	STS-9	
622.080	OC-12	STS-12	STM-4
933.120	OC-18	STS-18	
1244.160	OC-24	STS-24	STM-8
1866.240	OC-36	STS-36	STM-12
2488.320	OC-48	STS-48	STM-16
9953.280	OC-192	STS-192	STM-64

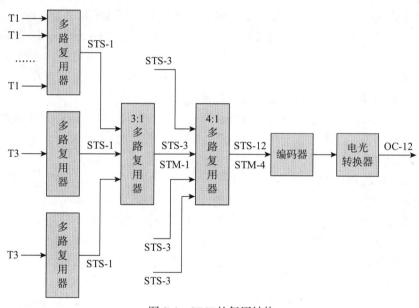

图 2-4　SDH 的复用结构

（4）光网络研究

随着互联网规模不断增长，与人们视觉有关的图像信息服务，如视频点播、可视电话、数字电视、高清晰度电视等宽带业务迅速扩大，远程教育、远程医疗、家庭办公等应用蓬勃发展，这些要依靠高性能网络环境的支持。但是，如果仍然依靠现有的网络结构，必然会造成业务拥挤和带宽"枯竭"，人们希望看到新一代网络——全光网络（All Optical Network，AON）的诞生。

如果将采用的传输介质作为传输网技术的划分标准，则可将以铜缆作为主要介质的传输网划分为第一代，将以光纤作为主要介质的传输网划分为第二代，而将引入光交换机、光路由器等设备直接在光层配置光通道的传输网划分为第三代。图 2-5 给出了传输网技术的演变趋势。第一代传输网以铜缆为主，必然无法逾越带宽的瓶颈问题；第二代传输网的主干线路使用光纤，利用光纤的高带宽、低误码率、抗干扰能力强等优点，但其交换结点（如路由器）的电信号与光信号转换仍是带宽瓶颈。

第三代全光网络将以光结点取代现有的电结点，并使用光纤将光结点互联成网，利用光载波完成信号的传输、交换等功能，以克服现有网络在传输和交换时的瓶颈。近年来，一些发达国家对全光网络的关键技术（如理论、设备、部件、器件和材料）开展研究，如美国 ARPA II 计划、欧盟 RACE 计划等。

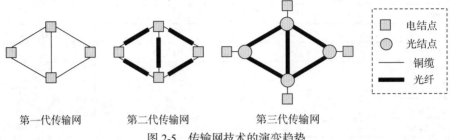

第一代传输网　　　　第二代传输网　　　　　第三代传输网

图 2-5　传输网技术的演变趋势

在整个计算机网络中实现全光处理非常困难。1998 年，国际电信联盟（ITU）提出以光传输网这个概念来代替全光网络。2000 年，自动交换光网络（Automatic Switched Optical Network，ASON）出现，它引入智能控制的很多方法，解决了光网络的自动路由发现、呼叫连接管理等问题，以实现光网络的动态连接管理。ASON 的优点主要表现在：

- 允许为路由动态分配网络带宽，有利于提高带宽利用率。
- 提高网络系统的智能控制能力，降低对网管功能的要求，减少运营和管理成本。
- 提供分级带宽、动态波长分配、动态路由配置、光层虚拟专用网等功能。

6. 光以太网技术

（1）光以太网的研究背景

从构造电信级网络的角度，传统 Ethernet（以太网）技术存在很多不足。例如，Ethernet 不能提供对端 – 端的分组延时和丢失率的控制，不支持优先级服务，不能保证 QoS；不能分离网管数据和用户数据；按时间和流量计费困难。实际上，存在这些问题的原因很容易理解。在最初设计 Ethernet 时，研究人员仅考虑如何将局部范围的多台计算机互联。2000 年，一些电信设备公司提出了光以太网的概念。光以太网的出现能有效解决上述问题。这种解决方案的核心是：利用光纤提供的巨大带宽资源，结合成熟和广泛应用的 Ethernet 技术，为运营商建造新一代网络提供技术支持。基于这样一个设计思想，可运营的光以太网的概念应运而生，它从根本上改变了电信运营商的整体规划。

（2）光以太网的主要特征

在一个可运营的光以太网中，网络设备与线路必须符合电信网 99.999% 的高可靠性。为了克服传统 Ethernet 的不足，可运营的光以太网必须具备以下特征：

- 根据用户的实际需求分配带宽，保证带宽资源的充分且合理的应用。
- 用户访问网络资源必须经过认证和授权，确保用户对网络资源的安全使用。
- 及时获得用户的上网时间和流量记录，支持按上网时间、流量的实时计费，或者包月计费功能。
- 支持 VPN 和防火墙，可以有效保证网络安全。
- 提供分级的 QoS 服务。
- 方便、快速、灵活适应用户和业务的扩展。

可运营的光以太网已不是单一技术研究，而是需要提出一个整体解决方案。光以太网是 Ethernet 与密集波分复用（Dense Wavelength Division Multiplexing，DWDM）技术结合的产物，在广域网与城域网的应用中具有明显的优势。光以太网的技术优势主要表现在：

- 组建同样规模的广域网或城域网，光以太网的造价是 SONET 的 1/5、ATM 的 1/10。
- IEEE 已完成速率从 10Mbit/s 到 10Gbit/s 的 Ethernet 标准制定，10Gbit/s 的 Ethernet 可覆盖从广域网、城域网到局域网的整个范围。

目前，电信运营商已大规模建设基于 SONET/SDH 的光纤传输网与基于 ATM 的核心交换网。因此，电信运营商仍关注如何有效利用已有投资，提高现有网络的业务水平与服务质量。如果需要设计和建设新的传输网，光以太网自然会成为首选方案。

2.1.3 广域网与 TCP/IP

在分析广域网技术的发展时，很难将它与 TCP/IP 相联系。如果按照技术发展的轨迹来看，即 "X.25 网—ATM 网—帧中继网—IP over SDH—光以太网"，我们会发现这些广域网技术的发展与应用实际上受到 TCP/IP 发展的影响和制约。图 2-6 给出了广域网技术与 TCP/IP 的关系。

		应用层协议			应用层
		TCP或UDP			传输层
X.25网络层协议	ATM网络层协议	IP			互联层
X.25数据链路层协议	ATM数据链路层协议	FR	PPP	GE/10GE	主机–网络层
X.25物理层协议	ATM物理层协议		SDH/SONET		
X.25网	ATM网	帧中继网	IP over SDH	光以太网	

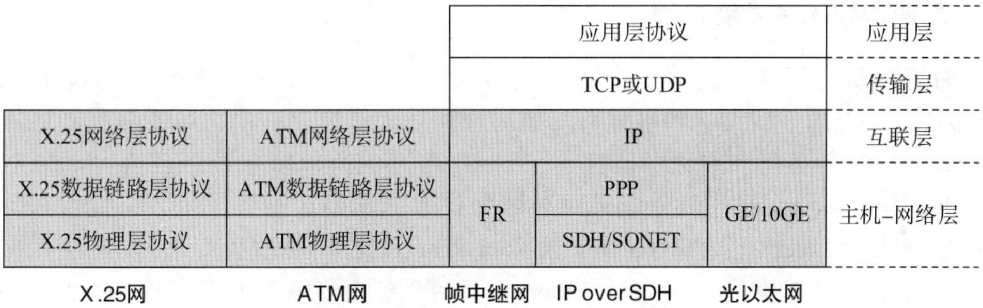

图 2-6　广域网技术与 TCP/IP 的关系

1. X.25 网、帧中继网与 IP

最早的 X.25 网在 1974 年出现，而 TCP/IP 的第一个 RFC 文档在 1981 年发布，显然 X.25 网的研究早于 TCP/IP 的制定。X.25 网作为广域网的组网技术，必然涉及物理层、数据链路层与网络层。X.25 的网络层协议称为 X.25 分组级协议，它与 IP 没有直接关系。当基于 IP 的网络与 X.25 网互联时，在网络层必然要使用一种 "网关" 设备，以实现 X.25 分组级协议与 IP 之间的转换。

X.25 网作为一种过渡性技术，很快就被帧中继网所代替。帧中继网与 X.25 网的一个重要区别在于：帧中继网仅设计了物理层与数据链路层，它的网络层可支持 IP。这就是帧中继网能够获得广泛应用，并保持到现在的主要原因之一。

2. ATM 网与 IP

1991 年出现的 ATM 技术希望成为广域网、局域网与城域网的整体解决方案，同时能够解决基于 IP 的网络中存在的 QoS 问题。ATM 的协议体系涉及物理层、数据链路层与网络层，在网络层没有采取与 IP 兼容的设计思路。

ATM 网作为一种面向连接的网络，其网络层协议与无连接的 IP 差异很大。在实际的应用中，尽管 "IP over ATM" 不失为一种有效的方法，但是由于同时存在两种网络层协议，IP 网与 ATM 网之间的数据传输需要经过协议转换。面向连接的 ATM 技术与无连接的 IP 之间的转换，带来的后果是 ATM 的实时性优点不能有效体现。

从互联网的发展历史可以看出，TCP/IP 经过 10 年的不断完善与推广，已经成功吸引了来自产业界的大量投资，大批硬件和软件厂商在 TCP/IP 的基础上开发产品。网络层采用的基础协议是 IP，在低层提出兼容各种物理层与数据链路层的思路，并没有具体设计 TCP/IP 参考模型定义的"主机 – 网络层"。在这种形势下，如果 ATM 技术在网络层与 IP 不兼容，只会给 ATM 网自身的推广带来阻力，而不会对 TCP/IP 应用进一步扩大造成多大影响。

从这种观点出发，我们可以清楚地发现：市场是检验某种技术的最重要标准。当前仍在大量使用的广域网技术，如帧中继网、IP over SDH、光以太网等，它们的协议设计集中在物理层与数据链路层，研究重点放在数据帧的快速转发上，而将路由等网络层问题留给 IP 解决。这种广域网设计方案保持了与 TCP/IP 体系的互补性。TCP/IP 的广泛应用只会有利于它们的发展，而不会限制和影响它们的应用。如果采取与主流技术不兼容的路线，在市场选择面前将会显得非常无力。

2.2 局域网

2.2.1 局域网技术的发展过程

在局域网研究领域中，Ethernet 并不是最早的技术，但它却是最成功的技术。20 世纪 70 年代，欧美的一些大学和研究所开始局域网技术研究。早期的局域网主要是各种环网。例如，1972 年美国加州大学研究出了 Newhall 环网，1974 年英国剑桥大学研究出了 Cambridge Ring 环网。这些研究成果对局域网技术的发展有重要作用。20 世纪 80 年代，局域网领域出现 Ethernet 与 Token Bus、Token Ring 三足鼎立的局面，并且各自形成了相应的国际标准。到 20 世纪 90 年代，Ethernet 开始受到业界认可和广泛应用。21 世纪初，Ethernet 已成为局域网领域的主流技术。图 2-7 给出了局域网技术的演变过程。

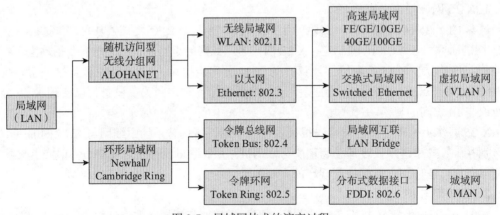

图 2-7　局域网技术的演变过程

Ethernet 的核心技术是随机争用的介质访问控制方法，它在 ALOHANET 的基础上发展起来。ALOHANET 出现在 20 世纪 60 年代末，夏威夷大学为实现位于瓦胡岛主校园的一台 IBM 360 主机与各个岛屿校区的不同主机之间互联，开发了一种无线分组交换网。ALOHANET 使用一个公共无线电信道，支持多个结点对一个共享信道的访问。最初的数据传输速率为 4800bit/s，后来提高到 9600bit/s。

ALOHANET 的通信协议很简单。任何结点可以随时发送数据，在数据发送后需要等待确认。如果在 200 ~ 1500ns 时间内没有收到确认，发送结点认为另一个或多个结点也在同时发送数据，这时就出现了"冲突"。冲突导致多路信号的叠加，叠加后信号的波形不等于任何一路信号，接收结点不可能接收到有效数据，多个结点此次发送都失败。这时，发生冲突的多个结点随机后退一段时间，并再次发送数据，直至成功为止。

20 世纪 70 年代初期，Bob Metcalfe 在 ALOHANET 的基础上，提出了一种总线局域网的设计思想，其中包括冲突检测、载波侦听与随机后退延迟算法。1972 年，Bob Metcalfe 和 David Boggs 开发出第一个实验性局域网，实验系统的最大传输率可达 2.94Mbit/s。1973 年，这种局域网系统被命名为 Ethernet。

1976 年，Bob Metcalfe 与 David Boggs 发表了重要的学术论文"Ethernet：Distributed Packet Switching for Local Computer Networks"。Ethernet 的核心技术是 CSMA/CD。CSMA/CD 用来解决多个结点共享一条总线的问题。在 Ethernet 中，任何结点都没有可预约的发送时间，它们的发送都是随机的，并且不存在集中控制结点，所有结点必须平等地争用发送时间，这种方法显然属于随机争用型。

1977 年，Bob Metcalfe 和同事们申请 Ethernet 专利。1978 年，他们研制了 Ethernet 中继器（repeater）。1980 年，Xerox、DEC 与 Intel 三家公司合作，第一次公布了 Ethernet 物理层与数据链路层规范。1981 年，Ethernet V2.0 规范公布。IEEE 802.3 标准正是基于 Ethernet V2.0 规范建立的，它有效地推动了 Ethernet 技术的发展。1982 年，第一片支持 IEEE 802.3 标准的超大规模集成电路芯片——Ethernet 控制器问世。随后，多家软件公司开发了支持 IEEE 802.3 的网络操作系统与应用软件。

早期 Ethernet 使用的传输介质是同轴电缆，造价较高。1990 年，IEEE 802.3 标准中的物理层标准 10Base-T 出现，非屏蔽双绞线开始用于 10Mbit/s 的 Ethernet。由于采用非屏蔽双绞线的 Ethernet 造价大幅降低，为 Ethernet 与其他局域网产品竞争带来优势。1993 年，以光纤作为传输介质的物理层标准 10Base-F 出现。1995 年，传输速率为 100Mbit/s 的快速 Ethernet 标准出现。1998 年，传输速率为 1Gbit/s 的千兆 Ethernet 标准出现。2002 年，传输速率为 10Gbit/s 的 10GE 技术开始在局域网、城域网与广域网中使用，这些都进一步增强了 Ethernet 在局域网应用中的竞争优势。

尽管 Ethernet 技术现已获得重大成功，但是它的发展道路并不平坦。1980 年，除了 Ethernet 技术之外，还存在 IBM 公司研制的 Token Ring 网，以及通用汽车公司为实时控制系统设计的 Token Bus 网，三者之间的竞争非常激烈。与采用随机型控制方法的 Ethernet 相比，采用确定型控制方法的 Token Bus、Token Ring 更适用于对数据传输实时性要求较高的应用环境（如生产过程控制），以及通信负荷较重的应用环境，但是它们的主要问题是环维护复杂，系统实现比较困难。

2.2.2　高速以太网技术的研究与发展

1. 局域网发展的技术路线

推动局域网发展的直接因素是个人计算机的广泛应用。在过去 20 年中，个人计算机的处理速度已经提高了近百万倍，但是计算机网络的传输速率仅提高了上千倍。从理论上来说，一台计算机能产生大约 250Mbit/s 的流量，如果 Ethernet 仍保持 10Mbit/s 的传输速率，显然难以适应网络应用的实际需求。

个人计算机的处理速度迅速上升，价格却在快速下降，这进一步推动了个人计算机的应用。大量用于办公与信息处理的计算机必然要联网，这就造成了局域网规模的不断增大，其带宽与性能已不能适应实际需要。随着各种新应用的不断提出，计算机已从初期的文字处理、信息管理，逐渐发展到分布式计算、多媒体应用。这些因素促进了高速局域网技术的研究，希望通过提高局域网带宽来改善网络性能。

传统的局域网技术建立在"共享介质"之上，网络中的所有结点共享一条公共传输线路。如果局域网中有 N 个结点，则每个结点平均能用的带宽为 $10/N$（Mbit/s）。显然，随着局域网中结点数 N 的增加，但是带宽不变，则每个结点平均能用的带宽减少。也就是说，当网络中的结点数增加时，冲突和重发次数将会大幅增长，网络传输延迟会明显增加，这样网络服务质量将会显著下降。

为了克服网络规模与性能之间的矛盾，研究者提出以下 3 种可能的解决方案：

- 提高 Ethernet 的最大传输速率，从 10Mbit/s 提高到 100Mbit/s、1Gbit/s 甚至 10Gbit/s，这就导致了高速局域网技术的研究。在这个方案中，无论局域网的传输速率提高到多快，其 Ethernet 帧结构都应保持不变。
- 将大型局域网划分成多个用网桥或路由器互联的子网，这就导致了局域网互联技术的发展。网桥与路由器可隔离子网之间的交通量，使每个子网成为一个独立的小型局域网。通过减少每个子网内部结点数，使每个子网的网络性能得到改善。
- 将共享介质方式改为交换方式，这就导致了交换式局域网技术的发展。交换式局域网的核心设备是局域网交换机，可在多个端口之间建立多个并发连接。

第三种方案的提出，促使局域网开始被分为两种类型：共享式局域网（shared LAN）和交换式局域网（switched LAN）。

2. 高速局域网技术发展

高速局域网技术研究的基本原则是：在保持与传统 Ethernet 协议兼容的前提下，尽量提高局域网的传输速率与扩大覆盖范围。

快速以太网（Fast Ethernet，FE）的最大传输速率为 100Mbit/s。1995 年，IEEE 802 委员会批准 IEEE 802.3u 作为 FE 标准。IEEE 802.3u 在 MAC 子层仍使用 CSMA/CD 方法，但是在物理层做了一些必要的调整，主要是定义 100BASE 系列物理层标准，以便支持多种传输介质（双绞线、光纤等）。IEEE 802.3u 定义了介质专用接口（Media Independent Interface，MII），用于对 MAC 子层与物理层加以分隔。为了支持不同速率的设备共同组网，IEEE 802.3u 提出了速率自动协商的概念。

千兆以太网（Gigabit Ethernet，GE）的最大传输速率为 1Gbit/s。1998 年，IEEE 802 委员会批准 IEEE 802.3z 作为 GE 标准。IEEE 802.3z 在 MAC 子层仍使用 CSMA/CD 方法，但是在物理层做了一些必要的调整，主要是定义 1000BASE 系列物理层标准。IEEE 802.3z 定义了千兆介质专用接口（Gigabit Media Independent Interface，GMII），用于对 MAC 子层与物理层加以分隔。为了适应传输速率提高带来的变化，它对 CSMA/CD 方法加以修改，包括冲突窗口处理、载波扩展、短帧发送等。

万兆以太网（10 Gigabit Ethernet，10GE）的最大传输速率为 10Gbit/s。2002 年，IEEE 802 委员会批准 IEEE 802.3ae 作为 10GE 标准。万兆以太网并非简单地将千兆以太网的速率提高 10 倍。万兆以太网的物理层使用光纤通道技术，它的物理层协议需要进行修改。万兆以太网定义了两类物理层标准：以太局域网（Ethernet LAN，ELAN）与以太广域网（Ethernet WAN，EWAN）。万兆以太网致力于将覆盖范围从局域网扩展到城域网、广域网，并成为城域网与广域网主干网的主流组网技术。

图 2-8 给出了 Ethernet 技术的发展过程。当局域网从传统 Ethernet 升级到 FE、GE 或 10GE 时，网络技术人员不需要重新培训，所有网络硬件、软件仍然能使用。相比之下，如果将现有 Ethernet 互联到 ATM 主干网，由于 Ethernet 与 ATM 工作机制的差异，会出现异型网互联的复杂问题。Ethernet 与 ATM 网之间传输数据的格式须经过转换。另外，熟悉 Ethernet 的技术人员不一定熟悉 ATM 网，则这些人员也需要重新培训。因此，采用 Ethernet 一体化解决方案有明显的优势。

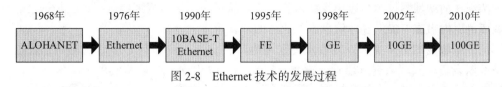

图 2-8　Ethernet 技术的发展过程

2.3　城域网

2.3.1　城域网概念的演变

Internet 的广泛应用推动了电信网技术的高速发展，电信运营商的业务从以语音服务为主，逐步向以基于 IP 网络的数据业务为主的方向发展。

1. 城域网的研究背景

2000 年前后，北美电信市场出现长途线路带宽过剩局面，很多长途电话公司和广域网运营公司倒闭。造成这种现象的主要原因是：以低速的调制解调器和电话线接入 Internet 的方式已不能满足用户需求。调制解调器速率和电话线带宽已成为接入瓶颈，造成很多希望享受 Internet 服务的用户无法有效接入。很多电信运营商虽然拥有大量广域网带宽资源，但是无法有效解决本地大量用户的接入问题。而制约大规模 Internet 接入的瓶颈在城域网。为了满足大规模 Internet 接入并提供多种服务，电信运营商必须提供全程、全网、端到端和灵活配置的宽带城域网。

各国信息高速公路建设促进电信业结构调整，出现了大规模的企业重组和业务转移。在这样一个社会需求的驱动下，电信运营商纷纷将竞争重点和资金投入，从广域主干网建设转向支持大量用户接入和支持多业务的城域网建设，掀起了世界性信息高速公路建设高潮，为信息产业的高速发展打下坚实的基础。

2. 早期城域网的技术定位

20 世纪 80 年代后期，在计算机网络的类型划分中，以网络所覆盖的地理范围为依据，研究者提出了城域网的概念，并将城域网业务定位为城市范围内的大量局域网互联。IEEE 802 委员会对城域网的定义是在总结光纤分布式数据接口（Fiber Distributed Data Interface，FDDI）技术特点的基础上提出的，它是相对于广域网与局域网而产生的。按覆盖范围来划分，城域网是覆盖一个城市范围的计算机网络，主要用于很多局域网之间的互联。

根据 IEEE 802 委员会的最初表述，城域网是以光纤为传输介质，提供 45Mbit/s 到 150Mbit/s 高传输速率，支持数据、语音与视频等业务的综合数据传输，覆盖范围是 50 ~ 100km 的城市，实现高速宽带传输的数据通信网络。早期城域网的首选技术是光纤环网，典型产品是 FDDI。FDDI 的设计目标是实现高速、高可靠性和大范围的局域网互联。

FDDI 采用光纤作为传输介质，传输速率为 100Mbit/s。FDDI 支持双环结构，具备快速环自愈能力，能适应城域网主干网建设要求。FDDI 在 MAC 子层使用令牌环网控制方法。

现在看来，IEEE 802 委员会对城域网的最初表述中有一点是准确的，那就是光纤一定会成为城域网的主要传输介质，但是它对传输速率的估计明显保守。随着 Internet 的应用和新服务的不断出现，以及三网融合的发展趋势，城域网业务扩展到几乎所有信息服务领域，城域网的概念也随之发生重要变化。

3. 宽带城域网的定义

从现在的城域网技术与应用现状来看，现代城域网一定是宽带城域网，它是网络运营商在城市范围内组建、提供各种信息服务业务的综合网络。

宽带城域网的定义是：以宽带光传输网为开放平台，采用 TCP/IP 作为基础，通过各种网络互联设备，实现数据、语音、视频、IP 电话、IP 电视、IP 接入和各种增值业务，并与广域网、广播电视网、电话交换网互联互通的本地综合业务网络。为了满足数据、语音、视频等多媒体应用的需求。现实意义上的城域网一定要提供高传输速率和保证 QoS，这样已将传统意义上的城域网扩展为宽带城域网。

Internet 应用的增长要求网络满足用户的新需求，新技术的出现又促进新应用的出现。这一点在宽带城域网的建设与应用中表现得更突出。低成本的千兆以太网、万兆以太网技术的应用，使得局域网带宽获得快速增长。同时，光纤的应用实现了广域网主干带宽的大扩展。宽带城域网设计人员可以利用这些新技术，在广域网与局域网之间建立起桥梁。这些技术既支持传统语音业务，也支持 QoS 需求明确、基于 IP 的新型应用。宽带城域网建设给世界电信业的传输网和业务都带来了重大影响。

宽带城域网的出现促使传统城域网在概念与技术上发生了很大变化。宽带城域网的建设与应用引起世界范围的大规模产业结构调整和企业重组，它已成为现代化城市建设中的重要基础设施之一。推动宽带城域网发展的应用和业务主要包括：大规模 Internet 接入与交互式应用；远程办公、视频会议、网上教育等新兴的办公与生活方式；网络电视、视频点播与网络电话，以及由此引起的新型服务；家庭网络的应用。

城域网与广域网在设计上的出发点不同。广域网要求重点保证数据传输容量，而城域网要求重点保证数据交换容量。广域网的设计重点是保证主干线路的容量，而城域网的设计重点不在线路，而是在于交换结点的性能与容量。城域网的交换结点需要保证大量最终用户的服务质量。当然，城域网连接不同交换结点的线路带宽需要保证。因此，不能简单认为城域网是广域网的缩微，也不能认为城域网是局域网的自然延伸。宽带城域网是一个在城市区域内，接入大量用户和提供各种服务的网络平台。

无论今后宽带城域网如何发展，它最基本的特征是不会改变的，那就是：以光传输网络为基础，以 IP 技术为核心，并且支持多种业务。

通过近年来宽带城域网发展的实践，研究者已在以下问题上取得共识：

- 完善的光纤传输网是宽带城域网的基础。
- 传统电信、有线电视与 IP 业务的融合成为宽带城域网的核心业务。
- 高端路由器和多层交换机是宽带城域网设备的核心。
- 扩大宽带接入是发展宽带城域网应用的关键。

2.3.2 宽带城域网的结构与层次划分

1. 宽带城域网的基本结构

宽带城域网采用了"三个平台与一个出口"的结构。这里，三个平台是指网络平台、业务平台与管理平台，一个出口是指城市宽带出口。图 2-9 给出了宽带城域网的结构。其中，网络平台是指宽带城域网的网络系统，负责为用户提供网络通信功能；业务平台是指宽带城域网的业务系统，负责提供对各类业务的管理功能；管理平台是指宽带城域网的网管系统，负责提供综合网络管理功能；城市宽带出口是与其他城域网的接口，负责与其他城市的相应网络互联。

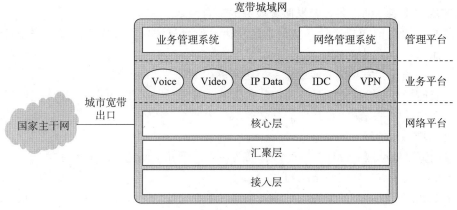

图 2-9　宽带城域网的整体结构

网络平台可进一步划分为 3 个层次：核心交换层、边缘汇聚层与用户接入层。图 2-10 给出了宽带城域网的网络结构。其中，核心交换层又称为核心层，主要提供主干线路与高速交换功能；边缘汇聚层又称为汇聚层，主要提供路由选择与流量汇聚功能；用户接入层又称为接入层，主要提供用户接入与本地流量控制功能。采用层次结构的优点是：结构清晰，接口开放，标准规范，便于组建和管理。

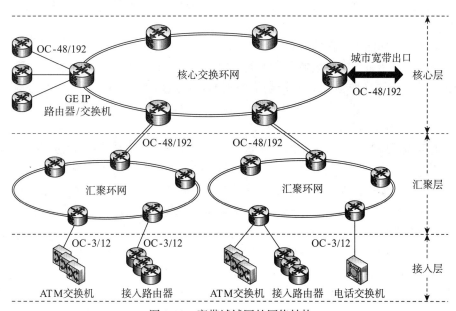

图 2-10　宽带城域网的网络结构

2. 宽带城域网的层次划分

核心层位于宽带城域网的核心部分，其结构设计重点考虑可靠性、可扩展性与开放性。核心层的主要功能包括：

- 将多个汇聚层网络互相连接，提供高速数据转发服务，为整个城域网提供一个高速、安全、保证 QoS 的主干网环境。
- 与其他地区和国家主干网互联，提供城市的宽带 IP 出口。
- 为用户访问 Internet 提供路由服务。

汇聚层位于宽带城域网核心层的边缘。汇聚层的主要功能包括：

- 完成用户数据的汇聚、转发与交换。
- 根据接入层的用户流量，执行本地路由、流量过滤、负载均衡，以及安全控制、IP 地址转换、流量整形等。
- 将用户流量转发到核心层或汇聚层进行路由处理。

接入层连接宽带城域网的最终用户，负责解决"最后一公里"问题。接入层通过各种接入技术为用户提供网络访问和其他信息服务。

3. 宽带城域网的设计问题

在讨论宽带城域网的设计与组建时，需要注意以下几个问题。

（1）根据实际需求确定网络结构

宽带城域网的核心层、汇聚层与接入层是一个完整集合。在实际应用中，可根据城市的覆盖范围、用户数量与承载业务采用它的子集。例如，对于一个大城市的宽带城域网，通常采用核心层、汇聚层与接入层的完整结构；对于一个中小城市的宽带城域网，初期通常仅需采用核心层与汇聚层的两层结构，并将汇聚层与接入层合并起来考虑。

（2）宽带城域网的可运营性

宽带城域网是一个提供电信服务的系统，它必须能够提供 7×24 的服务，并且能够保证服务质量。宽带城域网的核心链路与关键设备是电信级。在组建一个可运营的宽带城域网时，首先需要解决技术选择与设备选型问题。宽带城域网采用的技术不一定最先进，但应该是最适合的。

（3）宽带城域网的可管理性

对于一个实际运营的宽带城域网，不同于向内部用户提供服务的局域网，它需要具备足够的网络管理能力。这种能力表现为电信级的接入管理、业务管理、网络安全、计费能力、IP 地址分配、QoS 保证等。

（4）宽带城域网的可盈利性

组建宽带城域网一定是可盈利的，这是每个运营商首先需要考虑的问题。因此，组建宽带城域网必须定位在可开展的业务上，如 Internet 接入、VPN、语音、视频与流媒体、内容提供等业务。不同城市需要根据自身优势确定重点发展的业务，同时兼顾其他业务。建设可盈利的宽带城域网需要正确定位客户群，发现盈利点，培育和构建产业和服务链。

（5）宽带城域网的可扩展性

设计宽带城域网必须注意组网的灵活性，以及对新业务与用户数量增长的适应性。宽带网络的发展具有很大的不确定性，难以准确预测网络应用的发展，尤其是难以预测一种新应用的出现。因此，在选择方案与设备时必须慎重，以便降低运营商的投资风险。组建宽带城域网受到技术发展与投资规模限制，一步到位的想法是不现实的。网络运营商应制定统一的规划，分阶段与分步骤实施，并根据业务的发展加以调整。

（6）宽带城域网运营的关键技术

在讨论宽带城域网的设计与组建时，应关注支持网络运营的关键技术。管理和运营宽带城域网的关键技术主要包括：带宽管理、QoS 保证、网络管理、用户管理、多业务接入、统计与计费、IP 地址分配与转换、网络安全等。

构建宽带城域网的基本技术与方案主要有：

- 基于 SDH 的城域网方案
- 基于 10GE 的城域网方案

宽带城域网建设的最大风险是基本技术与方案的选择，因为它决定了主要的资金投向和风险。到底哪种方案比较适合，不同城市、基础与应用领域的运营商会有不同选择。如果说网络方案选择的三大驱动因素是成本、可扩展性和易用性，那么基于光以太网的 10GE 技术作为构建宽带城域网的主要技术是更好的选择。

2.3.3　接入网技术

1. 接入网的概念

如果将国家级广域主干网比作高速公路，将城市或地区的宽带城域网比作快速环路，那么接入网就相当于将各类用户接入环路的城市道路。对于 Internet 来说，任何一个机关、企业、家庭的计算机首先要接入本地网络，才能通过城域网、广域网接入 Internet。这个问题被形象地称为信息高速公路中的"最后一公里"问题。接入网技术解决的就是这个问题，即将最终用户接入宽带城域网的问题。随着 Internet 的应用越来越广泛，社会对接入网技术的需求也越来越强烈。

我国工信部对接入服务有明确的界定：电信业务中的第二类增值电信业务。Internet 接入服务的定义是，利用接入服务器和相应的软硬件资源建立业务结点，利用公用电信基础设施将业务结点与 Internet 主干网连接，为各类用户提供 Internet 接入服务。Internet 接入服务主要有两种应用：为信息服务业务经营者提供接入服务，它们从事信息提供、网上交易、在线应用等服务；为普通用户提供接入服务。

从计算机网络层次的角度来看，接入网属于物理层的问题。但是，接入网技术与电信网、有线电视网都有密切的联系。为了支持各种类型数据的传输，满足电子政务、电子商务、远程教育、远程医疗、IP 电话、视频会议与流媒体播放等应用的需求，研究者将发展重点放在宽带主干网与接入网的建设上。

2. 接入技术的类型

接入技术涉及如何将成千上万的用户接入 Internet，以及用户能获得的服务质量、资费标准等问题，它是网络基础设施建设中需要重点解决的问题。从用户类型的角度，接入技术可分为 3 种，即家庭接入、校园接入、企业接入。从通信信道的角度，接入技术可分为两种，即有线接入与无线接入。从实现技术的角度，接入技术主要有局域网、数字用户线、光纤同轴电缆混合网、光纤入户、无线接入等，而无线接入又分为无线局域网、无线城域网与无线自组网。

（1）数字用户线技术

目前，很多电信公司倾向于推动数字用户线（Digital Subscriber Line，DSL）的应用。DSL 是从用户到本地电话交换中心的一对铜双绞线，又被称为数字用户环路。本地电话交换中心通常被称为中心局。DSL 是美国贝尔实验室在 1989 年为推动视频点播业务而开发的，它是一种基于传统电话线的高速数据传输技术。由于实现数字用户线技术有不同的技术方案，如 ADSL、HDSL、VDSL 与 RADSL 等，因此用前缀 x 表示这种技术有不同类型。

公用电话网是可在全球范围为住宅和商业用户提供接入的网络，全球的电话用户数量相当庞大。电话线最初设计为传输模拟的语音信号，采用调制解调器后可传输数字的数据信号。近年来，电信公司主干网已采用 2.5Gbit/s 至 10Gbit/s 的光纤，但是用户和交换局之间的电话线采用调制技术，无法满足高速接入需求。DSL 技术可在电话线上传输几 Mbit/s 数字信号，并可同时提供电话和高速数据业务。

非对称数字用户线（Asymmetric Digital Subscriber Line，ADSL）最初由 Intel、Compaq、Microsoft 等公司提出，如今已包括大多数设备制造商和网络运营商。图 2-11 给出了家庭使用 ADSL 的结构。由于 ADSL 的上行和下行带宽不同，因此它被称为非对称数字用户线。ADSL 采用频分复用技术将电话线分为电话、上行和下行三个信道，从而避免了相互之间的干扰。即使用户同时打电话与上网，也不会造成通话质量变差或上网速率变慢。ADSL 提供的上行速率为 3.5Mbit/s，下行速率为 24Mbit/s。由于 ADSL 利用现有电话线而无须重新布线，因此用户端的投资相对较小，并且推广容易。

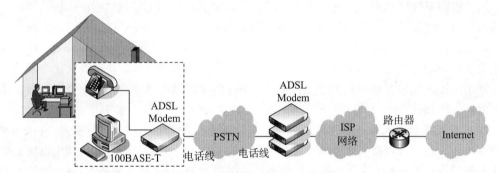

图 2-11　家庭使用 ADSL 的结构

（2）光纤同轴电缆混合网技术

20 世纪 70 年代，有线电视网（CATV）仅能提供单向的广播业务，当时的网络采用共享同轴电缆的树形拓扑结构。随着有线电视网的双向传输改造完成，利用有线电视网进行双向数据传输成为可能。目前，我国的有线电视网覆盖面非常广，在进行有线电视网的改造之后，为家庭用户提供了一种经济、便捷的宽带接入方法。

光纤同轴电缆混合网（Hybrid Fiber Coax，HFC）是新一代有线电视网，它是一个双向的电视信号传输系统。在住宅小区中，光纤结点将光纤干线和同轴电缆相连，通过下引线为500 到 2000 个用户提供服务，这些用户可共享同一传输介质。HFC 可改善信号质量和提高可靠性。用户既可接收传统电视节目，又可实现视频点播、IP 电话、Web 浏览等双向服务。HFC 是一种比较有竞争力的宽带接入技术。

（3）光纤接入技术

多数网络运营商认为理想的宽带接入网是基于光纤的网络。无论采用哪种接入技术，传统电缆的带宽瓶颈都是难以克服的。与双绞线、同轴电缆或无线技术相比，光纤的带宽容量几乎是无限的，光信号可传输很远而无须中继。因此，网络运营商非常关注光纤接入网建设，光纤接入直接向用户端延伸的趋势已很明朗。

目前，已出现了多种光纤接入方法，主要包括：光纤到路边（Fiber To The Curb，FTTC）、光纤到小区（Fiber To The Zone，FTTZ）、光纤到大楼（Fiber To The Building，FTTB）、光纤到办公室（Fiber To The Office，FTTO）与光纤到家庭（Fiber To The Home，FTTH）等。其中，FTTH 是家庭用户常用的方式，它将光纤直接铺设入户并连接光 Modem，然后通过双绞线连接用户的计算机。

（4）无线宽带城域网技术

IEEE 一直在推动建立全球统一的无线宽带城域网接入标准。1999 年，IEEE 802 委员会专门成立了一个工作组，开始研究无线宽带接入技术标准。2002 年，该工作组公布了 IEEE 802.16 标准，它的全称是固定带宽无线访问系统空间接口（air interface for fixed broadband wireless access system），又被称为无线城域网（Wireless MAN，WMAN）或无线本地环路（wireless local loop）。

无线接入是指在用户端和交换局之间的接入网中，全部或部分采用无线传输技术，为用户提供固定或移动的接入服务。IEEE 802.16 定义了工作在 2 ～ 66GHz 频段的无线接入系统，包括 MAC 子层与物理层的相关协议。IEEE 802.16 标准分为视距（LOS）与非视距（NLOS）两种，其中 2 ～ 11GHz 频段用于非视距类的应用，而 12 ～ 66GHz 频段用于视距类的应用。IEEE 802.16a 增加了对无线网格网（Wireless Mesh Network，WMN）的支持。2004 年，IEEE 802.16 与 IEEE 802.16a 标准经过修订后，被统一命名为 IEEE 802.16d。

IEEE 802.16 标准的无线网络需要在每个建筑物上建立基站。基站之间采用全双工、宽带的方式来进行通信。后来，IEEE 802.16 标准增加了两个物理层标准：IEEE 802.16d 与 IEEE 802.16e。其中，IEEE 802.16d 主要针对固定结点之间的无线通信，IEEE 802.16e 主要针对火车、汽车等移动物体之间的无线通信。2011 年 4 月，IEEE 正式批准了 IEEE 802.16m 标准，它是为下一代无线城域网而设计的。IEEE 802.16m 标准可以在固定基站之间提供 1Gbit/s 传输速率，为移动用户提供 100Mbit/s 传输速率。

尽管 IEEE 802.11 与 IEEE 802.16 都针对无线环境，但是由于两者的应用对象不同，其采用的技术与解决问题的侧重点均不同。IEEE 802.11 侧重于局域网范围的无线结点之间的通信，而 IEEE 802.16 侧重于城市范围内建筑物之间的数据通信问题。从基础设施的角度来看，IEEE 802.16 与移动通信 4G 技术有一些相似之处。WiMAX 论坛是由众多网络设备生产商、电信运营商等自发建立的组织，它致力于推广 WMAN 应用与 IEEE 802.16 标准。近年来，WiMAX 几乎成为可代表 WMAN 的专用术语。

2.4　计算机网络的两种融合发展趋势

通过讨论局域网、城域网与广域网技术的发展过程，读者可以清楚地看到两大融合的发展趋势：一是计算机网络、电信网与广播电视网在技术与业务上的三网融合，二是计算机网络中的局域网、城域网与广域网技术的三网融合。图 2-12 给出了两种融合的发展趋势。

2.4.1　计算机网络、广播电视网与电信网的融合

互联网应用与接入技术的发展促进了计算机网络、电信网与广播电视网在技术、业务与产业上的融合。

目前，可作为接入网使用的主要有计算机网络、电信网与广播电视网。长期以来，这三

种网络由不同的部门来管理，它们按照各自的需求、采用不同的体制发展。由电信部门经营的通信网最初主要是电话交换网，用于模拟的语音信息的传输。由广播电视部门经营的广播电视网用于模拟的图像与音频信息的传输。计算机网络出现得相对晚一些，各个计算机网络由不同部门自己建设、运营与管理，主要用来传输计算机的数字信号。

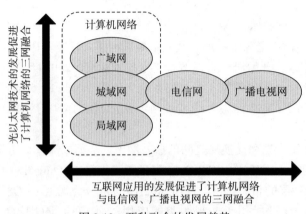

图 2-12　两种融合的发展趋势

尽管这三种网络之间有很多区别，但是目前都在向一个共同方向发展：数字技术可以将各种信息都变成数字信号来存储、传输与处理。电话交换网正在从模拟通信向数字通信发展。广播电视网也在向数字化方向发展。计算机网络本身就是用于数字信号传输的。在文本、语音、图像与视频实现数字化后，这三种网络在传输数字信号这一点上一致。目前，三种网络在完成自己的传统业务之外，还有可能经营原本属于其他网络的业务。数字化技术使得三种网络的业务相互交叉，它们之间的界限变得越来越模糊。

从技术的角度来看，用户的接入方式主要分为 5 类：地面有线通信网、无线与移动通信网、卫星通信网、有线电视网和地面广播电视网。这里，计算机网络可以被归为地面有线通信网。人们形象地将它们称为连入信息高速公路的 5 条车道。它们在早期属于不同部门，但是数字化使它们都可能提供文本、语音、图像与视频的综合业务，这就造成计算机、通信、广播电视这三大产业的会聚，出现经营业务的融合，进而促进产业的重组，这就是所谓的"数字会聚"现象。数字会聚现象将对未来通信体制产生重大影响。

未来的信息网络建设应将服务与建设分开，建立分层的服务模型与统一的标准，将原属于不同行业的网络过渡形成一个全国性大网，为各种新应用的发展提供高效的服务平台，让更多的家庭、企业、事业单位的计算机方便地接入互联网。这种应用需求促使了计算机网络、电信网与广播电视网的三网融合局面的出现。

2.4.2　局域网、城域网与广域网的融合

1999 年 3 月，IEEE 成立高速研究组（HSSG），致力于 10GE 技术与标准的研究。2002年 6 月，IEEE 802.3ae 委员会通过 10GE 的正式标准。在 10GE 标准的制定过程中，遵循技术可行性、经济可行性与标准兼容性原则，目标是将 Ethernet 从局域网范围扩展到城域网与广域网范围，成为城域网与广域网主干部分的主流技术之一。

10GE 支持的最大传输速率高达 10Gbit/s，传输介质很少使用双绞线，在绝大多数应用场景中使用光纤，以便在城域网和广域网范围内工作。10GE 仅工作在全双工方式，它并不

存在介质争用的问题。因此，10GE 不需要采用 CSMA/CD 方法，这样传输距离不再受冲突检测的限制。从技术的角度来看，10GE 完全可用于覆盖从几百米内的局域网到几十千米的城域网，甚至是传输距离达到几百千米的广域网。因此，光以太网技术的发展将导致广域网、城域网与局域网在技术上的融合。

2.5　本章总结

本章主要讨论了以下内容：

1）从网络技术发展的过程看，最先出现的网络类型是广域网，紧接着是局域网技术。城域网技术最初融于局域网的研究中。在互联网大规模接入需求的推动下，接入网技术的发展导致了宽带城域网在概念、技术、结构上的演变。

2）广域网、城域网与局域网的主要区别在于：整体设计目标不同，覆盖地理范围不同，采用的核心技术与标准不同，网络组建与管理方式不同。

3）如果说广域网的作用是扩大信息资源共享的范围，局域网的作用是增加信息资源共享的深度，则城域网的作用是将大量用户的计算机接入互联网。

4）互联网应用的发展促进了计算机网络、电信网与广播电视网在技术与业务上的融合，光以太网技术的发展促进了广域网、城域网与局域网在技术上的融合。

第3章 互联网应用技术

本章主要讨论以下内容：
- 互联网应用技术发展经历几个阶段
- 互联网应用系统工作模型的分类
- C/S 模式与 P2P 模式的相同与不同之处
- 基于 C/S 模式的网络应用主要有哪些
- 基于 P2P 模式的网络应用主要有哪些

在讨论计算机网络与互联网的基本概念，以及局域网、城域网与广域网发展的基础上，本章将系统讨论互联网应用技术的发展阶段、互联网应用系统工作模型的分类，以及基于 C/S 模式和基于 P2P 模式的网络应用。

3.1 互联网应用技术概述

3.1.1 互联网应用技术的发展阶段

图 3-1 给出了互联网应用的发展趋势。从图中可以看出，互联网应用技术的发展大致可分成 3 个阶段。

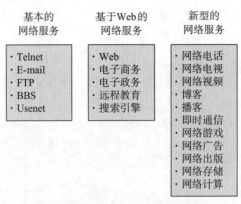

图 3-1 互联网应用技术的发展趋势

1. 第一阶段

第一阶段互联网应用的主要特征：提供 Telnet、E-mail、FTP、BBS 与 Usenet 等基本的网络服务功能。
- 远程登录（Telnet）服务实现终端远程登录服务功能。
- 电子邮件（E-mail）服务实现电子邮件服务功能。
- 文件传输（FTP）服务实现交互式文件传输服务功能。

- 电子公告牌（BBS）服务实现网络上人与人之间交流信息的服务功能。
- 网络新闻组（Usenet）服务实现人们对所关心的问题开展专题讨论的服务功能。

2. 第二阶段

第二阶段互联网应用的主要特征：随着 Web 技术的出现，基于 Web 的电子商务、电子政务、远程教育等应用获得快速发展，并且出现了针对 Web 的搜索引擎服务。

3. 第三阶段

第三阶段互联网应用的主要特征：基于 P2P 的网络应用将互联网应用推向一个新阶段。在基于 Web 的应用继续发展的基础上，出现了一批基于 P2P 结构的新应用。这些新的网络应用主要包括网络电话、网络电视、网络视频、博客、播客、即时通信、网络游戏、网络广告、网络出版、网络存储与网络计算等。这些网络新应用为互联网与现代信息服务业增加了新的产业增长点。

3.1.2　C/S 模式与 P2P 模式

从互联网应用系统工作模式的角度来看，互联网应用可以分为两类：客户/服务器（Client/Server，C/S）模式与对等（Peer-to-Peer，P2P）模式。

1. C/S 模式的基本概念

从应用层的应用程序工作模型的角度，应用程序分为客户程序与服务器程序。以 E-mail 应用程序为例，分为服务器端的邮局程序与客户端的邮箱程序。用户在自己的计算机中安装并运行邮箱程序，成为电子邮件系统中的客户端，享受电子邮件的发送和接收等服务。E-mail 服务的提供者在自己的计算机安装邮局程序，成为电子邮件系统中的服务器，为客户提供电子邮件的发送和接收等服务。

互联网应用系统采用 C/S 模式的主要原因是网络资源分布的不均匀性。网络资源分布的不均匀性表现在硬件、软件和数据等 3 个方面。

1）网络中计算机系统的类型、硬件结构、功能都存在着很大差异。它可以是一台大型计算机、高档服务器，也可以是一台个人计算机，甚至是一个 PDA 或家用电器。它们在运算能力、存储能力和外部设备的配备等方面存在着很大差异。

2）从软件的角度来看，很多大型应用软件是安装在一台专用的服务器中，用户需要通过互联网来访问服务器，成为合法用户之后才能够使用网络中的软件资源。

3）从信息资源的角度来看，某种类型的数据（包括文本、图像、视频或音频）存放在一台或多台服务器中，合法用户可以通过互联网访问这些资源。这样做对保证信息资源使用的合法性与安全性，以及保证数据的完整性与一致性是必要的。

网络资源分布的不均匀性是网络应用系统设计者的设计思想体现。组建网络的目的就是实现资源的共享，"资源共享"表现出网络结点在硬件配置、运算、存储能力，以及数据分布等方面存在差异与分布的不均匀。能力强、资源丰富的计算机充当服务器，能力弱或需要某种资源的计算机作为客户。客户使用服务器提供的服务，而服务器向客户提供服务。在 C/S 模式中，客户与服务器在网络服务中的地位不平等，服务器处于中心地位。在这种情况下，"客户"可理解为"客户端计算机"，"服务器"可理解为"服务器端计算机"。

2. P2P 模式的基本概念

P2P 是网络结点之间采取对等的方式，通过直接交换信息达到共享计算机资源和服务的工作模式。有时，人们也将这种技术称为"对等计算"技术，并将能提供对等通信功能的网络称为"P2P 网络"。目前,P2P 技术已广泛应用于即时通信、协同工作、内容分发与分布式计算等领域。统计数据表明,目前互联网流量中的 P2P 流量超过 60%,已成为当前互联网应用中新的重要形式,也是当前网络技术研究的热点问题之一。

P2P 已成为网络技术中的一个基本术语。研究 P2P 涉及 3 方面内容:P2P 通信模式、P2P 网络与 P2P 实现技术。

- P2P 通信模式是指 P2P 网络中对等结点之间直接通信的能力。
- P2P 网络是指在互联网中由对等结点组成的一种动态的逻辑网络。
- P2P 实现技术是指为实现对等结点之间直接通信的功能和特定的应用所需设计的协议、软件等。

因此,术语"P2P"泛指 P2P 网络与实现 P2P 网络的技术。

3. P2P 与 C/S 模式的区别与联系

图 3-2 给出了 C/S 与 P2P 模式的区别。在传统的互联网中,信息资源的共享是以服务器为中心的 C/S 模式。以 Web 服务器为例,Web 服务器是运行 Web 服务器程序、计算能力与存储能力强的计算机,所有 Web 页都存储在 Web 服务器中。服务器可以为很多 Web 浏览器客户提供服务。但是,Web 浏览器之间不能直接通信。显然,在传统互联网信息资源的共享关系中,服务提供者与使用者之间的界限是清晰的。

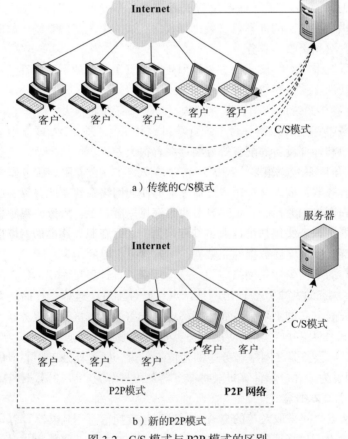

a)传统的C/S模式

b)新的P2P模式

图 3-2　C/S 模式与 P2P 模式的区别

P2P 网络则淡化了服务提供者与使用者的界限，所有结点同时身兼服务提供者与使用者的双重身份，以达到"进一步扩大网络资源共享范围和深度，提高网络资源利用率，实现信息共享最大化"的目的。在 P2P 网络环境中，成千上万台计算机之间处于对等的地位，整个网络通常不依赖于专用的集中式服务器。P2P 网络中的每台计算机既可以作为网络服务的使用者，也可以向提出服务请求的其他客户提供资源和服务。这些资源可以是数据资源、存储资源或计算资源等。

从网络体系结构的角度来看，传统的 C/S 模式与新的 P2P 模式的区别表现在：两者在传输层及以下各层的协议结构相同，差别主要表现在应用层。C/S 模式的应用层协议主要包括 DNS、SMTP、FTP、HTTP 等。P2P 模式的应用层协议主要包括支持文件共享类 Napster 与 BitTorrent 应用的协议、支持即时通信类 Skype 与 QQ 应用的协议，以及支持流媒体、共享存储、分布式计算、协同工作等应用的协议。

从这个角度来看，P2P 网络并不是一个新的网络结构，而是一种新的网络应用模式。构成 P2P 网络的结点通常已是互联网结点，它们脱离传统互联网的 C/S 模式，不依赖于服务器，在 P2P 应用软件的支持下以对等方式共享资源与服务，在互联网中形成一个逻辑上的网络。这就像在一所大学中，学校允许学生自己组织社团，如编程爱好组、电子俱乐部、博士论坛等，开展适合不同学生的课外活动。这种结构与互联网、P2P 网络的关系相似。因此，P2P 网络是在 IP 网络上构建的一种逻辑的覆盖网（overlay network）。

4. P2P 网络发展的背景

网络操作系统设计思想的基础是网络用户资源共享模式。回顾网络操作系统的发展过程就会发现，网络操作系统经历从"对等"到"不对等"的发展过程，它为目前网络资源共享的 P2P 技术发展奠定了基础。

20 世纪 80 年代初出现的很多网络操作系统实际上采用"对等结构"。对等结构网络操作系统的特点是：网络中所有结点安装的网络软件相同，每个结点从资源共享的关系上是平等的。联网的每台主机既是网络服务的提供者，也是网络服务的使用者。联网的主机前台为本地用户提供服务，后台为其他网络用户提供服务。

当联网计算机资源（特别是硬件资源）增强之后，网络操作系统设计也从"对等"发展为"非对等"结构。这时，通常选择硬件配置好、运算与存储能力强的高档计算机作为服务器，为硬件资源比较差的客户提供服务。非对等结构网络操作系统分为协同操作的两个部分，一部分运行在网络服务器上，另一部分运行在网络客户上。服务器集中管理网络中的共享资源。这些共享资源主要包括硬件、软件与数据。运行在服务器上的网络操作系统软件的功能与性能直接决定网络服务的类型、性能与安全性。

5. 对 P2P 技术发展必然性的认识

（1）从事物发展"螺旋式上升"规律的角度

从网络操作系统设计思路的变化来看 P2P 技术，可以总结出这样一个思维方式的变化过程。早期对等结构网络操作系统采取"我共享你、你共享我"的设计思想，非对等结构网络操作系统采取"能力强的为能力弱的服务"的设计思想，而 P2P 信息资源共享模式采取"人人为我、我为人人"的设计思想。这个过程正好体现出"螺旋式上升"的事物发展规律。导致这种演变的内在因素主要是计算机硬件资源、软件资源、信息资源的丰富，以及网络用户对方便访问和利用资源与服务的需求上升。在这些因素中，个人计算机信息资源的丰富，以及用户对网络服务需求的提高是主要因素。

（2）从信息资源存储格局变化的角度

在所有联网计算机硬件能力都很弱的阶段，采取对等结构是很自然的事情。当计算机硬件能力增强，将一些高性能、高配置的计算机作为服务器，为配置较低的个人计算机提供网络服务，这时自然会采取"客户 / 服务器"的非对等结构。当网络应用发展到一定阶段，作为客户的个人计算机硬件能力已很强，客户自身的信息资源（文档、音频、视频）积累已比较丰富，很多有用和个性化信息都存储在本地，甚至某些方面的信息积累已超过服务器可提供的服务。随着这种信息资源存储格局的变化，人们自然希望寻求一种以更快速度、最灵活方式获取信息的手段，那就是脱离服务器的限制，在客户之间直接与平等地获取信息和服务。在这样的背景下，开展 P2P 技术研究也就很自然了。

3.2   互联网基本应用

3.2.1   远程登录应用

远程登录是网络中最早提供的一种基本服务功能，它的出现要比 TCP/IP 早十几年。在研究网络互联技术的初期，需要解决的最重要问题是：用户如何通过一台终端访问互联的另一台主机系统。

1. Telnet 协议产生的背景

Telnet 协议研究出现在 20 世纪 60 年代后期，那时个人计算机还没有出现。当时人们在使用大型或中型计算机时，必须首先通过直接与主机相连的一个终端，在输入用户名和密码并登录成为合法用户之后，才能够将软件与数据输入到主机，然后完成科学计算的任务。如果用户希望用多台计算机共同完成一个较大的任务，需要调用远程计算机资源同本地计算机协同工作。当这些计算机互联之后，首先需要解决一个基本问题，那就是不同型号的计算机之间的差异性，即异构计算机系统之间的互联问题。

异构计算机的差异性主要表现在不同厂商生产的计算机在硬件、软件与数据格式上的不同，它给联网计算机系统之间的互操作带来很大困难。这种差异性最明显地表现在对终端键盘输入命令的解释上。例如，有些系统使用"Enter"键表示行结束，另一些系统使用 ASCII 字符的 CR 或 LF。在中断一个程序时，有些系统使用"^C"，另一些系统使用"Esc"键。发现这个问题之后，各个厂商分别研究如何解决互操作性的方法，如 Sun 公司制定远程登录协议 rlogin，但是该协议专为 BSD UNIX 系统开发，它只适用于 UNIX 系统，并不能很好地解决不同计算机之间的互操作性。

为了解决异构计算机互联的问题，人们研究 Telnet 协议。Telnet 协议引入网络虚拟终端（Network Virtual Terminal，NVT）的概念，它提供一种专门的键盘定义，用来屏蔽不同计算机系统对键盘输入的差异性，同时定义客户与远程服务器之间的交互过程。Telnet 协议的优点是能解决异构计算机之间的互操作问题。远程登录服务是指用户使用 Telnet 命令，使自己的计算机暂时成为远程计算机的一个仿真终端的过程。在用户成功实现远程登录后，用户计算机就可以像一台与远程计算机直接相连的本地终端一样工作。

1969 年，ARPANET 上演示的第一个远程登录程序称为 Telnet。1971 年 2 月，专门用于定义 Telnet 协议的 RFC97 公布。1983 年 5 月，作为 Telnet 协议标准的 RFC854 最终完成并公布。

2. 远程登录服务的工作原理

远程登录服务采用典型的 C/S 模式。图 3-3 给出了 Telnet 的工作原理。用户终端以用户终端格式与本地 Telnet 客户通信；远程计算机以主机系统格式与 Telnet 服务器通信。Telnet 客户与 Telnet 服务器之间通过 NVT 协议来通信。Telnet 客户将用户终端发出的本地数据格式转换成标准的 NVT 格式，Telnet 服务器将 NVT 格式转换成主机系统格式，在互联网上传输的数据都是标准的 NVT 格式。

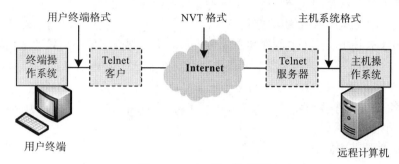

图 3-3　Telnet 的工作原理

3. 如何使用远程登录

如果要使用 Telnet 功能，需要具备以下两个条件：

1）用户的计算机中需要有 Telnet 应用软件，如 Windows 操作系统提供的 Telnet 客户程序。

2）用户在远程计算机中拥有合法的用户账户（包括用户名与密码）。

用户在使用 Telnet 命令进行远程登录时，首先在 Telnet 命令中提供远程计算机的主机名或 IP 地址，然后正确输入自己的用户名与密码。有时还需要根据对方的要求，回答自己使用的仿真终端类型。有些互联网服务商提供开放式远程登录服务，使用公开的用户名就可以进入远程主机系统。

用户使用 Telnet 命令使自己的计算机暂时成为远程主机的一个仿真终端，然后可以像远程主机的本地终端一样使用其资源，如硬件、软件、信息资源等，使用资源的过程对于用户是透明的。因此，Telnet 又被称为"终端仿真"服务。

Telnet 是 TCP/IP 中的一个基本协议，同时也是最重要的一个协议。即使当前用户从来不用直接调用 Telnet 协议，但是 E-mail、FTP、Web 等服务都建立在 NVT 概念与技术的基础上。

3.2.2　电子邮件应用

电子邮件（E-mail）是互联网中使用最广泛的服务，它为互联网用户之间提供一种快捷、廉价的现代化通信手段。

1. 电子邮件的发展过程

电子邮件服务又称为 E-mail 服务，它是指用户通过 Internet 收发电子形式的信件。电子邮件是一种非常方便、快速和廉价的通信手段，这些都是电子邮件所具备的基本特点。在传统通信中需要几天完成的投递过程，电子邮件服务仅用几分钟甚至几秒钟就能完成。目前，电子邮件已成为网络用户的常用通信手段之一，全世界每时每刻都有数以亿计人通过电子邮件进行通信。早期电子邮件仅能传输 7 位 ASCII 码格式的文本信息，当前电子邮件可传输包括文本在内的各种类型信息。

电子邮件是伴随着 Internet 发展起来的。1971 年，电子邮件诞生于美国马萨诸塞州的 BBN 公司，该公司受聘于美国军方参与 ARPANET 建设与维护。电子邮件的发明者是 BBN 公司的 Ray Tomlinson，他在已有的文件传输程序的基础上，开发出在 ARPANET 中收发信息的电子邮件程序。为了让人们拥有易于识别的邮件地址，他决定用 "@" 符号分隔用户名与邮件服务器地址，这是现在使用的电子邮件地址的起源。

由于最初的 ARPANET 中的结点数很少，当时并没有多少人使用电子邮件，这种情况直到 ARPANET 转向 Internet 才得到改变。最初，电子邮件受到网络传输速度的限制，那时用户只能发送一些简短的信息，根本无法像现在这样发送多媒体信息。1988 年，第一个图形界面的邮件客户软件问世，它就是著名的 Euroda 软件。后来，Netscape 与 Microsoft 公司相继推出各自的邮件客户软件。随着 Internet 用户数量的急剧增加，电子邮件逐渐成为 Internet 中流行的一种网络应用。

2. 电子邮件的基本概念

大家都知道，社会生活中的邮政系统已有近千年历史。各国的邮政系统在自己管辖范围内设立邮局，在家庭或单位门口设立邮箱，聘用一些负责收发邮件的邮递员。各国邮政部门制定相应的通信规则与管理制度，包括规定邮件信封的书写规则。正是由于有完整的组织结构、通信规则与约定，才能保证信件能及时、准确送达目的地，维护着世界范围的邮政系统有条不紊地运转。

互联网中的电子邮件与社会生活中的邮政系统具有相似的结构与工作流程。不同之处在于，社会生活中的邮政系统是由人来运行，而电子邮件是在互联网中通过计算机、应用软件与网络协议来协调。电子邮件系统同样设有邮局（邮件服务器）与邮箱（电子邮箱），并且有自己的邮件地址与内容的书写规范。

邮件服务器（mail server）是电子邮件系统的核心，其作用与日常生活中的邮局相似。一方面，邮件服务器负责接收用户发送的电子邮件，并根据收件人地址转发到对方的邮件服务器中；另一方面，它负责接收其他邮件服务器转发的电子邮件，并根据收件人地址分发到相应的电子邮箱中。

如果用户需要使用电子邮件服务，必须拥有一个电子邮箱（mail box）。电子邮箱由提供电子邮件服务的机构为用户建立。当用户向邮件服务商申请电子邮箱时，服务商在邮件服务器中为该用户建立一个电子邮箱，包括用户名（user name）与密码（password）。任何人可将邮件发送到某个电子邮箱，但只有邮箱拥有者输入正确的用户名与密码后，才有权进入电子邮箱查看邮件内容或处理邮件。

每个电子邮箱都有一个邮箱地址，称为电子邮件地址（E-mail address）。电子邮件地址的格式是固定的，并且在全球范围内是唯一的。电子邮件地址格式为：用户名 @ 主机名，其中 "@" 符号表示 "at"。这里，用户名是电子邮箱对应的账号，主机名是账号所在的邮件服务器的名称。例如，在邮件服务器 "nankai.edu.cn" 中，有一个名为 "wugy" 的用户，则该用户的 E-mail 地址为 wugy@nankai.edu.cn。

3. 电子邮件服务的工作过程

电子邮件服务采用典型的 C/S 模式。图 3-4 给出了电子邮件的工作过程。电子邮件服务的通信过程经过 4 个步骤：书写邮件、提交邮件、交付邮件与读取邮件。在书写邮件时，发送方首先创建一个邮件报文，包括两部分：邮件头和邮件体。邮件头相当于信封，包含该邮件的源地址与目的地址。邮件体相当于书写的信件。提交邮件是将这封邮件送到本地邮件服务器。交付邮件是本地邮件服务器将信件传送到下一个邮件服务器，如果不是目的地址表示的接收方邮件服务器，则需要逐个邮件服务器传递下去，最后被接收方邮件服务器接收，并保存在对应的电子邮箱中。接收方定期查询本地邮件服务器是否有新邮件，并通过自己的邮件程序读取与处理邮件。

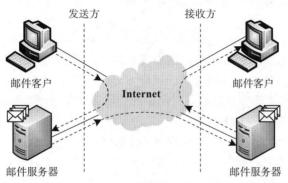

图 3-4　电子邮件的工作过程

发送方将电子邮件发出之后，通过什么样的路径到达接收方，这个过程可能非常复杂，但是不需要用户介入，一切都由电子邮件系统自动完成。

3.2.3　文件传输应用

文件传输服务是互联网中最早提供的服务功能之一，也是最重要的互联网应用之一。

1. 文件传输的基本概念

文件传输服务是由 FTP 应用程序提供，而 FTP 应用程序遵循的是 TCP/IP 中的文件传输协议（File Transfer Protocol，FTP），它允许用户将文件从一台计算机传输到另一台计算机，并且能保证传输的可靠性。很多公司、大学的主机中存储着数量众多的程序与文件，这是互联网的巨大与宝贵的信息资源。通过使用 FTP 服务，用户可以方便地访问这些信息资源。在采用 FTP 传输文件时，由于不需要对文件进行转换，因此 FTP 服务的效率比较高。在使用 FTP 服务之后，相当于每个联网计算机都拥有一个容量巨大的备份文件库，这是单个计算机所无法比拟的优势。

1971 年 4 月公布的 RFC114 是第一个 FTP 标准，它定义了 FTP 的基本命令和文件传输方法，其出现时间早于 IP 与 TCP。RFC114 是 A.Bhushan 在 MIT 的 GE645 与 PDP-10 型计算机之间进行文件传输研究的成果，它奠定了 FTP 研究的基础。1972 年 7 月公布的 RFC354 第一次系统地描述 FTP 通信模型与很多协议实现细节。1980 年 6 月公布的 RFC765 是 TCP/IP 中第一个 FTP 标准。1985 年 10 月公布的 RFC959 是对 RFC765 的修订，它是目前广泛使用的 FTP 系统遵循的协议标准。

2. FTP 服务的工作过程

FTP 服务采用典型的 C/S 模式。图 3-5 给出了文件传输的工作过程。提供 FTP 服务的计算机称为 FTP 服务器，通常是信息服务提供者的计算机。用户的本地计算机称为 FTP 客户。这里，将文件从 FTP 服务器传输到客户的过程称为下载；而将文件从客户传输到 FTP 服务器的过程称为上传。

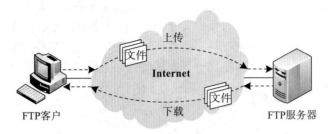

图 3-5   文件传输的工作过程

FTP 服务是一种实时的联机服务，用户在访问 FTP 服务器之前必须登录，登录时需要验证用户名与密码的合法性。成功登录的用户才能访问该 FTP 服务器，并对授权过的文件进行查阅和传输。这种工作方式限制互联网中的公用文件及资源发布。因此，互联网中多数的 FTP 服务器提供一种匿名 FTP 服务。

匿名 FTP 服务的实质是：服务提供者在 FTP 服务器中建立一个公开账户（通常为anonymous），并赋予该账户访问公共目录的权限。如果用户访问的是匿名 FTP 服务器，一般不需要输入用户名与密码，或者以"anonymous"作为用户名，以"guest"作为密码。为了保证 FTP 服务器的安全性，匿名 FTP 服务通常仅允许用户上传与下载文件，而不允许用户删除文件。

3. TFTP

TCP/IP 体系中还包括一个普通文件传输协议（Trivial File Transfer Protocol，TFTP）。TFTP 比较简单，实现起来更加容易。在已有 FTP 的基础上增加一个 TFTP，其原因主要是FTP 自身的复杂性问题。

尽管 FTP 设计者的目标是保持 FTP 简洁，但是由于 FTP 要求能适应大多数通用文件传输，满足文件传输的可靠性，以及要求在不同应用环境和各种设备都能使用，则 FTP 需要定义几十条命令与响应的报文格式，同时在传输层必须采用面向连接、可靠的 TCP，因此 FTP 不可能太简单。完全实现 FTP 与 TCP 的要求，对目前使用的个人计算机很容易实现。但是，对于 30 年前的计算机来说，满足这些要求并不是一件容易的事情。同时，当时存在大量的无盘工作站设备，这就使得设计者必须同时考虑研究一种更简单的"轻型"FTP 版本，即 TFTP。

TFTP 是在 20 世纪 70 年代后期开始研究的。1980 年，出现了第一个 TFTP 标准。1981年，公布了 TFTP 文档 RFC783。1992 年，在 RFC783 基础上修订的 RFC1350 成为当前使用的 TFTP 标准。

为了理解 FTP 与 TFTP 的关系，最好的办法是将两者进行比较。

（1）对传输可靠性的要求

为了保证文件传输的可靠性，FTP 在传输层采用面向连接、可靠的 TCP，而 TFTP 从协议简洁的角度，在传输层采用 UDP。

（2）协议的命令集

FTP 制定了文件发送、接收、列出目录与删除文件等功能的复杂命令集，而 TFTP 仅定义文件发送与接收的基本命令集。

（3）数据表示方式

FTP 可以指定数据类型，允许传送 ASCII 码、二进制的文本文件，以及图像、语音、视频等多种格式的文件，而 TFTP 只允许传输两类文本文件。

（4）用户认证

FTP 提供登录等用户认证功能，而 TFTP 不提供用户认证功能。这是一种简化，但要求 TFTP 服务器必须严格限制文件访问，不允许 TFTP 客户执行删除文件的操作。

从以上分析中可以看出，TFTP 是在保证文件传输基本功能的前提下对 FTP 的简化，也是对 FTP 的一种补充。由于 TFTP 应用程序所占的内存空间较小，因此有内存空间限制的设备通常使用 TFTP。

3.2.4　网络新闻应用

互联网的魅力不仅表现在为用户提供丰富的信息资源上，还表现在能与分布在世界各地的网络用户通信，并针对某个话题展开讨论。

1. Usenet 的发展过程

电子邮件是在 20 世纪 70 年代初问世的，它为人们之间的信息交流提供了一种便捷的工具。电子邮件能实现一个人对指定的一个或几个人之间的信件交互，人们自然会想到能否有一群人在网络上对一个共同感兴趣的问题开展讨论，这个功能可以由网络新闻（Usenet）服务来实现。显然，电子邮件系统是针对的一对一或一对多的报文通信服务，而网络新闻属于一种公共发布类的信息共享服务。

Usenet 于 1979 年由美国杜克大学的 Tom Truscott 首先提出。这年暑期他在贝尔实验室做访问学生，回到学校后怀念贝尔实验室的工作环境，希望自己的学校也有方便开展技术讨论的网络平台。出于这样一个想法，他和同学 Jim Ellis 发起在杜克大学、北卡罗来纳州立大学的 UNIX 爱好者之间，使用 UNIX 到 UNIX 拷贝协议（UNIX-to-UNIX Copy Protocol，UUCP）合作建立一个在线网络社区。他们的目标是创建一个使用 UNIX 读取报文的系统，需要发布信息的成员将报文张贴到新闻组中，其他同学可以阅读报文和反馈意见。最初的 Usenet 使用两台计算机分别管理两个新闻组的报文，初期开发的软件版本称为网络新闻（net news）和 Usenet（user's network）。Usenet 的出现立即受到人们的重视，不久就有一些新的站点加入这个系统，直接使用 UUCP 传送报文。

20 世纪 80 年代 TCP/IP 逐渐成熟并得到广泛应用时，人们意识到应增加支持网络新闻和 Usenet 服务的协议。1986 年公布的 RFC977 是基于 TCP 的网络新闻传输协议（Network News Transfer Protocol，NNTP）的文档。人们经常将 Usenet 等价于 NNTP，实际上 Usenet 出现得比 NNTP 早，NNTP 只是传输 Usenet 报文的一个协议。Usenet 本身并不是一种特定的物理网络，它是一种以共享新闻为目标的逻辑网络。Usenet 已成为一种利用网络进行专题讨论的国际论坛。尽管 Usenet 的报文传输协议已从 UUCP 逐步变成 NNTP，但是对 Usenet 中网络新闻组的工作没有任何影响。

目前，Usenet 拥有数以千计的讨论组，每个讨论组都围绕某个专题展开讨论，如哲学、数学、计算机、文学、游戏等，所有能想到的主题都有相应的讨论组。Usenet 是自发产生的，并像有机体一样不断变化。新的新闻组不断产生，大的新闻组可能分裂成小的新闻组，某些新闻组也可能解散。Usenet 的基本组织单位是特定主题的讨论组，如 comp 是关于计算机话题的讨论组，sci 是关于自然科学话题的讨论组。Usenet 报文也称为文章。Usenet 不同于互联网上的交互式操作方式，在 Usenet 服务器中存储的文章，周期性转发给其他 Usenet 服务器，并最终传遍世界各地。

2. Usenet 服务的工作过程

Usenet 服务采用典型的 C/S 模式。图 3-6 给出了 Usenet 的通信模型。Usenet 的工作过程主要有 4 步。

（1）撰写文章

发布方创建一篇新的 Usenet 文章的过程称为撰写。发布方用来创建与编辑 Usenet 文章的客户软件通常称为 Usenet 编辑器。Usenet 文章须遵循 NNTP 规定的报头与报文体结构，在报头中指定该文章提交给哪个新闻组。

（2）粘贴文章

发布方将 Usenet 文章提交给 NNTP 服务器的过程称为粘贴。发布方通过 NNTP 客户软件将文章传输到本地 NNTP 服务器。该服务器根据报头指定的信息将文章存放在相应新闻组的存储空间中。

（3）传播文章

本地服务器将 Usenet 文章发送到其他服务器的过程称为发布。本地 NNTP 服务器首先将该文章发送到直接连接的服务器。NNTP 服务器将该文章逐步传播出去，直至所有希望获得文章的 NNTP 服务器都获得文章的副本。

（4）阅读文章

阅读方通过 NNTP 客户获取 Usenet 文章的过程称为阅读。阅读方用于查找与读取 Usenet 文章的客户软件通常称为 Usenet 阅读器。读者可以只阅读某篇 Usenet 文章，也可以同时发表自己的意见。

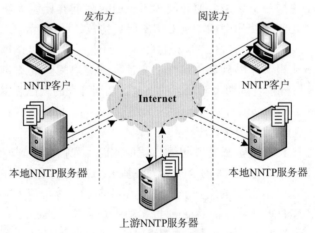

图 3-6   Usenet 的通信模型

3. Usenet 新闻组结构

从以上讨论中可以看出，Usenet 服务中最复杂的过程是文章传播。在早期使用 UUTP 时，采用洪泛法将文章传播到整个 Usenet。这种方法耗时且效率低，并且仅在文章较少的情况下便于实施。现代的 Usenet 是建立在 NNTP 之上，文章粘贴、传播与阅读的过程都使用 NNTP。NNTP 通常按照类别的层次方式来组织，最大、最快的服务器要为其下游、较小的服务器提供服务。Usenet 寻址的关键概念是新闻组，它必须能唯一地标识。每个新闻组都有一个组名，它描述了该新闻组的主题。由于存在几千个新闻组，因此需要将新闻组分出层次。图 3-7 给出了 Usenet 新闻组名结构。

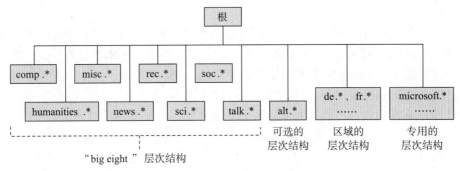

图 3-7　Usenet 新闻组名结构

Usenet 新闻组的树状结构与域名系统的层次结构类似。Usenet 主要的新闻组有 8 类，包括 comp、humanities、rec、soc 等，它们通常被统称为"big eight"。表 3-1 给出了 Usenet 主要的新闻组。在这 8 类新闻组之下，可以设立下一级新闻组。例如 comp.sys.Intel 是讨论 Intel 计算机的新闻组；humanities.art.music 是讨论音乐家的新闻组；rec.sport.baseball 是讨论职业棒球的新闻组。

表 3-1　Usenet 主要的新闻组

类型	描述
comp	讨论计算机主题的新闻组，包括硬件、软件、技术等
humanities	讨论人文学科的新闻组，包括文化、艺术等
rec	讨论娱乐主题的新闻组，包括游戏、运动、电影等
sci	讨论科学问题的新闻组，包括物理、化学、生物等
soc	讨论社会与社交问题的新闻组
talk	讨论当前热门的大事或突发事件的新闻组
news	讨论 Usenet 自身及其管理问题的新闻组
misc	讨论不属于上述 7 个主题的其他问题的新闻组

为了保持 Usenet 新闻组树状结构的有序性，创建一个新的新闻组的过程是民主和开放的，但是必须得到足够多的协作系统支持，因此这个过程的控制也很严格。对于不愿意遵循"big eight"规定的用户，在可选的层次结构"alt"之下，用户可创建自己的新闻组。同时，有很多区域性或公司性新闻组。例如，de、fr 分别是讨论德国、法国问题的新闻组，microsoft 则是微软公司专用的新闻组。

从以上讨论中可以看出：

- Usenet 文章不是寻址到单个用户，而是直接粘贴到某个新闻组。
- 每个新闻组有一个主题，有兴趣的人可直接到该新闻组阅读文章。
- Usenet 新闻组被排列在"big eight"描述的树状结构中。在一个普遍感兴趣的层次结构中，读者可以找到很多相关的新闻组。

4. Usenet 的传播细节

Usenet 与 E-mail 都是面向文本的报文传输系统，为了保持二者在报文格式上的兼容性，Usenet 报文采用与电子邮件报文相同的 RFC822 报文格式。RFC822 规定报文由报头与报文体组成。报头包括该报文的控制信息与描述信息，报文体包含文章的内容，报头与报文体之间用空白行隔开。Usenet 报文与电子邮件报文之间的区别在于报头类型，以及每个报头字段所使用的数值。

Usenet 报文传输协议 NNTP 也与 E-mail 报文传输协议 SMTP 相似。NNTP 在传输层也使用 TCP，NNTP 服务器之间传输 Usenet 文本时，发起请求的 NNTP 服务器是这次 TCP 连接的客户端，接受请求的 NNTP 服务器是服务器端。NNTP 定义了 Usenet 报文传输所需的命令报文、应答报文格式与交互过程。

现代的 Usenet 很大，可能有数千个 NNTP 服务器，每天要粘贴数十亿字节的文章。但是，Usenet 是一种逻辑网络。这种逻辑网络可能是无组织的，根本不存在任何正式的结构，只要求发布方能连接到本地的 NNTP 服务器，而该服务器通过上游 NNTP 服务器，再连接到更多的 NNTP 服务器。

在实际的运行中，Usenet 逻辑网络以层次结构松散构成。一些大的 ISP 和有大型服务器的公司是 Usenet 最高层，或者称为 Usenet 主干。较小组织的服务器作为下游服务器连接到大组织的服务器。实际上，多数服务器仅直接与其上游及下游服务器连接。下游服务器向其上游服务器提供 Usenet 报文，上游服务器采取洪泛方式向外传播，直至主干服务器。同时，主干服务器将 Usenet 报文向下游服务器洪泛传播，直至所有下游服务器。阅读者从本地服务器读取 Usenet 文章。

NNTP 服务器在 Usenet 网络中负责传播报文。Usenet 报文传播可以选择"推模式"或"拉模式"。在推模式中，收到新报文的 NNTP 服务器立即将它提供给与它连接的 NNTP 服务器。在拉模式中，收到新报文的 NNTP 服务器一直保持这些报文的副本，直到其他 NNTP 服务器请求这些报文时，再传送给其他 NNTP 服务器。Usenet 系统中通常采用推模式，这样可以保证新的报文迅速传播出去。

3.3 基于 Web 技术的应用

3.3.1 Web 的基本概念

1. 支持 Web 服务的关键技术

Web 服务又称为万维网（World Wide Web，WWW）服务，它的出现是互联网应用技术发展中的一个里程碑。Web 服务是互联网中最方便与最受欢迎的信息服务，它的影响力已远超出专业技术的范畴，并进入电子商务、远程教育、信息服务等领域。

1989 年，Web 技术诞生于欧洲原子能研究中心（CERN），最初的用途只是在研究者之间交换实验数据，后来逐渐发展成一种重要的互联网应用。1993 年，第一个图形界面的 Web 浏览器（browser）问世，那就是著名的 Mosaic 浏览器，它提供一种使用 Web 服务的便捷手段。正是 Web 这种新的服务类型出现，促使互联网从最初主要由研究人员与大学生使用，转变为人们广泛使用的一种信息交互工具。

支持 Web 服务的 3 个关键技术是：超文本传输协议（Hyper Text Transfer Protocol，HTTP）、超文本标注语言（Hyper Text Markup Language，HTML）与统一资源定位符（Uniform Resource Locator，URL）。其中，HTTP 是 Web 服务的应用层协议，用于在浏览器与 Web 服务器之间传输超文本文档。HTML 是定义超文本文档的文本语言，它为常规的文档增加了标记（tag），使一个文档可以链接到另一个文档。HTML 允许文档中有特殊的数据格式，可将不同媒体类型结合在一个文档中。URL 用来标识 Web 中的资源，便于用户查找。

2. 超文本与超媒体的概念

Web 服务的技术基础是超文本（hyper text）与超媒体（hyper media）。Web 服务中的信息是按超文本方式组织的。用户通过客户机得到 Web 服务器中的网页，这时看到的是包括"热字"在内的文本信息。热字通常是一个上下文关联的单词，通过选择热字可以跳转到其他文本。图 3-8 给出了超文本的工作原理。例如，在"南开大学"网页中，点击"学校概况"热字，将跳转到与学校概况相关的网页；在"学校概况"网页中，点击"学校历史"热字，将跳转到与学校历史相关的网页。

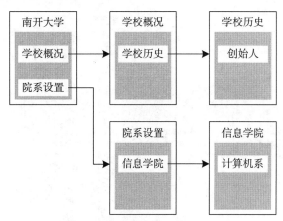

图 3-8　超文本的工作原理

超媒体与超文本都是超链接的表现形式，它们的区别只是链接的信息内容不同。超文本只能包含文本信息，超媒体可以包含其他类型的信息，如图像、音频与视频等文件。图 3-9 给出了超媒体的工作原理。例如，在"南开大学"网页中，用户选中屏幕中的"音频介绍"热字，将播放一段关于南开大学的音频；用户选中屏幕中的"视频介绍"热字，将播放一段关于南开大学的视频。

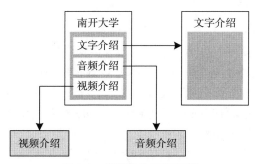

图 3-9　超媒体的工作原理

3. Web 服务的工作方式

Web 服务采用典型的 C/S 模式。Web 服务包括两个组成部分：Web 客户与 Web 服务器。其中，Web 客户是 Web 服务的使用者；Web 服务器是 Web 服务的提供者。信息资源以网页的形式存储在 Web 服务器中，用户通过客户程序读取服务器中的网页。Web 服务在应用层采用 HTTP，在传输层采用 TCP，在传输网页之前需要先建立连接，经过建立连接、传输数据与释放连接的基本过程。HTTP 0.9 是 HTTP 的第一个版本，它将 Web 服务定义为一种无状态、有连接的服务。目前，多数 Web 系统使用 HTTP 1.0 或 1.1 版本，它们是比较成熟、改进后的 HTTP 版本。

服务器端可能涉及 Web 服务器与其他服务器，如文件服务器、数据库服务器等。网页以 HTML 文件形式存储在 Web 服务器中。图 3-10 给出了 Web 服务的工作过程。用户通过客户程序与 Web 服务器建立连接，并向 Web 服务器发出信息访问请求；Web 服务器根据请求找到相应的网页文件，并将响应信息与网页文件返回客户；Web 客户接收返回的信息后进行解释，并将网页显示在客户程序中。当用户点击网页中的超链接时，Web 客户向相应的服务器发出访问请求，并返回相应的网页文件或其他文件。

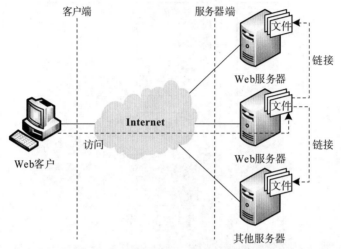

图 3-10　Web 服务的工作过程

4. URL 与资源查找

用户使用统一资源定位符（URL）访问网页。URL 是对 Internet 资源位置与访问方法的表示方法。这里的资源是指可以访问的任何对象，包括文本、图像、音频与视频等。URL 由 3 个部分组成：服务类型、主机名、路径和文件名。其中，服务类型是访问文件使用的协议，如 Web 服务使用 HTTP；主机名是访问文件所在的主机地址，也就是该主机的域名或 IP 地址；路径和文件名是指主机中保存文件的目录结构，它有可能出现多级的子目录结构。

如果用户希望访问网络中某个网页，需要在 Web 客户中输入网页的 URL。图 3-11 给出了 URL 的地址结构。例如，南开大学网站 URL 为"http://www.nankai.edu.cn/index.html"。其中，"http"表示使用协议 HTTP，"www.nankai.edu.cn"表示访问南开大学的 Web 服务器，"index.html"表示访问的网页路径与文件名。文件名总是出现在 URL 的最后部分。如果 URL 中没有给出访问的文件名，Web 服务器会将网站首页发送给客户机。RFC1738 文档定义了 URL 的格式。

http://www.nankai.edu.cn/index.html

服务类型　　主机名　　路径和文件名

图 3-11　URL 的地址结构

5. 网页的基本概念

网页（web page）是 Web 服务中的基本信息单元。网站（web site）是某个组织的 Web 信息平台，它通常由很多相关的网页组成。网站可以由一台或多台 Web 服务器组成，每个 Web 服务器中保存着数量众多的网页，这些网页之间通过超链接形式组织起来。在组成网站的所有网页中，打开网站见到的第一个网页称为主页。主页是整个网站中最重要的一个网页，它的风格通常代表整个网站的风格。网页中通常包含文本、图形和多媒体信息，以及可以跳转到其他网页的超链接等。

网页通常包含以下几种基本元素：文本、图形、表格和超链接。其中，文本是网页中最基本的元素；图形也是网页中的基本元素，通常使用 GIF 与 JPEG 文件；表格用于将文本或图形有规律地组织起来，作用类似于 Word 软件中的表格；超链接用来跳转到其他网页或信息资源，通常建立在文本和图形两种元素上，因此分为文本和图形类型的超链接。另外，网页中还包括各种多媒体信息，如动画、音频、视频等文件。

网页制作技术有很多种。网页通常可以分为两种类型：静态网页与动态网页。其中，静态网页无论何时何地使用何种浏览器，其显示的网页内容都是不变的，并且无法通过它与网站之间进行交互。静态网页通常使用 HTML 与 CSS 技术。动态网页可以根据用户的需求进行响应，通过它与网站之间进行某些特定信息的交互。动态网页主要使用脚本语言（如JavaScript、VBScript）与 ASP 等技术。但是，HTML 是制作所有网页都需要使用的基本技术。

3.3.2　电子商务应用

电子商务（electronic business）是发展迅速的服务类型。1997 年 11 月，世界电子商务会议对电子商务的解释为：在业务上，电子商务是指实现整个贸易活动的电子化，交易各方以电子交易方式进行各种形式的商业交易；在技术上，电子商务可能采用电子数据交换（EDI）、电子邮件、数据库、条形码等技术。综上所述，电子商务可以被定义为：通过Internet 以电子数据信息流通的方式，在全世界范围内进行的各种商务活动、交易活动、金融活动和相关的综合服务。

近年来，电子商务在世界范围，特别是在我国获得了快速发展。根据 CNNIC 的统计显示，截至 2017 年 12 月，我国的电子商务用户规模达到 5.33 亿，占上网用户数的 69.1%，使用手机的电子商务用户也达到 5.06 亿。我国电子商务交易规模（单位为万亿元人民币）增速很快，2015 年增长到 3.88，2016 年增长到 5.16，2017 年增长到 7.18。电子商务用户以经济发达地区、高学历与高收入群体为主。同时，电子商务与网上支付、网上银行等金融活动密切相关，大多数用户也在使用网络金融服务。

电子商务的运行环境是大范围、开放性的 Internet，通过各种技术将参加电子商务的各方联系起来。图 3-12 给出了电子商务的基本结构。电子商务系统主要涉及网上商店、网上银行、认证机构与物流机构等。电子商务交易能完成的关键在于：安全地实现在网上的信息传输和在线支付功能。为了顺利完成电子商务的交易过程，需要建立全社会的电子商务系统、发展电子商务的规范和法规、实现安全的电子交易支付方法等，保证交易各方能安全可靠地进行电子商务活动。

根据交易对象的不同，电子商务可分为 3 种类型。

（1）企业与个人（Business to Consumer，B2C）

企业与个人之间利用 Internet 进行的电子商务活动，通常称为网上购物。目前，Internet上有各种类型的网上商店，提供各种商品销售与相关服务。网上商店买卖的商品可以是实物（如书籍、服装、食品等），也可以是数字产品（如音频、视频、软件等）。网上商店也可以提供各类服务，如旅游、医疗诊断和远程教育等。

（2）企业与企业（Business to Business，B2B）

企业之间利用 Internet 进行的电子商务活动，通常称为网上交易市场。传统的企业之间的交易通常要耗费大量资源和时间。B2B 电子商务使企业可利用 Internet 寻找最佳的合作伙伴，完成从订购、运输、交货到结算、售后服务的全部商务活动。B2B 电子商务可分为两种模式：面向制造业或商业模式、面向中间交易市场模式。

（3）个人与个人（Consumer to Consumer，C2C）

个人之间利用 Internet 进行的电子商务活动，通常称为网上拍卖市场。C2C 电子商务通常是为买卖双方提供一个在线交易平台，卖方可提供商品来销售或拍卖，买方可选择商品进行购买或竞价。由于 C2C 电子商务的交易双方都是个人，为了保证交易的安全性与解决可能的纠纷，这类网站通常提供支付工具与用户评价机制。

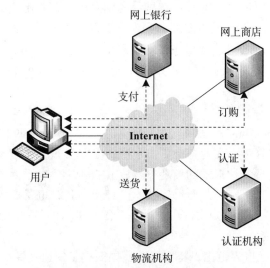

图 3-12   电子商务的基本结构

3.3.3 电子政务应用

电子政务（electronic government）是指运用电子化手段实施的政府管理工作。电子政务指各级政府机构的政务处理电子化，包括内部核心政务电子化、信息公布与发布电子化、信息传递与交换电子化、公众服务电子化等。实际上，电子政务即政府机构应用现代信息和通信技术，将管理和服务通过网络技术进行集成，在网络上实现组织结构和工作流程的优化重组，向社会提供优质、规范、透明的管理和服务。

电子政务的优势主要表现在：

- 有利于提高政府的办事效率。政府部门可依靠电子政务系统办理更多公务，行政管理的电子化和网络化可取代很多过去由人工处理的烦琐劳动。
- 有利于提高政府的服务质量。政府部门的信息发布和很多公务处理转移到网上，给企业和公众带来很多便利。例如，企业的申报、审批等转移到网上进行。
- 有利于增加政府工作的透明度。政府部门在网上发布信息与公开办公流程，既保护了公众的知情权、参与权和监督权，又拉近了公众和政府之间的关系。
- 有利于政府的廉政建设。电子政务规范办事流程与公开办事规则，通过现代化的电子政务手段，减少那些容易滋生腐败的"暗箱操作"。

1999 年 1 月，中国电信联合 40 多家部委的信息部门，共同倡议发起了政府上网工程。该工程的主旨是推动各级政府部门开通网站，推出政务公开、领导人信箱、电子报税等服务，为政府系统的信息化建设打下坚实的基础。电子政务主要包括以下几个部分：网上信息发布、部门办公自动化、网上交互式办公、各部门资源共享与协同工作。近年来，电子政务越来越受各国政府的重视，并在逐渐改变政府部门的办公模式。

近年来，我国的电子政务服务发展速度很快，并逐步成为各级政府部门的网上窗口。根据 CNNIC 的统计显示，截至 2017 年 12 月，我国各级政府部门申请的"gov.cn"域名达到 47 941 个，并开通了相应的政府网站；电子政务用户规模达到 4.85 亿，占上网用户数的62.9%；不少政府部门开通了微信公众号、微博、头条号等政务新媒体服务；用户使用较多的服务有交通违法、气象、社会保障等信息查询。

根据服务对象的不同，电子政务可分为 3 种类型。

（1）政府与政府（Government to Government，G2G）

上下级政府、不同地方政府与不同政府部门之间，可利用 Internet 来完成电子政务活动。G2G 主要包括电子法规政策系统、电子公文系统、电子办公系统等。其中，电子法规政策系统提供相关的法律法规、行政命令和政策规范；电子公文系统在政府上下级、部门之间传输政府公文，如报告、请示、批复、公告、通知等。

（2）政府与企业（Government to Business，G2B）

政府部门利用 Internet 进行电子采购与招标，精简管理流程，为企业提供各种快捷服务。G2B 主要包括电子采购与招标、电子税务、电子证照、信息咨询服务。企业通过电子税务系统就能完成相关业务，如税务登记、税务申报等。

（3）政府与个人（Government to Citizen，G2C）

政府部门利用 Internet 可为公民提供各种服务。G2C 主要包括社会保险、就业、电子医疗、教育培训、公民信息、交通管理、电子证件等服务。其中，社会保险建立覆盖地区甚至国家的网络，使公民可以了解自己的养老、失业、医疗等账户的明细；就业服务可以为公民提供工作机会和就业培训。

3.3.4　搜索引擎应用

1. 搜索引擎研究背景

作为运行在 Web 系统上的应用软件，搜索引擎（search engine）以一定的策略在 Web 系统上搜索和发现信息，对信息进行理解、提取、组织和处理，将极大地提高 Web 应用的广度与深度。

互联网中拥有大量的 Web 服务器，提供的信息种类与内容极其丰富，信息量呈爆炸性增长。截至 2018 年年底，中国的网页数量已经达到 2604 亿。人类有文字以来出版的书籍约为 1 亿种，中华民族有史以来出版的书籍约为 275 万种。尽管书籍的容量和质量是网页不可比的，但是互联网在短时间内积聚文字的总数令人叹为观止。同时，网页的内容是不稳定。不断有新的网页出现，旧的网页也会不断更新。50% 网页的平均生命周期大约为 50天。面对这样一种海量信息的查找与处理，不太可能完全用人工方法完成，必须借助于搜索引擎技术。

实际上，人们在 Web 服务出现之前，就已经开始研究信息查询技术。在互联网应用早期，各种 FTP 站点的内容涉及学术论文、技术报告和研究性软件，它们以计算机文件的形式存储。为了便于在分散的 FTP 资源中找到所需东西，麦吉尔大学研究人员在 1990 年开发了 Archie 软件。Archie 通过定期搜集并分析 FTP 系统中存在的文件名信息，提供查找分布在各个 FTP 主机中文件的服务。Archie 实际上是一个大型的数据库,以及与该数据库相关的一套检索方法。尽管 Archie 提供服务的检索对象不是 HTML 文件,但是它的基本工作原理和搜索引擎相同。

搜索引擎基本可以分为两种:目录导航式与网页搜索引擎。目录导航式搜索引擎又称为目录服务,它的信息搜索主要靠人工完成,信息的标引也是靠专业人员完成。专业人员不断搜索和查询新的网站与网站出现的新内容,并给每个网站生成一个标题与摘要,将它加入相应的目录的类中。目录查询可根据树状结构依次点击、逐层查询。同时,也可以根据关键字进行查询。目录导航式搜索引擎相对比较简单,主要工作是编制目录类的树状结构,以及确定检索方法。目前,业界使用"搜索引擎"术语时,通常是指网页搜索引擎。

2. 搜索引擎技术进展

1993 年,Matthew Gray 开发了 Web Wanderer,它是一种利用网页之间的链接关系来监测 Web 发展的机器人(robot)程序。开始,它仅用于统计互联网中的服务器数量,后来发展为通过它检索网站的域名。由于它通过在 Web 中沿着超链接"爬行"来实现检索,因此这种程序又称为蜘蛛(spider)或爬虫(crawler)。现代搜索引擎的思路源于 Web Wanderer,不少人在 Matthew 的基础上对蜘蛛程序加以改进。1993 年,基于蜘蛛工作原理的搜索引擎纷纷出现,如 JumpStation、Web Worm、RBSE Spider 等。

1994 年,Michael Mauldin 将 John Leavitt 的蜘蛛程序接入其索引程序,创建了大家现在熟知的 Lycos,成为第一个现代意义上的搜索引擎。同年,斯坦福大学的 David Filo 和杨致远共同创办"Yahoo!"网站,成为在门户网站上提供搜索引擎服务的样板。1996 年,中国出现类似的"搜狐"网站。1997 年,北京大学计算机系在 CERNET 上推出天网搜索 1.0 版,成为我国最大的公益性搜索引擎。2000 年,几位美国留学的华人学者回国创业,创建"百度"搜索引擎,后者一直处于国内搜索引擎的领先地位。

Google 起源于斯坦福大学的 BackRub 项目,主要由当时还是学生的 Larry Page 和 Sergey Brin 负责。1998 年,BackRub 项目更名为 Google,并且走出校园成立公司。Google 作为网络上搜索页面的首选,多次荣获"Search Engine Watch"读者选出的"最杰出搜索引擎"称号。Google 的名字来源于英文单词,它表示 10^{100} 这样一个巨大的数字。从 2004 年出版的 *Google Hacks* 提供的数据可以知道,Google 包含的信息如其名字一样巨大。当时,Google 已涵盖 80 亿个以上的网页、8.8 亿幅以上的图像。Google 还发布了 Google API,编程人员可使用它开发应用程序,并查询 Google 检索结果。

3. 搜索引擎基本结构

搜索引擎技术起源于传统的全文检索理论。全文检索程序扫描一篇文章中所有词语,根据检索词在文章中出现的频率和概率,对所有包含检索词的文章进行排序,最终给出可提供给读者的列表。图 3-13 给出了搜索引擎的基本结构。基于全文搜索的搜索引擎通常包括四个部分:搜索器、索引器、检索器与用户接口。

(1)搜索器

搜索器逐个访问互联网中的 Web 站点,并建立一个网站的关键字列表,这个过程通常被称为"爬行"。搜索器按事先制定的策略确定一个 URL 列表,而这个列表通常是从以前访问记录中提取,特别是一些热门站点和包含新信息的站点。搜索器遍历指定的 Web 空间,将采集到的网页信息添加到数据库。但是,采集互联网中所有网页是不可能的。最大的搜索引擎抓取的网页可能仅占 40%。实际上,每个搜索器的搜索策略和过程都不同。搜索策略可以分为两种类型，一种是从一个起始的 URL 集出发，顺着这些 URL 中的超链接，以深度优先、宽度优先或启发式循环地发现新的信息；另一种方法是将 Web 空间按域名、IP 地址划分，每个搜索器负责一个子域进行遍历搜索。

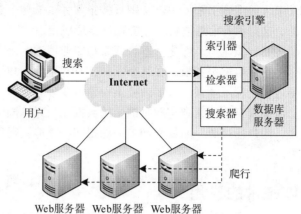

图 3-13　搜索引擎的基本结构

（2）索引器

索引器负责理解搜索器获取的信息，对其进行分类和建立索引，并存放到索引数据库或目录数据库中。索引数据库可采用通用的大型数据库（如 Oracle），也可以是自己定义的文件格式。索引项可以分为两种，即客观索引项与内容索引项。其中，客观索引项与文档的语意内容无关，如作者名、URL、更新时间、链接流行度等。内容索引项则会直接反映文档内容，如关键字、权重、短语与单字等。内容索引项又可以分为单索引项与多索引项（或短语索引项）。英文索引是单个英文单词，中文需要对文档进行词语切分。用户查询过程是对索引进行检索，而不是对原始数据进行检索。索引器在建立索引时，需要为每个关键字赋予一个等级值或权重，表示网页内容与关键词的符合程度。

（3）检索器

检索器根据用户输入的搜索关键字，在索引库中快速检索出文档。根据用户输入的查询条件，对搜索结果文档与查询相关度进行计算和评价。有的搜索引擎在查询之前已计算网页等级。根据评价意见，对输出的查询结果进行排序，将相关度或等级高的排在前面，将相关度或等级低的排在后面。

（4）用户接口

用户接口用于输入查询要求与显示查询结果，以及提供用户反馈意见。一个好的用户接口采用人机交互的方法，以适应用户的思维方式。用户接口可以分为两类：简单接口与复杂接口。其中，简单接口仅提供用户输入关键字的界面，而复杂接口可对用户输入条件加以限制，如进行简单的与、或、非等逻辑运算，以及相近关系、范围等限制，以提高搜索结果的有效性。

4. 搜索引擎发展趋势

搜索引擎主要有两个发展方向。一是利用文本自动分类技术，在搜索引擎中提供对每个网页的自动分类，如 Google 的"网页分类"选项，但是它的分类对象只是英文网页。中文信息自动分类的研究工作也很多。2002 年，"天网搜索"开始提供中文网页自动分类服务。二是将自动网页搜索和一定的人工分类目录相结合，希望形成一个既有高信息覆盖率，又能提高查询准确性的搜索服务。

近年来，通用搜索引擎的运行也开始分工协作，出现专业的搜索引擎技术和搜索数据库服务提供商。例如，美国的 InKomi 本身并不直接面向用户提供服务，但是它向 Overture、LookSmart、MSN、HotBot 等搜索引擎提供全文网页搜集服务。从这个意义上来说，它是通用搜索引擎的数据来源。这预示着信息搜索产业链在逐步形成。

搜索引擎的发展趋势是智能化与个性化。垂直搜索与专业搜索的研究工作进展很快。对于通用搜索引擎来说，将搜索引擎服务限定在某个领域，有利于为用户提供更有价值的搜索结果。下一代搜索引擎应该是深层搜索。目前的搜索引擎主要处理普通网页，对于深层网页的信息难以实现搜索。深层搜索可搜索到与网页链接的数据库信息。同时，下一代搜索引擎应该跨媒体。也就是说，用户通过统一的界面和单一的提问，就能获得以各种媒体形式存在的语义相似的搜索结果。

3.4   基于多媒体技术的应用

3.4.1   博客应用

网络日志（web log）通常被简称为博客（blog），它是以文章形式在 Internet 中发表与共享信息的服务。这种应用在技术上属于网络共享空间的范畴，而在形式上属于网络个人出版的范畴。博客概念主要表现在 3 个方面：频繁更新、简明扼要、个性化。实际上，每个博客都是一个包含文章列表的网页，通常由简短并经常更新的文章构成，这些文章按照年份与日期的倒序来排列。最初，博客被用于记录人们的日常生活。后来，博客逐渐发展成人们交流思想的一种新方式。

从网络技术的角度来看，博客并不是一种纯粹的新技术，而是一种逐渐演变的网络应用。有人认为，Web 技术发明者 Tim Berners-Lee 运行的演示网页"http://info.cern.ch"是博客的雏形。也有人说，浏览器发明者 Marc Andreesen 开发的 Mosaic 中的网页"What's New Page"是最早的博客。1997 年，Jorn Barger 的网页"Robot Wisdom Weblog"第一次使用 Weblog 这个名称。1999 年，Peter Merholz 以缩略词"Blog"命名博客，自此它成为当前最常用的术语。同年，基于 RSS 技术的真正意义上的博客诞生，RSS 发明者 Dave Winner 由此被尊称为"博客教父"。

随着多种支持自动网络出版的免费软件出现，如 Blogger、Pita、Greymatter、Manila、Diaryland 等，它们有效推动了博客应用的高速发展。这些工具可帮助用户方便地发布、更新与维护自己的博客，同时它们通常还提供免费的服务器空间。其中，Pyra 公司开发的 Blogger 是最流行和最有影响力的工具软件。最初，Blogger 是一种用于公司内部交流与协同工作的软件。1999 年，Pyra 公司在网上免费发布了 Blogger，该软件很快获得了众多用户的认可与喜爱。

2000 年，博客成为 Internet 中的热点应用。作为人们之间一种新的交流形式，博客逐步受到全社会的关注和认可。很多博客软件开发商转型为博客服务提供商（Blog Service Provider，BSP），为博客用户开辟共享空间与提供支持。随后，各个专业领域的博客开始大量出现。2005 年，美国约有 1100 万人创建博客，5000 万人访问博客。近年来，全球博客用户已增长到数以十亿计。

2002 年，我国的第一个博客网站"博客中国"诞生。2004 年是博客应用商业化的一年。同年，国内各大门户网站陆续开设了博客栏目，如新浪、搜狐、网易、腾讯等。从 2005 年开始，博客应用的用户数量逐年快速增长。根据 CNNIC 的统计显示，截至 2017 年 12 月，我国的博客用户规模达到 3.16 亿，占上网用户的 40.9%，使用手机的博客用户也达到 2.86 亿。在读者阅读博客的动机中，消遣娱乐所占比例最大。博客应用发展说明 Internet 应用开始从精英走向平民。

按照功能来划分，博客可分为两种类型，即基本博客与微型博客。其中，基本博客是指传统形式的博客，单个作者对于特定话题提供相关资源，阅读者可以发表简短的评论；微型博客就是我们经常提到的微博，博客作者不需要撰写复杂的文章，只需要书写 140 字（这是大部分的微博字数限制）。按照用户来划分，博客可分为两种类型，即个人博客与企业博客。其中，个人博客的拥有者是个人用户，通常发表个人日常的相关内容；企业博客的拥有者是企业用户，通常用于发布企业的相关信息。

博客领域已形成完整的产业链：博客服务提供商、搜索引擎、出版社与网络广告商。图 3-14 给出了博客产业链结构。博客服务提供商为博客作者和读者提供服务，它是博客内容的基本载体。博客服务提供商主要分为 3 类，包括独立运营的博客服务提供商、基于门户网站的博客服务提供商，以及基于产品的博客服务提供商（如图片博客、视频博客等）。搜索引擎帮助读者寻找自己要阅读的文章。网络广告商通过 Internet 向读者推送广告。出版社负责将博客作品出版成纸质书籍。

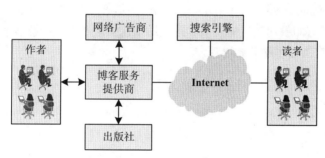

图 3-14　博客产业链结构

3.4.2　播客应用

播客（podcast）是一种基于 Internet 的数字广播技术。博客的诞生与快速发展是建立在 Web 2.0 的形成，以及 XML、RSS、iPod 等软硬件技术逐渐成熟的基础上。其中，关键性的技术是简易信息聚合（Really Simple Syndication，RSS）。实际上，RSS 技术应该属于 Web Feeds 技术范畴，用于实现信息的智能化聚合与订阅。1999 年，RSS 应用于博客成功改变了文本信息的传播方式。2001 年，RSS 2.0 在说明中增加了音频元素。Userland 公司将该功能嵌入博客软件中，这为播客应用的诞生奠定了技术基础。

最初的播客是基于 iPodder 软件与便携式 MP3 播放器（如 iPod）。2000 年，iPodder 软件设计者 Adam Curry 提出了自动下载音频文件，并在 iPod 上同步播放的设计思想。2004 年，最早的播客软件 iPodder 1.0 正式发布。同年，第一个真正意义上的播客网站——Adam Curry 的"每日源代码"诞生，这被认为是播客正式形成的标志。关于 Podcasting 的完整构想、"每日源代码"网站的成功运行，及其作为主播的个人魅力，Adam Curry 当之无愧被称为"播客之父"。

由于播客技术继承了传统播音的大众性，又增加了节目收听的灵活性、主动性与互动性，因此它很快受到了广大用户的青睐。根据统计数据显示，2004 年有超过 80 万美国人收听播客节目，2010 年这个数字已经超过 5000 万。这个现象迅速引起了传统媒体的重视，并且纷纷在播客领域开辟自己的疆域。2004 年，美国波士顿公共广播电台率先推出播客节目"早间报道"。同年，英国广播公司（BBC）推出播客节目"共享时刻"。2005 年，维亚康姆传媒集团的无线广播公司推出第一个基于播客节目的广播电台。同年，苹果公司在 iTunes 4.9 中增加播客平台服务。

播客应用在我国的发展速度也很迅猛。2004 年，国内第一个播客网站"土豆网"诞生，它是一个具有门户网站性质的播客服务提供商，既为观众提供了欣赏播客节目的剧场，又为众多个人播客提供了展示自己的舞台。随后，播客天下、中国播客网、动听播客等各类播客网站出现。中央人民广播电台、上海东方广播电台、北京文艺台等传统媒体陆续推出了播客节目，为推动我国播客应用发展做出了有益的尝试。此后，CCTV 国际网站、新浪网等主流媒体的介入，标志着播客在我国发展进入了全新阶段。

播客录制的是数字广播或声讯类节目，用户可将节目下载到移动终端（如手机）随身收听。播客主要分为 3 种类型：独立播客、门户网站的播客频道、播客服务提供商。其中，独立播客由个人播客所创建，其中的节目多由个人策划与制作。门户网站的播客频道不是一个独立的网站，而是隶属于某个综合性门户网站的频道，提供的服务与播客服务提供商相似。播客服务提供商（Podcast Service Provider，PSP）为播客提供网络空间，支持节目上传、下载、在线播放、RSS 订阅等功能。随着播客网站的迅速发展，提供的播客节目数量日益增多，针对节目搜索的垂直搜索引擎开始出现。

3.4.3　网络电视应用

网络电视（IP Television，IPTV）是一种基于 IP 网络的交互式数字电视技术。2006 年，ITU 确定了 IPTV 的定义：IPTV 是在 IP 网络中传送包含视频、音频、文本等数据，提供安全、交互、可靠、可管理的多媒体业务。IPTV 技术集 Internet、多媒体、通信等技术于一体，利用宽带网络作为基础设施，以电视机、计算机、智能手机等作为主要的显示终端，通过 IP 协议提供多种交互型多媒体业务。IPTV 最大优势在于互动性与按需观看，彻底改变了传统电视单向广播的特点，满足了用户对在线影视欣赏的需求。

IPTV 可提供的业务种类主要包括电视类业务、通信类业务与增值类业务。其中，电视类业务是指与电视相关的业务，如广播电视、点播电视、时移电视、在线直播等；通信类业务是指 IP 电话、可视电话、视频会议等；增值类业务则是指电视购物、互动广告、在线游戏、远程教育等。IPTV 改变了观众对电视媒体的消费习惯，颠覆了观众对电视服务的固有印象，将电视服务的观众真正转变为用户。用户与观众的最大区别在于：用户不再仅是参与电视节目的观看，还能参与电视节目的生产与传播。

IPTV 融合了传统电视与 Internet 的相关特性，它可视为传统电视业务和电信新兴业务的结合。IPTV 业务既扩展了电信业务的使用终端，又扩展了电视终端可支持的业务范围。这种应用有效地将传统的广播电视网、电信网与 Internet 的业务相结合，为我国政府推进的三网融合提供了良好的契机。三网融合涉及技术融合、业务融合、行业融合、终端融合与网络融合。它不仅将现有网络资源有效整合、互联互通，而且形成新的服务与运营机制，有利于信息产业结构的优化。

中央电视台所属的中国网络电视台（CNTV）作为 IPTV 集成播控平台的建设和运营方，分别于 2008 年、2010 年进行了两期大规模的总平台建设，建成了核心网络、播出控制、直播编码、运营管理等相关系统，实现了编码与播出控制、运营管理、安全监控等基本功能。2012 年，根据国家的有关要求，CNTV 完成了总平台的第三期建设，进一步完善了信源引入、平台接入、安全备份、认证与计费等性能。在技术性能大幅提升的同时，总平台不断加强节目内容的建设，目前已建成总时长超过 50 万小时的点播库，内容涵盖新闻、影视、少儿、科教、综艺、体育、纪录片等方面。

2005 年 3 月，上海广播电视台获得第一张 IPTV 全国运营牌照，这是 IPTV 业务进入商业化竞争阶段的重要标志。同年，上海在浦东部分区域开始试点 IPTV 业务。2006 年 2 月，上海电信与上海文广的合作模式被称为"上海模式"。2006 年 9 月，IPTV 业务开始在上海全市商用。截至 2017 年年底，我国广电企业的 IPTV 用户数达到 1.22 亿户。同时，我国电信运营商开始允许涉足 IPTV 业务领域。2005 年，中国电信、中国网通在国内十几个城市开始 IPTV 试点。截至 2020 年 3 月，我国 IPTV 用户总数达到 2.99 亿户。

在 IPTV 业务快速发展的同时，OTT（over the top）业务的发展速度更迅猛。OTT 业务是基于 Internet 的在线视频服务，显示终端可以是电视机、计算机、智能手机等。这类业务通常被称为 OTT 视频或 VOD 视频。OTT 业务有以下几种典型模式：互联网电视、电视盒子等。其中，互联网电视是指集成互动电视功能的电视机，如 Apple TV、Google TV、小米 TV、乐视 TV 等。电视盒子即电视机增加一个提供互动功能的机顶盒，如小米、华为、创维、百度等公司的产品。另外，很多互联网公司提供在线视频服务，如爱奇艺、优酷土豆、腾讯视频等。

3.4.4　IP 电话应用

1. IP 电话技术发展

IP 电话（IP phone）又称为 VoIP（voice over IP），它是一种通过 Internet 传输语音信号的技术。2003 年，我国工业和信息化部制定"电信业务分类目录"，其中对 IP 电话的定义是：泛指各种利用 IP 协议通过 IP 网络提供，或通过公共电话交换网（Public Switched Telephone Network，PSTN）与 IP 网络共同提供的电话业务。网络语音协议（NVP）是 IP 电话方面的研究鼻祖。1973 年，首次在 ARPANET 上通过 NVP 传输语音信号。由于缺乏高效的语音编码技术和优良的网络条件，这次实时语音传输实验以失败告终。进入 20 世纪 90 年代，网络传输技术进入分组交换时代，IP 电话在这个时期获得创新性发展。

传统电话业务是指利用电路交换方式，通过 PSTN 来传输模拟的语音信号。IP 电话业务则是采用分组交换的工作方式，在输入端将模拟的语音信号转化成数字信号，再将载有语音信息的分组通过 Internet 传输，在接收端将数字信号还原成语音信号并播放。在转化过程中通过压缩算法对语音信号进行压缩处理。IP 电话技术合理利用 Internet 网络资源，有效降低了电话业务的成本，并且易于部署与扩展业务。另外，IP 电话应用还为用户提供了传统电话难以提供的增值业务，如视频传输与数据传输等。因此，IP 电话的商业化应用吸引了各大电信运营商、虚拟运营商、互联网公司的目光。

最初的 IP 电话在 Internet 中的两台计算机上实现，它们均配备全双工的声卡、传声器与耳机等设备，并且均安装了相同的 IP 电话软件。研究人员设计一种称为网关（gateway）的设备，负责将通话双方的电话号码映射为 IP 地址，并完成模拟的语音信号与数字信号之间的相互转换。随着越来越多用户看到 IP 电话的优点，一些电信运营商在此基础上进行开发，从而实现通过计算机拨打普通电话的服务。后来，电信运营商进一步开发了普通电话之间的 VoIP 服务。

在 VoIP 技术研究与标准制定方面，最具影响力的机构主要包括国际电信联盟（ITU）、Internet 工程任务组（IETF）、国际多媒体通信联盟（IMTC）等。1996 年，ITU 正式通过了针对 IP 电话业务的 H.323 标准，描述 IP 电话系统结构和各个部分的功能，以协调不同厂商的 IP 电话之间的互联。IETF 主要研究 IP 电话在 Internet 上的传输技术，以及与 PSTN 之间的兼容性问题。IMTC 主要研究 IP 电话应用与多媒体电话会议标准。表 3-2 给出了 IP 电话与传统电话的比较。

表 3-2   IP 电话与传统电话的比较

项目	IP 电话	传统电话
传输网络	Internet	PSTN
交换方式	分组交换	电路交换
带宽利用率	高	低
使用费用	低	高
话音质量	低	高

2. IP 电话系统结构

图 3-15 给出了 IP 电话系统的基本结构。IP 电话系统由以下几个部分组成：终端设备、网关、多点控制单元、后端服务器。其中，终端设备可以是传统电话机，也可以是安装相应软件的多媒体计算机，它们分别接入 PSTN 或 Internet。网关用于实现 Internet 与 PSTN 或 ISDN 之间的连接与协议转换。多点控制单元（Multipoint Control Unit，MCU）用于管理电话会议应用中的多点通话。后端服务器主要包括关守、认证服务器、账户服务器、呼叫统计服务器、目录服务器等。

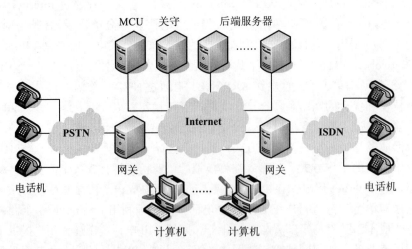

图 3-15   IP 电话系统的基本结构

关守（gatekeeper）扮演的角色是网络管理者，根据电话交换机提供的主叫号码来判断该用户是否合法。如果用户数据库中存在该号码，表示该用户预先登记过，这时关守将通知相应的网关建立通话。认证服务器维护所有用户的账户结算信息。账户服务器存储所有用户的详细呼叫信息。呼叫统计服务器提供收费标准与使用时间等信息。目录服务器提供被叫号码与相应网关的 IP 地址等信息。

随着 IP 电话应用的不断发展，H.323 协议暴露出很多缺点。例如，H.323 的控制协议很复杂，扩展性较差，仅支持标准化的编码格式，呼叫建立花费的时间太长。另外，H.323 通过 MCU 来管理电话会议中的多点通话，它不能实现多点发送，并且同时仅支持特定数量的多点用户。2000 年出现的会话发起协议（Session Initiation Protocol，SIP）解决了这些问题。SIP 是建立 IP 电话连接的 IETF 标准。SIP 是一种应用层控制协议，用于与一个或多个参与者创建、修改和终止会话。由于 SIP 具有较强的灵活性和扩展性，因此它经常被用于电视会议、远程教学等多方通话应用中。

3.5 基于 P2P 技术的应用

目前，P2P 网络应用大致可以分为 6 类：文件共享、即时通信、流媒体、共享存储、分布式计算、协同工作等。

3.5.1 文件共享应用

文件共享类应用提供了一种文件共享平台，用户之间可直接交换共享的文件，包括音频、视频、图片与软件等。各种文件共享应用都构成自己的 P2P 网络，并采用不同的网络结构、通信协议与共享模式。在所有 P2P 应用中，文件共享应用的数量是最多的，在互联网流量中所占比例达到 40%。目前，典型的文件共享应用主要包括 Napster、BitTorrent、Gnutella、KaZaA、eMule/eDonkey、Thunder、POCO、Maze 等。近年来，多种文件共享应用开始同时支持集中式与分布式结构。

以下分析了几种典型的文件共享应用。

1. Napster

Napster 是世界上第一个 P2P 应用软件。1998 年，为了方便自己与室友共享 MP3 音乐，美国波士顿东北大学的学生 Shawn Fanning 开发了 Napster 软件。与传统的音乐下载网站不同，Napster 服务器中不存放 MP3 文件，而是仅存放 MP3 文件的目录。图 3-16 给出了文件共享 P2P 应用的工作原理。Napster 提供了索引和查询功能，用户可查询 MP3 文件的存放位置，然后直接从相应用户的计算机下载。Napster 的工作原理与实现技术并不新鲜，但是其工作模式打破传统的 C/S 模式，适应快速、灵活共享资源的用户需求。因此，它在短短半年内吸引超过 5000 万用户。

在一个文件共享 P2P 系统中，通常都存在大量的在线对等方。每个对等方都拥有共享的资源，包括音频、视频、图片、软件等。MP3 是一种压缩的音乐文件，它的声音恢复能力很强，虽然其音质不如 CD 好，但已能满足人们的一般需求，这是由 MP3 编码方法所决定。如果一个对等方希望获得某个 MP3 文件，必须确定拥有该文件的在线用户的 IP 地址。由于对等方会时而连接时而中断，因此需要研究内容定位的方法。目前，采用的方法大致可分为集中式目录服务、洪泛查询方法等。

1999 年，Napster 公司开始运营音乐检索服务。Napster 提供音乐交换渠道的做法深受网友欢迎。2000 年，超过 5000 万用户通过 Napster 查找并下载音乐。1999 年 12 月，世界五大唱片公司向美国法院提起诉讼，控告 Napster 公司对其音乐版权的侵犯。尽管 Napster 的服务器中没有存储任何音乐文件，仅是提供音乐文件的索引信息，但是经过漫长的法律诉讼过程，Napster 最终因被判决侵权而被迫关闭。但是，Napster 引起了广大用户对文件共享 P2P 应用的关注。

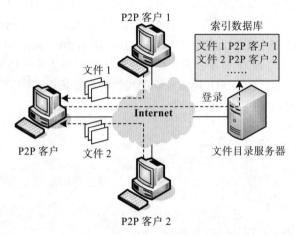

图 3-16   文件共享 P2P 应用的工作原理

2. BitTorrent

BitTorrent（简称 BT）是一种基于 P2P 的文件共享协议。2002 年，CodeCon 创始人 Bram Cohen 发布 BitTorrent 软件，它是一个文件共享 P2P 应用软件。2003 年，Bram Cohen 在该软件的基础上提出 BitTorrent 协议。在传统的 FTP 服务中，当很多用户同时从服务器下载文件时，服务器的下载性能急剧下降。BT 服务的最大特点是下载用户越多，下载速度越快，这是由于每个下载者同时将已下载数据提供给其他人。在很短的时间内，BT 协议成为一种新的变革技术。

根据 BT 协议的规定，文件发布者为提供下载的文件生成一个 torrent 文件，这个文件称为种子文件（简称种子）。种子主要包括两个部分：Tracker 信息与文件信息。其中，Tracker 信息包括所需 Tracker 服务器的 IP 地址，以及针对该服务器的设置信息。文件信息根据对目标文件的计算而生成，计算结果采用 BT 协议的编码规则来编码，主要原理是将目标文件虚拟分成大小相等的块，块大小必须为 2K 的整数次方，并将每个块的索引和 Hash 验证码写入种子。实际上，种子就是被下载文件的"索引"。

如果 BT 用户需要下载某个文件，首先需要获得相应的种子文件，然后通过 BT 客户软件进行下载。BT 客户解析种子以获得 Tracker 地址，并请求连接 Tracker 服务器，该服务器响应 BT 客户的请求，提供其他用户（包括发布者）的 IP 地址。BT 客户将会连接其他 BT 客户，根据种子告诉对方自己有的块，然后交换对方没有的数据。在 BT 客户下载每个块后，需要计算该块的 Hash 验证码，并与种子中的相应值比较，以解决下载内容的准确性问题。无论何种 BT 客户软件，默认没有限制下载和上传速度，这是由于 BT 为上传速度快的用户优先提供服务。

BT 应用出现后受到用户的欢迎。2003 年年初，BT 应用开始流行。2003 年 5 月，BT 流量开始激增。2003 年 10 月，BT 流量已超过整个流量的 10%，而其他文件交换应用总计不到 1%。目前，流行的 BT 客户软件主要有 BitBuddy、BitComet、uTorrent 等。与 Napster

一样，BT 服务必然存在版权之争。例如，TorrentSpy 是一个提供 BT 服务的搜索网站，帮助用户在网上查找种子文件。2007 年年底，美国电影协会针对 TorrentSpy 的侵权诉讼获胜，该网站被迫关闭 BT 搜索服务。

3. Gnutella

Gnutella 是一种基于 P2P 的文件共享协议。2003 年年初，Nullsoft 公司发布 Gnutella 软件。2003 年 3 月，在发布 Gnutella 软件后不久，其母公司 AOL 担心该软件可能像 Napster 一样引起不可预测的后果，AOL 公司很快便关闭 Gnutella 网站。尽管 Gnutella 软件仅公开了一个半小时，但是已有数千名用户下载该软件，随后多个第三方组织很快克隆并改造了该软件。这些克隆版本与 Nullsoft 的 Gnutella 协议相兼容，它们彼此之间可以互相通信，并可与原先 Nullsoft 的客户机之间通信。

当这些未授权的客户机软件开始运行后，一个互相兼容的 Gnutella 网络出现，它采用 Gnutella 协议约定的无中心方式。2001 年，Gnutella 网络的用户规模显著增长，已经能够支持数万个用户同时访问。目前，很多公司、团体与个人在开发 Gnutella 软件，如 BareShare、LimeWire 等。Gnutella 网络的主要特点是无中心结构，这意味着该网络不依赖于某个公司。2001 年，美国娱乐行业尝试起诉个别 Gnutella 用户的侵权行为。但是，Gnutella 开发者不大会承担法律责任，因为其程序可被用于很多其他用途，而且与 Napster 不同，他们无须维护任何涉及版权的数据库。

4. KaZaA

KaZaA 是一种基于 P2P 的文件共享协议。2000 年 7 月，Niklas 公开发布了 KaZaA 软件。KaZaA 借鉴 Napster 与 Gnutella 的设计思想，但实际上它与 Gnutella 更类似，不使用专用服务器来跟踪和定位内容。KaZaA 网络中的所有结点并非完全平等。最有权力的超级结点被指派为组长，它们具有很好的带宽和连通性。一个组长通常下属多达几百个子结点。当一个结点运行 KaZaA 软件时，该结点与组长之间创建 TCP 连接，并将自己准备共享的内容告诉组长，每个组长都维护着一个数据库，包括所有子结点共享文件的标识符、元数据，以及保存这些目标文件的子结点 IP 地址。

每个组长是一个小型、类似 Napster 的中心。但是，组长并不是一台专用的服务器，它实际上也是一个普通结点。从这个角度来看，KaZaA 由数以万计的小型网络构成。组长之间通过 TCP 连接互联，并由这些组长构造覆盖网，这样形成一个类似 Gnutella 的网络。KaZaA 网络可提供跨组的内容共享能力。与短暂出现的 Gnutella 不同，KaZaA 从出现至今仍在运行中，并且网络规模不断扩大。目前，KaZaA 网络有超过 3000 万用户，共享着超过 5000TB 的数据资源。

5. eDonkey/eMule

eDonkey 出现于 2000 年，俗称"电驴"。eDonkey 与 BitTorrent 相似之处是，它们采用文件分块下载，一个文件可以从多个结点并行下载，通过文件内容散列值验证数据的完整性。它们的不同之处表现于 BitTorrent 提供服务器来查询、搜索与跟踪用户。但是，eDonkey 在这点上更像 KaZaA，采取基于用户的"超级结点"机制。因此，通常将 eDonkey 归到无结构 P2P 网络之列。

eMule 是一种源自 eDonkey 的开源软件。2002 年 3 月，Merkur 对 eDonkey 2000 客户端软件不满意，并在其基础上开发出 eMule。不久，eMule 用户数超过 eDonkey。

3.5.2 即时通信应用

即时通信（Instant Message，IM）应用提供了一种新型交流平台，用户之间可通过即时消息、音频通话、视频聊天等方式来交流。目前，各种即时通信应用都构建了自己的 P2P 网络，并采用不同的系统结构、通信协议与交流模式。目前，典型的即时通信应用主要包括早期的 ICQ、MSN Messenger、AIM、Google Talk 等，当前流行的 Skype、QQ、微信、阿里旺旺、飞信等。近年来，即时通信应用的发展趋势是与社交网络结合。

下面分析几种典型的即时通信应用。

1. Skype

Skype 是一种基于 P2P 的 VoIP 应用软件，除了提供网络电话功能之外，它还提供即时消息、视频聊天、电话会议等功能。从功能的角度来看，Skype 与其他即时通信应用一致。2003 年，Niklas 公开发布了 Skype 软件。由于 Skype 提供比其他 VoIP 软件好得多的通话质量，并可几乎无缝地穿越 NAT 与防火墙，因此它迅速成为最受欢迎的 VoIP 软件。2010 年，Skype 通话时长占全球 VoIP 总时长的 25%。2011 年 10 月，Microsoft 公司正式收购 Skype。2013 年 3 月，Microsoft 公司用 Skype 全面代替了 MSN。由于 Skype 采用了自己定义的私有协议，因此无法与其他即时通信软件交流。

Skype 采用的是混合式 P2P 结构，能够快速适应网络结构的变化。按照自身性能的不同，Skype 网络将所有结点分为两类：普通结点与超级结点。其中，普通结点是一个具有多媒体能力的 Skype 客户机。对于每个拥有公网 IP 地址的普通结点，如果它有足够的网络带宽、CPU 资源与存储能力，那么它可能是一个备用的超级结点。普通结点需要与超级结点建立连接，通过它来找到其他普通结点。当然，普通结点需要通过登录服务器的验证。严格来说，登录服务器不属于 Skype 网络中的结点，但它是 Skype 服务的重要组成部分。登录服务器保存 Skype 用户名与密码，以此来保证 Skype 用户名的唯一性。

图 3-17 给出了 Skype 应用的工作原理。如果普通结点 1 与普通结点 2 之间要通信，首先向登录服务器验证自己的用户名与密码，然后从返回的超级结点列表中选择一个结点，通过与该结点建立连接来加入 Skype 网络。当超级结点 1 接收到普通结点 1 的通信请求时，它采用一种全局索引技术进行分布式查询，这个查询过程可能需要多个超级结点的协助，最后将获得的查询结果返回给普通结点 1。这时，普通结点 1 已获得普通结点 2 的 IP 地址，这两个结点就可以直接通信了。

Skype 采用 TCP 发送信令信号，采用 TCP 或 UDP 发送媒体数据。Skype 客户机在一个特殊端口上侦听呼入信号，这个侦听端口是在安装时随机配置的。Skype 客户机按一定的规则创建与维护一个主机缓存，其中包含超级结点列表（IP 地址与端口号）。Skype 将好友列表存储在 config.xml 文档中，该文件未经加密并存储在本机中。Skype 使用 iLBC、iSAC 与 iPCM 等音频编解码器，这是 Skype 提供流畅语音通话的关键。Skype 使用一种改进的 STUN 协议，以确定自己位于何种 NAT 和防火墙后。

2. QQ

QQ 是一种在国内流行的即时通信软件，它在诞生时的名字是 OICQ，在名称上与国外的 ICQ 软件相似。ICQ 是世界上第一种即时通信软件，它是"I seek you"的缩写，中文含义是"我找你"，这个名字形象地说明即时通信的特点。1999 年，腾讯公司推出了 OICQ 软件。2000 年，OICQ 软件正式更名为 QQ。由于提供的服务有鲜明的本地化特点，因此 QQ

在国内受到广大用户的欢迎。除了提供即时消息功能之外，QQ 还提供音频通话、视频聊天、文件传输、应用共享，以及各种形式的在线游戏功能。由于 QQ 采用了自己定义的私有协议，因此无法与其他即时通信软件交流。

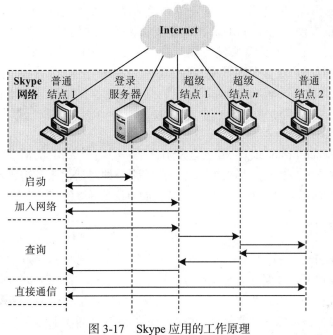

图 3-17　Skype 应用的工作原理

　　QQ 采用的是集中式 P2P 结构，在 QQ 网络中存在作为中心的服务器。QQ 网络是由数量众多的普通结点组成的覆盖网，每个结点是一个具有多媒体处理能力的主机。服务器主要分为两种类型：登录服务器与中转服务器。其中，登录服务器负责提供用户注册、身份验证等功能；中转服务器负责临时存储离线的数据（消息与文件），离线是指该数据的接收结点不在的情况。每个 QQ 用户需要拥有自己的 QQ 号，它是用户登录时需要验证的必要信息。QQ 号可通过在线、手机、邮箱等方式来注册。

3. MSN Messenger

　　MSN Messenger 是 Microsoft 公司开发的即时通信软件。1995 年，Microsoft 公司开始提供 MSN 服务，并在 Windows 95 上发布 MSN 软件。1997 年，Microsoft 公司收购邮件服务提供商 Hotmail，将其与 MSN 整合提供"一站式"的 Passport 服务。如果用户拥有 Hotmail 或 MSN 的账号，使用该账号可直接登录 MSN 系统。MSN 在国际上拥有庞大的用户群。1997 年，MSN 用户数为 500 万；2008 年，MSN 用户数已超过 2 亿。由于 MSN 采用了自己定义的私有协议，因此无法与其他即时通信软件交流。

　　MSN 面向的用户群体主要是商业用户，通常作为工作交流的即时通信工具。不同版本的 MSN 有不同的称呼，早期的 MSN 称为 MSN Messenger；在 MSN Live 版本发布后，称为 MSN Live Messenger。但是，用户通常将它们简称为 MSN。MSN 软件提供的主要功能包括即时消息、视频聊天、文件传输、应用共享、Hotmail 邮箱等。MSN 2011 版本增加了社交中心功能，通过 MSN 绑定可访问第三方网站，如新浪微博、人人网等社交网站。2013 年 3 月，Microsoft 公司关闭 MSN 服务，并由 Skype 代替它。

4. Google Talk

Google Talk 是 Google 公司开发的即时通信软件。2005 年，Google 公司正式发布了 Google Talk（简称 GTalk），它采用与其邮箱服务共用账号的方式。如果用户拥有 Gmail 账号，使用该账号可直接登录 GTalk 系统。相对于其他即时通信系统，GTalk 软件所能提供的功能相对简单一些，主要是即时消息、语音通话与 Gmail 邮箱。GTalk 软件的主要优点在于添加好友比较方便，与 Gmail 邮箱的通讯录双向自动同步，以及语音通话的质量较好。GTalk 的主要缺点是不支持文件传输与视频聊天。2017 年 6 月，Google 公司关闭了 GTalk 服务，并将其用户迁移至环聊（Hangouts）。

GTalk 采用公开的 Jabber/XMPP 标准，可与其他基于 XMPP 的即时通信软件（如 iChat、GAIM 等）通信，这是 GTalk 系统的一个主要优点。Jabber 是一种由开源形式发布的即时通信协议。IETF 组织在 Jabber 的基础上进行标准化，形成了可扩展消息与呈现协议（Extensible Messaging and Presence Protocol，XMPP）。XMPP 是一种基于 XML 的消息表示、传输与路由协议，本身具有好友列表、建立群组等功能，这些都是即时通信服务需要的功能。XMPP 的核心是扩展性好的 XML 流传输协议，XMPP 的扩展协议 Jingle 使其可支持语音和视频应用。

3.5.3 流媒体应用

流媒体（streaming media）是指将连续的多媒体数据（视频或音频）经过压缩后存放在服务器，用户可以在下载数据的同时观看或收听相应的节目，而无须提前将整个文件下载到客户机后播放。流媒体应用涉及技术主要是视频或音频的压缩、传输。流媒体服务比传统文本与图片服务需要更多资源，主要是计算资源与带宽资源。为了能够支持大量的同时在线用户，不仅需要增加更多服务器或提高服务器运算性能，而且还要增大服务器的传输带宽。这样无疑会带来巨大的运营成本提升，难以跟上用户需求增长的步伐。因此，集中式服务器的计算能力与带宽已成为流媒体应用的瓶颈。

解决这个问题的关键是消除系统瓶颈（即集中式服务），一个较好的方法就是采用 P2P 技术使集中的服务分散化。每个用户既充当消费者的角色，从网络中获得流媒体资源；又充当服务者的角色，为其他用户提供流媒体资源。这样，每个结点在向系统索取流媒体资源的同时，又将获取的媒体资源共享给其他结点，这样就有效地减小了服务器的负载，达到负载均衡的目的。基于 P2P 的流媒体应用就是在这种背景下提出，很多研究机构针对该应用开展了相关的研究，如北京大学的通用多播基础设施（GPMI）、香港科技大学的流媒体直播 Cool Streaming、清华大学的 Gridmedia 网络等。

图 3-18 给出了流媒体应用的工作原理。从应用领域的角度来看，基于 P2P 的流媒体应用可分为两类：互联网应用与电信网应用。在互联网应用方面，主要是一些网络流媒体服务运营商提供的应用，如 PPLive、QQLive、PPStream、UUSee、TvAnts 等。在电信网应用方面，21 世纪初国内几大电信运营商纷纷在该领域推出新的举措，中国联通的"视讯新干线"利用 3G 实现流媒体播放，中国电信将"互联星空"打造成视频服务的聚合器。从功能的角度来划分，基于 P2P 的流媒体应用可分为流媒体直播与流媒体点播。由于流媒体直播服务相对简单一些，因此基于 P2P 的流媒体直播应用发展得更加迅猛。

用户最多的 PPLive 采用的是 Synacast 系统，其核心是一套完整的网上视频传输与运营支持平台，可以完成节目采集、发布、认证、统计等功能。在网络拓扑方面，Synacast 采用基于 DHT 的混合型 P2P 结构，实现网络拓扑的自我进化与局部调整，使同一 ISP 内部的用户连接更加集中，在提升播放效果的同时减少 ISP 流量。在网络连接方面，Synacast 可穿越大多数防火墙与 NAT 设备，内外网用户可获得同样的服务质量。Synacast 能够自动监测网络带宽的变化，动态调整 P2P 算法与传输策略，保证网络传输的持续可靠。另外，Synacast 支持 Windows Media 与 RealPlayer 两套编解码系统。

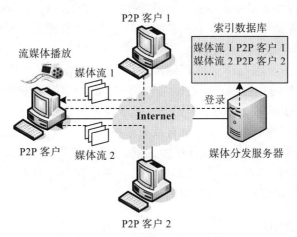

图 3-18   流媒体 P2P 应用的工作原理

PPLive 网络主要包括两种结点：媒体分发服务器（简称源端）与客户（对等结点）。其中，源端将原始的流媒体数据按 Synacast 协议来封装，并以 P2P 方式分发到 PPLive 网络中。每个源端对应的是一路视频节目。当一个客户程序启动后，将会自动登录到对应的流媒体分发网络中，寻找并连接到多个对等结点，然后根据双方的资源与网络状况，完成流媒体数据的上传与下载。由于采用 P2P 进行流媒体内容的分发，因此 PPLive 系统对服务器的要求相对较低。对于一台 100Mbit/s 带宽的普通 PC 服务器，同时可提供 5 至 10 路视频节目的直播，每路节目同时可支持百万用户收看。

3.5.4 共享存储应用

共享存储 P2P 应用提供了一个分布式文件存储系统。由于能提供高效的文件存储功能，并且自身具有负载均衡能力，因此 P2P 共享存储成为一个研究热点。在共享存储 P2P 应用方面，首先需要解决的问题是路由搜索问题。这方面的典型成果主要包括 Tapstry、Pastry、Tourist 等。例如，Tapstry 是加州大学伯克利分校提出的 P2P 模型，它针对的是广域网环境下的分布式数据存储，主要研究应用层多播、覆盖网路由与定位等。Pastry 是一种高效、容错的混合式 P2P 网络，结合了环形与超立方体结构的优点，主要版本包括 Microsoft 公司的 SimPastry 与莱斯大学的 FreePastry。

共享存储 P2P 应用的典型代表主要包括 CFS、OceanStore、PAST、Granary 等。其中，CFS 是最早出现的分布式存储系统，它是一个只读文件存储系统，底层的覆盖网采用的是 Chord 路由算法，由 DHash 负责各块的数据存储与冗余维护，客户端的文件系统层用于实现文件与数据之间的转换。由于 CFS 通过覆盖网检测邻结点是否失效，因此该系统的路由效率与可靠性都比较差。PAST 采用的是改进的 Pastry 路由算法，可将用户请求直接路由到文件，因此系统中不存在定位信息，有效地提高了 PAST 系统的可靠性。Granary 采用由清华大学提出的 Tourist 路由算法，可根据网络动态来改变自身路由表大小，从而有效地提高了路由效率与可靠性。

OceanStore 是在 Pond 的基础上实现的分布式存储系统，设计目标是成为一个覆盖全球的广域存储系统。OceanStore 在路由层采用 Tapstry 路由算法，在数据层采用流动副本管理机制，并提供文件动态复制与数据一致性维护机制，因此它能提供比 CFS 更高的可靠性。任何一台计算机都可以加入 OceanStore，它需要提供自己的部分存储空间。OceanStore 的存储设备由大量互连的存储结点组成，它们多数是由存储服务商提供的专用存储结点，支持计算机、手机、Pad 等设备的随时随地接入与访问。用户以付费方式享受这种存储服务。

由于 OceanStore 在全球范围提供存储服务，因此数据的安全性与保密性非常重要。OceanStore 提供了两种访问控制：写控制与读控制。其中，写控制通过授权机制来实现。数据拥有者提供一份具有写权限的用户列表，所有写操作都需要经过数字签名。所有数据都是经过加密的密文，密钥只发放给具有读权限的用户。在设计 OceanStore 系统时，考虑到存储结点并不都是可靠结点，它们随时可能处于失效状态。为了保证数据存储的可靠性，OceanStore 将数据复制并存储到多个结点，以便在故障时由多个副本来保证同步。OceanStore 还提供了对网络环境的自适应机制。

3.5.5　分布式计算应用

在 P2P 网络中实现分布式计算是研究热点之一。很多硅谷公司在风险投资的支持下，积极开展该项技术的研究。

1. GPU

GPU（全球处理单元，Global Processing Unit）项目的设计思想是：每个用户创建一个计算机别名以加入系统，通过 Gnutella 网络提供自己的 CPU 计算能力，同时也能获得其他计算机的计算能力。GPU 的 0.919 版本提供 3 个插件，即景观产生器、搜索引擎、文件分配器。GPU 的 0.928 版本还能提供更多的插件。目前，GPU 的最大问题是使用不便。

2. SETI@home

人们有一个美好的愿望，那就是将全世界闲置的计算资源以对等方式，形成一个超大的计算能力，以解决目前常规方法不能解决的计算课题。这方面的典型研究是美国加州大学伯克利分校空间科学实验室开展的"搜寻外星智能"（Search for Extraterrestrial Intelligence at Home，SETI@home）项目。

SETI@home 的研究目的是通过分析 Arecibo 射电天文望远镜收集的无线电信号，搜寻能证明外星智能生物存在的证据。这项研究需要进行大量的计算。SETI@home 软件试图利用大量的个人计算机，以及其他闲置计算资源，在不影响对等结点工作的情况下，开展大规模的协同工作。

SETI@home 主机由 3 台 Sun 企业级 450 系列计算机组成。其中，一台计算机用于用户数据库，它存储几百万 SETI@home 志愿者的相关信息，包括每种微处理器的结构与每种操作系统完成的工作量数据。一台计算机用于科学计算数据库，它拥有可以不断扩充容量的磁盘阵列，用于存储空间坐标数据、频率数据与用户处理结果，以及用户处理的工作单元的次数等数据。另一台计算机用于分发工作单元、分发数据与返回结果。

目前，SETI@home 能提供 47 种不同 CPU 与操作系统的客户端软件。研究人员已超过 500 万人。

3.5.6　协同工作应用

Groove Virtual Office 最初是美国 Groove Network 公司的产品，它是一种典型的 P2P 协同工作软件。最初的产品名称是"Groove Workspace"，意思是在 Groove 虚拟办公室营造一个互联网的协同工作空间。与传统的协同办公软件不同，Groove 用户之间可以不通过服务器而直接通信。利用 Groove 软件创作的虚拟办公室环境，一个公司内部的不同工作组之间、几个合作公司的员工之间，或者公司内部与出差在外的员工之间，都可以方便地实现协同工作。

2005 年，Microsoft 公司收购 Groove Network 公司，并将 Groove 软件整合到其 Office 软件中。由于前者需要以 P2P 方式运行，并且透过防火墙进行通信，因此它存在较大的安全隐患。Groove Virtual Office 3.0 增强了安全性，并增加了 IP 电话功能。

3.6　本章总结

本章主要讨论了以下内容：

1）互联网应用发展基本可分成 3 个阶段。第一阶段的特点是，互联网只提供基本的网络服务功能。第二阶段的特点是，Web 促进互联网在电子商务、电子政务等方面快速发展。第三阶段的特点是，P2P 技术将互联网应用又推向一个新的阶段。

2）互联网应用系统的工作模式可分为：C/S 模式与 P2P 模式。

3）近年出现了很多基于 Web、流媒体、P2P 的新应用，如搜索引擎、IP 电话、网络电视，以及博客、播客、即时通信、网络游戏、网络广告等，为互联网产业与现代信息服务业增加新的增长点。

4）搜索引擎作为运行在 Web 上的应用软件系统，它极大地提高了 Web 技术应用的广度与深度。

5）P2P 是一种客户结点之间以对等方式，通过直接交换信息实现资源共享的模式。P2P 广泛应用于即时通信、内容分发、协同工作与分布式计算等领域，它是当前网络技术研究的热点问题之一。

第4章　应用层与应用系统设计方法

本章主要讨论以下内容：
- 网络应用系统设计中要解决的主要问题
- DNS 与 DHCP 应用在互联网中扮演的角色
- E-mail、FTP、Web 应用的工作模型、系统结构与协议的设计方法
- P2P 应用的工作模型、系统结构与协议的设计方法
- 网络管理的基本概念与 SNMP 的内容

本章以支持互联网运行的 DNS、DHCP、SNMP 等基础设施服务，以及多种典型的网络应用服务 FTP、E-mail、Web、P2P 即时通信等为例，系统地讨论了网络应用与应用层协议、网络应用体系结构与应用软件设计方法。

4.1　网络应用与应用系统

推动互联网发展的直接动力是深受用户欢迎的各种应用，FTP、E-mail、Web、P2P 等应用就是典型实例。本章通过解析几种成功的网络应用系统，总结网络应用与应用层协议设计方法，帮助读者学习和理解网络应用体系结构、应用层协议、应用软件编程思想，以及进程、套接字与传输层接口等重要概念，掌握网络应用系统设计与开发的基本方法。

4.1.1　端系统与核心交换的概念

1. 边缘部分与核心交换部分

在实际开展一项互联网应用系统设计任务时，设计者面对的不只是单一的广域网或局域网，而是由路由器互联起来的多个局域网、城域网与广域网构成的复杂的互联网环境。作为互联网中的一个用户，你可能坐在位于中国天津南开大学并行计算研究室的一台计算机前，正在使用位于美国加州洛杉矶 UCLA 的合作伙伴研究室的一台计算机，合作完成一项大型的分布式计算任务。在设计这种基于互联网的分布式计算软件系统时，设计者关心的是协同计算功能是如何实现的，而不是每条指令或数据具体以长度为多少字节的分组，以及通过哪条路径传送到对方。

作为基于互联网协同计算软件的设计者，研究重点应该放在应用系统的体系结构、应用层协议与协议交互过程，以及软件编程技术上，而将网络环境中的进程通信、数据传输过程中的路由与分组交付等问题交给传输层、网络层及低层协议去完成。应用软件设计者的任务是如何合理地利用传输层、网络层等提供的服务，而不需要考虑低层的数据传输任务是由谁、使用什么样的技术，以及通过什么硬件或软件方法去实现的。

面对复杂的互联网结构，研究者必须遵循网络体系结构研究中"分而治之"的分层结构思想，在解决过程中对复杂网络进行简化和抽象。在各种简化和抽象方法中，将互联网系统划分为核心交换部分与边缘部分是最有效的方法（如图 4-1 所示）。

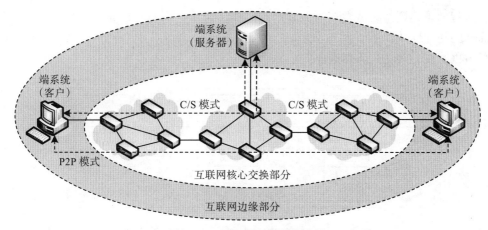

图 4-1　互联网系统的抽象方法

2. 端系统的概念

互联网边缘部分包括接入互联网的主机或用户设备，核心交换部分包括由路由器互联的广域网、城域网和局域网。边缘部分利用核心交换部分提供的数据传输服务，使得接入互联网的主机之间能够相互通信和共享资源。

边缘部分的用户设备也称为端系统（end system）。端系统是能够运行网络应用程序（如FTP、E-mail、Web、P2P 文件共享、P2P 即时通信等）的计算机。因此，端系统又被统称为主机（host）。需要注意的是：在未来的网络应用中，端系统的类型将从计算机扩展到所有能够接入互联网的设备，如固定与移动电话、电视机、无线传感器网中的传感器结点，以及各种物联网终端设备。

3. 应用程序体系结构的概念

网络应用程序运行在端系统，核心交换部分为应用程序进程通信提供服务。在复杂的互联网抽象为核心交换部分与边缘部分之后，网络应用系统设计者在设计一种新的网络应用时，仅须考虑如何利用核心交换部分提供的服务，而不涉及核心交换部分的路由器、交换机等低层设备或通信协议软件的编程问题。设计者的注意力可以集中到运行在多个端系统之上的应用程序体系结构（application architecture）的设计与应用软件编程上，这就使得网络应用系统的设计开发过程变得比较容易和规范。这点体现了网络分层结构的基本思想，也反映出网络技术的成熟。图 4-2 给出了应用程序体系结构的概念。

4.1.2　应用进程之间的相互作用

在应用程序体系结构的分类中，使用客户 / 服务器（C/S）的术语对于理解系统结构是有利的，但是与应用进程间相互作用模式容易产生混淆。

在网络环境中，每个服务都对应一个"服务程序"进程。进程通信的实质是实现进程之间的相互作用。网络环境中的进程通信要解决的一个重要问题是确定进程之间的相互作用模式。在 TCP/IP 体系中，进程之间相互作用采用的是客户 / 服务器模式。

在客户 / 服务器模式中，客户与服务器分别表示相互通信的两个应用程序进程。客户向服务器发出服务请求，服务器响应客户的请求，提供客户所需的网络服务。发起本次进程通信、请求服务的本地计算机进程称为客户进程，远程计算机提供服务的进程称为服务器进程。图 4-3 给出了进程通信中的客户 / 服务器模式。在一次通信过程中，如果主机 A 首先发起一次进程通信，则主机 A 的进程为客户（client）进程，而响应它的主机 B 的进程为服务器（server）进程。如果是主机 B 发起的一次进程通信，则主机 B 的进程为客户进程，而响应它的主机 A 的进程为服务器进程。

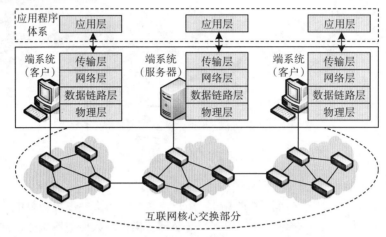

图 4-2　应用程序体系结构的概念

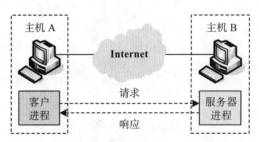

图 4-3　进程通信中的客户 / 服务器模式

需要注意的是：使用计算机的人是计算机的"用户"（user），而不是"客户"（client）。在描述进程间相互作用的客户 / 服务器模式中，客户与服务器分别表示相互通信的两个端系统设备中的应用程序进程。在很多文献资料中，人们也将 client 译为"客户"或"客户机"。

如果将基于 P2P 的应用程序体系结构与基于 C/S 的应用程序体系结构相比，基于 P2P 的应用程序体系结构中的所有结点地位平等，系统中不存在一直处于打开状态、等待客户服务请求的服务器。在基于 P2P 的应用程序体系结构中，每个结点都可以既是发出信息共享请求的客户，又可以是为其他对等结点提供共享信息的服务器。

4.1.3　C/S 与 P2P 工作模式

C/S 模式与 P2P 模式是应用程序体系结构中的两个基本体系结构。在研究如何设计应用程序体系结构时，需要确定采用纯 C/S 模式还是采用纯 P2P 模式，或者采用 P2P 与 C/S 混合的工作模式。

1. 服务器程序与服务器

在 C/S 工作模式中，作为端系统的计算机可分为客户端与服务器端。客户程序与服务器程序是协同工作的两个部分。在很多互联网应用（如 FTP、E-mail、Web）中，服务器程序运行在一台高配置计算机中，专门提供一种或同时提供几种网络服务。例如，一台运行着 Web 服务器程序的计算机，它以 Web 页的形式存储很多用户所需的信息，可以同时为多个请求 Web 服务的用户提供服务，那么这台计算机就称为 Web 服务器。客户端是一台运行 Web 浏览器程序的计算机，甚至可以是一部智能手机。客户端负责向 Web 服务器提出浏览请求。Web 服务器接收到客户端的服务请求后，将用户所需的信息发送给客户端，用户通过浏览器来阅读相关信息。

2. C/S 工作模式的特点

C/S 工作模式具有以下几个特点：

- 服务器程序在固定的 IP 地址和熟知的端口号上一直处于打开状态，随时准备接收客户端的服务请求。客户端程序根据用户需要，在访问服务器时打开。
- 客户端之间不能直接通信。
- 当同时向服务器发出服务请求的客户数量较多时，一台服务器不能满足多个客户请求的需要。这时，通常使用由多台服务器组成的服务器集群（server farm）构成一台虚拟服务器。在客户数量较少或客户服务请求不频繁的情况下，也可以将多种服务器应用程序安装在一台计算机中。这样，一台服务器就可以提供多种网络服务。

3. P2P 工作模式的特点

基于 P2P 的应用程序体系结构分为两类：纯 P2P 模式、P2P 与 C/S 的混合模式。

（1）纯 P2P 模式

在纯 P2P 模式的应用程序体系结构中，所有的结点地位是平等的，都可以采用对等方式直接通信。应用程序体系结构中没有一个需要一直打开的专门的服务器程序。

纯 P2P 应用程序体系结构的典型例子是 Gnutella。Gnutella 是一个 P2P 文件共享应用程序。在 Gnutella 系统中，任何一个结点都可以提出服务请求，查询和定位一个文件，或者响应其他结点的服务请求，发送文件或转发查询请求。

P2P 文件共享应用系统的成员可能是一台个人计算机，那么这台计算机必须通过一个 ISP 接入互联网。显然，这台计算机每次接入互联网时的 IP 地址可能是临时由 ISP 分配，那么这台运行 P2P 文件共享软件的计算机每次工作时的 IP 地址可能不同。这点与传统的 C/S 工作模式的做法是不一样的。

P2P 工作模式的最大优点是信息共享的灵活性与系统的可扩展性。在一个 P2P 文件共享应用程序中，可以有数以百万计的对等结点加入，每个结点既可以作为一个客户端，也可以起到一个服务器的作用。

（2）P2P 与 C/S 的混合模式

随着 P2P 规模的扩大，很多 P2P 应用实际上采用 P2P 与 C/S 的混合模式，第一个流行的 MP3 文件共享应用程序 Napster 就是一个典型的例子。在 Napster 系统中，共享的 MP3 文件是在两个对等结点之间直接传输，但是提出共享请求的结点需要通过一个查询服务器找到当前打开的对等结点的地址。目前，大量使用的各类 P2P 即时通信应用程序基本上都采用 P2P 与 C/S 的混合模式。尽管正在聊天的两个结点可以直接通信，但是它们在开始聊天之前，首先需要在一个中心服务器注册；它们在寻找另一位聊天对象时，也需要通过中心服务器来查询。

4.1.4　网络应用与应用层协议

网络应用与应用层协议是两个重要的概念。E-mail、FTP、Telnet、Web、IM、IPTV、

VoIP，以及基于网络的金融应用、电子商务、电子政务、远程教育、远程数据存储都是不同类型的网络应用。应用层协议（application layer protocol）是网络应用的一个主要组成部分。应用层协议规定应用程序进程之间通信所遵循的通信规则，它涵盖如何构造进程通信的报文、报文应该包括哪些字段、每个字段的意义与交互的过程等问题。

对于 Web 应用来说，Web 系统主要包括保存网页与相关文档的 Web 服务器程序；允许用户读取网页的 Web 浏览器程序；定义如何在 Web 服务器与 Web 浏览器之间传输文档的应用层协议；定义网页文档格式的标准。在这些内容中，对 Web 系统起主要作用的应用层协议是超文本传输协议（HTTP）。

对于电子邮件应用来说，电子邮件系统主要包括容纳用户邮箱的邮件服务器程序，允许用户读取和生成邮件的邮件客户程序，定义如何在邮件服务器与客户端之间以及邮件服务器之间传送邮件报文的应用层协议，定义邮件报文格式的标准，以及对报头格式加以解释的规定。在这些内容中，对电子邮件系统起主要作用的应用层协议是简单邮件传输协议（SMTP）。

应用层协议定义了运行在不同端系统中的应用程序进程之间通信的报文格式与交互过程，它主要包括以下内容：

- 交换报文的类型，如请求报文与响应报文。
- 各种报文格式与包含的字段类型。
- 对每个字段意义的描述。
- 进程在什么时间、如何发送报文，以及如何做出响应。

应用层协议可以分为两种类型。一种是属于标准的网络应用，如 E-mail、FTP、Telnet、Web 等，它们的协议以 RFC 文档的方式公布出来，提供给网络应用系统开发者使用。如果开发者遵守 RFC 文档描述的应用层协议规则，就可以与所有按照相同协议开发的网络应用系统之间互联和互操作。另一类应用层协议是专用的，如多数的基于 P2P 的应用层协议，它们的协议并不对外公开，仅提供给网络应用系统所有者使用。这类网络应用系统无法与其他同类应用系统互联和互操作。

4.1.5 网络应用对低层服务的要求

应用程序的开发者将根据网络应用的实际需求来决定传输层是选择 TCP 还是 UDP，以及主要的技术参数。传输层协议是在主机的操作系统控制下，为应用程序提供确定的服务。这就像读者从天津出发到广州出差，他可以选择以最快的速度到达，或者选择以最经济的方式到达，那么他可以根据不同的要求选择乘飞机、坐火车，或者坐长途客车。

传输层为网络应用程序提供的服务质量（QoS）主要表现在 3 个方面：数据传输的可靠性、带宽和延时。在 E-mail、FTP、Telnet、Web、IM、IPTV、VoIP，以及基于网络的金融应用系统、电子政务、电子商务、远程医疗、远程数据存储等应用中，它们对数据传输的可靠性、带宽和延时的要求不同。一类应用（如金融应用系统、电子政务、电子商务、远程医疗、远程数据存储等），它们对数据传输可靠性要求高，一个数据传输错误就可能导致重大损失。另一类应用（如 IPTV、VoIP 等），它们对带宽和延时要求较高，而对数据传输可靠性要求不是很严格，一个数据分组丢失一般不会影响语音与视频的收听或观看效果。多媒体网络应用对端到端的传输质量提出了更高的要求。

20 世纪 90 年代，网络带宽的不断提高使得网络环境中的多媒体应用成为现实。多媒体计算逐渐从单机转向网络，出现大量的多媒体网络应用系统，其中典型的有网络视频会议系统、分布式多媒体交互系统、远程教学系统与远程医疗系统。通过网络和多媒体技术的结合，参与者与计算机组成一个统一的虚拟环境。在多媒体网络应用系统提供的虚拟空间中，多台计算机及其用户通过网络构成一个分布式交互仿真环境。各个仿真结点通过网络传送音频、视频与文字。这些多媒体信息使用户感觉处于一个共同的虚拟环境中。

网络视频会议系统是一种典型的多媒体网络应用系统。国际电信联盟（ITU）定义了基于电信网络的多媒体会议系统标准 H.320、H.323 等。微软公司的 NetMeeting 和多播主干网（Multicast Backbone，Mbone）上的 vic、vat 等工具也可以用来建立网络会议环境。网络会议的参与者可以看到会议的进展情况，可以接收到正在发言者的语音或视频等，并可以亲自参与问题的讨论。

根据系统的交互方式，多媒体网络应用系统可分为 4 种基本结构：一对一系统、一对多系统、多对一系统、多对多系统。其中，一对一系统是指两个终端之间的单独通信，如视频电话系统、视频点播系统等。这类系统需要解决的主要问题是多媒体传输和质量控制。一对一系统集中体现了多媒体传输特点，它是其他几类多媒体系统的基础。一对多系统是由一个发送端和多个接收端构成的系统。一对多系统包含现在一般意义上的网络广播系统。一对多系统的实现集中体现了多播的特点。

在多对一系统中，多个发送端通过单播或多播向单个接收端发送消息。当有很多发送端同时向一个接收端发送信息时，这些信息在接收端网络接口形成较大的数据量。如果数据量超过了接收端的能力，就会造成"反馈风暴"。多对一的情况主要用于信息搜集，如资料的查询、投票等应用。多对多系统是指一个组的成员之间可以相互发送消息。多对多的情况是多播应用中最重要、最复杂的一种，这类系统主要有多媒体会议系统、交互式网络游戏、分布式交互仿真、虚拟现实、多机协同工作等应用。研究网络多媒体应用必须了解网络环境中多媒体传输的基本特性，对端到端的服务质量要求主要表现在：带宽、延时、延时抖动、误码率等方面。

4.1.6 网络应用对传输层协议的选择

互联网在传输层主要使用两个协议：TCP 与 UDP。网络应用系统设计人员在应用程序体系结构设计阶段就要决定选择 TCP 还是 UDP。这两种传输层协议有不同的特点，可以为使用它们的应用程序提供不同类型的服务。

1. TCP 提供的服务

TCP 是一种功能完善的传输层协议，它具有面向连接、可靠的特点。当网络应用选择 TCP 作为其传输层协议时，TCP 可以提供以下三种服务。

（1）面向连接服务

TCP 支持可靠的面向连接服务。在应用层数据传输之前，必须在源套接字与目的套接字之间建立一个 TCP 连接（TCP connection）。当一次进程通信结束之后，TCP 会关闭这个连接。同时，面向连接传输的每个报文都须接收方确认，未确认的报文将被认为是出错的报文。

（2）字节流传输服务

TCP 支持面向字节流的传输服务。流（stream）相当于一个管道，从一端放入什么，从另一端可以原样取出什么。由于 TCP 建立在不可靠的协议 IP 之上，IP 不能提供任何可靠性机制，因此 TCP 的可靠性需要由自身来解决。TCP 采用的基本可靠性保证方法是确认与超时重传，并采用可变窗口方法进行流量控制与拥塞控制。

（3）全双工服务

TCP 支持数据在同一时间双向流动的全双工服务。两个应用程序进程可以同时利用 TCP 连接来发送和接收数据报。双方可以通过捎带确认的方法交互数据报准确接收的信息。

2. 选择 TCP 时需要注意的问题

TCP 的拥塞控制机制的设计思想是在网络出现拥塞之后，通过抑制客户或服务器的发送进程，减少发送的数据量，以便缓解网络拥塞。这是一种通过限制每个 TCP 连接来达到公平使用网络带宽的方法。对于有最低带宽限制的实时视频应用来说，抑制传输速率会造成严重的影响。实时视频应用对数据传输可靠性要求可降低，它可以容忍个别数据报丢失，而 TCP 与这类应用需求保证的重点相反。因此，实时视频应用不会选择 TCP。

通过研究 TCP 的特点发现，TCP 既不能保证最小的传输速率，也不能保证确定的传输延时。发送进程不能按自己需求以所需速率发送数据。受到 TCP 拥塞控制机制的限制，发送端仅能够以较低的平均速率发送。因此，TCP 能够保证数据以字节流方式传送到目的进程，但是不能保证最小的传输速率和延时。

3. UDP 提供的服务

与 TCP 相比，UDP 是一种可实现最低传输要求的传输层协议。UDP 的特点主要表现在以下三个方面：

● UDP 是一种无连接、不可靠的传输层协议。设计这种比较简单的传输层协议，是希望以最小开销来实现网络中分布式进程通信。由于两个通信进程之间没有建立连接，通过 UDP 发送的数据报不能保证都到达接收端，并且也不能保证到达的数据报是顺序的。

● UDP 没有提供拥塞控制机制。尽管不能保证所有数据报都正确到达接收端，但是发送端能以任意速率通过 UDP 发送数据报。这点对于数据传输可靠性要求相对较低，而有最低传输速率要求的网络应用（如 IPTV、VoIP 等）是合适的。

● UDP 不提供最小延时保证。尽管 TCP 与 UDP 都不提供最小延时保证，但是 UDP 相对更适用于传输延时敏感的应用。事实上，目前很多对传输延时敏感的应用已成为互联网应用的新增长点。实时协议（Real-Time Protocol，RTP）、实时交互应用协议（Real-Time Interactive Application Protocol，RTIAP）等增强型传输层协议，主要针对 TCP 与 UDP 最初设计时存在的问题。

4. 应用层协议与传输层协议的关系

应用层协议利用传输层协议提供的不同类型传输服务，这点也表现在应用层协议对传输层协议的依赖关系上。表 4-1 给出了应用层协议与传输层协议的关系。从该表中可以看出，根据对传输层协议的单向依赖关系，应用层协议可以分为 3 类：仅依赖于 TCP 的应用层协议，仅依赖于 UDP 的应用层协议，可依赖于 TCP 或 UDP 的应用层协议。

表 4-1   应用层协议与传输层协议的关系

网络应用类型	应用层协议	传输层协议
电子邮件	SMTP、POP、IMAP	TCP
远程登录	Telnet	TCP
Web 服务	HTTP、HTTPS	TCP
文件传输	FTP	TCP
Usenet 服务	NNTP	TCP
简单文件传输	TFTP	UDP

（续）

网络应用类型	应用层协议	传输层协议
网络管理	SNMP	UDP
动态主机配置	DHCP	UDP
时间同步	NTP	UDP
网络文件系统	NFS	UDP
域名系统	DNS	UDP 或 TCP
远程过程调用	RPC	UDP 或 TCP

仅依赖于 TCP 的应用层协议主要面向需要大量传输交互式报文的应用，如远程登录（Telnet）、简单邮件传输协议（SMTP）、文件传输协议（FTP）、超文本传输协议（HTTP）等。仅依赖于 UDP 的应用层协议通常用于对传输速率与延时有一定要求的应用，如简单文件传输协议（TFTP）、简单网络管理协议（SNMP）等。可依赖于 TCP 或 UDP 的应用层协议主要是域名服务（DNS）。

4.2　域名服务与 DNS

4.2.1　域名服务的设计思路

1. 域名服务的基本概念

在分析几种主要的网络应用及其协议之前，首先需要研究 DNS 的功能、原理与实现方法，几乎所有的网络应用都是依赖于 DNS 的支持。DNS 本身是一种网络应用的应用层协议，但是它的作用不同于 Web、E-mail、FTP 等。DNS 并不直接与用户打交道。DNS 的作用是将主机域名转换为 IP 地址，使得各种网络应用的实现成为可能，因此它是所有基于 IP 的网络应用的基础。图 4-4 给出了 DNS 与其他网络应用的关系。

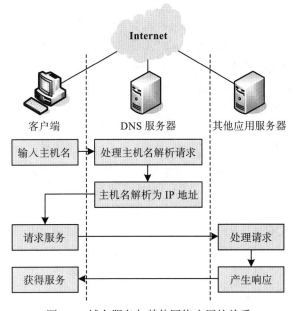

图 4-4　域名服务与其他网络应用的关系

对于一台联网主机，如南开大学计算机系的 Web 服务器，它的名字有两种表示方法。第一种方法是用自然语言（英文缩写或中文单词）的域名，并具有一定的意义，如"www.cs.nankai.edu.cn"；第二种方法是直接用它的 IP 地址"202.1.23.220"。对于互联网中拥有的如此众多的主机，人们肯定不会选择后者，必然会选择前者。采用具有一定意义的自然语言来表示主机名，便于人们理解和记忆，这是由于它有一定的规律性。例如"www.cs.nankai.edu.cn"，它是将级别最高的部分放在后面，人们可以很容易地理解为：中国 – 教育机构 – 南开大学 – 计算机系 –Web 服务器。人们喜欢用熟悉的自然语言表达习惯命名主机，但是计算机却只能识别和处理二进制数字。

2. 域名服务的发展过程

1971 年，ARPANET 设计人员已开始注意网络主机命名问题。1971 年 9 月 20 日，第一个关于如何分配主机名的 RFC266 文档"主机辅助记忆标准化"公布。RFC952、RFC953 文档描述了互联网早期 ARPANET 用户的主机命名与域名服务机制。互联网信息中心的一个主机文件"hosts.txt"保存着用户主机名与地址的映射表。整个 20 世纪 70 年代都使用这种集中式管理的主机表。

到 20 世纪 80 年代，集中式的主机名字服务机制已不能适应互联网的迅速发展，主要问题表现在以下两个方面。

1）早期的主机名到地址的映射是存储在斯坦福研究院（SRI）的网络信息中心（Network Information Center，NIC）的一个主机文件"hosts.txt"中，主机名到 IP 地址的解析需要将 hosts.txt 文件传送到各个主机来实现，因此消耗在传输地址映射上的网络带宽与主机数量的平方成正比，NIC 主机负载过重。在主机数量剧增的情况下，不能提供人们所期望的服务。

2）初期的主机是通过广域网接入 ARPANET，在后来个人计算机大规模应用时，这类计算机大部分是通过局域网接入。在这种情况下，如果还使用主机文件，那么局域网中的计算机还必须依靠 NIC 的 hosts.txt。从提高系统工作效率的角度，局域网参与分级的主机名字服务机制是必然的。

随着 ARPANET 的规模不断扩大，不仅美国有很多网络与 ARPANET 互联，世界上很多国家也通过远程线路将它们的网络连入 ARPANET。针对 TCP/IP 互联的主机数量急剧增多的情况，研究者提出了域名系统（Domain Name System，DNS），将多个主机划分成不同的域，通过域名来管理和组织互联网中的主机。

3. DNS 设计须满足的基本要求

DNS 必须具备以下 3 种基本功能。

- 域名空间定义：提供一个所有可能出现的结点命名的域名空间。
- 名字注册：为每台主机分配一个在全网具有唯一性的名字。
- 名字解析：为用户提供一种有效的、完成主机名与 IP 地址转换的机制。

DNS 按照 1987 年发布的 RFC1034"域名的概念和应用"和 RFC1035"域名的实现和说明"中描述的规则来实现。RFC1034 提出 DNS 的设计目标，如下：

- DNS 使用统一的命名空间。为了避免因特殊编码而引起的问题，域名中不能使用网络标识符、地址、路由或类似信息作为名字的组成部分。
- 数据库容量限制和更新频率要求对域名进行分布式管理，并使用本地的缓存来改善系统的性能。

- DNS 具有通用性，必须适应各种应用需求，以及未来可能出现的各种新的服务。
- DNS 处理必须独立于它使用的传输系统。
- DNS 必须适应于各类主机环境。

图 4-5 给出了域名系统的主要功能。DNS 的应用变得越来越普及，其分布式数据库存储与主机命名相关的信息。DNS 设计人员希望为互联网构造一种通用的目录服务系统，而不是仅为 IP 协议设计一种简单的名称解析机制。由于 DNS 具有可扩充性的特点，因此现有的电子邮件系统可使用 DNS 服务。

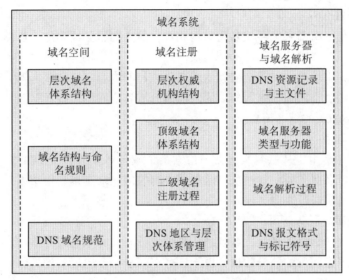

图 4-5　域名系统的主要功能

在具体设计 DNS 时，应该注意以下几个问题：

- 域名数据库的总体容量在初期应与使用域名系统的主机数量成正比，随后该数据库容量应与使用这些主机的用户、邮箱和其他信息的数量成正比。
- DNS 中多数的数据几乎不变（如绑定的邮箱、主机地址等），但是该系统应具有在几秒或几分钟内快速实现局部数据更新的能力。
- 对数据库进行划分并分别由不同组织来管理。每个组织可以有一个或多个主机，并且仅负责维护 DNS 的某一部分。
- 相比保持数据连续性和及时更新，DNS 信息的存取更为重要。DNS 更新数据的进程应让位于用户 DNS 请求。当网络或主机出现故障而无法更新时，DNS 在继续实现更新的同时，应为用户提供更新之前的域名信息。

实现 DNS 的关键技术是借助分布于互联网各处的数量众多的域名服务器。在这种服务的支持下，每个服务器只作为整个命名空间的一小部分向用户提供服务。因此，主机名也被称为主机域名或域名。

至今，DNS 仍是支持互联网发展的主要机制之一。虽然使用 128 位地址的 IPv6 协议可为互联网的继续发展提供足够的空间，但是 IPv6 机制也更加依赖于域名系统的支持。后来推出的安全域名系统（DNSSEC）在很大程度上改善了域名系统的安全性。

4.2.2 域名系统的实现方案

1. 域名空间和资源记录

域名空间被组织成"域"与"子域"的层次结构，它在结构上像计算机中的树状目录结构。域名空间和资源记录是树形命名空间结构和与域名相关数据的技术规范。域名空间树的每个结点和叶子都用一组信息命名，而域名查询就是从某个域的域名集合中抽取某类特殊信息的过程。域名查询请求信息中包括查询的域名和对资源信息类型的说明。互联网中使用域名来标识主机名字，查询是要获取对应的 IP 地址。

2. 域名服务器

域名服务器是一组用来保存域名树结构和对应信息的服务器程序。虽然该服务器可使用高速缓存来存储域名树中任何部分的结构及信息集合，但是特定的域名服务器应该存储某个域名空间子集的完整信息，以及指向其他域名服务器的内容。域名服务器完全了解其拥有完整信息的那部分域名空间树，该服务器为对应部分域名空间的"授权"服务器。授权服务器管理的是区域（zone）的域名信息。

3. 地址解析程序

地址解析程序是用于从域名服务器中检索某个域名对应的 IP 地址的客户程序。该程序至少可访问一个域名服务器，通过从该服务器查询的信息来直接获得结果，或引用其他域名服务器来继续对请求进行查询。

4. 域名数据库、服务与用户

从地址解析程序的角度来看，域名系统是由数量未知的域名服务器构成，每个域名服务器仅拥有整个域名空间树的部分数据。由于域名空间是一个树形结构，因此用户可从该树的任何一处开始遍历。

从域名服务器的角度来看，域名系统是由相互独立的称为"区域"的本地数据集构成。域名服务器对一些区域拥有本地备份。域名服务器必须周期性以来自本地的或外部域名服务器的主备份文件，对本地的区域数据进行刷新。域名服务器可以对来自地址解析程序的请求进行并行处理。

基于上述讨论可以看出，域名系统由 3 个基本构件组成：域名数据库、服务与用户。

在 DNS 应用中，请求域名服务数据的主机都是借助发送报文来实现。为了减少开销，DNS 报文通常基于 UDP 实现封装。DNS 协议设计者之所以选择使用 UDP，主要考虑即使请求域名服务的主机在没有很快获得响应的情况下，再次向域名服务器发送了请求报文，也不会造成很大的网络开销。DNS 为请求和响应报文定义专用格式。同时，DNS 为域名服务器之间的通信定义了通用的报文格式。

5. 根域名服务器

在域名空间、注册机构、域名服务器等方面，DNS 系统都遵循层次结构的概念。对于 DNS 系统的整体运行，根域名服务器具有极重要的作用。任何原因造成根域名服务器停止运转，都会导致整个 DNS 系统的关闭。出于安全的原因，根域名服务器不可能仅有一台，目前存在 13 个根域名服务器，其专用域为 root-server.net。表 4-2 给出了 13 个根域名服务器的信息，它们分别以 a 至 m 为域名编号。

从表 4-2 可以看出，大多数根域名服务器由多台服务器构成的服务器集群组成。有些根域名服务器由分布在不同地理位置的多台镜像服务器组成。例如，f.root-server.net 包括 12

台以上的镜像服务器。

表 4-2 13 个根域名服务器的信息

根域名服务器名	IP 地址	曾用名	位置
a.root-server.net	198.41.0.4	ns.internic.net	美国弗吉尼亚州杜勒斯
b.root-server.net	128.9.0.107	ns1.isi.edu	美国加利福尼亚州
c.root-server.net	192.33.4.12	c.psi.net	美国弗吉尼亚州赫登 美国加利福尼亚州洛杉矶
d.root-server.net	128.8.10.90	terp.umd.edu	美国马里兰州
e.root-server.net	192.203.230.10	ns.nasa.gov	美国加利福尼亚州山景城
f.root-server.net	192.5.5.241	ns.isc.org	新西兰奥克兰 巴西圣保罗 中国香港 南非约翰内斯堡 美国加利福尼亚州洛杉矶 美国纽约州纽约市 西班牙马德里 美国加利福尼亚州帕拉阿图 意大利罗马 韩国首尔 美国加利福尼亚州圣何塞 加拿大安大略州渥太华
g.root-server.net	192.112.36.4	ns.nic.ddn.mil	美国弗吉尼亚州维也纳
h.root-server.net	128.63.2.53	aos.arl.army.mil	美国马里兰州阿伯丁
i.root-server.net	192.36.148.17	nic.nordu.net	瑞典斯德哥尔摩 芬兰赫尔辛基
j.root-server.net	192.58.128.30	—	美国弗吉尼亚州杜勒斯 美国加利福尼亚州山景城 美国弗吉尼亚州斯特林 美国华盛顿州西雅图 美国佐治亚州亚特兰大 美国加利福尼亚州洛杉矶
k.root-server.net	193.0.14.129	—	英国伦敦 荷兰阿姆斯特丹 德国法兰克福
l.root-server.net	198.32.64.12	—	美国加利福尼亚州洛杉矶
m.root-server.net	202.12.27.33	—	日本东京

尽管 13 个根域名服务器为世界各地的用户提供 DNS 服务，但是它们中的大多数仍然位于美国，并且主要集中在加利福尼亚州与华盛顿地区。有关最新的根域名服务器列表可从 ftp://ftp.rs.internic.net/domain/named.root 中获取。

4.2.3 域名数据库的基本结构

DNS 必须有一个大型、分布式的域名数据库。域名数据库存储的是按层次管理的域名空间数据。这种层次结构可表示为根在上面的树形结构，结点都是根的子孙。所有结点都是可以萌发新枝叶的点，通常将结点和叶统称为结点。结点用域名来标识，一般的域名是由一串可回溯到其祖先的结点名组成。根结点的域名是用形式为".""的空标号表示，通常在书写域名时忽略该结点。根结点下的每个域名是用一串被"."分隔的结点名表示。结点名最长可以是 63 字节。图 4-6 给出了 RFC1034 表示的域名空间结构。

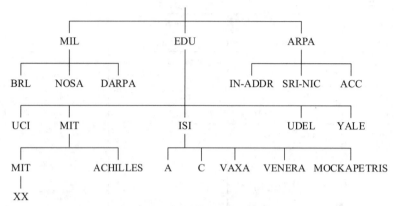

图 4-6   RFC1034 表示的域名空间结构

1. 顶层域

20 世纪 80 年代中期，IETF 定义了数量有限的顶层域（Top Level Domain，TLD）。后来，在 RFC1591 "域名系统的结构和代理"中，定义了 7 个新的三字母的 TLD，并特别说明今后不会创建任何新的 TLD。早期定义的 TLD 主要如下所示。

（1）com

顶层域"com"是为公司之类的商业实体创建的专用域名。早在 1994 年，随着当时注册"com"顶层域的公司数量剧增，专家开始注意到该 TLD 可能存在的问题，这个问题在 RFC1591 的有关内容中已经反映出来。

（2）edu

顶层域"edu"最初是为教育机构设立的专用域名，但稍后该域名成为 4 年制学院或大学保留的专用域名。

（3）net

顶层域"net"是为网络服务供应商有关的系统创建的专用域名。

（4）org

顶层域"org"是为非政府机构或无法归入其他分类的机构提供的域名。

（5）int

顶层域"int"是为国际数据库或按照国际条约建立的国际组织保留的域名。2000 年，ICANN 组织重新考虑该域名的使用。从那时起，没有机构再注册到该域名。

（6）gov

顶层域"gov"是供美国政府机构使用的域名。最初，该域名的注册是对州市两级政府开放，但是现在仅限于联邦机构使用该域名。

（7）mil

顶层域"mil"是供美国军队下辖的单位使用的域名。

除了上述 TLD 之外，还有由两个字母的国家代码组成的 TLD，这些国家代码大部分来自 ISO 3166 标准。

从 2000 年开始，互联网授权命名机构（IANA）更名为互联网名称与号码分配委员会

（ICANN），对增加 7 个新的 TLD 问题进行讨论。到 2002 年年初为止，多数新增的 TLD 已开始使用，并向公众提供注册服务。

2. DNS 数据库服务

将互联网域名空间划分为多个层次可以极大提高查询效率，并减低查询差错。理论上，在一个中心数据库中可存储全球的所有域名和地址，但是实际系统必须借助于代理机制，将域名查询任务分配给每个父结点，该结点仅需对其子结点的域名执行维护和查询服务。例如，"com"域 2002 年年初已注册的子域名数量达到 1000 万个。因此，采用分层结构是非常有必要的。在代理机制下，根域名服务器仅须存储相关的 TLD 的相关信息，如 com、edu、net 等 7 个全球性 TLD，以及 200 多个双字符国家代码的 TLD。每个 TLD 服务器仅须存储其下一层域名结点的相关信息。以此类推，下一层域名服务器也仅须存储其子域名结点的相关信息。每个 TLD 跟踪其子域结点的相关信息变化，为其子结点提供域名服务。每个子域仅须管理数量有限的子域名与地址信息。RFC1034 规定域名表达式的长度不能超过 255个字符，目的是简化对域名的处理过程，避免域名长度失控。

4.2.4　域名解析的工作原理

1. 域名解析的基本概念

将域名转换为对应 IP 地址的过程称为域名解析（name resolution），完成该功能的软件称为域名解析器。每个 ISP 或一所大学、一个系都可设置一个本地域名服务器，通常称为默认域名服务器。在 Windows 操作系统中，打开"控制面板"，选择"网络连接"，选择"TCP/IP 协议"与"属性"，这时看到的 DNS 地址就是自动获取的本地域名服务器。每个本地域名服务器配置一个域名解析软件。

域名服务采用典型的 C/S 模式。这里，提供域名服务的是众多不同层次的域名服务器。作为 DNS 客户的主机在进行域名查询时，首先向本地域名服务器发送一个包含待解析域名的请求报文。由于域名信息以分布式数据库形式分散存储在多个域名服务器中，而每个域名服务器都知道根域名服务器的地址，因此无论经过几步的查询过程，在域名树中最终会找出正确的解析结果。

2. 域名解析的实现方法

域名解析可以有两种实现方法：递归解析（recursive resolution）与反复解析（iterative resolution）。当主机向本地域名服务器进行查询时，可以选择采用递归解析还是反复解析。图 4-7 给出了 DNS 客户向本地域名服务器查询的过程。

（1）递归解析

图 4-8 给出了递归解析的交互过程。从图中可以看出，如果一位用户希望访问名为 netlab.cs.nankai.edu.cn 的主机，客户程序首先向本地域名服务器发出查询请求。如果本地域名服务器查不到域名，则向根域名服务器 edu.cn 进行域名解析，根域名服务器向本地域名服务器提供下一级 nankai 域名服务器的 IP 地址。本地域名服务器再向 nankai 域名服务器进行域名解析，nankai 域名服务器向本地域名服务器提供下一级 cs 域名服务器的 IP 地址。本地域名服务器进一步向 cs 域名服务器进行域名解析，cs 域名服务器最终向本地域名服务器提供 netlab.cs.nankai.edu.cn 的 IP 地址，本地域名服务器将解析结果返回客户。至此，本次递归解析的域名解析过程结束。

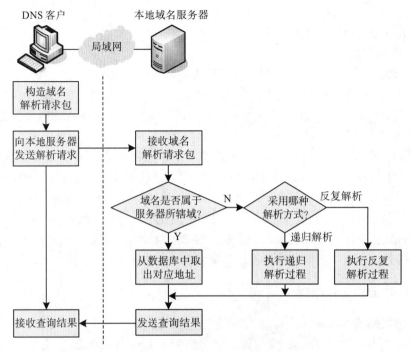

图 4-7 主机向本地域名服务器查询的过程

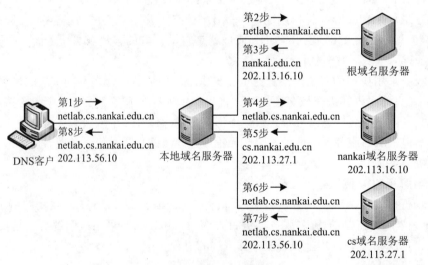

图 4-8 递归解析的交互过程

（2）反复解析

反复解析也称为迭代解析。在反复解析过程中，本地域名服务器仅须向根域名服务器发出一次查询请求，后续的查询过程是在其他域名服务器之间执行，最终由根域名服务器向本地域名服务器反馈查询结果。图 4-9 给出了反复解析的交互过程。

4.2.5 域名系统的性能优化

经过实际的测试表明，上面所描述的域名系统的效率不高。在没有优化的情况下，根服务器的通信量是难以忍受的，这是因为每次有人对远程计算机进行域名解析时，根服务器都会收到一个解析请求。一个主机可能会反复发出同一台计算机的域名请求。DNS 性能优化的主要方法是复制与缓存。

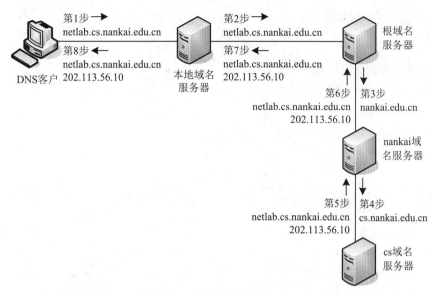

图 4-9　反复解析的交互过程

1. 复制

每个根服务器是被复制的，该服务器的很多副本存在于整个网络上。当一个新的子网加入互联网时，它在本地域名服务器中配置一个根服务器表。本地域名服务器可为本网用户提供域名服务，并选择响应最快的根服务器。在实际应用中，地理上最近的域名服务器通常响应得最好。例如，一台位于清华大学的主机倾向于使用北京的域名服务器，而一台位于南开大学的主机将选择使用天津的域名服务器。

2. 缓存

通过域名的高速缓存可优化查询的开销。每个域名服务器都保留一个域名缓存。在第一次查找一个新的域名时，域名服务器将查询结果的副本置于其缓存中。例如，当第一次有用户查询域名 cs.nankai.edu.cn 的 IP 地址时，通过域名解析得到 IP 地址为 202.113.19.122，则域名服务器可将 cs.nankai.edu.cn/202.113.19.122 置于缓存中；当下一次有用户查询域名 cs.nankai.edu.cn 的 IP 地址时，服务器会先查看自己的缓存，如果缓存中已经包含了答案，服务器就使用这个答案来生成查询结果。

不仅在本地域名服务器中需要使用高速缓存，在客户的主机中也需要使用高速缓存。很多主机在启动时从本地域名服务器下载域名和地址的数据库，维护一个存放本机最近使用域名的高速缓存，并且仅在从缓存中找不到域名时才使用域名服务器。

维护本地域名服务器数据库的主机需要定期更新域名服务器，以获取新的映射信息，提高工作效率。由于一些主要与常用的域名改动并不频繁，因此大多数主机不需要花费太多精力就能维护好数据库。在每台主机中保留一个本地域名服务器数据库的副本，可使本地主机上的域名解析速度明显加快。

4.3 主机配置与 DHCP

4.3.1 主机配置的基本概念

对于 TCP/IP 网络来说，将一台主机接入互联网，必须配置以下参数：

- 本地网络的默认路由器地址。
- 主机使用的子网掩码。
- 为主机提供特定服务的服务器地址，如 DNS、E-mail 服务器等。
- 本地网络的最大传输单元（MTU）长度值。
- IP 分组的生存时间（TTL）值。

对于一个确定的网络来说，在需要为每台主机配置的十几个参数中，通常仅有 IP 地址是各不相同的，而其他参数大多相同。这种对主机的参数配置操作，不仅在组网时需要执行，主机加入或退出时也需要执行。作为一个网络管理员，在管理拥有十几台主机的局域网时，手工完成主机配置任务是可行的。但是，如果一个局域网中的主机数量达到几百台，并且经常有主机需要接入或移动，手工方式无疑效率很低且容易出错。同时，对于远程主机、移动设备、无盘工作站等，仅手工方式是不可能完成配置任务。

早期存在一类硬件配置低的计算机（如无盘工作站），其引导程序存放在 PROM 中，本身并不保存网络配置参数。对于这类计算机来说，它们每次开机并接入网络时，引导程序需要从服务器下载参数并完成配置。

因此，对于大规模的网络及远程主机、移动设备、无盘工作站和地址共享配置，用手工进行主机配置已经不可能实现，促使主机参数配置过程的自动化、研究动态主机配置协议就成为一个重要的问题。

4.3.2 主机配置协议的发展

动态主机配置协议可以为主机自动分配 IP 地址及其他一些重要的参数。动态主机配置协议不但运行效率高，减轻网络管理员的工作负担，更重要的是能够支持远程主机、移动设备、无盘工作站和地址共享的配置任务。

在讨论动态主机配置协议时，人们自然会想到这是网络层的任务，它应该作为网络层的协议之一。1984 年出现了反向地址解析协议（Reverse Address Resolution Protocol，RARP），它是第一个试图解决无盘工作站引导问题的协议，也确实被放在网络层。RARP 通过将主机网络层的 IP 地址与数据链路层的硬件地址绑定，连接在局域网中的无盘工作站以 MAC 层广播方式向 RARP 服务器发送请求，由 RARP 服务器返回的响应中包含无盘工作站的 IP 地址。RARP 机制的最大优点是系统简单，易于实现。它的缺点也很明显，一种 RARP 软件不可能适用不同类型的局域网（如 Ethernet、Token Ring 等），每台 RARP 服务器都需要人工完成地址配置表。

代替 RARP 的是引导协议（Bootstrap Protocol，BOOTP），以及在 BOOTP 基础上发展起来的动态主机配置协议（Dynamic Host Configuration Protocol，DHCP），它们都被放在应用层。这样安排主要考虑两个因素：一是将主机配置协议放在应用层，可以保证协议操作不依赖于低层的硬件；二是在网络之间传送主机配置文件，这点是网络层无法实现的。

首先用于 TCP/IP 网络的主机配置协议是 BOOTP，它克服了 RARP 的很多缺点，并且很好地支持主机参数配置。1985 年 9 月，RFC951 对 BOOTP 进行了标准化。但是，BOOTP 缺少对动态 IP 地址分配的支持。20 世纪 90 年代，对动态 IP 地址分配的需求变得十分突出，这种需求直接导致了 DHCP 的出现。

　　BOOTP 完全代替了 RARP，而 DHCP 是建立在 BOOTP 的基础上。RFC1533 将在 BOOTP 的基础上扩展的内容与 DHCP 融合成一个标准，并成为 TCP/IP 主机配置协议的标准。1997 年发布的 RFC2131、2132 是 DHCP 的协议草案。后来出现了关于 DHCP 的新文档，如 RFC3396、3442 等。DHCP 提供一种"即插即用联网"（plug-and-play networking）机制，它允许一台主机接入网络之后就可以自动获取一个 IP 地址与相关参数。同时，DHCP 可以为各种服务器分配一个永久的 IP 地址，服务器重新启动后的 IP 地址不变。

4.3.3　DHCP 的基本内容

1. DHCP 服务器的主要功能

　　DHCP 最重要的创新在动态 IP 地址分配与地址租用的概念。DHCP 采用的工作模式是客户/服务器模式。DHCP 服务器是一个为客户提供动态主机配置服务的网络设备。DHCP 服务器的功能主要包括如下内容。

　　（1）地址管理

　　DHCP 服务器是所有客户所使用的 IP 地址的拥有者。服务器保存这些地址并负责管理它们，记录哪些地址已经被使用、哪些地址仍然可以使用。

　　（2）配置参数管理

　　DHCP 服务器保存和维护其他参数，在客户请求时发送给客户。这些参数是指定客户的主机如何操作的主要配置数据。

　　（3）租用管理

　　DHCP 服务器以租用方式将 IP 地址动态地分配给客户使用一段时间，即租用期（lease period）。DHCP 服务器维护批准租用给客户的 IP 地址，以及租用期的长度。RFC1533 规定租用期用 4 字节的二进制数来表示，单位为秒。DHCP 对租用期并没有具体规定，其数值由 DHCP 服务器来决定。

　　（4）响应客户请求

　　DHCP 服务器响应客户发送的分配地址、传送配置参数，以及租用的批准、更新与终止等各种类型的请求。

　　（5）服务管理

　　DHCP 服务器允许管理员查看、改变和分析有关地址、租用、参数等相关信息。

2. DHCP 客户的主要功能

　　DHCP 客户的功能主要包括如下内容。

　　（1）配置请求发起

　　DHCP 客户可以随时向 DHCP 服务器发起获取 IP 地址与配置参数的交互过程。

　　（2）配置参数管理

　　DHCP 客户可以从 DHCP 服务器获取全部或部分配置参数，并维护与自身配置相关的参数。

　　（3）租用管理

　　在使用动态分配的 IP 地址时，DHCP 客户可以了解自身地址租用状态，在适当的时候更新租用，在无法更新时进行重绑定，以及在不需要时提前终止租用。

（4）报文重传

由于 DHCP 采用不可靠的 UDP，因此 DHCP 客户负责检测 UDP 报文是否丢失，以及报文丢失之后的重传工作。

3. DHCP 客户与服务器的交互过程

在讨论 DHCP 客户与服务器交互过程时，首先有几个问题需要做出说明：

1）在动态分配 IP 地址时，DHCP 服务器要给出临时 IP 地址的租用期 T。例如，DHCP 服务器为一台 DHCP 客户分配的临时 IP 地址的租用期 T 为 1 小时。协议规定，当 DHCP 客户端获得临时 IP 地址时，设置两个计时器 T_1 和 T_2，$T_1=0.5T$、$T_2=0.875T$。当 $T_1=0.5T$ 时，客户需要立即申请更新租用期。如果收到 DHCP 服务器的确认响应，则可得到新的租用期。如果收到不同意的响应，客户立即停止使用原有的 IP 地址，重新申请新的 IP 地址。如果客户在 $T_2=0.875T$ 时仍未收到服务器的响应，则需要立即重新申请新的 IP 地址。

2）DHCP 在传输层使用的端口号与 SMTP、HTTP、FTP 等协议不同。BOOTP 与 DHCP 没有按传输层 UDP 规定使用临时端口号，而是在客户端使用熟知端口号，因此 DHCP 客户与服务器都使用熟知端口号。DHCP 客户使用的熟知端口号是 68；DHCP 服务器使用的熟知端口号是 67。

3）在动态配置开始阶段，DHCP 客户没有 IP 地址，也不知道所在网络中是否有 DHCP 服务器，以及 DHCP 服务器在哪里。为了发现 DHCP 服务器，DHCP 客户需要构造一个"DHCPDISCOVER"请求报文，并以广播方式发送出去，以到达任何一个可用的 DHCP 服务器。接收的 DHCP 服务器以广播方式返回"DHCPOFFER"响应报文。由于实际网络中可能存在多个 DHCP 服务器并都做出了响应，因此 DHCP 客户有可能接收到多个"DHCPOFFER"响应报文。这要求 DHCP 客户从多个响应的服务器中选择一个，再向该 DHCP 服务器发出一个"DHCPREQUEST"请求报文。当该服务器返回一个"DHCPACK"响应报文后，DHCP 客户确定可以使用的临时 IP 地址，并形成"已绑定状态"。

图 4-10 给出了简化的 DHCP 客户与服务器的交互过程。

DHCP 客户与服务器之间的交互过程：

①DHCP 客户构造一个"DHCPDISCOVER"请求报文并以广播方式发送。

②所有接收到客户请求的服务器都会返回一个"DHCPOFFER"响应报文，其中包含分配给 DHCP 客户的 IP 地址、租用期及其他参数。

③DHCP 客户可能接收到多个"DHCPOFFER"响应报文，这时可从中选择一个 DHCP 服务器，并向该服务器发送一个"DHCPREQUST"请求报文。

④被选择的 DHCP 服务器向 DHCP 客户返回一个"DHCPACK"响应报文。DHCP 客户接收到"DHCPACK"响应报文之后，可使用分配的临时 IP 地址，并进入"已绑定状态"。同时，DHCP 客户设置两个计时器 T_1 与 T_2，$T_1=0.5T$，$T_2=0.875T$。

⑤当计时器 $T_1=0.5T$ 时，DHCP 客户将发送一个"DHCPREQUST"请求报文，请求更新租用期。

⑥这时可能出现 3 种情况：

第一种情况：DHCP 服务器同意更新租用期，它将返回一个"DHCPACK"响应报文，DHCP 客户获得新的租用期，并重新设置两个计时器。

第二种情况：DHCP 服务器不同意更新租用期，它将返回一个"DHCPNAK"响应报文，

DHCP 客户需要重新申请新的 IP 地址。

第三种情况：如果 DHCP 客户没有接收到 DHCP 服务器的响应报文，当 $T_2=0.875T$ 时间到时，DHCP 客户发送一个"DHCPREQUST"请求报文，重新申请新的 IP 地址。

⑦如果 DHCP 客户准备提前结束 IP 地址的租用期，它仅需要向 DHCP 服务器发送一个"DHCPRELEASE"请求报文。

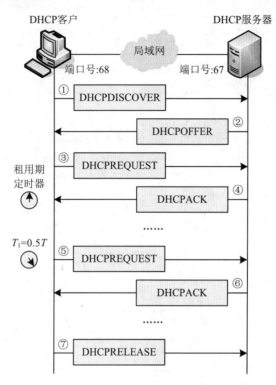

图 4-10　DHCP 客户与服务器的交互过程

4. DHCP 中继代理

为了避免在每个网络中都设置一个 DHCP 服务器，造成 DHCP 服务器数量过多的问题，在那些没有设置 DHCP 服务器的网络中，可以设置一个 DHCP 代理（DHCP agent）。DHCP 代理功能通常加载于一台路由器上。图 4-11 给出了 DHCP 代理参与转发的交互过程。例如，DHCP 客户 1 在网络 10.1.0.0 中以广播方式发送"DHCPDISCOVER"请求报文。DHCP 代理接收到这个请求报文之后，将该报文以单播方式发送到 DHCP 服务器所在的 10.2.0.0 网络。DHCP 代理与 DHCP 服务器协商后获取 IP 地址与其他参数，再转发给 DHCP 客户，并完成动态配置的过程。

随着 IPv6 技术的快速发展，DHCP 的角色也会发生很大的变化，这是由于 IPv6 的一个重要特点是能够自动进行地址配置。

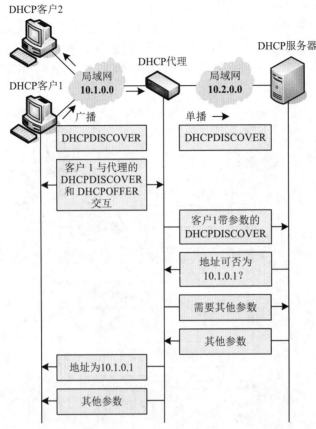

图 4-11　DHCP 代理参与转发的交互过程

4.4　电子邮件与相关协议

4.4.1　邮件服务的设计思路

　　世界第一个电子邮件系统是在早期的大型机多用户系统上开发的。在这种系统中，操作者可借助连接在同一大型机上的多个终端设备相互交换邮件。当计算机网络发展起来时，虽然采用专用报文格式和邮件交换协议可以为同一系统的用户提供邮件服务，但是这种专用的格式和协议却阻碍不同系统之间交换邮件。

　　在互联网应用环境中，电子邮件的最大优势是不管用户使用任何一种计算机、操作系统或邮件客户软件，用户之间都可以实现电子邮件的交换。目前，电子邮件仍然是互联网中使用最广泛的网络应用之一。在多数情况下，电子邮件的内容仍是以文本为主，同时也能够以附件形式传输图片、语音、视频等。

　　电子邮件系统的这种特点基于以下几个设计原则：

- 所有邮件都使用标准的地址格式，并且每个邮箱在其命名空间里是唯一的。对于那些使用不兼容的地址格式或专用命名空间的邮件系统，借助于网关在其专用的格式与标准格式之间进行地址转换后，也能够与使用标准邮件协议的用户实现邮件交换。
- 所有邮件报文都使用统一的报文格式，从而保证不同系统之间可以交换邮件。由于无法预知何种系统将负责在互联网中传输邮件，因此邮件报文要尽可能地使用简单的字符集，以避免中间系统对非通用字符的改动而引起的格式错误。

● 邮件的发送方和接收方都使用统一的邮件传输协议来传送邮件，并使用统一的报文传递协议向最终用户来投递报文。

4.4.2　电子邮件系统结构

电子邮件系统采用典型的 C/S 模式。邮件系统可以分为两个部分：邮件客户与邮件服务器。其中，邮件客户是邮件服务的使用者；邮件服务器是邮件服务的提供者。图 4-12 给出了电子邮件系统结构。在邮件客户中，包括用来发送邮件的 SMTP 代理，用来接收邮件的 POP3 代理（或 IMAP 代理），以及为用户提供管理界面的用户接口程序；在邮件服务器中，包括用来发送邮件的 SMTP 服务器，用来接收邮件的 POP3 服务器（或 IMAP 服务器），以及用来存储邮件的电子邮箱。

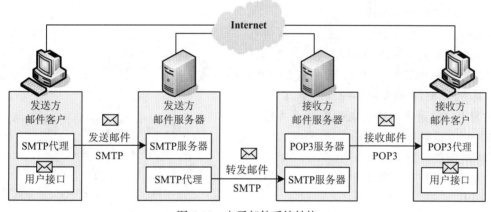

图 4-12　电子邮件系统结构

用户通过邮件客户访问邮件服务器中的电子邮箱及其中的邮件，邮件服务器根据邮件客户的请求对电子邮箱中的邮件进行适当处理。邮件客户使用简单邮件传输协议（Simple Mail Transfer Protocol，SMTP）向邮件服务器发送邮件；邮件客户使用邮局协议（Post Office Protocol，POP）或交互式邮件存取协议（Interactive Mail Access Protocol，IMAP）从邮件服务器中接收邮件。至于使用哪种协议来接收邮件，取决于邮件客户与服务器支持的协议类型，多数的邮件客户与服务器软件支持 POP。

在 TCP/IP 协议族中，支持电子邮件服务的基本协议是 SMTP。该协议支持用户将邮件发送给一个或多个收信人，邮件中可以包含文本、图形、语音或视频。另外，SMTP 也支持邮件在邮件服务器之间的转发。

当 1982 年公布 RFC821 文档时，多数邮件还是在同一系统之间传递。在发送方，SMTP协议采取"推"的方式，将邮件报文推送到邮件服务器。在接收方，如果仍然采取推送方式，无论接收方愿不愿意，报文也要被推送到接收方。如果改变工作方式，采取"拉"的方式，由接收方在愿意接收邮件报文时，再去启动接收过程，则邮件必须存储在服务器的邮箱中，直到收信人读取邮件为止。因此，在邮件交付的第 3 阶段，采用的是邮件读取协议，主要有 POP（第 3 版）或 IMAP（第 4 版）。

邮件报文交付的 3 个阶段包括:
- 用户将邮件报文从用户代理传送到本地服务器。用户代理使用的是 SMTP 客户程序, 服务器使用的是 SMTP 服务器程序。邮件报文存放在本地服务器。
- 本地服务器作为 SMTP 客户, 将邮件报文转发给作为 SMTP 服务器的远程服务器, 直至到达目的地址所在的 SMTP 服务器, 它将邮件报文存放在用户的邮箱中, 等待用户读取。
- 用户通过用户代理从本地服务器读取邮件报文。用户代理使用的是 POP3 或 IMAP4 客户程序, 服务器使用的是 POP3 或 IMAP4 服务器程序。

4.4.3 SMTP 的基本内容

电子邮件系统的运行中使用了多种规范, 包括邮箱地址、报文格式的规范, 以及 SMTP 主机之间通信使用的命令和响应等。RFC821、2821 给出了对 SMTP 的描述。SMTP 服务器使用 TCP 的熟知端口 25。

1. SMTP 命令与响应

SMTP 客户与服务器之间传输控制信息, 这些信息用于完成具体的 SMTP 操作。控制信息可以分为两种类型: SMTP 命令与 SMTP 响应。其中, SMTP 命令是客户向服务器发送的操作请求, 如请求向服务器提交收信人信息; SMTP 响应是服务器根据操作情况, 向客户返回的响应信息。图 4-13 给出了 SMTP 命令与响应的关系。SMTP 详细规定了必要协议动作的实现顺序。

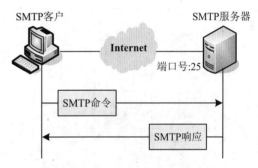

图 4-13　SMTP 命令和响应的关系

SMTP 命令的标准格式为: 关键词 <参数>。其中, 关键词是由大写字母组成的命令, 它是对该命令英文描述的缩写, 如 " HELO " 关键词是 " hello " 的缩写; " 参数 " 是完成命令所需的附加信息, 例如 " HELO " 命令的参数是 " 发送方的主机名 "。表 4-3 给出了主要的 SMTP 命令。SMTP 命令只能按照规定好的顺序发送, 通常顺序依次为 HELO、MAIL FROM、RCPT TO、DATA 与 QUIT。

表 4-3　主要的 SMTP 命令

关键词	参数	用途
HELO	发送方的主机名	建立会话
MAIL FROM	发信人地址	提供发信人信息
RCPT TO	收信人地址	提供收信人信息
DATA	邮件正文	提供邮件主体
RSET		重启会话
NOOP		空操作
VRFY	邮件地址	验证邮件地址
EXPN	邮件列表	验证邮件列表
QUIT		退出会话

SMTP 响应的标准格式为: 响应码 <说明>。其中, 响应码是 3 位的整数, 表示服务器

对响应的处理情况，如"220"表示服务器准备好提供服务；"说明"是对响应码的文字描述，如"220"的说明是"服务就绪"。表 4-4 给出了主要的 SMTP 响应。

表 4-4   主要的 SMTP 响应

响应码	说明
220	服务就绪
221	服务关闭
250	请求命令完成
251	用户不是本地，报文将被转发
354	开始邮件输入
450	邮箱不可用
500	语法错，不能识别命令
502	命令未实现
552	请求动作异常终止，超出存储空间
553	请求动作未发生，邮箱名不能用

2. 邮件报文的封装

电子邮件与普通的邮政信件相似，也有标准的信件格式方面的规定，以保证邮件能够在不同的邮件服务器之间转发。1982 年，RFC822 文档定义电子邮件的信件格式，它是目前电子邮件仍遵循的信件格式标准。2001 年，RFC2822 文档定义信件格式的最新版本，它对早期的信件格式没有大幅度的改动。SMTP 将邮件整个封装在邮件对象中，其中的所有信息都由 ASCII 码组成。按照电子邮件的信件格式规定，电子邮件报文可以由多个报文行组成，各行之间用回车（CR）与换行（LF）符分隔。

图 4-14 给 出 了 电 子 邮 件 报 文 结 构。邮件报文包括两个部分，即信封与邮件内容。实际上，信封就包含两种 SMTP 请求，用来给出收信人与发信人地址。邮件内容包括两个部分，即邮件头与邮件体。其中，邮件头由邮件相关信息构成，部分信息由系统自动生成，如发信人（From）、发送时间（Date）等；其他信息由发信人输入，如收信人（To）、邮件主题（Subject）与抄送人地址（Cc）等。邮件体是要发送的邮件正文部分。

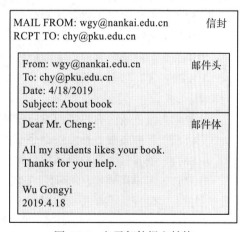

图 4-14   电子邮件报文结构

RFC2822 定义的报文格式具有下列特点：

- 所有报文都是由 ASCII 码组成。
- 报文是由报文行组成，各行之间用回车与换行符来分隔。
- 报文的长度不能超过 998 个字符。
- 报文行的长度尽量不超过 78 个字符。
- 报文中可包括多个报头字段和报头内容。
- 报文可包括一个在其报头后的报文体。如果报文中有报文体的话，则该报文体必须用一个空行与其报头分隔。
- 除非在需要使用回车换行符对的地方，报文中一般不使用回车符及换行符。

3. 邮件报文传送过程

整个报文传送过程可以分为三个阶段：连接建立、邮件传送与连接终止。

（1）连接建立过程

由于 SMTP 在传输层依赖的协议是 TCP，因此 SMTP 客户和服务器之间首先需要建立 TCP 连接。图 4-15 给出了 SMTP 连接建立过程。

连接建立的整个过程如下：

①该过程从 SMTP 客户请求与服务器建立 TCP 连接开始。如果 SMTP 服务器同意与客户建立连接，它将向该客户返回响应码"220"，并通知客户"服务就绪"，以及向客户提供该服务器的域名。

②SMTP 客户与服务器建立一个 TCP 连接，然后向该服务器发送命令"HELO"，以启动 SMTP 客户与服务器之间的会话连接。

③如果 SMTP 服务器同意与客户启动会话，它将向该客户返回响应码"250"，并通知客户"请求命令完成"。

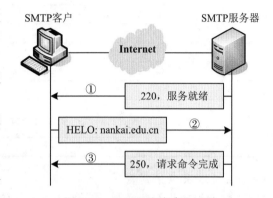

图 4-15　SMTP 连接建立过程

（2）邮件传送过程

在 SMTP 客户与服务器之间建立连接之后，发信人就可以与一个或多个收信人交换邮件报文。图 4-16 给出了 SMTP 邮件传送过程。

邮件传送的整个过程如下：

①SMTP 客户向服务器发送命令如"MAIL FROM：wgy@nankai.edu.cn"，以报告发信人的电子邮件地址。

②SMTP 服务器向客户返回响应码"250"，并通知客户"请求命令完成"。

③SMTP 客户向服务器发送命令"RCPT TO：chy@pku.edu.cn"，以报告收信人的电子邮件地址。

④SMTP 服务器向客户返回响应码"250"，并通知客户"请求命令完成"。

⑤SMTP 客户向服务器发送命令"DATA"，以初始化电子邮件报文的传送。

⑥SMTP 服务器向客户返回响应码"354"，并通知客户"开始邮件输入"。

⑦SMTP 客户用连续的行向服务器传输邮件报文内容，每行以两个字符的行结束标记（回车和换行）终止，整个报文以只有一个"."的行结束。

⑧SMTP 服务器向客户返回响应码"250"，并通知客户"请求命令完成"。

（3）连接终止过程

SMTP 客户在完成一次邮件报文的传输过程中始终起着控制作用。在邮件报文发送完毕之后，SMTP 客户需要终止本次会话连接。图 4-17 给出了 SMTP 连接终止过程。

连接终止的整个过程如下：

①SMTP 客户向服务器发送命令"QUIT"，以请求终止会话过程。

②SMTP 服务器向客户返回响应码"250"，并通知客户"服务关闭"。

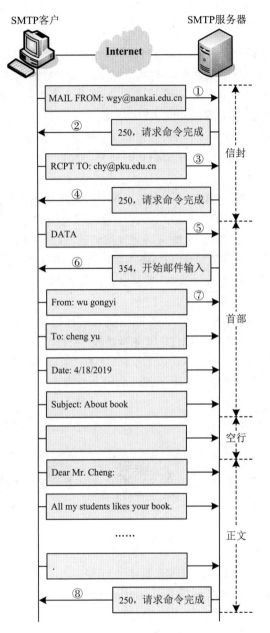

图 4-16　SMTP 邮件传送过程

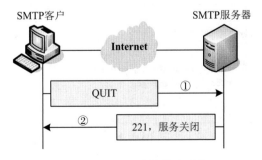

图 4-17　SMTP 连接终止过程

4.4.4   MIME 的基本内容

最初描述 SMTP 的 RFC 文档出现在 1982 年。由于受到当时网络带宽的限制，SMTP 就像它的名称一样，只能是一个简单的邮件传输协议。SMTP 的局限性表现在仅能发送基于 NVT 的 7 位 ASCII 码格式的报文，不支持那些不使用 7 位 ASCII 码格式的语种，如中文、法文、德文、俄文、希伯来文等。同时，SMTP 也不支持语音、视频等类型的数据。多用途互联网邮件扩展（Multipurpose Internet Mail Extension，MIME）是一种辅助性协议，它本身不是一个邮件传输协议，只是对 SMTP 的补充，允许非 7 位 ASCII 码格式的数据通过 SMTP 传输。

这里涉及网络虚拟终端（NVT）的概念。NVT 的概念是在远程登录服务（Telnet）中提出的。Telnet 允许用户使用本地终端访问远程计算机的应用程序。但是，在互联网环境中，本地终端与远程计算机使用的操作系统可能是异构的。因此，本地终端所使用的字符可能被远程计算机错误解释或无法识别。为了解决这个问题，Telnet 制定了一组 NVT 的通用字符集。本地终端键入的字符首先转换成 NVT 格式，通过网络传输的是 NVT 格式的字符，远程计算机再将 NVT 格式转换成能识别的字符。

在发送方，MIME 将非 ASCII 码格式转化成 ASCII 码格式，并将转换后的数据交给 SMTP 客户发送出去。在接收方，SMTP 服务器接收 SMTP 发送的数据，MIME 再将 ASCII 码格式还原成非 ASCII 码格式。图 4-18 给出了 MIME 的工作原理。MIME 可以使非 ASCII 码的数据通过 SMTP 传输，这样使得电子邮件的用途变得更广泛。

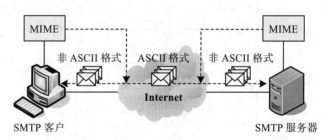

图 4-18   MIME 与 SMTP 的关系

MIME 协议定义了 5 种头部：MIME 版本（MIME-version）、内容类型（content-type）、内容标识（content-ID）、内容传输编码（content-transfer-encoding）与内容描述（content-description）。MIME 头部被添加在原始的 SMTP 头部中，用于定义进行编码与解码时采用的格式参数。RFC1521 文档定义了 MIME 协议标准。图 4-19 给出了 MIME 邮件报文格式。

```
From: wgy@nankai.edu.cn
To: chy@pku.edu.cn
Subject: About book
MIME-Version: 1.0
Content-Transfer-Encoding: base64
Content-Type: image/jpeg

(base64 encoded data ......)
```

图 4-19   MIME 邮件报文格式

4.4.5　POP3、IMAP4 与基于 Web 的电子邮件

1. POP3

POP 是电子邮件服务的接收协议之一。RFC1939 是 POP3（邮局协议第 3 版）的描述。RFC2449 对 POP3 的扩展机制进行了定义。POP3 服务器使用 TCP 的熟知端口 110。POP3 客户机与服务器之间传输控制信息，这些信息用于完成具体的 POP3 操作。控制信息可以分为两种类型：POP3 命令与 POP3 响应。其中，POP3 命令是 POP 客户机向服务器发送的操作请求，如请求从服务器读取邮件；POP3 响应是 POP3 服务器根据操作情况，向客户机返回的响应信息。POP3 详细规定必要协议动作的实现顺序。

POP3 命令的标准格式为：关键词 <参数>。其中，关键词是由大写字母组成的命令，它是对该命令英文描述的缩写，如"USER"关键词是"user name"的缩写；参数是完成命令所需的附加信息，如"USER"命令的参数为"用户名"。表 4-5 给出了主要的 POP3 命令。

表 4-5　主要的 POP 命令

关键词	参数	用途
USER	用户名	建立会话（用户名）
PASS	密码	建立会话（密码）
STAT		列出邮箱状态
LIST	邮件编号	列出邮件列表
RETR	邮件编号	下载邮件
DELE	邮件编号	删除邮件
RSET		清除所有删除标记
NOOP		空操作
QUIT		退出会话

POP3 响应的标准格式为：响应码 <说明>。其中，响应码是由"+OK"或"–ERR"组成的字符串，用来表示 POP 响应的操作状态，如"+OK"表示操作成功，"–ERR"表示操作失败；"说明"是对响应码的文字描述，如"USER"操作成功的说明是"valid"，操作失败的描述信息是"invalid"。

POP3 比较简单。POP3 客户软件安装在邮件客户中，POP3 服务器软件安装在邮件服务器中。POP3 会话格式与 SMTP 相似，它的通信过程如下：当 POP3 客户需要从邮件服务器下载邮件时，客户代理与 POP3 服务器的端口 110 之间建立连接。POP3 客户向服务器发送用户名与登录密码，在经过验证合法之后，就可以列出邮件清单，并可以逐个读取邮件。图 4-20 给出了 POP3 的会话过程。

POP3 支持两种工作模式：删除模式与保留模式。其中，删除模式是在读取一封邮件后，将读取过的邮件从邮箱中删除；保留模式是在读取一封邮件后，将读取过的邮件仍保存在邮箱中。

2. IMAP4

IMAP 是电子邮件服务的接收协议之一。RFC1730 是 IMAP 第 4 版（简称 IMAP4）的最初版本。RFC3501 是 IMAP4 的最新版本。IMAP4 的工作原理与 POP3 相似，但是比 POP3 支持更多的功能。POP3 不支持用户在服务器中整理邮件，以及在下载邮件之前部分检查邮件内容。IMAP4 可以实现上述功能，如允许在下载邮件之前检查邮件头部。但是，这也造

成 IMAP4 的结构更复杂、更难于实现。

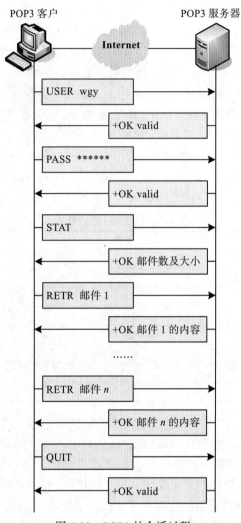

图 4-20　POP3 的会话过程

IMAP4 提供的更多功能主要包括：
- 用户可以在下载邮件之前检查邮件的头部。
- 用户可以在下载邮件之前用特定字符串搜索邮件的内容。
- 用户可以部分地下载电子邮件。
- 用户可以在邮件服务器中创建、删除邮箱，或者更改邮箱名。
- 用户可以在文件夹中创建分层次的邮箱。

3. 基于 Web 的电子邮件

20 世纪 90 年代中期，Hotmail 开发了基于 Web 的电子邮件系统。目前，几乎每个门户网站都提供基于 Web 的邮件服务，很多大学、公司也开始提供基于 Web 的邮件服务，越来越多的用户使用浏览器来收发电子邮件。在基于 Web 的电子邮件应用中，邮件客户端就是普通的 Web 浏览器程序，邮件客户与服务器之间通信使用 HTTP，而不是原来的 POP3 或 IMAP。但是，邮件服务器之间通信仍然使用 SMTP。

4.5　文件传输与 FTP

4.5.1　FTP 服务的工作模型

　　FTP 是文件传输服务使用的应用层协议。RFC959 是 FTP 的成熟版本，该协议在后续发展过程中的改动不大。FTP 在传输层使用的协议是 TCP。FTP 工作的基本过程是：建立连接、传输数据与释放连接。FTP 应用的特点是数据量大、控制信息较少，在设计时分为控制信息与数据来分别处理，这样 TCP 连接也相应分为控制连接与数据连接。其中，控制连接用于传输 FTP 命令与响应信息，完成连接建立、身份认证与异常处理等操作；数据连接用于在通信双方之间传输文件。

　　FTP 服务采用的是典型的 C/S 模式。图 4-21 给出了 FTP 服务的工作模型。FTP 客户向服务器发送服务请求，FTP 服务器接收与响应客户的请求，并与客户之间完成文件的传输。FTP 服务器使用熟知端口号来提供服务，FTP 客户使用临时端口号来发送请求。FTP 为控制连接与数据连接规定不同的熟知端口号，控制连接采用的熟知端口号是 21，数据连接采用的熟知端口号是 20。与 HTTP 相比，FTP 采用的通信方式称为持续连接，它建立的控制连接的维持时间通常较长。

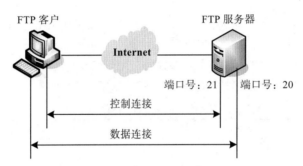

图 4-21　FTP 服务的工作原理

　　FTP 规定了两种连接建立与释放的顺序。控制连接在数据连接建立之前建立，控制连接在数据连接释放之后释放。仅在建立数据连接之后才能传输数据，并在数据传输过程中保持控制连接不中断。控制连接与数据连接的建立与释放具有规定的发起方。控制连接与数据连接建立的发起方只能是 FTP 客户，控制连接释放的发起方只能是 FTP 客户，而数据连接释放的发起方可以是 FTP 客户或服务器。如果在数据连接保持的情况下控制连接中断，这时可由 FTP 服务器要求释放数据连接。

　　数据连接的建立有两种模式：主动模式（active mode）与被动模式（passive mode）。其中，主动模式是指 FTP 客户向服务器发送 PORT 命令，其中包含自己为数据连接打开的临时端口，FTP 服务器打开自己的一个临时端口，并与 FTP 客户的临时端口之间建立数据连接。被动模式是指 FTP 客户向服务器发送 PASV 命令，FTP 服务器打开自己的一个临时端口，并将该端口号附加在响应中返回客户，这时 FTP 客户打开自己的一个临时端口，并与服务器的临时端口之间建立数据连接。

　　在 FTP 服务的工作过程中，FTP 客户向服务器请求建立控制连接，FTP 客户与服务器之间建立控制连接。FTP 客户请求登录到服务器，FTP 服务器要求客户提供用户名与密码。

当 FTP 客户成功登录到服务器后，FTP 客户通过控制连接向服务器发出命令，FTP 服务器通过控制连接向客户返回响应信息。当 FTP 客户向服务器请求列出目录，FTP 服务器通过控制连接返回响应信息，并通过建立的数据连接返回目录信息。

FTP 服务采用目录形式来管理存储的文件。如果用户需要进入其他目录，FTP 客户通过控制连接向服务器请求改变目录，服务器通过数据连接返回相应目录。如果用户想下载当前目录中的文件，FTP 客户通过控制连接向服务器请求下载，服务器通过数据连接将文件传输给客户。如果用户想向当前目录中上传文件，FTP 客户通过控制连接向服务器请求上传，然后通过数据连接将文件传输给 FTP 服务器。传输的文件有两种常见类型：ASCII 或 BINARY。其中，ASCII 模式适合传输文本文件，BINARY 模式适合传输二进制文件。

4.5.2　FTP 的基本内容

1. FTP 命令与响应

FTP 客户与服务器之间需要传输控制信息，这些信息用于完成具体的 FTP 操作。这些控制信息可以分为两种类型：FTP 命令与响应。其中，FTP 命令是客户向服务器发送的操作请求，FTP 响应是服务器根据操作情况向客户返回的信息。FTP 规定了每种协议命令的发送顺序，首先需要顺序发送 USER 与 PASS 命令，最后需要发送 QUIT 命令，其他命令的顺序没有特殊要求。

FTP 命令的标准格式为：关键词 < 参数 >。其中，关键词是由大写字母组成的命令，它是对该命令英文描述的缩写，如 "USER" 关键词是 "user name" 的缩写；参数是完成命令所需的附加信息，如 "USER" 命令的参数为 "用户名"。表 4-6 给出了主要的 FTP 命令。其中，最基本的几个 FTP 命令包括 USER、PASS、LIST、RETR、STOR 与 QUIT。

表 4-6　主要的 FTP 命令

关键词	参数	用途
USER	用户名	建立控制连接（用户名）
PASS	密码	建立控制连接（密码）
PWD		显示当前目录
CWD	目录名	改变目录
MKD	目录名	创建目录
RMD	目录名	删除目录
LIST	目录或文件名	列出目录或文件信息
RETR	文件名	下载文件
STOR	文件名	上传文件
DELE	文件名	删除文件
REST	文件偏移量	重新传输文件
PORT	客户端口号	建立数据连接（主动模式）
PASV		建立数据连接（被动模式）
MODE	传输模式	传输模式（S= 流模式，B= 块模式，C= 压缩模式）
TYPE	数据类型	数据类型（A=ASCII, E=EBCDIC, I=BINARY）
ABOR		退出数据连接
NOOP		空操作
QUIT		退出控制连接

FTP 响应的标准格式为：响应码 < 说明 >。其中，响应码是 3 位的整数，表示服务器对响应的处理情况，如"220"表示服务器准备好提供服务；"说明"是对响应码的文字描述，如"220"的说明是"服务就绪"。表 4-7 给出了主要的 FTP 响应。其中，最常见的几个响应包括 125、150、220、221、226、230、331 等。

表 4-7　主要的 FTP 响应

响应码	说明	响应码	说明
125	文件准备就绪	331	提供登录密码
150	数据连接打开	332	提供用户名
200	用户登录成功	425	控制连接未建立
212	目录状态	426	控制连接关闭，传输终止
213	文件状态	450	文件未准备好
220	服务就绪	500	语法错误
221	服务关闭	501	参数错误
226	数据连接关闭	502	命令未完成
227	进入被动模式	503	命令顺序错误
230	用户登录成功	530	用户未登录

2. FTP 的执行过程

FTP 客户与服务器之间使用上述命令与响应来通信，以便实现 FTP 服务提供的下载与上传等操作。图 4-22 给出了 FTP 的会话流程。

用户从 FTP 服务器下载文件的整个过程如下：

1）该过程从 FTP 客户请求与服务器建立 TCP 连接开始。如果 FTP 服务器同意与客户建立连接，它将向该客户返回响应码"220"，并通知客户"服务就绪"。

2）FTP 客户与服务器建立一个控制连接，然后向该服务器发送命令"USER"，参数是请求服务的用户名如"wgy"。

3）FTP 服务器验证该用户名合法后，向客户返回响应码"331"，并通知客户"提供登录密码"。

4）FTP 客户向服务器发送命令"PASS"，参数是该用户的登录密码。

5）FTP 服务器验证该登录密码正确后，向客户返回响应码"230"，并通知客户"用户登录成功"。

6）FTP 客户向服务器发送命令"PORT"，参数是客户的临时端口号如"15432"，通过该端口号与服务器的熟知端口号"20"之间建立数据连接。

7）FTP 服务器同意与客户建立数据连接后，向客户返回响应码"150"，并通知客户"数据连接打开"。

8）FTP 客户向服务器发送命令"LIST"，参数是需要查询的"子目录与文件名"。

9）FTP 服务器找到需要查询的子目录后，向客户返回响应码"125"，并通知客户"文件准备就绪"。

10）在数据连接建立后，FTP 服务器利用该连接发送文件或列表。当整个文件或文件列表发送完成后，服务器向客户返回响应码"226"，关闭该数据连接，并通知客户"数据连接关闭"。

11）FTP 客户此时可以有两个选择，通过 QUIT 命令来请求关闭控制连接，或者打开另一个数据连接。本例是选择发送 QUIT 命令。

12）FTP 服务器接收到 QUIT 命令后，向客户返回响应码"221"，关闭控制连接，并通知客户"服务关闭"。

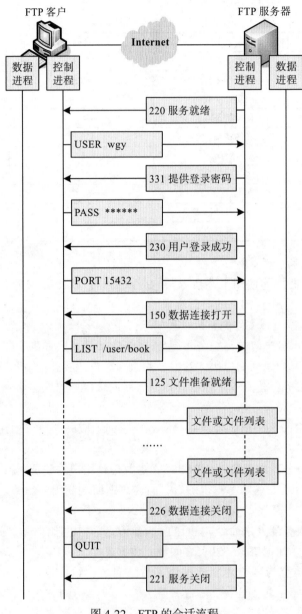

图 4-22   FTP 的会话流程

4.6   Web 服务与 HTTP

4.6.1   HTTP 的发展

HTTP 是 Web 服务使用的应用层协议。HTTP 0.9 是 HTTP 的第一个版本，它仅支持

Web 客户发送 GET 一种请求，没有定义请求与响应头部，并且仅能实现最基本的文本信息传输。1996 年，RFC1945 描述了改进后的 HTTP 1.0，它是 HTTP 的第二个版本，目前仍在很多 Web 系统中应用。相对于 HTTP 0.9 版本，HTTP 1.0 主要进行以下这些改进：增加 HEAD、POST 等请求；增加请求与响应头部的定义；增加图像、语音与视频等多媒体信息传输。HTTP 1.0 正式定义了非持续连接方式，在每次数据传输结束后就会释放 TCP 连接，这种 Web 系统实现的工作效率比较低。

1997 年，RFC2068 描述了改进后的 HTTP 1.1，它是 HTTP 的第三个版本，也是当前应用最广泛的 HTTP 版本。相对于 HTTP 1.0 版本，HTTP 1.1 主要进行以下这些改进：增加 PUT、DELETE、OPTIONS、TRACE、CONNECT 等请求；增加一些有关缓存的实体标签，一般称为 Etag。另外，HTTP 1.1 引入很多有利于优化性能的技术，主要包括持续连接方式、流水线处理方式、字节范围请求、Chunked（分块）编码传输等。这些技术有效地提高了 Web 系统的工作效率，也促进了 Web 应用范围的快速拓宽。近年来，下一代 HTTP 版本（即 HTTP 2.0）开始研究。

HTTP 在传输层使用的是 TCP。如果浏览器想要访问一个 Web 服务器，那么作为客户端的浏览器就需要与 Web 服务器之间建立一个 TCP 连接。在这个 TCP 连接建立之后，浏览器就可以发送 HTTP 请求与接收响应报文了。同样，Web 服务器也可以接收 HTTP 请求与发送响应报文。由于 TCP 提供的是面向连接的可靠服务，这就意味着浏览器发送的 HTTP 请求报文可以正确到达 Web 服务器。同时，Web 服务器发送的 HTTP 响应报文也可以正确到达浏览器。即使报文在传输过程中出现丢失或乱序，也可以由传输层及低层协议解决，浏览器与 Web 服务器不需要干预报文传输问题。因此，尽管 TCP 是面向连接的，但是 HTTP 实际上是无连接的。

这里需要注意 HTTP 的一个规定，Web 服务器需要面对很多浏览器的并发访问，为了提高 Web 服务器对并发访问的处理能力，在设计 HTTP 时规定 Web 服务器发送 HTTP 响应报文以及 HTML 文档时，不保存关于发出请求的浏览器进程的任何状态信息。这样，一个浏览器可能在短短几秒钟之内两次访问同一对象时，Web 服务器不会因为已经给它发出过响应报文而不接受第二次服务请求。由于 Web 服务器不保存浏览器进程的状态信息，因此 HTTP 属于一种无状态协议。

4.6.2　非持续连接与持续连接

HTTP 支持两种基本的连接方式：非持续连接（nonpersistent connection）与持续连接（persistent connection）。

1. 非持续连接方式

不同版本的 HTTP 支持不同的连接方式。在非持续连接方式下，Web 系统为每个 HTTP 请求建立和维护一个新的 TCP 连接，在每次请求结束后就会释放 TCP 连接。HTTP 1.0 定义的是非持续连接方式。

Web 系统中的基本信息单元是一个网页。如果一个网页包括 1 个基本的 HTML 文件和 20 个 GIF 图像文件，那么就称这个网页是由 21 个对象（object）组成。每个对象就是一个文件，如 HTML 文件、GIF 文件、Java 程序文件等，它们都可以通过 URL 来寻址。例如，URL 为 http://cs.nankai.edu.cn/index.html，其中的 cs.nankai.edu.cn 是主机名，index.html 是对象名；URL 为 http://cs.nankai.edu.cn/netlab/picture.gif，其中的 cs.nankai.edu.cn 是主机名，

netlab/picture.gif 是对象路径及对象名。

在非持续连接方式中，对每次请求 / 响应都要建立一次 TCP 连接。如果一个网页由上述 21 个对象构成，并且都位于同一个服务器中。用户访问该网页的工作过程为：

1）浏览器请求与服务器"cs.nankai.edu.cn"的 80 端口建立一个 TCP 连接。

2）浏览器在该 TCP 连接上发送一个 HTTP 请求报文，该报文中包含访问的对象名"index.html"。

3）Web 服务器接收到这个 HTTP 请求报文后，从自己的存储空间中查询 HTML 文档"index.html"，并封装在一个 HTTP 响应报文中，然后在该 TCP 连接上发送给浏览器。

4）Web 服务器通知 TCP 软件断开此次 TCP 连接。

5）浏览器接收到这个 HTTP 响应报文之后，通知 TCP 软件断开此次 TCP 连接。同时，浏览器从响应报文中提取 20 个 GIF 文件的 URL。

6）浏览器对于每个 GIF 文件的 URL 重复一次上述过程。

因此，浏览器访问 Web 服务器中的一个网页所需的时间，由建立一次 TCP 连接所需的三次握手时间，以及从发送 HTTP 请求到服务器将文档以响应形式返回的时间构成。需要注意的是，在第一次 TCP 连接完成之后，对于用于访问图片的 TCP 连接，这些连接的建立是串行还是并行的，对请求一个网页所需的时间有较大影响。大部分浏览器允许打开 5 至 10 个并行的 TCP 连接，每个 TCP 连接处理一个请求 / 响应事务。并行连接可以有效缩短用户读取 Web 文档的响应时间。

2. 持续连接方式

（1）持续连接的基本概念

HTTP 1.0 非持续连接的最大缺点是：必须为每个请求对象建立和维护一个新的 TCP 连接。对于每个这样的 TCP 连接，浏览器与 Web 服务器都需要设定缓冲区，以及其他一些必要的变量。由于 Web 服务器处理大量客户请求时的负担很重，因此对非持续连接的 HTTP 加以改进是很有必要的。

在持续连接方式中，服务器在发出响应后保持该 TCP 连接，在相同的浏览器与 Web 服务器之间的后续报文都可通过该连接来传送。如果一个网页包括 1 个基本的 HTML 文件和 20 个 JPEG 图像文件，所有的请求与响应报文都通过这个连接来传送。同时，一个 Web 服务器中的多个网页也可以通过一个持续的 TCP 连接来传送。当 Web 服务器接收到浏览器的请求或超时后，该服务器才会关闭这个 TCP 连接。

（2）非流水线与流水线方式

持续连接有两种基本的工作方式：非流水线（without pipelining）与流水线（pipelining）。HTTP 1.1 默认采用持续连接的流水线方式。

非流水线方式的基本特点是：浏览器只有接收到前一个响应后，才能够发出新的请求。对于采用非流水线方式的浏览器，访问每个对象都需要花费 1 个 RTT 时间。同样，Web 服务器每次发送一个对象之后，需要等待下一个请求的到来，这段时间 TCP 连接处于空闲状态，显然会浪费 Web 服务器的资源。

流水线方式的基本特点是：浏览器在没有收到前一个响应时，就能够发出新的请求。浏览器的请求可以像流水线作业一样，连续地发送到 Web 服务器，而服务器也可以连续地发送响应报文。对于采用流水线方式的浏览器，访问所有对象只需花费 1 个 RTT 时间。同样，流水线方式可以减少 TCP 连接的空闲时间，并且提高下载网页的效率。

4.6.3 HTTP 的基本内容

HTTP 是一种采用简单报文交互方式的协议。RFC2616 文档对 HTTP 命令报文与响应报文做了详细的定义。Web 服务器使用 TCP 的熟知端口 80。

1. HTTP 命令与响应

Web 服务采用的是典型的 C/S 模式。其中，Web 客户被称为浏览器，负责发起对网页的访问请求；Web 服务器负责响应网页访问请求。浏览器与 Web 服务器之间交换 HTTP 报文，它们用于完成具体的 HTTP 操作。HTTP 报文可以分为两种类型：HTTP 命令与 HTTP 响应。其中，HTTP 命令是浏览器向 Web 服务器发送的请求，如请求从服务器读取网页；HTTP 响应是 Web 服务器根据处理状况，向客户机返回的包含网页的响应信息。图 4-23 给出了 HTTP 命令与响应的关系。

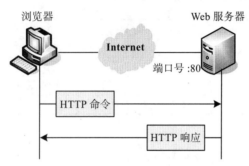

图 4-23　HTTP 命令与响应的关系

2. HTTP 命令报文结构

浏览器向 Web 服务器发送 HTTP 命令，其中包括用户的某些请求，如请求显示文本与图像信息，下载可执行程序、音频或视频文件等。图 4-24 给出了 HTTP 命令报文的格式。HTTP 命令由 4 个部分组成：命令行、头部、空白行与正文。其中，命令行表示访问 Web 服务器的方式，包含命令类型、URL 与 HTTP 版本；头部包含浏览器与 Web 服务器交换的附加信息；空白行由回车与换行的 ASCII 码 "CR" 和 "LF" 组成；正文包括请求的文档信息，这部分可以空着，也可以包含发送给服务器的数据。

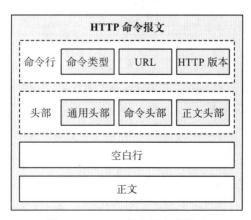

图 4-24　HTTP 命令报文的格式

命令类型包含浏览器发送给 Web 服务器的请求，服务器按这些请求来完成用户所需的操作。表 4-8 给出了主要的 HTTP 命令。其中，GET 方法是最常用的命令类型，浏览器通过它向 Web 服务器请求读取文档，服务器通过其中的 URL 定位到相应的资源，并将它放在响应的正文中返回浏览器；PUT 方法也是常用的请求类型，浏览器通过它向 Web 服务器请求写入文档，服务器通过其中的 URL 写入新的或需替换的文档；POST 方法用于向服务器提供需要的信息，如用户名、登录密码等信息。

表 4-8　主要的 HTTP 命令

关键字	用途
GET	浏览器从服务器读取文档
HEAD	浏览器从服务器读取文档的相关信息
PUT	浏览器向服务器写入文档
POST	浏览器向服务器提供某些信息
PATCH	浏览器向服务器替换文档
COPY	浏览器将文档复制到其他位置
MOVE	浏览器将文档移动到其他位置
DELETE	浏览器从服务器删除文档
LINK	浏览器创建文档之间的链接
UNLINK	浏览器删除文档之间的链接

3. HTTP 响应报文结构

Web 服务器向浏览器返回相应的 HTTP 响应，其中包括对用户请求的处理状态，以及需要返回的文档或图像等。图 4-25 给出了 HTTP 响应报文的格式。HTTP 响应由 4 个部分组成：响应行、头部、空白行与正文。其中，响应行表示 Web 服务器的处理状态，包含 HTTP 版本、响应码与说明；头部包含浏览器与 Web 服务器交换的附加信息；正文包括返回的文档信息，正文部分可以空着，也可以包含服务器返回的数据。例如，如果浏览器发送 GET 请求，Web 服务器成功执行 GET 操作后，正文部分将包含 HTML 文档的内容。

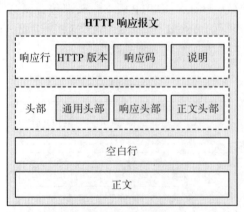

图 4-25　HTTP 响应报文的格式

响应码表示 Web 服务器对某个 HTTP 命令的操作状态。RFC2616 定义的响应码有 35 种。表 4-9 给出了主要的 HTTP 响应码及说明。其中，100 系列响应码表示仅用于提供信息；200 系列响应码表示请求操作成功；300 系列响应码表示浏览器被定向到另一个 URL；400 系列响应码表示浏览器引起的错误；500 系列响应码表示 Web 服务器引起的错误。说明是对响应码的文本描述。例如，如果浏览器接收的响应为"200 Ok"，表示用户所请求的操作已经成功执行。

表 4-9　主要的 HTTP 响应

响应码	说明	用途
100	Continue	请求已被接受，可以继续请求
101	Switching	请求已被接受，切换到新头部中的协议
200	Ok	请求成功执行
201	Created	请求成功执行，服务器创建新的资源
202	Accepted	请求已被接受，但没有立刻执行
203	Non-authoritative information	请求成功执行，但返回其他信息
204	No content	请求成功执行，但未返回内容
301	Multiple choices	请求的 URL 指向多个资源
302	Moved permanently	请求的 URL 不再使用
304	Moved temporarily	请求的 URL 暂时不能用
400	Bad request	请求中存在语法错误
401	Unauthorized	请求缺乏适当的授权
403	Forbidden	请求的服务被拒绝
404	Not find	请求的文档没有找到
405	Method not allowed	请求的方法不支持
406	Not acceptable	请求的格式无法接受
500	Internet server error	服务器端出错，无法完成请求
501	Not implemented	请求的动作无法完成
502	Bad gateway	网关接收到服务器错误的响应
503	Service unavailable	服务器暂时不能用，但以后可接收请求
504	Gateway time-out	网关未及时接收服务器的请求

4. HTTP 报文的头部结构

头部包含浏览器与 Web 服务器交换的附加信息。HTTP 报文的头部可以由一行或多行组成。头部主要有 4 种类型：通用头部、命令头部、响应头部与正文头部。在 HTTP 命令报文中，头部包括通用头部、命令头部与正文头部。在 HTTP 响应报文中，头部包括通用头部、响应头部与正文头部。

（1）通用头部

通用头部提供关于 HTTP 报文的通用信息，可以出现在命令报头与响应报头中。表 4-10 给出了主要的通用头部及用途。

（2）命令头部

命令头部仅出现在 HTTP 命令报头中，用于说明浏览器的配置及优先使用的文档格式。表 4-11 给出了主要的命令头部及用途。

表 4-10　主要的通用头部及用途

通用头部	用途
Cache-control	关于高速缓存的信息
Connection	连接是否应该关闭
Date	当前日期
MIME-version	使用的 MIME 版本
Upgrade	优先使用的通信协议

表 4-11　主要的命令头部及用途

命令头部	用途
Accept	浏览器能接受的数据格式
Accept-charset	浏览器能处理的字符集
Accept-encoding	浏览器能处理的编码方案
Accept-language	浏览器能接受的语言
Authorization	浏览器具有何种授权
From	浏览器的电子邮件地址
Host	浏览器的主机与端口号
If-modified-since	仅在指定日期之后修改才发送文档
If-match	仅在与指定标记匹配时才发送文档
If-not-match	仅在与指定标记不匹配时才发送文档
If-range	仅发送缺少的那部分文档
If-unmodified-since	仅在指定日期之后未修改才发送文档
Referrer	链接文档的 URL
User-agent	标识浏览器程序

（3）响应头部

响应头部仅出现在 HTTP 响应报头中，用于说明 Web 服务器的配置及有关命令的特殊信息。表 4-12 给出了主要的响应头部及用途。

表 4-12　主要的响应头部及用途

响应头部	用途
Accept-range	Web 服务器接受客户请求的范围
Age	文档的使用期限
Public	支持的方法清单
Retry-after	在指定的日期之后，服务器才能够使用
Server	Web 服务器名及版本号

（4）正文头部

正文头部主要出现在 HTTP 响应报头中，用于说明关于文档正文的信息。表 4-13 给出了主要的正文头部及用途。

表 4-13　主要的正文头部及用途

正文头部	用途
Allow	URL 可使用的合法方法
Content-encoding	正文的编码方案
Content-language	正文的语言
Content-length	正文的长度
Content-range	正文的范围
Content-type	正文的数据类型
Etag	正文的标记
Expires	内容可能改变的时间与日期
Last-modified	上次内容改变的时间与日期
Location	被创建和移走的文档位置

5. HTTP 命令与响应的交互过程

在讨论 HTTP 报文结构的基础上，以 HTTP 请求与响应之间的交互过程的 3 个实例，对 HTTP 的工作过程进行一个总结。

（1）GET 方法的使用

图 4-26 给出了 GET 方法的使用实例。在这个例子中，向 Web 服务器读取的是路径为" /usr/bin/imagel"的图像文件。在 HTTP 请求报文中，命令行包括命令类型" GET"、URL 与 HTTP 版本；命令报头有两行，都是命令头部，给出浏览器可接受的两种图像格式，即 GIF 与 JPEG 格式；命令报文中没有正文。在 HTTP 响应报文中，响应行包括 HTTP 版本、响应码"200"与说明"Ok"；响应报头有 4 行，2 个通用头部用于提供当前日期与 MIME 版本号，1 个响应头部用于提供 Web 服务器名，1 个正文头部用于提供正文长度；响应报文的最后包含图像内容。

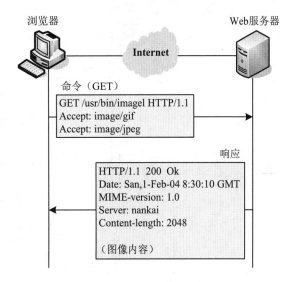

图 4-26　GET 方法的使用实例

（2）HEAD 方法的使用

图 4-27 给出了 HEAD 方法的使用实例。在这个例子中，向 Web 服务器读取的是路径为" /usr/bin/index.html"的 HTML 文档相关信息。在 HTTP 请求报文中，命令行包括命令类型" HEAD"、URL 与 HTTP 版本；命令报头有 1 行，它是命令头部，表示浏览器可接受任何格式的文档（通配符" */*"）；命令报文中没有正文。在 HTTP 响应报文中，响应行包括 HTTP 版本、响应码"200"与说明"Ok"；响应报头有 5 行，2 个通用头部用于提供当前日期与 MIME 版本号，1 个响应头部用于提供 Web 服务器名，2 个正文头部用于提供正文长度与数据类型；响应报文中没有正文。

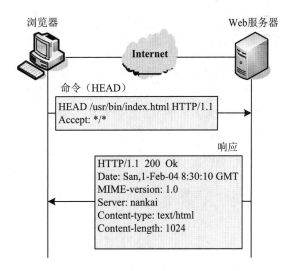

图 4-27　HEAD 方法的使用实例

（3）POST 方法的使用

图 4-28 给出了 POST 方法的使用实例。在这个例子中，要求服务器修改的是路径为" /cgi-bin/doc.pl"的动态网页文档的内容。在 HTTP 请求报文中，命令行包括命令类型" POST"、URL 与 HTTP 版本；命令报头有 3 行，都是命令头部，表示浏览器可接受任何格式的文档，以及可接受的两种图像格式，即 GIF 与 JPEG 格式；命令报文的最后包含输入的信息。在 HTTP 响应报文中，响应行包括 HTTP 版本、响应码"200"与说明" Ok"；响应

报头有 4 行，2 个通用头部用于提供当前日期与 MIME 版本号，1 个响应头部用于提供 Web 服务器名，1 个正文头部用于提供正文长度；响应报文的最后包含修改后的文档内容。

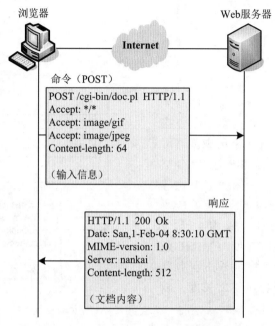

图 4-28　POST 方法的使用实例

4.6.4　HTML 的基本内容

1. 常用的 HTML 标记

超文本标记语言（HTML）是用于创建网页的语言。"标记"这个名词是从图书出版技术中借鉴而来。在图书出版过程中，编辑在阅读与修订稿件时需要做很多记号。这些记号可以告诉排版人员如何处理正文的印刷要求。在书籍的编辑过程中，已经有很多行业规矩。用于创建网页的语言也采用这样的设计思想。图 4-29 给出了一个 HTML 标记的例子。在 Web 浏览器中，将" A set of layers and protocols is called a network architecture"中的" network architecture"用粗体字显示。

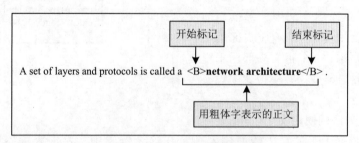

图 4-29　一个 HTML 标记的例子

Web 文档中可以嵌入格式化指令（通常称为标记）。任何 Web 浏览器都能读出这些指令，并根据指令的要求进行显示。Web 文档不使用普通的字处理软件的格式化方法，这是由于不同字处理软件采用的格式化技术不同。例如，在 Mac OS X 上创建一个格式化文档，并存储到 Web 服务器中，而一个使用 Windows 系统的用户无法正确读取它。HTML 正文与格式化指令中都仅使用 ASCII 字符。这样，通过 HTML 语言创建的网页，在所有浏览器中都能正确地读取和显示。表 4-14 给出了常用的 HTML 标记。

表 4-14　常用的 HTML 标记

开始标记	结束标记	用途
<HTML>	</HTML>	HTML 文档
<HEAD>	</HEAD>	HTML 文档的头部
<BODY>	</BODY>	HTML 文档的正文
<TITLE>	</TITLE>	HTML 文档的标题
<P>	</P>	定义文本段落
<FONT>	</FONT>	定义文本格式
<B>	</B>	文本为粗体
<I>	</I>	文本为斜体
<U>	</U>	文本加下划线
<CENTER>	</CENTER>	文本居中
<IMG>	</IMG>	定义图像
<A>	</A>	定义超链接
<TABLE>	</TABLE>	定义表格
<FORM>	</FORM>	定义表单
<BUTTON>	</BUTTON>	定义按钮
<OBJECT>	</OBJECT>	定义对象
<SCRIPT>	</SCRIPT>	使用脚本语言
<APPLET>	</APPLET>	使用小的应用程序

Web 文档是由 HTML 元素相互嵌套而成，如果将所有元素按嵌套的层次连成一棵树，可以更容易地理解 Web 文档结构。图 4-30 给出了一个 Web 文档的例子。图中左侧是 Web 文档的内容，右侧是 Web 文档在浏览器中的显示。通过这个例子可以看出，Web 文档是用 HTML 来创建的，其顶层元素是 <HTML>，下面包含两个子元素：<HEAD> 与 <BODY>。元素 <HEAD> 描述有关 HTML 文档的信息，如标题 <TITLE>。元素 <BODY> 包含 HTML 文档的实际内容，也就是在浏览器中显示的内容。

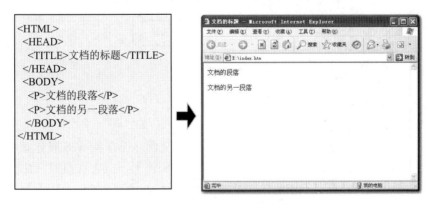

图 4-30　一个 Web 文档的例子

2. Web 文档类型

Web 文档可以分为 3 种类型：静态文档、动态文档与活动文档。

（1）静态文档

静态文档是拥有固定内容的文档，须提前创建文档并保存在 Web 服务器中。浏览器仅能获得该文档的副本。当浏览器请求访问静态文档时，Web 服务器将文档的一个副本发送给浏览器。图 4-31 给出了静态文档的访问过程。

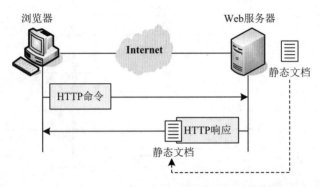

图 4-31　静态文档的访问过程

（2）动态文档

动态文档是没有固定内容的文档，由 Web 服务器在获得请求后临时创建该文档。当浏览器向 Web 服务器发送请求时，服务器运行创建该文档的应用程序，并将创建的文档放在响应中发送给浏览器。由于服务器为每个请求产生一个新的文档，因此每次请求所产生的新文档可以是不同的。这里，最简单的例子是从服务器获得日期和时间的动态文档。浏览器可以请求 Web 服务器运行一个 Date 程序，并将程序的运行结果发送给浏览器。图 4-32 给出了动态文档的访问过程。

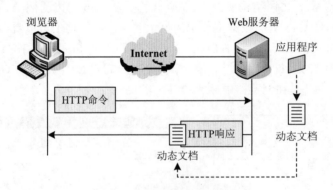

图 4-32　动态文档的访问过程

（3）活动文档

活动文档是二进制代码形式的文档，须提前创建文档并保存在 Web 服务器中。活动文档主要针对的是以下几种情况，如在浏览器中生成动画图形，或者有与用户交互需求的程序，这类应用程序需要在浏览器中运行。当浏览器请求访问活动文档时，Web 服务器将包含可执行程序的文档发送给浏览器，并在浏览器中运行该应用程序。图 4-33 给出了活动文档的访问过程。

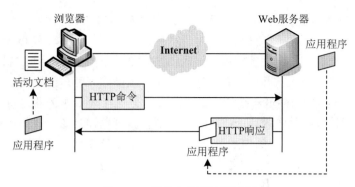

图 4-33　活动文档的访问过程

4.6.5　Web 浏览器的结构

Web 客户程序被统称为浏览器（browser）。通过浏览器可以访问 Internet 中的各种信息。当前的浏览器基本都支持多媒体信息，可通过它播放动画、音频与视频等，使得 Web 世界变得更加丰富多彩。

1. 浏览器的主要功能

在各种操作系统平台上都有流行的浏览器软件。实际上，各种浏览器程序的种类很多，但是它们提供的浏览功能基本相同。Netscape 的 Navigator 是早期流行的浏览器软件。流行的浏览器软件主要包括：Microsoft 的 Internet Explorer（简称 IE）与 Edge、Google 的 Chrome、Mozilla 的 Firefox、Apple 的 Safari、Opera 等，以及各种基于 IE 内核或 Chrome 内核的浏览器软件。

大多数浏览器都具备以下主要功能。

- 打开与浏览网页：用户既可以通过在地址栏中直接输入 URL 地址，又可以通过在地址栏的下拉列表中选择等方式打开网页。
- 打开超链接内容：用户通过点击一个超链接可以跳转到其他网页，或者打开其链接的文件（如文本、图片、音频与视频等）。
- 历史与书签记录：用户可以使用历史记录功能打开最近访问过的网页，使用书签记录功能保存更多网页的 URL 地址信息。
- 浏览器功能设置：用户可以为浏览器界面设置喜欢的颜色与字体，以及隐私保护、安全级别、连接选项、缓存大小等功能。
- 保存与打印主页：用户可以将网页作为一个文件保存到计算机中，或者输出到连接的打印机设备上完成打印。
- 设置默认起始页：用户可以为浏览器设置需要的起始页面，也就是打开浏览器时第一个在屏幕中出现的网页。

2. 浏览器的基本结构

当用户明确需要阅读某个网页后，这个网页所对应的 URL 地址已确定。此时，Web 浏览器与 URL 对应的服务器之间建立连接，接收需要浏览的那个网页文档副本，然后对该文档进行解释并显示给用户。浏览器与 Web 服务器之间的连接只维持较短时间，当其请求的文档及相关的图像文件等已传输完毕，连接立即被关闭。快速关闭连接在大多数场合下非常有效。用户可以快速访问某个主机中的网页，并随着超链接立即转到另一个主机中的网页。

当浏览器与 Web 服务器进行交互时，这两个程序都会遵循 HTTP。

图 4-34 给出了 Web 浏览器的基本结构。从理论上来说，Web 浏览器由一组客户模块、一组解释模块与一个管理它们的控制单元组成。控制单元是浏览器的中心部件，它负责解释用户的鼠标点击与键盘输入，并调用其他组件来执行该操作。客户模块负责与远程的服务器之间通信，HTTP 客户作为浏览器必备的客户模块，实现与 Web 服务器之间的交互过程。解释器模块负责解析接收文件的内容，HTML 解释器作为浏览器必备的解释器模块，对接收到的 HTML 文档进行解析处理。例如，当用户键入一个 URL 或点击一个超链接时，控制单元调用 HTTP 客户与 Web 服务器进行交互，调用 HTTP 解释器解析接收到的 HTML 文档，并将解析结果显示在计算机屏幕上。

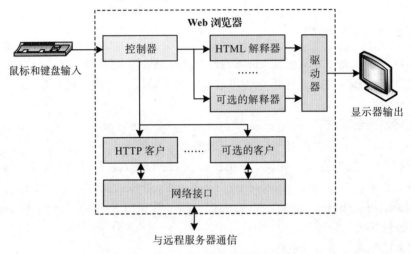

图 4-34　Web 浏览器的基本结构

Web 浏览器除了能够浏览网页之外，还能够访问 FTP、Gopher 等服务器的资源。因此，除了必须包含一个 HTML 解释器之外，浏览器还可能包括其他可选的解释器。例如，很多浏览器包含一个 FTP 解释器，用来获取 FTP 文件传输服务；有些浏览器包含一个电子邮件客户，使浏览器能够收发电子邮件信息。

3. 浏览器中的缓存

为了提高文档的查询效率，Web 浏览器需要使用缓存。浏览器将用户查看的每个文档或图像保存在本地磁盘中。当用户需要访问某个文档时，浏览器首先会检查缓存中的内容，然后向 Web 服务器请求访问文档。这样既可以缩短用户查询等待时间，又可以减少网络中的通信量。

很多浏览器允许用户自行调整缓存策略。用户可以设置缓存的时间限制，浏览器在时间限制到期后，将删除缓存中的一些文档。浏览器通常在特定会话中保持缓存。如果用户在会话期间不想在缓存中保留文档，则可以请求将缓存时间置零。在这种情况下，当用户终止会话时，浏览器将删除缓存。

4.7　即时通信与 SIP

4.7.1　即时通信的工作模型

1. 即时通信服务的发展

从 1996 年 Mirablils 推出第一个即时通信工具以来，即时通信（IM）技术就引起了学术界与产业界的极大关注。2000 年，IMPP 工作组提交的两份关于即时通信的协议文档获得批准。其中，RFC2778 文档描述了即时通信系统的功能与工作模型。该文档定义的即时通信系统除了需要提供即时信息交换、状态跟踪能力之外，还增加了音频 / 视频聊天、应用共享、文件传输、文件共享、游戏邀请、远程助理、白板等功能。

（1）音频 / 视频聊天

音频 / 视频聊天是指通信双方之间通过语音或视频方式来交流。通信双方中的一方需要发起一次音频 / 视频聊天邀请，并在对方同意后建立一个稳定的直接连接。但是，音频 / 视频聊天数据通常被封装在 UDP 报文中传输。

（2）应用共享

应用共享是指允许远程用户运行本地主机中的指定程序。通信双方中的一方需要发起邀请，并在对方同意后开始共享应用。应用共享建立在 TCP 之上。

（3）文件传输

文件传输是指通信双方之间向对方直接传输文件。文件传输建立在 TCP 之上。

（4）文件共享

文件共享是指允许远程用户浏览本地主机中的指定目录，并下载自己需要的文件。

（5）游戏邀请

游戏邀请是指允许远程用户与本地用户共同访问本地主机中的游戏程序。通信双方中的一方需要发起邀请，并在对方同意后开始游戏。

（6）远程助理

远程助理是指允许远程用户控制本地主机。

（7）白板

白板是指允许远程用户看到本地主机的屏幕内容。

2. 即时通信的工作模型

即时通信的工作模型可以分为两种类型：在线的对等方式与离线的中转方式。

图 4-35 给出了即时通信系统的通信过程。这个例子中的即时通信系统是 QQ，它采用了集中式的 P2P 网络结构。如果用户是首次登录 QQ 系统，需要利用 DNS 服务来查找登录服务器的 IP 地址，并从返回的服务器列表中随机选择一个，这时登录服务器需要验证用户的 QQ 号与登录密码。在登录成功后，QQ 客户将从服务器获得一个好友列表，其中包括每个好友的状态（在线、忙碌或离开）。同时，QQ 客户将向服务器索要一个会话密钥，后续的消息交互都通过该密钥进行加密处理。

与大多数的即时通信系统一样，QQ 客户之间发送即时消息有两种方式：对等方式与中转方式。其中，对等方式是指 QQ 客户之间直接建立联系；中转方式是指 QQ 客户利用服务器来转发消息。在 QQ 用户直接建立联系之前，QQ 客户与服务器之间需要交换很多消息，通信双方可获得对方的连接方式、IP 地址与端口号等信息。当 QQ 用户无法直接建立联系时，QQ 客户分别与中转服务器建立联系，由该服务器临时保存那些离线消息，并在必要时通知相应的 QQ 客户。

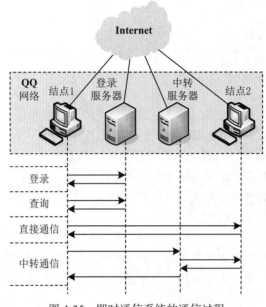

图 4-35   即时通信系统的通信过程

3. 即时通信协议的发展

目前，即时通信软件基本上使用的不是标准的协议，各个厂商制定自己专用的即时通信协议，例如 Microsoft 制定的 MSNP、AOL 制定的 OSCAR 协议、QQ 制定的专用协议。由于各个公司自己制定的协议之间互相不兼容，因此不同即时通信系统之间无法实现互通。即时通信协议的不统一束缚着即时通信的应用发展。

1999 年，IETF 提出了会话初始化协议（Session Initiation Protocol，SIP）。RFC3261 ~ 3266 文档分别描述了 SIP 的核心架构、通信方法等。实际上，SIP 是 IETF 提出的一种视频会议标准，主要用于创建、终止与管理视频通信。后来，IETF 对 SIP 进行扩展使其支持即时通信功能，这样就形成了 SIMPLE（SIP for Instant Messaging and Presence Leveraging Extensions）。SIMPLE 增加了 MESSAGE、SUBSCRIBE、NOTIFY 等方法，以及观察者、呈现代理、呈现服务器等实体。但是，SIMPLE 沿用了即时消息与呈现协议（Instant Messaging and Presence Protocol，IMPP）定义的 IM 系统模型，以便解决不同 IM 系统的兼容性问题。

2002 年，为了解决即时通信协议的标准化问题，IETF 提出了 IMPP。IMPP 主要定义了必要的协议与数据格式，用来构建一个具有消息发布与接收能力的即时通信系统。IETF 针对 IMPP 发布了 3 个草案。其中，RFC2778 文档定义了 IM 系统的基本功能与框架模型，RFC2779 文档定义了构造 IM 系统的最小需求条件。

可扩展消息与呈现协议（Extensible Messaging and Presence Protocol，XMPP）是一种有影响力的即时通信协议。XMPP 的前身是 Jabber，它是一个由开源组织制定的网络即时通信协议。目前，XMPP 已被 IETF 接纳为即时通信标准之一。RFC3920 ~ 3923 文档分别描述了 XMPP 的核心架构、即时消息方法等。XMPP 主要分为两部分：XML 流传输协议与即时通信扩展应用。其中，XML 流传输协议是 XMPP 采用的核心传输协议；即时通信扩展应用提供消息、好友列表、群组等功能。

经过近 10 年的快速发展，即时通信正在向综合通信方向发展，即从文本向音频、视频等多媒体信息，从固定的互联网向移动的无线通信网，从个人通信向企业通信，以及协同工作等方向发展。近年来，即时通信应用提供的服务类型已经越来越多。即时通信服务在个人信息处理上的优势逐步凸现，它与社交应用、视频应用进一步融合，并且已扩展到智能手机、Pad 等移动终端中。

4.7.2 SIP 的基本内容

SIP 是一种在应用层实现信令控制的协议，用于创建、管理与中止用户之间的会话。即时通信系统、VoIP 系统等都可以通过 SIP 进行会话控制。

1. SIP 的基本概念

一个会话是指用户之间的一次数据交换过程。在基于 SIP 的网络应用中，包括即时通信、VoIP 等系统，每个会话所传输的数据有可能各不相同。例如，一个会话中可能传输的是普通的文本数据，也可能是经过数字化处理的语音、视频数据，或者是电子邮件、应用程序、游戏信息等内容。但是，SIP 仅提供创建、管理与终止会话功能，而会话中传输的具体内容需要借助其他协议。例如，如果会话中传输的是语音、视频信息，其数据传输通常需要使用 RTP/RTCP。

由于 SIP 支持传输的数据类型各异，因此它在传输层可以使用不同类型的协议，既可以是传统的 TCP 或 UDP，也可以是新的流控制传输协议（Stream Control Transmission Protocol，SCTP）。虽然 SIP 最初设计主要是针对 IP 网络，但是实际上它并没有强调具体的某种传输网，因此 SIP 也可工作在 ATM、帧中继等非 IP 的传输网中。这样的设计思路赋予 SIP 适应复杂网络环境的能力。

SIP 系统通过 SIP 地址来定位与查询用户。SIP 地址是唯一的全局地址，它的地址定义具有很大的灵活性。SIP 地址是以"sip:"开始，后面是"用户名 @ 地址信息"。其中，地址信息可以是电话号码、IPv4 地址或服务器名。SIP 要求的地址格式可以为：

- 电话号码，如 sip:wugongyi@8622-23508917
- IPv4 地址，如 sip:wugongyi@202.1.2.180
- 电子邮件地址，如 sip:wugongyi@nankai.edu.cn

早期应用于 VoIP 的主要协议是 H.323，它由 ITU 组织在 1996 年制定。1998 年，H.323 第 2 版被命名为"基于分组的多媒体通信系统"。因此，H.323 是关于实时语音与视频会议的一组协议标准，它涉及系统架构、呼叫模式、控制报文、多路复用、语音编码、视频编码等关键技术，这造成 H.323 非常复杂的特点。与 H.323 协议相比，SIP 将 VoIP 作为一种新的网络应用来处理，仅涉及网络电话的信令与服务质量，并且不规定必须采用特定传输协议与编码格式。因此，SIP 协议结构与内容简洁，工作效率高。

2. SIP 系统结构

SIP 系统主要包括两个组成部分：客户端的用户代理（User Agent，UA）、服务器端的网络服务器（network server）。

（1）用户代理

SIP 定义了两类用户代理：用户代理客户（User Agent Client，UAC）与用户代理服务器

（User Agent Server，UAS）。其中，UAC 负责发起呼叫请求，而 UAS 负责接收呼叫并做出响应。UAC 与 UAS 共同构成每个 UA。用户通过 UA 与 SIP 系统进行交互，UA 的存在形式多种多样，可以是运行在计算机上的应用程序，也可以是运行在移动设备（如移动电话或 PDA）上的 APP 软件。

（2）网络服务器

SIP 定义了 3 类网络服务器：代理服务器（proxy server）、重定向服务器（redirect server）与注册服务器（registrar）。

代理服务器负责接收 UAC 发出的呼叫请求，并将它转发给处于自己管理的域中的被叫用户，或者将呼叫请求转发给下一跳的代理服务器，然后由下一跳的代理服务器将呼叫请求转发给其他代理服务器，直到呼叫请求被转发到被叫用户所在的代理服务器。由于代理服务器执行的功能类似于路由选择，因此它也被称为 SIP 路由器。

重定向服务器不接受用户的呼叫请求，它仅处理代理服务器发送的呼叫路由，并通过响应来告知下一跳的代理服务器地址。代理服务器根据该地址重新向下一跳的代理服务器发送呼叫请求。

注册服务器接收与处理用户的代理请求，完成 SIP 用户的地址注册过程。注册服务器中保存用户地址与当前所在位置的映射关系。

（3）代理服务器的两种状态

针对代理服务器的工作方式，SIP 为其定义了两种状态：有状态代理与无状态代理。其中，有状态代理保存用户发送的呼叫请求、返回的响应，以及代理服务器转发的请求信息。无状态代理在转发请求信息之后不保留状态信息。

两者相比，有状态代理可以并行地建立和维护多个会话连接；而无状态代理不保存用户的代理请求与转发信息，因此系统响应速度相对较快。SIP 主干部分的代理服务器多数采用无状态代理方式。

3. SIP 报文类型

SIP 设计参考了 Web 应用的 HTTP，采用 SIP 命令 /SIP 响应的工作方式。由于服务器端涉及多种服务器之间的报文交互，因此 SIP 报文交互过程比 HTTP 要复杂得多。SIP 命令报文包括 UAC 发送的最初命令、在服务器之间转发的临时命令，以及到达 UAS 的最终命令。SIP 响应报文包括 UAS 返回的最初响应、在服务器之间转发的临时响应，以及到达 UAC 的最终响应。一次 SIP 事务处理主要包括一个 UAC 发起的命令与一个 UAS 返回的响应，以及中间过程的多个临时命令与响应。

SIP 命令与响应统称为 SIP 报文。SIP 报文的基本格式为：一个起始行、一个报文头、一个空行与一个报文体。其中，起始行表示 SIP 命令或响应的类型，报文头可以由多个字段组成，空行表示报文头的结束，报文体是可选的。

SIP 命令报文的起始行被称为命令行。命令行通常包括以下内容：命令类型、发起方的 SIP 地址、SIP 版本等。表 4-15 给出了主要的 SIP 命令。例如，INVITE 命令用于邀请用户或服务器参加一个会话；ACK 表示用户或服务器同意参加一个会话。其中，INVITE、ACK、CANCEL、BYE、REGISTER 与 OPTIONS 是必须实现的核心命令，其他命令属于可选实现的扩展命令。

表 4-15　主要的 SIP 命令

关键词	用途
INVITE	邀请 SIP 用户或服务器建立会话
ACK	SIP 用户或服务器同意建立会话
CANCEL	取消即将建立的会话
BYE	终止已建立的会话
REGISTER	申请注册 SIP 用户
OPTIONS	查询 SIP 用户或服务器的功能
SUBSCRIBE	SIP 用户订阅特定事件的通知
NOTIFY	SIP 用户获得特定事件
PUBLISH	SIP 用户向服务器发送事件状态
INFO	SIP 用户之间发送电话呼叫信令
MESSAGE	SIP 用户之间传送即时消息

　　SIP 响应报文的起始行被称为响应行，采用响应码与说明信息的表示方法。表 4-16 给出了主要的 SIP 响应。1XX 状态码是临时性响应，如"100 Trying"表示正在处理；2XX 状态码是成功响应，如"200 OK"表示会话成功；3XX 状态码是重定向类响应，如"300 Multiple"表示多重选择；4XX 状态码是客户错误响应，如"400 Bad Request"表示请求错误；5XX 状态码是服务器错误响应，如"500 Server Internal Error"表示服务器内部错误请求；6XX 状态码是失败响应，如"600 Busy Everywhere"表示系统全忙。

表 4-16　主要的 SIP 响应

响应码	用途
1XX	临时性响应
2XX	成功响应
3XX	重定向类响应
4XX	客户错误响应
5XX	服务器错误响应
6XX	失败响应

4. SIP 的工作流程

　　图 4-36 给出了 SIP 用户通过代理服务器建立会话的过程。主叫方是发起会话的 SIP 用户，被叫方是接受会话的 SIP 用户。主叫方与被叫方都支持 SIP，并且已经在注册服务器上完成了用户注册，以及当前所在位置与用户地址的映射关系。

　　SIP 用户通过代理服务器建立会话的过程如下：

　　①如果主叫方只有被叫方的电子邮件地址，而没有 IP 地址，则主叫方向 SIP 代理服务器 1 发送"INVITE"命令报文，表示邀请被叫方建立会话。

　　② SIP 代理服务器 1 向重定向服务器转发"INVITE"命令报文。

　　③ SIP 重定向服务器向代理服务器 1 返回"302"响应报文，表示可重定向到代理服务器 1。

　　④ SIP 代理服务器 1 向重定向服务器发送"ACK"命令报文，表示代理服务器 1 已确认重定向。

　　⑤ SIP 代理服务器 1 向代理服务器 2 转发"INVITE"命令报文。

　　⑥ SIP 代理服务器 2 向重定向服务器转发"INVITE"命令报文。

　　⑦ SIP 重定向服务器向代理服务器 2 返回"302"响应报文，表示可重定向到代理服务器 2。

　　⑧ SIP 代理服务器 2 向重定向服务器发送"ACK"命令报文，表示代理服务器 2 已确认重定向。

⑨ SIP代理服务器2向被叫方转发"INVITE"命令报文。

⑩~⑫被叫方通过SIP代理服务器2、代理服务器1向主叫方返回"180"响应报文，表示被叫方接收到会话邀请。

⑬~⑮被叫方通过SIP代理服务器2、代理服务器1向主叫方返回"200"响应报文，表示被叫方同意建立会话。

⑯~⑱主叫方通过SIP代理服务器1、代理服务器2向呼叫方发送"ACK"命令报文，表示主叫方已确认建立会话。

⑲主叫方与被叫方在已建立的会话上交换语音或视频信息。

⑳~㉒被叫方通过SIP代理服务器2、代理服务器1向主叫方发送"BYE"命令报文，表示被叫方希望终止会话。

㉓~㉕主叫方通过SIP代理服务器1、SIP代理服务器2向被叫方返回"200"响应报文，表示主叫方同意终止会话。至此，主叫方与被叫方的一次会话过程结束。

SIP的会话过程分为3个阶段：会话建立、会话进行与会话终止。其中，步骤①~⑱属于会话建立阶段；步骤⑲属于会话进行阶段；步骤⑳~㉕属于会话终止阶段。

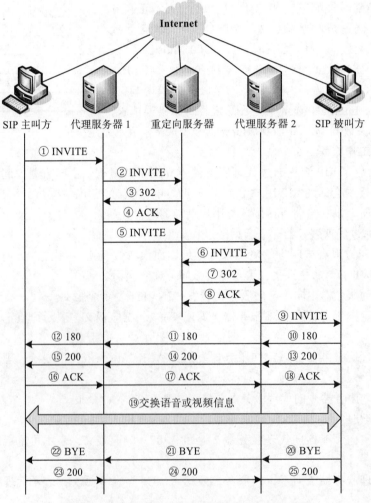

图4-36　SIP用户通过代理服务器建立会话的过程

SIP 融合了互联网与蜂窝移动通信网技术，能够以 P2P 方式实现手机与手机、手机与固定电话、手机与计算机、计算机与计算机之间，以及所有能够运行 SIP 的便携式通信设备、计算机设备之间的语音或视频信息交互，必将在 3G/4G/5G 时代得到广泛的应用。因此，SIP 已经引起技术研究与产业界的高度重视。但是，SIP 仍然不是很成熟的协议，目前在应用的过程中正不断完善。

4.8 网络管理与 SNMP

4.8.1 网络管理的基本概念

1. 网络管理的定义

网络管理（network management）起源于电信网络的管理。1969 年，随着第一个计算机网络 ARPANET 诞生，针对计算机网络的管理技术开始发展。网络管理的目标是通过合理的网络配置与安全策略，保证网络安全、可靠、连续与正常运行，当网络出现异常时及时响应并排除故障；通过网络状态监控、资源使用统计与网络性能分析，对网络做出及时调整与扩充，以便优化网络性能。

从逻辑结构上来看，完整的网管系统可以分为 3 部分：管理对象、管理进程与管理协议。图 4-37 给出了网管系统的基本结构，其中管理对象（managed object）是经过抽象的网络元素，对应于网络中具体可以操作的数据，如网络设备工作状态、网络性能统计参数等。网管系统可管理的设备主要包括交换机、路由器、网桥、网关、集线器、网卡与服务器等。管理进程（management process）是负责对网络对象进行管理的软件，根据管理对象值的变化来决定采取哪种操作。管理协议（management protocol）在管理进程与管理对象之间传递管理命令与响应信息。

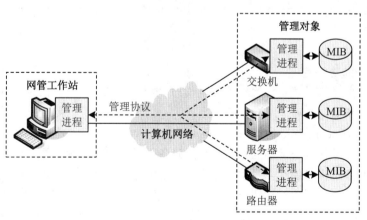

图 4-37　网管系统的基本结构

2. 网络管理的相关概念

随着网络规模扩大与网络结构日趋复杂，用户对网络管理的需求也不断提高。为了支持不同网管系统之间的互操作，网络管理需要有一个国际性标准。目前，很多国际组织致力于网管标准的制定。ISO 定义的网管模型包括 4 部分：组织、信息、通信与功能模型。其中，组织模型描述网管系统的组成与结构，信息模型描述网管系统的对象命名与结构，通信模型描述网管系统使用的网管协议，功能模型描述网管系统提供的功能。

网管系统的管理操作是对管理对象的操作，需要解决的首要问题是管理对象如何表示。网络管理信息模型用于描述管理对象格式，以及各个管理对象之间的关系。网络管理信息模型涉及3个重要的概念：管理信息结构（Structure of Management Information，SMI）、管理信息库（Management Information Base，MIB）与管理信息树（Management Information Tree，MIT）。其中，SMI用于定义表示管理信息的语法，它需要使用ASN.1语言来描述；MIB用于存储管理对象的信息，其中的对象是由MIT来定义。

MIT是用于定义管理对象的树状结构。管理对象唯一地定义在树状结构中，每个对象都是树中的一个结点，括号中的整数是对象标识符。MIT允许通过定义子树来扩展功能。图4-38给出了MIT的基本结构。其中，根结点下的iso定义ISO组织，iso下的org定义ISO认可的组织，org下的dod定义美国国防部的研究机构，dod下的internet定义Internet的相关应用，internet下的mgmt定义MIB。根据这种命名规则，Internet表示为1.3.6.1，MIB表示为1.3.6.1.2.1，SNMP表示为1.3.6.1.2.1.11。

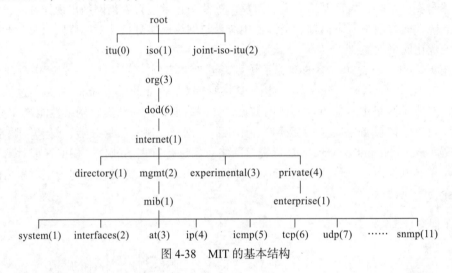

图4-38　MIT的基本结构

3. 网络管理的功能域

按照ISO有关文档的规定，网络管理功能被分为5个部分：配置管理、性能管理、记账管理、故障管理和安全管理。

（1）配置管理（configuration management）

配置管理负责维护网络设备的相关参数与设备之间的连接关系。配置管理是最基本的网络管理功能。网络结构可能经常发生变化，变化可能是临时或永久性的，网络管理系统需要适应这些变化。例如，网络根据用户需求变化，调整网络规模，增加新的网络资源。配置管理主要包括：标识网络中的被管对象，识别被管网络的拓扑结构，修改指定设备（工作参数、连接关系）的配置，动态维护网络设备配置数据库。

（2）故障管理（fault management）

故障管理负责维护网络的有效运行，目的是保证网络连续、可靠地提供服务。故障管理是最基本的网络管理功能之一。网络故障会导致网络异常甚至瘫痪，或者是用户无法接受的网络性能。故障管理主要包括：故障检测、故障记录、故障诊断与故障恢复。其中，故障检测主要通过轮询机制或接收告警信息；故障记录负责生成故障事件、告警信息或日志；故障诊断通过诊断测试与故障跟踪，以便确定故障发生的位置、原因与性质；故障恢复通过设备的更换、维修或启用冗余设备，恢复网络正常运行。

（3）性能管理（performance management）

性能管理负责持续评测网络运行中的主要性能指标，目的是检验网络服务是否达到预定水平，找出已经发生的问题或潜在的瓶颈，报告网络性能的变化趋势，为网络管理决策提供依据。性能参数主要包括网络吞吐率、利用率、错误率、响应时间、传输延时等。性能管理可以分为两个部分：性能监控与网络控制。其中，性能监控是指网络状态信息的收集，网络控制是指为改善网络设备性能而采取的措施。监控网络设备的当前使用情况对性能管理至关重要。

（4）记账管理（accounting management）

记账管理负责监控用户对网络资源的使用，以及计算网络的运行成本或应交的费用。对于网络运营商来说，记账管理是非常重要的功能。虽然企业网之类的网络并不需要收取费用，但是也需要记录用户使用时间、网络与资源利用率等数据。资源网络主要包括硬件资源（服务器、网络设备、通信线路等）、软件资源（操作系统、数据库、应用软件）与网络服务。记账管理主要包括：统计数据传输量与线路占用时间等；确定计费方法（包月、计时与流量等）；计算用户账单（不同资源与时段等）。

（5）安全管理（security management）

安全管理负责保护被管网络中各类资源的安全，以及网络管理系统自身的安全。安全管理要利用各种层次的安全防护机制，尽可能减少非法入侵事件的发生，快速检测未经授权的资源使用问题，使网络管理人员能够恢复部分受损文件。安全管理主要包括：控制与维护对网络资源的访问权限；与安全措施有关的信息分发（如密钥分发）；与安全有关的事件通知（如网络有非法入侵）；安全服务设施的创建、控制与删除；与安全相关的网络操作记录与维护。

4.8.2　网管系统的工作原理

网管系统是指可以管理整个网络及其中网络设备的软件系统。在网络管理技术的发展过程中，很多标准化组织曾提出自己的网管协议。常见的网络管理协议主要包括：简单网络管理协议（Simple Network Management Protocol，SNMP）、通用管理信息协议（Common Management Information Protocol，CMIP）、电信管理网络（Telecommunication Management Network，TMN）。其中，SNMP是IETF制定的基于互联网的网管协议；CMIP是ISO制定的功能全面的网管协议；TMN是ITU制定的针对电信网的网管协议。目前，SNMP是应用最多的网管协议，它已经成为事实上的工业标准。

SNMP网管系统采用的是C/S工作模式。这种网管系统包括两个组成部分：SNMP客户与SNMP服务器。其中，SNMP客户是网管服务的请求者，它安装在网络管理工作站中，通常被称为SNMP管理器；SNMP服务器是网管服务的响应者，它安装在支持SNMP的网络设备中，通常被称为SNMP代理。图4-39给出了SNMP网管系统的结构。管理信息保存在SNMP代理的MIB中。SNMP服务在传输层采用UDP，在传输管理信息之前

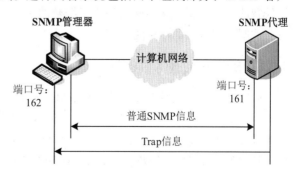

图4-39　SNMP网管系统的结构

不需要预先建立连接。

1987 年，IETF 制定简单网关监控协议（SGMP），它是一种监控网关或路由器的协议，SNMP 在 SGMP 的基础上发展起来。1989 年，IETF 发布 SNMP 的第一个版本（SNMPv1），它定义了一种简单、易于实现的网管服务，仅提供了 5 种管理操作。RFC1157 文档定义了 SNMPv1 协议标准。1993 年，IETF 发布 SNMP 的第二个版本（SNMPv2），它增加了两种管理操作。RFC1901 文档定义了 SNMPv2 协议标准。1998 年，IETF 发布 SNMP 的最新版本（SNMPv3），主要在安全性与框架结构上进行改进。SNMP 代理使用的熟知端口号为 161，用于接收管理器发送的普通 SNMP 请求；SNMP 管理器使用的熟知端口号为 162，用于代理主动发送的 Trap（告警）请求。

SNMP 采用的是轮询监控方式，SNMP 管理器定时向 SNMP 代理请求管理信息，并根据返回信息判断是否有异常事件发生。SNMP 的设计原则是简单和易于实现，它受到网络设备生产商与软件开发商的支持，这是它成为事实上的网管标准的主要原因。SNMP 的局限性主要表现在：需要有专用的网管工作站，要求特定的操作系统平台支持；被管对象的值为标量，没有采用面向对象的表示方法；采用轮询监控方式来获得管理信息，只定义了较少的由代理发送的 Trap 消息。

根据网管对象来划分，网管系统可以分为两种类型：网元管理系统（Element Management System，EMS）与网络管理系统（Network Management System，NMS）。其中，网元管理系统只管理单独的网元（网络设备），如路由器、交换机与服务器等，并不负责网络设备之间通信。这种网管系统通常由硬件设备厂商提供，各个厂商可能采用自己的私有 MIB，以实现对网络设备的细致管理。常见的网元管理系统主要包括：思科的 CiscoView、安奈特的 AT-View Plus、华为的 QuidView 等。

通用型网络管理系统的管理目标是整个网络而非单个设备，通常用于掌握整个网络的工作状况，作为底层的网管平台服务于上层的网元管理系统。这种网管系统可提供兼容性好的第三方网管平台，支持对所有 SNMP 设备的发现和监控，可集成网络设备使用的私有 MIB，对不同厂商的设备进行识别和统一管理，有利于简化网络管理和降低成本。典型的通用型网管系统主要包括：HP 的 OpenView、CA 的 Unicenter、IBM 的 Tivoli NetView、安奈特的 AT-SNMPc 等。

在网络管理系统的发展过程中，经历命令行、图形化与智能化的三个阶段。第一代网管系统主要采用命令行方式，并结合一些简单的网络监测工具。它不仅要求用户精通网络工作原理，还要求用户了解设备的配置方法。第二代网管系统有良好的图形化界面。用户无须过多了解设备的配置方法，通过图形化界面对设备进行配置与监控。第三代网管系统相对来说比较智能，是真正将网络和管理有机结合的系统，通常采用浏览器 / 服务器工作模式，并具有自动配置和自动调整功能。

4.8.3　SNMP 的基本内容

SNMP 管理器与代理之间传输 SNMP 报文，它们用于完成具体的 SNMP 操作。SNMP 报文可以分为两种类型：SNMP 命令与 SNMP 响应。其中，SNMP 命令是 SNMP 管理器向代理发送的操作请求，如请求从代理中读取管理对象的值；SNMP 响应是 SNMP 代理根据操作情况向管理器返回的响应信息。图 4-40 给出了 SNMP 命令与响应的关系。SNMP 详细规定每种协议动作的实现顺序。需要注意，Trap 是一种特殊的 SNMP 命令，它由 SNMP 代理主动发送给管理器，并且不需要管理器做出响应。

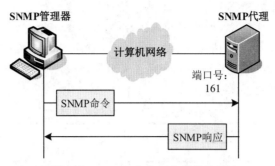

图 4-40　SNMP 命令与响应的关系

SNMP 报文分为两个部分：SNMP 头部与 SNMP PDU。图 4-41 给出了 SNMP 报文的基本结构。对于普通 SNMP 与 Trap 报文，它们的 SNMP 头部是相同的，但是 SNMP PDU 的结构不同。SNMP 头部包含 3 个字段：版本、团体与 PDU 类型。其中，版本表示数据包使用的 SNMP 版本，SNMPv1、SNMPv2 与 SNMPv3 对应的值分别为 0、1 与 2；团体用于设置对代理的访问权限，同一团体的管理进程可以访问代理，它是一个用明文传输的字符串。

图 4-41　SNMP 报文的基本结构

PDU 类型表示 SNMP 操作的类型。SNMPv1 版本规定了 5 种 SNMP 操作：GetRequest、GetNextRequest、SetRequest、GetResponse 与 Trap。其中，GetRequest、GetNextRequest、SetRequest 是普通 SNMP 请求；GetResponse 是普通 SNMP 响应；Trap 是一种特殊的 SNMP 请求。SNMPv2 版本增加了两种 SNMP 操作，即 GetBulkRequest 与 InformRequest。表 4-17 给出了主要的 PDU 类型。例如，GetRequest 用于请求获得代理中管理对象的值；SetRequest 用于请求修改代理中管理对象的值。

表 4-17　主要的 PDU 类型

PDU 类型	字段值	用途
GetRequest	0	请求获得代理中管理对象的值
GetNextRequest	1	请求获得代理中下一个管理对象的值
SetRequest	2	请求修改代理中管理对象的值
GetResponse	3	对上述三种请求的响应
Trap	4	代理主动发送的告警信息
GetBulkRequest	5	请求获得代理中一批管理对象的值
InformRequest	6	管理器之间的交流信息

SNMP PDU 部分包括以下几个字段：

- 请求标识符：表示 SNMP 请求是由哪个管理器发送，代理在对应的 SNMP 响应中需要使用相同的标识符，以便收发双方将 SNMP 请求与响应进行匹配。
- 错误状态：表示 SNMP 请求是否成功执行。如果 SNMP 响应的错误状态的值为 0，表示代理执行 SNMP 操作成功；否则，表示代理执行 SNMP 操作时出错。表 4-18 给出了 SNMPv1 的错误类型。

表 4-18　SNMPv1 的错误类型

错误类型	字段值	用途
noError	0	没有错误
tooBig	1	代理无法将响应装入 SNMP PDU
noSuchName	2	SNMP 请求指定的管理对象不存在
badValue	3	SetRequest 指定一个无效的值或语法
readOnly	4	SetRequest 试图修改一个只读的值
genErr	5	其他错误

- 错误索引：表示 SNMP 请求出错的位置。如果 SNMP 响应的错误索引的值为 0，表示代理执行 SNMP 操作成功；否则，表示错误由变量表中的哪个变量引起。例如，错误索引的值为 1，表示对第 1 个变量操作时出错。
- 变量绑定：用来同时访问代理中多个管理对象，它的基本格式为"名字：值"。在 SNMP 请求中，变量绑定的内容为"对象：对象："，如"sysDescr: sysObjectID:"；在 SNMP 响应中，变量绑定的内容为"对象：值 对象：值"，如"sysDescr:Agent sysObjectID:{1.3.6.1.2.1.1.2}"。
- 企业：表示发送 Trap 消息的代理（位于网络设备中）的对象标识符，它肯定在 SMI 树中 enterprise 结点 {1.3.6.1.4.1} 的子树中。
- 代理地址：表示发送 Trap 的代理的 IP 地址。
- Trap 类型：表示 Trap 消息的类型。表 4-19 给出了 Trap 消息的类型。当 Trap 类型的值为 2、3 或 5 时，在后面的变量绑定中的第一个变量中，需要指出引起 Trap 的接口号码。

表 4-19　Trap 消息的类型

Trap 类型	字段值	用途
coldStart	0	代理进行初始化
warmStart	1	代理进行重新初始化
linkDown	2	接口变为故障状态
linkUp	3	接口从故障中恢复
authenticationFailure	4	代理收到团体名无效的请求
egpNeighborLoss	5	EGP 相邻路由器变为故障状态
enterpriseSpecific	6	由代理自定义的 Trap

- 特定代码：用于对 Trap 类型进行补充说明。如果 Trap 类型的值为 6，特定代码表示 Trap 定义的时间；否则，特定代码的值为 0。
- 时间戳：表示从代理启动到发送 Trap 所经历的时间，单位为毫秒（ms）。例如，时间戳的值为 2400，表示经历的时间为 2400ms。

当 SNMP 管理器发送每个 SNMP 命令后，SNMP 代理都会向客户机返回一个 SNMP
响应。图 4-42 给出了 SNMP 命令与响应
的例子。在 SNMP 命令中，管理器使用
GetRequest 请求获得代理中的管理对象
sysDescr。其中，PDU 类型的值为 0，变
量绑定中第一个变量名为 sysDescr、变
量值为空。在 SNMP 响应中，代理使用
GetResponse 返回管理对象 sysDescr 的值。
其中，PDU 类型的值为 3，错误状态与错
误索引的值均为 0，变量绑定中第一个变量
名为 sysDescr，变量值为 sysDescr 中保存
的值。

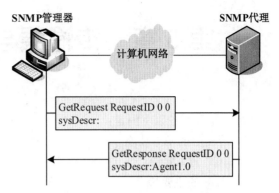

图 4-42　SNMP 命令与响应的例子

4.9　本章总结

1）互联网可分为核心交换与端系统两个部分。核心交换部分为应用程序进程通信提供
服务，网络应用程序运行在端系统中。端系统是指能运行 Web、E-mail、文件共享、即时通
信等应用程序的任意类型主机。

2）网络应用系统设计者在设计一种新的网络应用时，仅需将注意力集中在运行端系统
之上的应用程序体系结构设计与应用软件编程上，这就使得网络应用系统的设计开发过程变
得更为规范。

3）在网络技术谈论中，术语"Client/Server"有 3 层含义：在应用程序体系结构中讨
论的客户 / 服务器模式，在传输层进程间通信相互作用模式中讨论的客户 / 服务器模式，以
及计算机硬件厂商所说的客户机与服务器的概念。

4）在 P2P 网络中，所有结点的地位平等，彼此之间都能以对等方式直接通信。基于
P2P 的应用程序体系结构有两类：纯 P2P 模式、P2P 与 C/S 混合模式。

5）域名系统（DNS）有 3 种基本功能：域名空间定义、名字注册与名字解析。动态主
机配置协议（DHCP）为主机自动分配 IP 地址及其他一些重要参数。

6）SMTP、POP3 与 IMAP 是电子邮件服务所需的应用层协议。电子邮件客户使用
SMTP 向邮件服务器发送邮件，邮件服务器之间使用 SMTP 转交邮件；电子邮件客户使用
POP3 或 IMAP 从邮件服务器接收邮件。

7）FTP 是文件传输服务所需的应用层协议，它使用分离的控制连接与数据连接来协同
实现文件传输。

8）HTTP 是 Web 服务所需的应用层协议，浏览器与 Web 服务器之间使用 HTTP 来交互
简单的请求报文与响应报文。

9）SNMP 是网络管理服务所需的应用层协议。基于 SNMP 的网管系统需要解决 3 个问
题：SMI 定义、MIB 结构与 SNMP 实现。

10）SIP 是一种实现即时通信的控制信令协议，它可以创建、修改和终止会话。

第5章 传输层与传输层协议分析

本章主要讨论以下内容：
- 传输层的基本功能
- TCP 的主要特点
- UDP 的主要特点
- 如何实现传输层软件的设计

计算机网络的本质活动是实现分布在不同地理位置的联网主机之间的进程通信。本章将从分布式进程通信的概念出发，系统地讨论传输层的基本功能、传输层向应用层提供的服务，以及实现这些服务的 TCP 与 UDP。

5.1 传输层的基本概念

5.1.1 传输层的基本功能

网络层及以下各层实现了联网主机之间的数据通信，但数据通信并不是组建计算机网络的最终目的，其本质是使分布在不同地理位置的主机之间的进程通信，以便实现由应用层提供的各种网络服务功能。传输层的主要功能是实现分布式进程通信，它是实现各种网络应用以及应用层协议的基础。图 5-1 给出了传输层的基本功能。

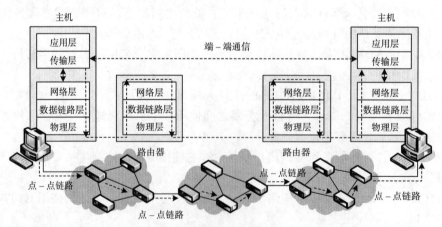

图 5-1　传输层的基本功能

IP 地址标识了联网主机、路由器的位置信息；路由算法可以在互联网络中选择一条由多段点-点链路（包括源主机-路由器、路由器-路由器、路由器-目的主机）构成的传输路径；IP 协议通过这条传输路径完成分组数据的传输。传输层协议需要利用网络层提供的服务，穿过互联网络，在源主机与目的主机的应用进程之间建立"端-端"连接，实现这种分布式进程通信。

网络层是传输网（或承载网）的一部分，而传输网由电信公司运营和提供服务。如果网络层提供的服务不可靠（如频繁丢失分组），由于用户无法对传输网进行控制，则可行方案是在网络层之上增加一层，以便弥补服务不可靠的问题。传输层对分组丢失、线路故障进行检测，并采取相应的补救措施。

传输层可屏蔽网络层及以下各层实现技术上的差异，弥补网络层所能提供服务的不足，使得应用层在实现具体网络应用时仅需使用传输层提供的"端－端"进程通信服务，而不需要考虑互联网络中的数据传输细节问题。因此，从"点－点"通信到"端－端"通信是一次质的飞跃，为此传输层需要引入很多新的概念和机制。

5.1.2 应用层、传输层与网络层的关系

传输层提供的主要功能是"端－端"进程通信服务，为此定义了针对不同应用需求的传输层协议。实现传输层服务的硬件或软件称为传输实体（transport entity）。传输实体可能位于主机操作系统的内核中，也可能位于单独的用户进程中。图 5-2 给出了传输层与网络层、应用层之间的关系。

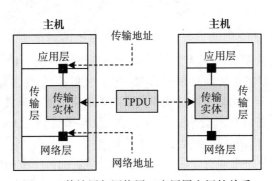

图 5-2 传输层与网络层、应用层之间的关系

传输实体之间传输的数据称为传输协议数据单元（Transport Protocol Data Unit，TPDU）。TPDU 的有效载荷是来自应用层的数据，在 TPDU 有效载荷之前加上 TPDU 头部，这样就形成了一个完整的 TPDU。图 5-3 给出了 TPDU 与 IP 分组、帧之间的关系。这里，TPDU 头部用于表达传输层协议的命令和响应。

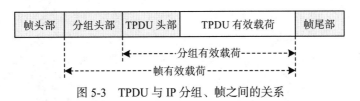

图 5-3 TPDU 与 IP 分组、帧之间的关系

当 TPDU 传送到网络层后，在 TPDU 之前加上 IP 分组头部，这样就形成了一个完整的 IP 分组；当 IP 分组传送到数据链路层后，在 IP 分组之前加上帧头部、之后加上帧尾部，就形成了一个完整的帧（如 Ethernet 帧）。当一个帧传输到目的主机，经过数据链路层与网络层的处理，传输层接收到 TPDU 后，读取 TPDU 头部并解析相应字段，最后传输实体根据传输层协议要求完成相应的动作。

5.1.3 应用进程、套接字与传输层协议

应用进程是由开发者设计与实现的应用程序，需要依赖于某种具体的传输层协议，它们都在主机操作系统的控制下工作。开发者只能根据需要选择 TCP 或 UDP，并设定相应的最大缓存、报文长度等参数。当传输层的协议类型与参数设定之后，传输层协议就在主机操作系统的控制下，为应用程序提供确定的传输层服务。图 5-4 给出了应用进程、套接字与传输层协议的关系。

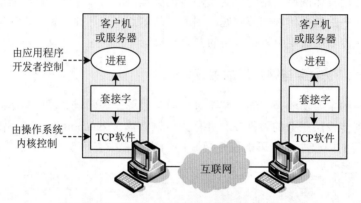

图 5-4 应用进程、套接字与传输层协议的关系

例如，如果一位同学要找南开大学计算机学院网络教研室。计算机学院办公室的工作人员会告诉他，网络实验室位于信息东楼的 501 室。这里，"信息东楼"相当于"IP 地址"，"501 室"相当于"端口号"。IP 地址仅能指出网络教研室位于哪座楼，你同样需要知道网络教研室位于哪个房间。在计算机通信中也是一样，只有知道 IP 地址与端口号，这时才能够唯一地找到准备通信的应用进程。网络层定义了 IP 地址。

针对网络环境中的分布式进程通信，传输层需要解决的第一个问题是进程标识（process ID）。在单机环境中，进程标识可以唯一地标识出一个进程。进程标识又称为端口号（port number）。在网络环境中，标识一个进程必须同时使用 IP 地址与端口号。套接字（Socket）或套接字地址（Socket address）表示一个 IP 地址与对应的一个进程标识。例如，一个 IP 地址为 202.1.2.5 的客户机使用端口号 3022，与一个 IP 地址为 41.8.22.51 的 Web 服务器的端口号 80 建立 TCP 连接，则标识客户机的套接字为"202.1.2.5 : 3022"，标识服务器端的套接字为"41.8.22.51 : 80"。

在单机环境中，由于存在一个管理全局的操作系统，因此解决进程标识问题比较简单。在网络环境中，如何区别客户机进程与服务器进程，以及如何使客户机进程方便地访问服务器进程，还需要解决客户机与服务器进程的标识问题。服务器套接字地址唯一地定义服务器进程；客户机套接字地址唯一地定义客户机进程。套接字是应用层与传输层之间的接口。由于套接字是建立网络应用程序的可编程接口，因此它又被称为应用程序编程接口（Application Programming Interface，API）。

5.1.4 网络环境中的应用进程标识

1. 应用进程标识的基本方法

传输层的寻址通过 TCP 与 UDP 端口来实现。互联网中的应用程序类型很多，如基于 C/S

模式的 FTP、E-mail、Web、DNS、SNMP 等应用，以及基于 P2P 工作模式的文件共享、即时通信等应用。这些互联网应用在传输层分别选择了 TCP 与 UDP。为了区别不同的网络应用程序，TCP 与 UDP 规定用不同的端口号来表示不同的应用程序。图 5-5 给出了基于 C/S 模式的应用程序进程标识方法。

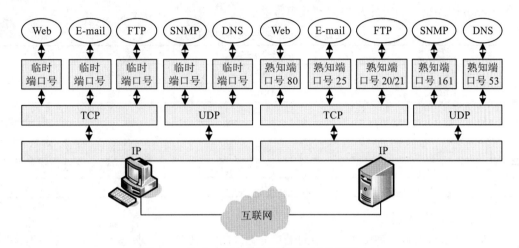

图 5-5　基于 C/S 模式的应用程序进程标识方法

2. 端口号的分配方法

在 TCP/IP 协议族中，端口号的数值是 0 ~ 65535 之间的整数。互联网号码分配机构（IANA）定义的端口号有 3 种类型：熟知端口号、注册端口号和临时端口号。图 5-6 给出了端口号数值范围的划分。

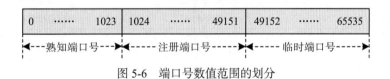

图 5-6　端口号数值范围的划分

（1）临时端口号

客户机程序使用临时端口号，它由运行在客户机上的 TCP/UDP 软件随机选取。临时端口号的数值范围为 49152 ~ 65535。

（2）熟知端口号

每种服务器程序使用确定的全局端口号，称为熟知端口号（well-known port number）。每个客户机程序都知道相应的服务器程序的熟知端口号。熟知端口号的数值范围为 0 ~ 1023，它由 IANA 统一分配和管理。

（3）注册端口号

注册端口号是先注册后使用的端口号。用户可根据需要在 IANA 注册，以防止重复。注册端口号的数值范围为 1024 ~ 49151。

需要注意：对于 TCP/IP 协议族之外的其他操作系统的传输层协议，它们可能选用与 IANA 不一样的熟知端口号和临时端口号。

3. 熟知端口号的分配方法

（1）UDP 的熟知端口号

在基于 UDP 的网络应用中，使用的端口号是 UDP 的端口号。服务器进程是提供网络服务的应用进程，为了使众多的客户机知道服务器的存在，它通过熟知端口号来向客户机提供服务。表 5-1 给出了 UDP 常用的熟知端口号。

表 5-1　UDP 常用的熟知端口号

端口号	服务器程序	说明
53	DNS	域名服务
67/68	DHCP	动态主机配置协议
69	TFTP	简单文件传送协议
111	RPC	远程过程调用
123	NTP	网络时间协议
161/162	SNMP	简单网络管理协议
520	RIP	路由信息协议

（2）TCP 的熟知端口号

在基于 TCP 的网络应用中，使用的端口号是 TCP 的端口号。服务器进程是提供网络服务的应用进程，为了使众多的客户机知道服务器的存在，它通过熟知端口号来向客户机提供服务。表 5-2 给出了 TCP 常用的熟知端口号。

表 5-2　TCP 常用的熟知端口号

端口号	服务器程序	说明
20/21	FTP	文件传输协议
23	Telnet	网络虚拟终端协议
25	SMTP	简单邮件传输协议
80	HTTP	超文本传输协议
110	POP3	邮局协议第 3 版
119	NNTP	网络新闻传输协议
143	IMAP	交互式邮件存取协议
179	BGP	边界网关协议
443	HTTPS	安全超文本传输协议

如果开发者要设计一种全新的网络应用，需要为该服务器程序申请一个熟知端口号。

5.1.5　多种传输层协议的识别

针对网络环境中的分布式进程通信，传输层需要解决的第二个问题是多重协议识别。对于 UNIX 操作系统，它采用的是 TCP/IP 协议族，其传输层包括 TCP 与 UDP。对于 Xerox 网络系统（Xerox Network System，XNS），它采用的是自己定义的协议族，其传输层包括两种协议：顺序分组协议（Sequential Packet Protocol，SPP）与网间数据报协议（Internetwork Datagram Protocol，IDP）。其中，SPP 相当于 TCP，IDP 相当于 UDP。另外，还有多个协议族及其传输层协议存在。

如果网络中的两台主机之间要实现进程通信，它们必须约定好传输层协议的类型。例如，两台主机必须预先确定都采用 TCP 还是 UDP。如果一台主机采用 TCP，另一台主机采用 UDP，则这两台主机之间无法通信。这是由于不同传输层协议的报文格式、端口号分配、协议执行过程都有所不同。

如果考虑到应用进程标识和多重协议识别，一个进程在整个网络中的唯一标识可由一个三元组表示。这个三元组是：协议类型、IP 地址与端口号。在 UNIX 操作系统中，这个三元组又称为半相关（half-association）。图 5-7 给出了三元组的结构。

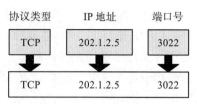

图 5-7　三元组的结构

由于分布式进程通信涉及两个主机中的进程，因此一个完整的进程标识需要由一个五元组表示。这个五元组是：协议类型、本地 IP 地址、本地端口号、远程 IP 地址与远程端口号。在 UNIX 操作系统中，这个五元组又称为全相关（association）。例如，一个客户机的套接字为"202.1.2.5:3022"，一个服务器的套接字为"41.8.22.51:80"，则从客户机到服务器的 TCP 连接的五元组应该是"TCP,202.1.2.5:3022,41.8.22.51:80"。

5.2　传输层协议特点分析

5.2.1　两种传输层协议比较

在 TCP/IP 协议族中，传输层定义了两种协议：TCP 与 UDP。表 5-3 给出了 TCP 与 UDP 的比较。

表 5-3　TCP 与 UDP 的比较

特征	TCP	UDP
是否连接	面向连接，在 TPDU 传输之前需要建立 TCP 连接	无连接，在 TPDU 传输之前不需要建立 UDP 连接
应用层数据接口	基于字节流，应用层不需要规定特定的数据格式	基于报文，应用层需要将数据分成数据报来传送
可靠性与确认	可靠的数据传输，对所有数据都要确认	不可靠的数据传输，不需要确认，尽力而为地交付
重传	自动重传丢失或出错的数据	不检查数据是否丢失或出错
传输开销	低，但高于 UDP	很低
传输速率	高，但低于 UDP	很高
适用的数据量	从少量到几 GB 的数据	从少量到几百字节的数据
适用的应用类型	对数据传输可靠性要求较高的应用，如文件传输、邮件传输等	对数据传输效率要求较高的应用，如 IP 电话、视频会议等

从表 5-3 可以看出，TCP 是一种面向连接、面向字节流传输、可靠的传输层协议，它提供了传输确认、数据流管理、拥塞控制与丢失重传等功能。UDP 是一种无连接、简单的传输层协议，只关注数据交付效率和提高传输速率。

回顾 TCP/IP 的发展过程就能体会设计者的初衷。最早的 ARPANET 在网络层与传输层制定了一个称为 TCP 的协议。需要注意的是：这个协议与现在 TCP/IP 协议族中的 TCP 是不同的。

当时使用的 TCP 在实现路由选择的同时，需要解决报文传输的可靠性等复杂问题。在一个协议中同时解决路由选择与传输路径建立、传输可靠性、流量控制、拥塞控制等问题，则这种协议一定是非常复杂的，实现这种协议将以牺牲带宽与延迟为代价。在 ARPANET 规模比较小时，问题暴露得不是很充分。随着网络规模增大，初期设计的 TCP 就显得非常不适应。

在重新设计 TCP/IP 协议体系时，设计者在网络层选择只能提供"尽力而为"服务的 IP 协议，而在传输层选择了制定两种不同性质协议的技术路线。一种传输层协议用于满足对数据传输可靠性要求较高的应用需求；另一种用于满足对传输灵活性要求较高的应用需求。TCP 和 UDP 能满足互联网发展的实际需求，二者同等重要，同时二者又呈互补的关系。从目前互联网实际应用的经验，特别是 P2P 网络应用对数据传输的需求可以看出，这种技术路线是非常成功的。

5.2.2　传输层协议与应用层协议的关系

应用层协议与传输层协议存在单向依赖关系。每种应用层协议都依赖于特定的传输层协议，即 TCP 与 UDP 中的一种。图 5-8 给出了传输层协议与其他协议的层次关系。根据与传输层协议的依赖关系，应用层协议可以分为 3 种类型：仅依赖于 TCP，仅依赖于 UDP，可依赖于 TCP 或 UDP。其中，仅依赖于 TCP 的应用层协议更关注数据传输可靠性，如 Telnet、FTP、SMTP、HTTP 等，这类应用的数量最多；仅依赖于 UDP 的应用层协议更关注数据传输效率，如 SNMP、TFTP 等；可依赖于 TCP 或 UDP 的应用层协议主要是 DNS。

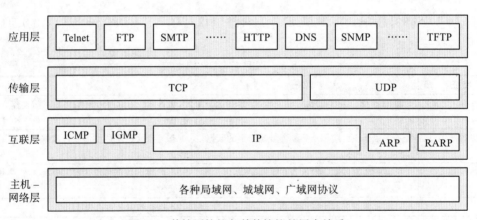

图 5-8　传输层协议与其他协议的层次关系

5.3　UDP

5.3.1　UDP 的特点

UDP 的设计原则是协议简单，运行快捷。1980 年公布的 RFC768 文档是 UDP 协议标准，该文档只有 3 页。RFC1122 对 UDP 进行了修订。UDP 只提供端口形式的传输层寻址与可选的校验和功能。

UDP 的主要特点表现如下。

（1）UDP 是一种无连接、不可靠的传输层协议

UDP 在传输报文之前无须在通信双方之间建立连接，这样就会显著减少协议开销与传

输延迟。除了提供一种可选的校验和之外，UDP 没有其他保证数据传输可靠性的措施。如果 UDP 软件检测出接收数据中有错，它会丢弃该数据，没有确认，也不通知发送方和要求重传。因此，UDP 提供的是"尽力而为"的传输服务。

（2）UDP 是一种面向报文的传输层协议

图 5-9 描述了 UDP 对应用程序数据的处理方式。对于应用程序提交的数据，UDP 不会进行合并或拆分处理，在添加 UDP 头部构成 TPDU 之后，就会直接将 TPDU 向下提交给网络层。接收方将接收到的 TPDU 原封不动地提交给上层的应用程序。因此，在采用 UDP 时，应用程序必须选择合适长度的数据。如果应用程序提交的数据太短，则 UDP 开销相对较大；如果应用程序提交的数据太长，则网络层可能对 TPDU 进行分片，这样也会降低 UDP 的效率。

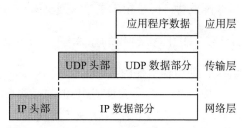

图 5-9　UDP 对应用程序数据的处理方式

5.3.2　UDP 报文格式

图 5-10 给出了 UDP 报文的格式。UDP 报文有固定 8 字节的头部。

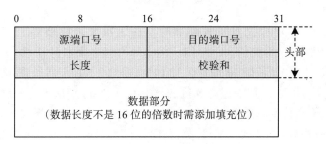

图 5-10　UDP 报文的格式

UDP 头部主要有以下字段。

（1）端口号

端口号字段包括源端口号和目的端口号。其中，源端口号表示发送方的应用进程的端口号，目的端口号表示接收方的应用进程的端口号。端口号字段的长度为 16 位（2 字节）。客户机使用由 UDP 软件分配的临时端口号，服务器使用的是熟知端口号。

（2）长度

长度字段表示整个 UDP 报文（包括头部）的长度。长度字段的长度为 16 位（2 字节）。因此，UDP 报文长度最大为 65535 字节，最小为 8 字节。如果长度字段是 8 字节，说明该报文仅有 UDP 头部，而没有填充数据部分。

（3）校验和

校验和字段是可选项。校验和用来检测整个 UDP 报文（包括头部）在传输中是否出错，这点正反映出设计者提出的效率优先思想。计算校验和需要花费时间，如果应用程序对通信效率的要求高于可靠性，则可以不选择校验和。

UDP 校验和检测的内容包括三个部分：伪头部（pseudo header）、UDP 头部与数据部分（即应用层数据）。伪头部是 IP 头部的一部分。其中，填充字段需要填入 0，目的是使伪头部长度为 16 位的倍数。IP 头部的协议号 17 表示 UDP。长度是 UDP 报文的长度，不包括伪头部的长度。

　　每个 UDP 端口是一个可读、可写的软件结构，内部设有一个接收报文缓冲区。在发送方，UDP 软件构造一个 UDP 报文，然后将它交给 IP 软件完成转发。在接收方，UDP 软件先判断接收报文的目的端口是否与当前使用的端口匹配。如果匹配，则将该报文放入相应端口队列；否则，抛弃该报文，并向发送方发送“端口不可到达”ICMP 报文。有时，虽然端口匹配成功，但是相应端口队列已满，UDP 软件也要抛弃该报文。

5.3.3　UDP 校验和的基本概念与计算示例

1. 使用伪头部的目的

　　伪头部是为了验证 UDP 报文是否正确传送到接收方。接收方又称为目的主机，它的地址应该包括两部分：目的主机 IP 地址和目的端口号。UDP 报文本身只包含目的端口号，由伪头部来补充目的主机 IP 地址。发送方与接收方为 UDP 报文计算校验和时，都需要为 UDP 报文添加伪头部信息。如果接收方发现校验和正确，则在一定程度上说明 UDP 报文到达了正确主机上的正确端口。由于伪头部来自于 IP 头部，因此在计算校验和之前，UDP 软件首先必须从 IP 层获取有关信息。这说明 UDP 与 IP 软件之间存在一定的交互作用。在 UDP/IP 协议结构中，UDP 校验和是保证数据正确性的唯一手段。

2. 伪头部结构

　　UDP 软件为某个 UDP 报文计算校验和时，在该报文之前增加 12 字节的伪头部。图 5-11 给出了 UDP 校验和采用的伪头部结构。伪头部内容主要来自 IP 头部，它包括以下几个字段：源 IP 地址（32 位）、目的 IP 地址（32 位）、协议（8 位）与长度（16 位）。为了保证伪头部长度为 16 位的倍数，其中还有 8 位的填充位（全 0）。这里，长度是指 UDP 报文的长度，不包括伪头部的长度。所谓伪头部是因为它本身不是 UDP 报文的真正头部，只是在计算时临时与 UDP 报文连接起来。伪头部仅在计算时起作用，它既不向低层传送，也不向高层传送。这点反映出设计者效率优先的思想。

图 5-11　UDP 校验和采用的伪头部结构

3. 计算校验和的方法

　　RFC1071 提供了 UDP 校验和的计算方法。UDP 校验和与 IP 头部校验和的计算方法类似。在发送方，首先将校验和字段置为全 0，然后将伪头部与 UDP 报文作为一个整体来计算。每列以 16 位为单位，将二进制位按低位到高位逐列计算。如果计算数据的字节长度不是偶数，则需要添入一个全 0 的字节，然后按二进制反码计算 16 位的和。

　　二进制和的计算方法是：0+0=0；0+1=1；1+1=0，但是需要产生一个进位，加到下一列。如果最高位相加后产生进位，则最后的结果加 1。

　　1）发送方计算校验和的步骤如下：

　　①将伪头部添加到 UDP 报文之前。

②将校验和字段设置为全 0。

③将所有的位分为 2 字节（16 位）的字。

④如果字节总数不是偶数，则增加 1 字节的填充（全 0）。

⑤对所有的 16 位字进行二进制和计算。

⑥将计算所得的 16 位和取反码，并写入校验和字段。

⑦删除伪头部和任何填充。

⑧将已有校验和的 UDP 报文交给 IP 软件处理。

2）接收方计算校验和的步骤如下：

①将伪头部添加到 UDP 报文之前。

②将所有的位分为 2 字节（16 位）的字。

③如果字节总数不是偶数，则增加 1 字节的填充（全 0）。

④对所有的 16 位字进行二进制和计算。

⑤将计算所得的 16 位和取反码，并写入校验和字段。

⑥如果所得结果为全 0，说明数据传输正确，则删除伪头部和任何填充，并接受该 UDP 报文。否则，说明数据传输出错，则丢弃该 UDP 报文。

图 5-12 给出了发送方计算 UDP 校验和的例子。假设发送方的 UDP 报文是长度为 7 字节的"TESTING"，由于它不是 2 字节的倍数，因此增加 1 字节的填充（全 0）。从这个例子可以看出，校验和是保证 UDP 报文传输正确性的重要手段。这种简单的校验方法的检错能力不强，设计者重点考虑的是如何使协议简洁，以及如何提高软件处理速度。

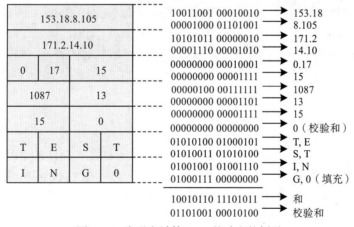

图 5-12   发送方计算 UDP 校验和的例子

5.3.4   UDP 适用的范围

应用程序是否采用 UDP，主要有以下几个考虑的原则。

（1）对传输性能的要求高于对数据可靠性的要求

这类系统的典型是网络多媒体应用，视频播放程序对数据实时交付的要求高于对数据交付可靠性的要求。为了在互联网环境中播放视频，用户最关注的是视频流能否尽快和不间断地播放，而对其中个别数据包的丢失并不介意，且这不会对视频播放效果产生重要影响。如果采用对数据传输可靠性要求很高的 TCP，有可能因为重传个别丢失的数据包而增大传输延迟，这样反而会产生不利的影响。

（2）需要"简短快捷"的数据交换

有些应用只需进行简单的请求与应答报文交互，这类应用更适于选择 UDP。在这类系统中，可在应用程序中设置"定时器 / 重传机制"，用来处理 IP 分组丢失问题，而不需要选择有确认 / 重传机制的 TCP。在应用程序中增加适当的补充方法，将有利于提高系统的工作效率。

（3）需要多播和广播的应用

UDP 支持一对一、一对多与多对多的交互方式，这点是 TCP 所不支持的。UDP 头部长度只有 8 字节，比 TCP 头部的 20 字节短。同时，UDP 没有提供拥塞控制功能，在网络拥塞时不会要求发送方降低发送速率，而只会丢弃个别的报文。这对于 IP 电话、视频会议等应用是适用的。这类应用要求发送方以恒定速率发送报文，但是在拥塞发生时允许丢弃部分报文。

当然，任何事情都有两面性。UDP 的优点是简洁、快速、高效，但是它没有提供必要的差错控制机制，在拥塞严重时也缺乏控制与调节能力。这些问题需要使用 UDP 的应用程序设计者在应用层设置必要的机制加以解决。总的来说，UDP 是一种适用于实时语音与视频传输的传输层协议。

5.4 TCP

5.4.1 TCP 的特点

TCP 的设计原则是功能全面、安全可靠。1981 年公布的 RFC793 文档是 TCP 的协议标准，此后出现了几十种对 TCP 功能加以扩充与调整的 RFC 文档。例如，RFC813 是对 TCP 滑动窗口与确认机制的补充；RFC896 是对 TCP 拥塞控制机制的补充；RFC2988 是对 TCP 重传定时器的补充。从多种 TCP 协议版本中可看出，TCP 能提供用户想到的几乎所有的传输层功能。

TCP 的特点主要表现如下。

1. 支持面向连接的传输

UDP 是可实现最低传输要求的传输层协议，而 TCP 则是一种功能完善的传输层协议。面向连接对提高数据传输的可靠性是很重要的。应用程序在使用 TCP 传送数据之前，必须在源主机与目的主机的端口之间建立一条连接。每个 TCP 连接以双方端口号来唯一地标识，它们为通信双方的一次进程通信提供服务。

2. 支持字节流的传输

TCP 建立在不可靠的 IP 协议之上。由于 IP 协议不提供任何可靠性机制，因此 TCP 的可靠性完全由自己来实现。图 5-13 给出了 TCP 支持字节流传输的过程。流（stream）相当于一个管道，从管道的一端放入什么内容，从另一端可原样取出什么内容。TCP 提供了不会丢失、重复和乱序的数据传输过程。

如果用户通过键盘输入数据，则是逐个字符交付给发送方。如果数据是从文件中获得，则可能是逐行或逐块交付给发送方。应用程序和 TCP 软件每次交互的数据长度可能不同，但是 TCP 软件将应用程序提交的数据看成连续、无结构的字节流。为了能够提供基于字节流的数据传输方式，发送方和接收方都需要使用缓存。发送方不可能为每个写操作创建一个报文段，而是将几个写操作组合成一个报文段，然后提交给 IP 软件封装成 IP 分组，并将该分组传送给接收方。接收方的 IP 软件将接收的 IP 分组拆封之后，将其中的数据字段提交给 TCP 软件，并将接收的字节流存储在接收缓存中。最后，应用程序通过读操作从接收缓存中读取数据。

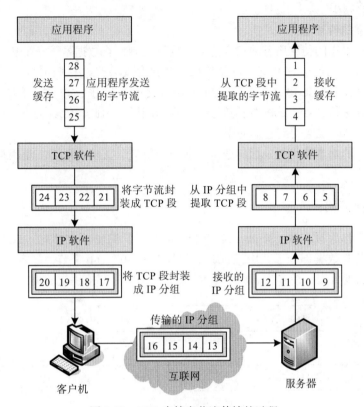

图 5-13　TCP 支持字节流传输的过程

由于 TCP 在传输过程中将应用程序提交的数据看成是一连串、无结构的字节流，因此接收方的应用程序应该自己确定数据字节的起止位置。

3. 支持全双工服务

TCP 允许通信双方的应用程序在任何时候发送数据。由于通信双方都设置有发送和接收缓冲区，应用程序将待发送的数据字节提交给发送缓存，数据字节的实际发送过程由 TCP 来控制；接收方在接收到数据字节之后存放在接收缓存中，高层的应用程序在它合适的时间从缓存中读取数据。

4. 支持多个并发的 TCP 连接

TCP 支持同时建立多个连接，这个特点在服务器方面表现得最突出。Web 服务器可同时处理多个客户机的访问。例如，Web 服务器的套接字为 "41.8.22.51:80"，同时有 3 个客户机访问这个 Web 服务器，其套接字分别为 "202.1.2.5:3022" "192.10.22.5:3522" 与 "212.0.0.5:7122"，则服务器需要同时建立 3 个 TCP 连接，通过五元组表示这 3 个 TCP 连接分别为：

- TCP，41.8.22.51:80，202.1.2.5:2806
- TCP，41.8.22.51:80，192.10.22.5:3521

● TCP，41.8.22.51:80，212.0.0.5:7182

根据应用程序的需要，TCP 支持一个服务器同时与多个客户机建立连接，也支持一个客户机同时与多个服务器建立连接。TCP 软件将分别管理多个 TCP 连接。在理论上，TCP 可支持同时建立的上百甚至上千条这样的连接，但是建立并发连接的数量越多，每条连接能够共享的资源就会越少。

5. 支持可靠的传输服务

TCP 是一种可靠的传输服务协议，它使用确认机制检查数据是否安全和完整地到达，并且提供了拥塞控制功能。TCP 支持可靠传输的关键是对发送和接收的数据进行跟踪、确认与重传。需要注意：TCP 建立在不可靠的 IP 协议之上，当 IP 协议及其下层出现传输错误，TCP 只能不断地进行重传，试图弥补传输中出现的问题。因此，传输层的可靠性是建立在网络层的基础上，同时也会受到它们的限制。

因此，TCP 的基本特点是：面向连接、面向字节流、支持全双工、支持并发连接、可靠的传输层协议。

5.4.2　TCP 报文格式

TCP 报文又称为报文段（segment）。图 5-14 给出了 TCP 报文格式。TCP 报文分为两个部分：TCP 头部与数据部分。其中，TCP 头部长度为 20 ～ 60 字节，固定长度部分为 20 字节；选项部分长度可变，最多为 40 字节。数据部分用于保存应用层数据。

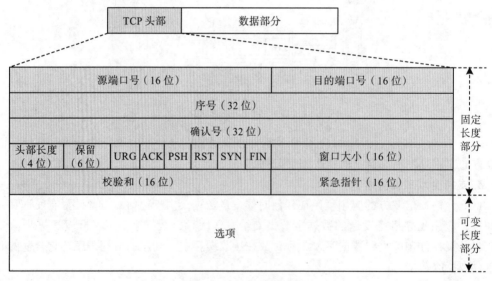

图 5-14　TCP 报文格式

1. TCP 头部格式

（1）端口号

端口号字段的长度为 16 位，取值范围是 0 ～ $2^{16}-1$，即 0 ～ 65535。端口号字段包括源端口号与目的端口号，分别表示报文段的发送方与接收方的应用进程所使用的端口号。无论对发送方还是接收方，服务器使用的是预先规定的熟知端口号，客户机使用的是临时申请的临时端口号。

（2）序号

序号字段的长度为 32 位，表示报文段的第一字节的序号。TCP 是面向字节流的，它要为发送字节流中的每个字节按顺序编号。在一个 TCP 连接建立时，双方各自使用随机数产生器产生一个初始序号（Initial Sequence Number，ISN）。因此，一个 TCP 连接的通信双方的序号是不同的。

例如，一个 TCP 连接需要发送 6000 字节的文件，初始序号 ISN 为 10010，并且分为 5 个报文段发送。前 4 个报文段长度为 1000 字节，第 5 个报文段长度为 2000 字节。根据 TCP 报文段序号分配规则，第 1 个报文段的第一字节的序号为初始序号 10010，第 1000 字节的序号为 11009。以此类推，可以得出：

- 第 1 个报文段的字节序号范围：10010 ～ 11009
- 第 2 个报文段的字节序号范围：11010 ～ 12009
- 第 3 个报文段的字节序号范围：12010 ～ 13009
- 第 4 个报文段的字节序号范围：13010 ～ 14009
- 第 5 个报文段的字节序号范围：14010 ～ 16009

（3）确认号

确认号字段的长度为 32 位，表示接收方已正确接收最终序号为 N 的报文段，并要求发送方发送序号从 $N+1$ 开始的报文段。例如，进程 A 发送给 B 的报文段序号为 401 ～ 500，进程 B 已正确接收该报文段，那么进程 B 将发送给 A 的报文段中的确认号写为 501。进程 A 接收到报文后，读到确认号为 501 时理解为：B 已正确接收最终序号为 500 的报文段，希望接下来发送序号从 501 开始的报文段。这是在网络协议中典型的捎带确认方法。

（4）头部长度

头部长度字段的长度为 4 位。由于 TCP 头部长度以 4 字节为单元计算，实际头部长度在 20 ～ 60 字节，因此该字段的值为 5（5×4=20）至 15（15×4=60）。

（5）保留

保留字段的长度为 6 位，留做今后使用。

（6）控制

控制字段定义了 6 种不同的标志位，在使用时可以同时设置一位或多位。表 5-4 给出了控制字段的标志位说明。控制字段在 TCP 的连接建立和终止、流量控制，以及数据传输过程中发挥作用。

（7）窗口大小

窗口大小字段的长度为 16 位，表示要求接收方维持的窗口大小。这个窗口大小是以字节为单位，取值范围是 0 ～ $2^{16}-1$，即 0 ～ 65535。例如，

表 5-4 控制字段的标志位说明

标志	说明
SYN	在连接建立时同步序号
ACK	确认号字段有效
FIN	终止连接
RST	连接需要复位
URG	紧急指针字段有效
PSH	将数据向前推

在进程 A 发送给 B 的报文中，确认号为 502、窗口大小为 1000，表示进程 A 通知 B：下一次发送报文的第一个字序号为 502，最后一个字节序号为 1501，字节数不超过 1000。窗口大小的值是动态变化的。

（8）校验和

校验和字段的长度为 16 位，用于检查报文段在传输中是否出错。TCP 校验和的计算过程与 UDP 校验和相同。但是，校验和在 UDP 中是可选的，而对于 TCP 是必须有的。TCP

校验和同样需要伪头部，唯一不同的是协议字段值是 6。

（9）紧急指针

紧急指针字段的长度为 16 位。只有当紧急标志 URG 设置为 1 时，该字段才会有效，这时报文段中包括紧急数据。TCP 软件在优先处理完紧急数据后，才能够恢复正常操作。

（10）选项

TCP 头部可以有多达 40 字节的选项字段。选项主要包括两类：单字节选项和多字节选项。单字节选项主要包括两个，即选项结束和无操作。多字节选项主要包括 3 个，即最大报文段长度、窗口扩大因子与时间戳。

2. TCP 最大段长度

TCP 规定了报文段数据部分的最大长度。这个值称为最大段长度（Maximum Segment Size，MSS）。RFC793 没有对 MSS 进行更多讨论，此后的 RFC879 讨论了 MSS 问题。理解 MSS 时需要注意以下几点。

1）报文段的最大长度与窗口长度的概念不同。窗口长度是 TCP 为保证字节流传输的可靠性，接收方通知发送方下一次可连续传输的字节数。MSS 是在构成一个报文段时，最多可在报文的数据字段中放置的字节数。MSS 值与每次传输的窗口大小无关。

2）MSS 是报文中数据部分最大字节数的限定值，不包括头部长度。如果确定 MSS 为 100 字节，那么考虑到 TCP 头部，整个报文的长度可能是 120 ～ 160 字节。具体值取决于头部的实际长度。

3）MSS 值的选择应考虑以下因素：

①协议开销。TCP 报文的长度等于 TCP 头部加数据部分。TCP 头部长度是 20 ～ 60 字节。以头部选择一个折中的数值 40 字节为例，如果 MSS 值也选择 40 字节，考虑到每个报文段的 50% 用来传输数据。显然，选择 MSS 值太小会增加协议开销。

②IP 分片。TCP 报文需要封装在 IP 分组中传输。如果 MSS 值选择得比较大，受到 IP 分组长度的限制，较长的报文段将被分片处理，这样将会增加网络层开销和传输出错概率。

③发送和接收缓冲区的限制。为了保证 TCP 提供的面向字节流传输，建立 TCP 连接的双方都必须设置发送和接收缓存。MSS 值的大小直接影响发送和接收缓存大小与使用效率。

4）MSS 的默认值。基于以上这些因素，确定默认的 MSS 值为 536 字节。当然对于某些应用，MSS 默认值也许不一定适用。编程人员希望选择其他 MSS 值，可在建立 TCP 连接时使用 SYN 报文中最大段长度选项来协商。TCP 允许连接双方选择使用不同的 MSS 值。

5.4.3　TCP 连接建立与释放

图 5-15 给出了 TCP 的工作原理。TCP 工作流程包括 3 个阶段：连接建立、报文传输与连接释放。

1. 连接建立

TCP 连接建立需要经过"三次握手"的过程：

1）最初的客户机处于 CLOSED（关闭）状态。如果客户机准备发起一次 TCP 连接，将会进入 SYN-SEND（发送）状态，并向处于 LISTEN（侦听）状态的服务器发送一个"SYN"报文（控制位 SYN=1）。该报文包括源端口号和目的端口号，给出了双方进程使用的端口号及一些连接参数。

2）服务器接收到"SYN"报文后，如果服务器同意建立 TCP 连接，将会进入 SYN-

RCVD（接收）状态，并向客户机发送一个"SYN+ACK"报文（控制位 SYN=1、ACK=1）。该报文表示对接收到"SYN"报文的确认，同时给出了窗口大小。

3）客户机接收到"SYN+ACK"报文后，将会进入 ESTABLISHED（已建立连接）状态，并向服务器发送一个"ACK"报文（控制位 ACK=1），表示对接收到"SYN+ACK"报文的确认。服务器接收到"ACK"报文后，也进入 ESTABLISHED 状态。

在经过"三次握手"之后，客户机与服务器进程之间的 TCP 连接已建立。

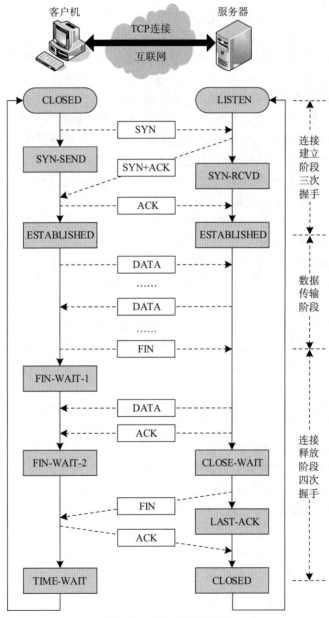

图 5-15　TCP 的工作原理

2. 报文传输

当客户机与服务器进程之间的 TCP 连接已建立后，客户机与服务器进程就可以用该连接进行全双工的字节流传输了。

3. 连接释放

TCP 连接的释放过程相对复杂一些，客户机与服务器进程都可以主动要求释放连接。客户机主动要求释放连接需要经过"四次握手"的过程：

1）当客户机准备结束一次 TCP 连接时，它可以主动提出释放 TCP 连接。这时，客户机将会进入 FIN-WAIT-1（释放等待 –1）状态，并向服务器发送一个"FIN"报文（控制位 FIN=1）。

2）服务器接收到"FIN"报文后，向客户机发送一个"ACK"报文，表示对接收到客户机"FIN"报文的确认。这时，客户机已不向服务器发送数据，客户机到服务器的 TCP 连接释放，服务器进入 CLOSE-WAIT（关闭等待）状态。但是，服务器到客户机的 TCP 连接没有断开。如果服务器还有数据需要发送，可以继续发送直至完毕，这种状态称为半关闭（half-close）状态。客户机接收到"ACK"报文后，将会进入 FIN-WAIT-2（释放等待 –2）状态。

3）当服务器没有数据需要发送时，向客户机发送一个"FIN"报文，通知对方可以释放 TCP 连接。服务器经过 LAST-ACK（最终确认）状态后，返回到 LISTEN（侦听）状态。

4）客户机接收到"FIN"报文后，向服务器发送一个"ACK"报文，表示对接收到服务器"FIN"报文的确认。这时，客户机进入 TIME-WAIT（延迟等待）状态，需要再等待两个最长报文寿命（Maximum Segment Lifetime，MSL）后，真正进入 CLOSED 状态。

在经过"四次握手"之后，客户机与服务器进程都同意释放连接，客户机仍然需要等待两个 MSL 时间。设置等待延迟机制的原因是：确保服务器在最后阶段发送给客户机的数据，以及客户机发送给服务器的最后一个"ACK"报文都能正确接收，防止由于个别报文传输错误而导致连接释放失败。RFC793 文档将 MSL 设为 2min。如果采用 RFC793 建议，客户机有可能延迟 4min。在这种情况下，服务器的连接关闭时间比客户机早。

4. 计时器

为了保证 TCP 能正常、有序地工作，TCP 设置了 4 种计时器：重传计时器、坚持计时器、保持计时器与时间等待计时器。其中，保持计时器、时间等待计时器都与 TCP 连接的运行状态，以及连接释放中可能存在的问题有关。

（1）保持计时器

保持计时器又称为激活计时器，防止 TCP 连接长期处于空闲状态。假设客户机建立到服务器的连接，传输一些数据，然后停止传输，这时可能是客户机出现故障。在这种情况下，这个连接将永远处于打开状态。为了解决这种问题，在多数实现中都会在服务器中设置保持计时器。如果服务器接收到来自客户机的数据，则将计时器复位。超时通常设置为 2h。如果服务器经过 2h 没接收到数据，它就会发送探测报文。如果发送 10 个探测报文（每个相隔 75s）还没有响应，就假设客户机出现故障并终止该连接。

（2）时间等待计时器

时间等待计时器在连接终止期间使用。在 TCP 连接释放的过程中，并不认为这个连接立刻关闭。在延迟等待期间，连接还处于"半关闭"的过渡状态。时间等待计时器值通常设置为两个 MSL 的时间。

5.4.4　TCP 窗口与确认、重传机制

1. 差错控制机制

TCP 是一个可靠的传输层协议，发送方的应用程序将字节流交付给 TCP，它将依靠

TCP 将整个字节流交付给接收方的应用程序，并且是顺序、没有差错、丢失或重复的。TCP 发送的报文是交给 IP 协议来传输，IP 协议只能提供尽力而为的服务，TCP 发送的报文在传输过程中出错是不可避免的。如果接收方不能及时读取到达的报文，因而出现丢失报文的情况，这样也会产生传输错误，因此，TCP 必须提供差错控制功能。

TCP 提供的差错控制功能主要包括：校验和、确认和超时重传。每个 TCP 报文中都包括校验和字段，用来检查出错的报文。如果接收方 TCP 检验出一个报文出错，则丢弃该报文。接收方 TCP 通过确认的方法通知发送方，序号为 N 的报文已正确接收，下一个报文的第一字节序号应该为 N+1。如果发送方 TCP 发现一个报文超过重传时间仍未收到确认，则认为该报文已丢失，并准备重传。

2. 字节流传输状态分类与窗口的概念

TCP 采用面向字节流的传输，两台主机在传输字节流时一定会涉及长度问题。例如，主机 A 发送一个很长的字节流给主机 B，主机 B 可能无法一次接收过长的字节流，它需要与主机 A 协商一次发送字节流的长度；在上一次发送的字节流已正确接收之后，主机 B 可以告诉主机 A，接下来希望主机 A 发送多长的字节流。如果在 TCP 中应用这种思路，那么就需要引入两个概念：字节流状态与滑动窗口。

通过滑动窗口协议（sliding-windows protocol）完成数据流控制，这是网络中经常使用的一种方法，TCP 也采用这种方法。TCP 发送数据的多少由这个窗口定义。两个主机为每个连接各使用一个窗口，这个窗口称为滑动窗口。当接收方对完整接收的字节流发送确认时，这个窗口能够在缓存中滑动。窗口覆盖了缓存的一部分，这部分就是一个主机可以发送，而不必考虑另一个主机确认的部分。

（1）传输的字节流状态分类

图 5-16 给出根据字节流传输的状态分类。本例中假设发送的第一个字节序号是 1。

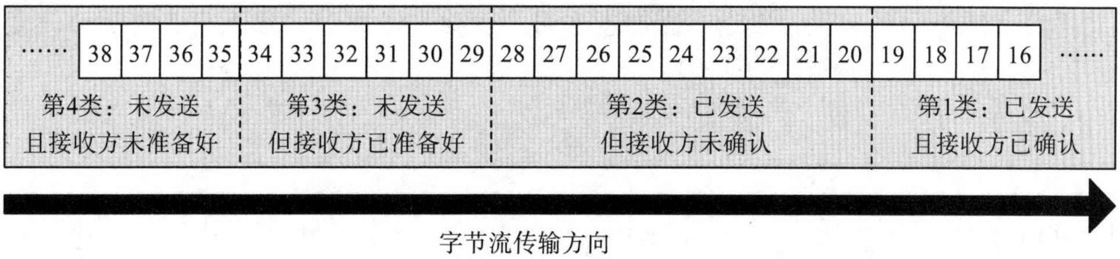

图 5-16　字节流传输的状态分类

为了对正确传输的字节流进行确认，就必须对字节流的状态进行跟踪。根据实际传送的情况，通常将发送的字节分为以下 4 种类型：

①第 1 类：已发送且得到确认的字节。例如，序号 1 ~ 19 的字节已被接收方正确接收，并给发送方发送了确认信息，这部分的字节属于第 1 类。

②第 2 类：已发送但未得到确认的字节。例如，序号 20 ~ 28 的字节属于已发送，但是目前未得到接收方的确认，这部分的字节属于第 2 类。

③第 3 类：未发送但接收方已准备好的字节。例如，序号 29 ~ 34 的字节属于接收方已准备好，发送方准备好就可以立即发送这些字节。

④第 4 类：未发送且接收方未准备好的字节。在第 3 类字节之后的一些准备发送的字节，但是接收方目前尚未做好接收的准备，它们属于第 4 类。假设第 4 类共有 50 字节，那

么字节的序号为 35 ~ 84。

（2）发送窗口与可用窗口

发送方利用 TCP 发送字节流的大小取决于发送窗口的大小。图 5-17 给出了发送窗口与可用窗口的概念。

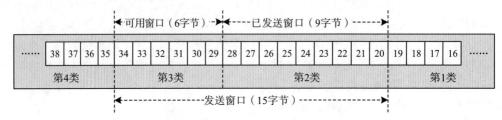

图 5-17   发送窗口与可用窗口的概念

①发送窗口。

发送窗口长度等于第 2 类与第 3 类字节数之和。在图 5-16 中，第 2 类"已发送但未得到确认的字节"为 9，第 3 类"未发送但接收方已准备好的字节"为 6，那么未被确认的第一字节序号为 20，发送窗口长度为 15。

②可用窗口。

可用窗口长度等于第 3 类字节数，即"未发送但接收方已准备好的字节"，表示发送方随时可以发送的字节数。本例中可发送的第一字节序号为 29，可用窗口长度为 6。

TCP 通过滑动窗口跟踪和记录发送字节的状态，实现面向字节流传输的功能。发送窗口是实现滑动窗口机制的关键。发送窗口表示发送方已发送但未被确认，以及可以随时发送的总字节数；可用窗口表示发送方可以随时发送的字节数。

（3）发送可用窗口字节数之后的字节分类与窗口变化

如果没有任何问题出现，发送方立即发送可用窗口的 6 字节，那么第 3 类字节就变成第 2 类字节，并等待接收方确认。图 5-18 给出了窗口发送与字节类型的变化。

图 5-18   窗口发送与字节类型的变化

①第 1 类：已发送且得到确认的字节序号为 1 ~ 19。

②第 2 类：已发送但未得到确认的字节序号为 20 ~ 34。

③第 3 类：随时可发送的字节数为 0。

④第 4 类：未发送且接收方未准备好的字节序号为 35 ~ 84。

（4）处理确认与滑动发送窗口

经过一段时间之后，接收方发送 1 个报文给发送方，确认序号为 20 ~ 25 的字节，如果保持发送窗口仍为 15 字节，那么需要将窗口向左滑动。图 5-19 给出了窗口滑动与字节类型的变化。

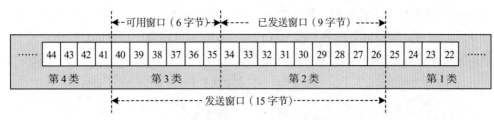

图 5-19　窗口滑动与字节类型的变化

①第 1 类：已发送且得到确认的字节序号为 1 ~ 25。

②第 2 类：已发送但未得到确认的字节序号为 26 ~ 34。

③第 3 类：随时可发送的字节序号为 35 ~ 40。

④第 4 类：未发送且接收方未准备好的字节序号为 41 ~ 84。

在以上讨论中，没有考虑有报文丢失的正常传送、发送窗口不变时的窗口滑动过程。

TCP 滑动窗口协议的主要特点是：

1）TCP 使用发送与接收缓冲区，以及滑动窗口机制来控制数据传输。

2）TCP 滑动窗口是面向字节的，可起到差错控制与流量控制的作用。

3）接收方可以在任何时候发送确认，窗口大小可以由接收方根据需要增大或减小。

4）发送方根据自身状况与接收到的窗口信息来发送字节流，不一定要发送整个窗口大小的数据。

3. 选择重发策略

在互联网中，报文段丢失是不可避免的。图 5-20 给出了接收字节流序号不连续的例子。如果 5 个报文段在传输过程中丢失了两个，就会造成接收字节流序号不连续现象。

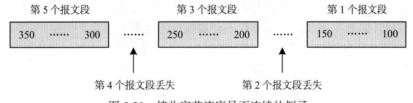

图 5-20　接收字节流序号不连续的例子

接收字节流序号不连续的处理方法有两种。

（1）拉回方式

如果采取的处理方式是拉回方式，需要在丢失第 2 个报文段时，不管之后的报文段是否已正确接收，从第 2 个报文段第一字节序号 151 开始，重发所有的 4 个报文段。显然，这种方法是非常低效率的。

（2）选择重发方式

选择重发（Selective ACK，SACK）方式允许接收方在接收字节流序号不连续时，如果这些字节序号都在接收窗口内，则首先接收这些字节，然后将丢失的字节序号通知发送方，发送方只需要重发丢失的报文段。RFC2018 给出在选择重发方式中，接收方向发送方报告丢失字节信息的报文格式。

4. 重传计时器

（1）重传计时器的作用

重传计时器用来处理报文确认与等待重传的时间。当发送方 TCP 发送一个报文时，首先将该报文的副本放入重传队列，同时启动一个重传计时器（如 400ms），然后开始进行倒计时。如果在重传计时器倒计时为 0 之前收到确认，表示该报文传输成功；否则，表示该报文传输失败，准备重传该报文。图 5-21 给出了重传计时器的工作过程。

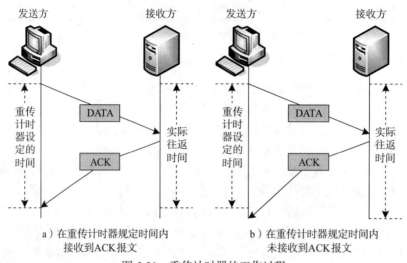

图 5-21 重传计时器的工作过程

（2）需要注意的几个问题

1）重传计时器的时间设置是很重要的。如果设置值过低，可能造成接收方已正确接收的报文被重传，从而出现接收报文重复的现象。如果设置值过高，可能造成一个报文已丢失，发送方长时间等待，而降低协议执行效率的现象。

2）如果一个主机同时与两个主机建立两条 TCP 连接，那么它需要分别为每个 TCP 连接启动一个重传计时器。例如一个连接用于在本地局域网中传输文本文件，而另一个连接用于对远程 Web 服务器的视频文件访问。两个连接的报文发送和确认返回的往返时间（Route-Trip Time，RTT）相差很大。因此，不能对不同 TCP 连接使用一个重传计时器。

3）由于互联网在不同时段的用户数变化很大，流量与传输延迟的变化也很大，因此即使是两个主机在不同时间建立 TCP 连接，并且完成同样的数据传输任务，这两个主机之间的报文传输延迟也不会相同。

正是由于存在上述原因，在互联网中为 TCP 连接确定合适的重传计时器是困难的。TCP 不会采用简单的静态方法来设定重传计时器数值，必然要选择一种动态的自适应重传方法。RFC2988 文档"计算 TCP 重传计时器"详细讨论了这个问题。

（3）重传时间的计算方法

对于每个 TCP 连接都要维持一个往返时间（RTT），它是当前到达目的结点的最佳估计往返延时。自适应重传定时需要基于 RTT。计算重传时间的公式为：

$$\text{Timeout} = \beta \times \text{RTT}$$

其中，β 是一个常数加权因子（$\beta > 1$）。

RTT 为估算的往返时间。RTT 是一个加权平均值，其计算公式为：

$$\text{RTT} = \alpha \times \text{旧 RTT} + (1-\alpha) \times \text{新 RTT}$$

其中，旧 RTT 是上一个往返时间估算值，新 RTT 是实际测出的前一报文的往返时间。α 也是一个常数加权因子（$0 \leqslant \alpha < 1$）。

在以上两个公式中，α 决定 RTT 对延迟变化的反应速度。当 α 接近 1 时，短暂的延迟变化不影响 RTT；当 α 接近 0 时，RTT 将紧跟延迟变化。

在以上两个公式中，β 因子很难确定。当 β 接近 1 时，TCP 能快速检测报文丢失，及时重传，减少等待时间，但是可能出现很多重传报文；当 β 太大时，重传报文减少，但是等待确认时间太长。作为折中，TCP 推荐 $\beta = 2$。基于 RTT 的重传超时是动态的。因此，最常用的重传时间是 RTT 的两倍。

（4）举例

已知收到 3 个确认报文，它们比相应的数据报文发送时间分别滞后 26ms、32ms 与 24ms。假设 $\alpha = 0.9$。求：新的往返时间估计值为多少？

解：从题目中可找出以下已知条件：$\alpha = 0.9$，旧 RTT = 30ms，新的 RTT 测量值 $M_1 =$ 26ms，$M_2 = 32$ms，$M_3 = 24$ms。

根据公式可以计算出：

$RTT_1 = 0.9 \times 30 + (1-0.9) \times 26 \approx 29.6$（ms）

$RTT_2 = 0.9 \times 29.6 + (1-0.9) \times 32 \approx 29.8$（ms）

$RTT_3 = 0.9 \times 29.8 + (1-0.9) \times 24 \approx 29.3$（ms）

答案：新的往返时间估计值分别为 29.6ms、29.8ms 与 29.3ms。

5.4.5　TCP 流量控制与拥塞控制

1. TCP 窗口与流量控制

（1）通知窗口的概念

通知窗口（advertised window）是接收方根据接收能力确定的窗口值。接收方将通知窗口值放在报文头部中发送给发送方。根据接收方工作状态来改变窗口大小是 TCP 流量控制的主要方法。在数据交互的过程中，接收方可以根据自己的资源情况，随时动态调整对方的发送窗口大小。这种由接收方控制发送方的做法在网络中经常使用。

如果接收方读取数据的速度与数据到达的速度一样，接收方在每个确认中发送一个非零的窗口通告。如果发送方发送的速度比接收方快，由于接收方来不及处理到达的字节，最终将造成缓冲区被全部占用并等待。这时，接收方只能发出一个"零窗口"通告。当发送方接收到一个"零窗口"通告时，必须停止发送，直到接收方重新通告一个非零窗口。

图 5-22 给出了 TCP 利用窗口进行流量控制的过程。假设发送方每次最多发送 1000 字节，并且接收方通告一个 2400 字节的初始窗口。初始窗口值标明接收方有 2400 字节的空闲缓冲区。如果要发送 2400 字节数据，需要分 3 个报文段来传输，其中两个报文段有 1000 字节数据，一个报文段有 400 字节数据。在每个报文段到达时，接收方就会产生一个确认。例如，当第 1 个报文段到达时，接收方确认第 1 个 1000 字节，同时指示"窗口 =1400"。由于第 3 个数据段到达时，接收方没有读完数据，接收缓冲区满，接收方通知发送方"确认 2400、窗口 =0"。这时，发送方不能发送数据。

在接收方读完 2000 字节数据后，它会发送一个额外的确认，其中通告窗口大小为 2000 字节，通知发送方可以传送 2000 字节。这样，发送方发送两个 1000 字节的报文段后，接收方窗口再次变为零。通知窗口可有效控制 TCP 流量，使接收方的缓冲区不会溢出。

（2）坚持计时器

假设接收方通告窗口大小为零，发送方就要停止传送报文段，直至接收方确认并通告一个非零的窗口。但是，这个确认报文可能会丢失。如果确认报文丢失，接收方就认为它已完成任务，并等待发送方发送更多报文；而发送方由于没有收到确认，一直等待对方发送确认来通知窗口大小。双方都在永远地等待着对方，这样就可能出现死锁。

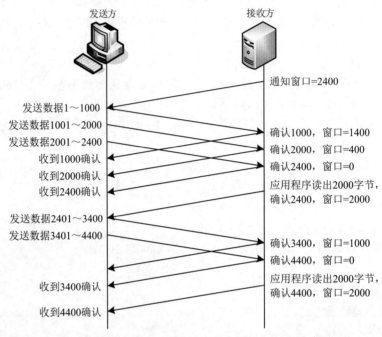

图 5-22　TCP 利用窗口进行流量控制的过程

为了解决这个死锁问题，TCP 为每个连接设置一个坚持计时器。当发送方收到一个窗口大小为零的确认时，就需要启动坚持计时器。当坚持计时器期限到时，发送方就会发送一个特殊的报文，称为探测报文。这个报文中只有一字节的序号，这个序号并不需要确认。探测报文用于提醒接收方确认报文已丢失。

坚持计时器的值设置为重传时间的数值。但是，如果未收到来自接收方的响应，则发送另一个探测报文，并将坚持计时器值加倍，直到该值增大到阈值（通常是 60s）。此后，发送方每隔 60s 就发送一个探测报文，直到窗口重新打开。

（3）传输效率问题

应用进程将数据传送到 TCP 的发送缓存之后，控制整个传输过程的任务就由 TCP 来承担。考虑到传输效率的问题，TCP 必须解决好"什么时候"发送"多长报文段"。这个问题受到应用进程产生数据的速度、接收方要求的发送速度影响，因此它是一个很复杂的问题。同时，也存在一些极端的情况。

例如，如果一个用户使用 Telnet 进行通信，他可能只发出了 1 字节。这 1 字节应用层数据需要封装在一个 TCP 报文段中，再通过网络层继续封装在一个 IP 分组中。在 41 字节的 IP 分组中，TCP 头部占 20 字节，IP 头部占 20 字节，应用层数据只有 1 字节。接收方接收之后立即返回一个 40 字节的确认。其中，TCP 头部占 20 字节，IP 头部占 20 字节。然后，接收方向发送方发出一个窗口更新报文，通知将窗口向前移 1 字节，这个分组长度也是 40 字节。最后发送方返回一个 41 字节的响应。如果用户以较慢的速度键入字符，每键入 1 个字符可能要发送总长度为 162 字节的 4 个报文段。这种方法显然是不合适的。

针对如何提高传输效率的问题，人们提出采用 Nagle 算法：

1）当数据以每次 1 字节的方式进入发送方时，发送方第一次只发送 1 字节，其他字节存入缓存区。当第一个报文段确认时，再将缓存中的数据放在第 2 个报文段中发送，这样按照发送并等待响应，同时缓存待发送数据的方法，可以有效提高传输效率。

2）当缓存数据字节数达到发送窗口的 1/2 或接近最大报文段长度 MSS 时，立即将它们作为 1 个报文段发送。

还有一种情况，人们称为"糊涂窗口综合征"（silly windows syndrome）。假设 TCP 接收缓存已满，而应用进程每次只从缓存中读取 1 字节，那么接收缓存空出 1 字节，接收方将会向发送方发出确认报文，并将接收窗口设置为 1。发送方的确认报文长度为 40 字节。接下来，发送方以 41 字节的代价发送 1 字节数据。在第 2 轮中，应用进程又只从缓存中读取 1 字节，接收方继续向发送方发出确认报文，并将接收窗口设置为 1。发送方的确认报文长度为 40 字节。发送方再以 41 字节的代价发送 1 字节数据。这样继续下去，一定会造成传输效率极低。

Clark 解决这个问题的方法是：禁止接收方发送只有 1 字节的窗口更新报文，让接收方等待一段时间，使得接收缓存有足够空间接收一个较长报文段，如果达到满足窗口长度的空闲空间时，再发送窗口更新报文。

接收方等待一段时间对发送方也有好处，发送方可以积累一定长度的数据，发送长报文也有利于提高传输效率。

综上所述，Nagle 算法用于解决数据以每次 1 字节方式进入发送方的问题，而"糊涂窗口综合征"是针对应用进程每次只能从接收缓存中读取 1 字节的问题。两者在解决问题上遵循着一种思路：发送方不要发送太小报文段，接收方也不接收太小报文段。

2. TCP 窗口与拥塞控制

（1）拥塞控制的基本概念

拥塞控制用于防止由于过多报文进入网络而造成的路由器与链路过载。流量控制的重点放在点－点链路通信量的局部控制上，而拥塞控制的重点放在进入网络的报文通信量的全局控制上。

造成网络拥塞（congestion）的原因十分复杂，它涉及链路带宽、路由器处理分组的能力、结点缓存与处理数据的能力，以及路由选择算法、流量控制算法等一系列问题。人们通常将网络出现拥塞的条件写为：

$$\sum 对网络资源的需求 > 网络资源$$

如果某段时间对网络中某类资源需求过多，就可能造成拥塞。例如，当某个结点的缓存容量过小或处理速度过慢，就会造成大量报文不能及时处理，从而不得不丢弃一些报文。人们自然会想到升级主机，更换大容量缓存、高速处理器，改善这个结点的处理能力，但是这不能从根本上解决拥塞问题，可能只是将拥塞的瓶颈转移到链路或路由器。流量控制可以协调通信双方之间的报文发送和处理速度，但是无法控制进入网络的总体流量。如果每个发送方与接收方之间流量是合适的，但是整个网络将随着报文增多而负荷过重。

图 5-23 显示了拥塞控制的作用。图中横坐标是进入网络的负载（load），纵坐标是吞吐量（throughput）。负载表示单位时间内进入网络的报文数，吞吐量表示单位时间内离开网络的报文数。从图中可以看出以下几个问题：

1）当没有采取拥塞控制方法时，开始阶段吞吐量随着负载增加呈线性增长。当出现轻度拥塞时，吞吐量增长小于负载增加量。当负载继续增加而吞吐量不变时，则达到饱和状态。在进入饱和状态之后，吞吐量随着负载增加呈减小的趋势。当负载继续增加到一定程度时，吞吐量为 0，网络出现死锁。

2）对于理想的拥塞控制方法，在负载到达饱和之前，吞吐量一直保持线性增长，饱和之后的吞吐量维持不变。

3）在实际的拥塞控制中，在负载开始增长的初期，由于拥塞控制需要消耗一定的资源，因此吞吐量小于无拥塞控制状态。但是在负载继续增加的过程中，通过限制报文进入网络或丢弃部分报文，网络的吞吐量逐渐增长，而不会出现下降和死锁现象。

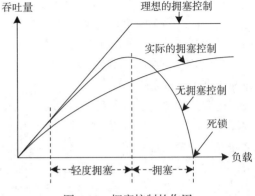

图 5-23　拥塞控制的作用

拥塞控制的前提是网络能够承受现有的负荷。拥塞控制算法通过动态调节用户对网络资源的需求来保证网络稳定运行。拥塞控制算法涉及动态和全局性问题，难度较大。有时，拥塞控制算法本身也可能引起拥塞。在对等网络、无线网络、视频应用出现之后，网络拥塞控制成为一个越来越重要的研究课题。

1999 年，RFC2581 文档将 TCP 拥塞控制方法描述为：慢启动（slow-start）、拥塞避免（congestion avoidance）、快重传（fast retransmit）与快恢复（fast recovery）。此后，RFC2582、RFC3390 文档对 TCP 拥塞控制进行了一些改进。

（2）拥塞窗口的概念

拥塞窗口（congestion window）是发送方根据拥塞状况确定的窗口值，由发送方的流量控制算法来决定。发送方在确定发送窗口时，应该在"通知窗口"与"拥塞窗口"中取较小值。在没有出现拥塞的工作状态下，接收方的通知窗口和拥塞窗口应该一致。发送方在确定拥塞窗口大小时，可以采用以下两种策略。

1）慢启动算法。

当一个 TCP 连接建立时，发送方将拥塞窗口（cwnd）设为当前使用的 MSS（1024B），然后向接收方发送一个最大报文段。如果接收方在计时器期限内返回确认，那么它将拥塞窗口增大为 2^1 倍（2048B）。如果按 2048B 发送报文正常，发送方下次将拥塞窗口增大为 2^2 倍（4096B）。如果按 4096B 发送报文正常，发送方下次将拥塞窗口增大为 2^3 倍（8192B）。如果按 8192B 发送报文超时，那么发送方下次将拥塞窗口设为 4096B。这种拥塞窗口按指数增长的方法称为"慢启动"。

2）拥塞避免算法。

拥塞避免算法是指按线性规律增大拥塞窗口大小。如果第 1 次使用的拥塞窗口为 1024B；在报文正常传送的情况下，第 2 次使用的拥塞窗口增大为 2 倍（2048B）；同样在报文正常传送的情况下，第 3 次使用的拥塞窗口增大为 3 倍（3072B）。

在 TCP 拥塞控制中，还需要定义一个参数：慢启动阈值（Slow-Start Threshold，SST）。

（3）基于慢启动、拥塞避免的 AIMD 算法

图 5-24 给出了一个 TCP 拥塞控制的例子，它是基于慢启动、拥塞避免的 AIMD 算法。

1）慢启动阶段。

当 TCP 连接初始化时，将 cwnd 设置为 1，慢启动阈值 SST_1 设置为 16（单位为报文）。在慢启动阶段中，cwnd 经过 4 次往返之后，按指数算法已增大到 16，这时进入"拥塞避免"

控制阶段。因此，往返次数 1 ~ 4 使用的拥塞窗口值分别是 2、4、8 与 16。

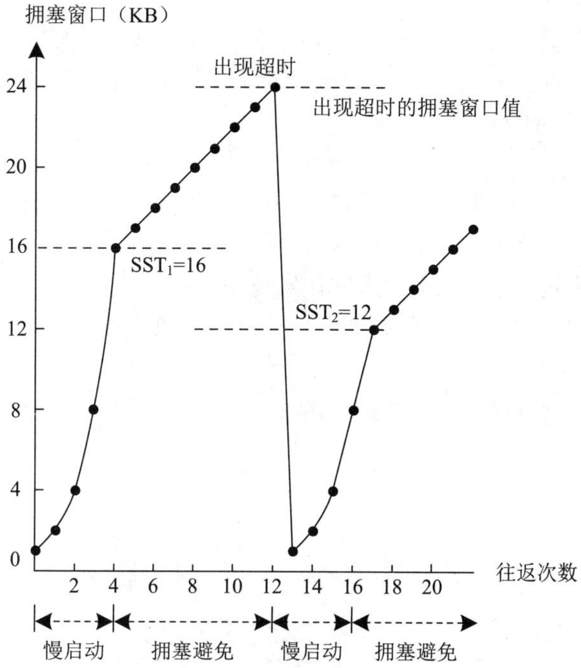

拥塞窗口（KB）

图 5-24　TCP 拥塞控制的例子

2）拥塞避免阶段。

在进入拥塞避免阶段后，cwnd 按线性方式增长，假设 cwnd 值达到 24 时，发送方检测到出现超时，那么 cwnd 需要重新回到 1。因此，往返次数 5 ~ 12 使用的拥塞窗口值分别是 17 ~ 24。

3）重新开始慢启动与拥塞避免阶段。

在出现一次网络拥塞之后，慢启动阈值 SST_2 设为超时 cwnd 最大值的 1/2（即 24/2=12），然后重新开始慢启动与拥塞避免的过程。往返次数 13 ~ 17 使用的拥塞窗口值分别是 1、2、4、8 与 12。由于 SST_2 被设置为 12，第 17 次往返使用的拥塞窗口值不能大于 12，只能取值为 12。因此，往返次数 18 ~ 20 使用的拥塞窗口值分别是 13、14 与 15。表 5-5 给出了图 5-24 例子中的往返次数与拥塞窗口值。

表 5-5　往返次数与拥塞窗口值

往返次数	拥塞窗口值	往返次数	拥塞窗口值
1	2	11	23
2	4	12	24
3	8	13	1
4	16	14	2
5	17	15	4
6	18	16	8
7	19	17	12
8	20	18	13
9	21	19	14
10	22	20	15

　　设计拥塞避免算法的目的是 cwnd 先按指数增长，到达阈值之后改为线性增长，使 cwnd 增长速度减慢，防止网络过早出现拥塞。

　　有些文献将进入拥塞避免时的 cwnd 线性增长称为"加法增大"，将出现超时或即将出现拥塞时 cwnd 置 1 称为"乘法减小"。以上两种方法结合并经过修改之后，形成了当前常用的 TCP 拥塞控制算法 AIMD。

　　（4）快重传与快恢复

　　在慢启动、拥塞避免的基础上，人们又提出快重传与快恢复的拥塞算法。图 5-25 给出了快重传与快恢复的研究背景。

　　AIMD 算法针对的问题是：如果发送方在发现超时后，将 cwnd 置 1 并执行慢启动策略，同时将 SST 减小到一半，以便延缓网络拥塞的到来。如果出现图 5-25 所示的情况：当发送方连续发送报文 $M_1 \sim M_7$，只有 M_3 在传输过程中丢失，而 $M_4 \sim M_7$ 都能正确接收，这时不能根据一个报文超时而判断拥塞。在这种情况下，需要采用快重传与快恢复算法。

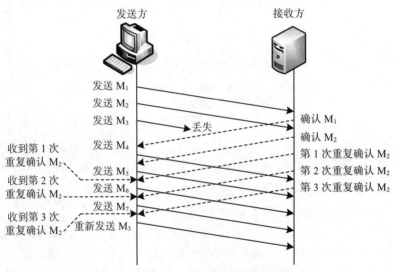

图 5-25　快重传与快恢复的研究背景

　　图 5-26 给出了连续收到 3 个重复确认的拥塞控制过程。如果接收方正确收到 M_1、M_2 报文，而没有收到 M_3 报文，接收方对 M_1、M_2 进行确认之后，收到 M_4 报文，但仍没有收到 M_3 报文，这时接收方不能对 M_4 进行确认，这是由于 M_4 属于乱序的报文。根据"快重传"算法的规定，接收方应及时向发送方连续 3 次发出对 M_2 的"重复确认"，要求发送方尽早重传未被确认的报文。

　　与快重传算法配合的是快恢复算法。快恢复算法规定：

　　1）当接收方收到第 1 个对 M_2 的"重复确认"时，发送方将 cwnd 设为最大拥塞窗口值的 1/2，并执行"拥塞避免"算法，使 cwnd 按线性增长。

　　2）当接收方收到第 2 个对 M_2 的"重复确认"时，发送方继续减小 cwnd 值，并执行"拥塞避免"算法，使 cwnd 按线性增长。

　　3）当接收方收到第 3 个对 M_2 的"重复确认"时，发送方继续减小 cwnd 值，并执行"拥塞避免"算法，使 cwnd 按线性增长。

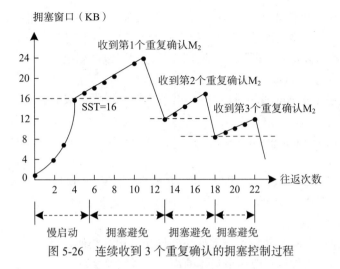

图 5-26　连续收到 3 个重复确认的拥塞控制过程

（5）发送窗口上限值

在介绍拥塞窗口的概念时，曾经做了一个假设：接收方有足够的缓存空间，发送窗口的大小只由拥塞程度确定。但是，接收缓存的空间一定是有限的。接收方根据自己的接收能力给出一个合适的接收窗口（rwnd），并将它写入 TCP 头部中，通知发送方。接收窗口又称为通知窗口（advertised window）。从流量控制的角度，发送窗口一定不能超过接收窗口。因此，发送窗口上限值应该等于接收窗口（rwnd）与拥塞窗口（cwnd）中更小的那个：

$$发送窗口上限值 =Min（rwnd，cwnd）$$

当 rwnd > cwnd 时，则表示拥塞窗口限制发送窗口的最大值。当 rwnd < cwnd 时，则表示接收方的能力限制发送窗口的最大值。

5.4.6　UNIX 进程通信实现方法

我们以 BSD UNIX 为例直观地解释网络环境中进程通信的实现方法。

1. Socket 的基本概念

在网络环境进程通信的实现中，套接字（Socket）是一个很重要的概念。一个 Socket 包括主机的 IP 地址与进程的端口号。在网络环境中，应用层利用 Socket 建立进程连接，以实现数据交换。Socket 是面向 C/S 模式而设计，对客户机和服务器提供不同 Socket 系统调用。客户机可随时向服务器发出服务请求。图 5-27 给出了 Socket 的工作原理。

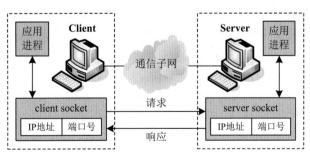

图 5-27　Socket 的工作原理

Socket 可分为两种工作方式：阻塞方式与非阻塞方式。当采用阻塞方式时，某个 Socket

函数被调用后，在完成任务之前不会返回。也就是说，在函数调用返回之前，该 Socket 不能进行其他任何操作，调用它的进程也处于挂起状态。在采用非阻塞方式时，某个 Socket 函数被调用后，该函数将会立即返回，调用它的进程可以继续执行。

根据不同的用途，Socket 可以分为 3 种类型：

- 流式套接字（stream Socket）：主要用于 TCP，提供了双向、有序、不重复的数据传输服务。
- 数据报套接字（datagram Socket）：主要用于 UDP，提供了双向、无序、可能重复的数据传输服务。
- 原始套接字（raw Socket）：主要用于访问下层协议，例如 IP、ICMP 与 IGMP 等协议的数据包。例如，原始套接字可保存 IP 分组的完整头部。

2. UNIX Socket 调用

对于 UNIX 系统，Socket 调用与文件访问操作有很多相似之处。文件访问是对本地存储空间的输入与输出，文件号对应一个具体的块文件或字符文件。而 Socket 调用是对网络设备的输入与输出。UNIX 文件访问操作常用的风格是 open-read/write-close，即打开文件、读 / 写文件与关闭文件。Socket 调用与它有类似之处。

UNIX 的主要 Socket 调用包括如下函数。

（1）socket() 函数

在利用 Socket 进行网络编程时，第一步需要创建一个可用的套接字，这个过程是通过 socket() 函数来实现。当应用程序调用 socket() 函数时，操作系统为应用程序创建指定类型的套接字，并分配所需的系统资源。socket() 函数的原型为：

```
SOCKET socket(int af, int type, int protocol)
```

其中，af 指定使用的地址族，TCP/IP 为 AF_INET，UNIX 协议为 AF_UNIX；type 指定创建的套接字类型，流式套接字为 SOCK_STREAM，数据报套接字为 SOCK_DGRAM，原始套接字为 SOCK_RAW；protocol 依赖于第二个参数，指定使用的具体协议，IP 协议为 IPPROTO_IP。

（2）bind() 函数

bind() 函数用来将套接字与本地地址相绑定。无论是服务器还是客户端程序，都需要将本地地址绑定到新创建的套接字上。bind() 函数的原型为：

```
int bind(SOCKET s, const struct sockaddr FAR *name, int namelen)
```

其中，s 指定要绑定的套接字；name 指定绑定的本地地址，这是一个指向 sockaddr 结构的指针，其结构随着使用的协议而变化；namelen 指定本地地址结构的长度，与具体使用的地址族相关。

（3）listen() 函数

listen() 函数用来监听端口上的连接建立请求。这个函数专门为流式套接字设计，用于面向连接的 TCP 类型的网络应用。在服务器程序中，调用 listen() 函数使流式套接字处于监听状态。listen() 函数的原型为：

```
int listen(SOCKET s, int backlog)
```

其中，s 指定服务器端要监听的套接字；backlog 指定流式套接字要维护的客户连接请求队列的最大长度。

（4）connect() 函数

connect() 函数用来请求与服务器建立连接。这个函数专门为流式套接字设计，用于面向连接的 TCP 类型的网络应用。在客户端程序中，调用 connect() 函数向服务器套接字发出连接建立请求。connect() 函数的原型为：

```
int connect(SOCKET s, const struct sockaddr FAR *name, int namelen)
```

其中，s 指定客户端发送请求的套接字；name 指定服务器的套接字地址，通常使用的是 sockaddr_in 结构；namelen 指定套接字地址结构长度。

（5）accept() 函数

accept() 函数用来接收客户端的连接建立请求。这个函数专门为流式套接字设计，用于面向连接的 TCP 类型的网络应用。在服务器程序中，调用 accept() 函数从处于监听状态的连接请求队列中取出最前面的一个客户请求，并且创建一个新的临时套接字与客户端套接字建立连接。accept() 函数的原型为：

```
SOCKET accept(SOCKET s, struct sockaddr FAR *addr, int FAR *addrlen)
```

其中，s 指定服务器接收请求的套接字，该套接字已通过 listen() 函数设为侦听状态；addr 指定接收请求的套接字地址，通常使用的是 sockaddr_in 结构；addrlen 指定套接字地址结构长度。

（6）send() 与 sendto() 函数

send() 与 sendto() 函数用来发送数据。无论是服务器还是客户端程序，都需要使用它们向对方发送数据。send() 函数专门为流式套接字设计，用于面向连接的 TCP 类型的网络应用；sendto() 函数为数据报套接字设计，用于无连接的 UDP 类型的网络应用。两个函数的原型分别为：

```
int send(SOCKET s, const char FAR *buf, int len, int flags)
int sendto(SOCKET s, const char FAR *buf, int len, int flags, const char FAR *to,
int tolen)
```

其中，s 指定发送端使用的套接字；buf 指定发送端保存等待发送数据的缓冲区；len 指定发送数据的字节数；flags 是附加标志，通常设置为 0；to 指定接收端保存等待接收数据的缓冲区；tolen 指定接收数据的字节数。

（7）recv() 与 recvfrom() 函数

recv() 与 recvfrom() 函数用来发送数据。无论是服务器还是客户端程序，都需要使用它们向对方发送数据。recv() 函数专门为流式套接字设计，用于面向连接的 TCP 类型的网络应用；recvfrom() 函数为数据报套接字设计，用于无连接的 UDP 类型的网络应用。两个函数的原型分别为：

```
int recv(SOCKET s, char FAR *buf, int len, int flags)
int recvfrom(SOCKET s, char FAR *buf, int len, int flags, const char FAR *from,
int *fromlen)
```

其中，s 指定接收端使用的套接字；buf 指定接收端保存等待接收数据的缓冲区；len 指定接收数据的字节数；flags 是附加标志，通常设置为 0；from 指定发送端保存等待发送数据的缓冲区；fromlen 指定发送数据的字节数。

（8）closesocket() 函数

closesocket() 函数用来关闭打开的套接字。当应用程序调用 closesocket() 函数时，操作系统会关闭套接字并释放相应的资源。closesocket() 函数的原型为：

```
int closesocket(SOCKET s)
```

其中，s 指定关闭套接字的描述符。

3. 软件编程模式

在介绍了 UNIX Socket 调用后，可通过研究 C/S 模式的实现框架，进一步理解进程通信实现方法。在面向连接的 C/S 模式中，首先在 Client（客户端）与 Server（服务器端）之间建立 TCP 连接。图 5-28 给出了面向连接 C/S 模式的工作流程。Client 与 Server 都要依次执行不同的 Socket 调用。但是，Server 编程比 Client 复杂一些，这是由于 Server 要并发处理多个 Client 的请求。在 Client 中，首先调用 socket() 建立套接字，然后调用 connect() 请求与 Server 建立连接，在连接建立后可调用 send() 或 recv() 来发送或接收数据，最后调用 closesocket() 关闭 Socket。

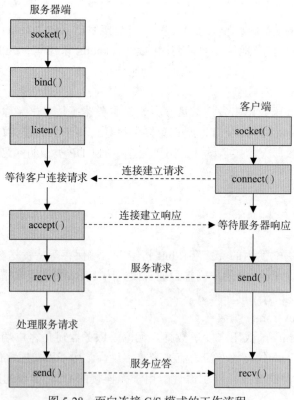

图 5-28　面向连接 C/S 模式的工作流程

在 Server 中，首先调用 socket() 建立套接字，然后调用 bind() 将某个端口与 Socket 绑定，再调用 listen() 在绑定端口上侦听连接建立请求。当 Server 侦听到有连接建立请求到达，调用 accept() 创建新的临时 Socket 与 Client 建立连接，同时 Server 使用原有 Socket 继续侦听。Server 新创建子线程与 Client 建立连接，以便并发处理多个 Client 的服务请求。在连接建立后可调用 send() 或 recv() 来发送或接收数据，最后调用 closesocket() 关闭临时

Socket 与原有 Socket。

　　无连接 C/S 模式相对简单一些，在 Client 与 Server 之间无须预先建立连接。图 5-29 给出了无连接 C/S 模式的工作流程。Client 与 Server 都是首先调用 socket() 函数建立 Socket，然后可调用 sendto() 或 recvfrom() 函数来发送或接收数据，最后调用 closesocket() 函数关闭 Socket。但是，Server 在发送与接收数据之前，还需要调用 bind() 函数将某个端口与 Socket 绑定。

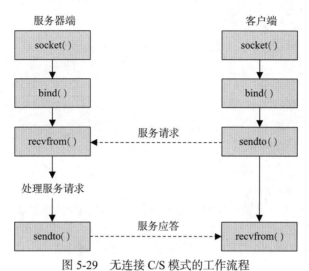

图 5-29　无连接 C/S 模式的工作流程

5.5　本章总结

　　1）计算机网络的本质活动是实现分布在不同地理位置的联网主机之间的进程通信，传输层的主要作用就是要实现这种分布式进程通信。

　　2）传输层协议屏蔽网络层及以下各层实现技术的差异性，弥补网络层所能提供服务的不足，应用层在实现各种网络应用时只需使用传输层提供的"端-端"服务。

　　3）应用程序开发者根据需要在传输层选择 TCP 或 UDP，并设定相应的参数后，传输层协议在本地主机操作系统的控制下，为应用程序提供确定的服务。

　　4）TCP/IP 的传输层寻址通过 TCP 或 UDP 的端口来实现。

　　5）TCP 是一种面向连接、字节流传输、可靠的传输层协议，提供了确认、超时重传、流量控制、拥塞控制等功能。

　　6）UDP 是一种无连接、不可靠的传输层协议，适用于对性能的要求高于对数据完整性的要求、需要"简短快捷"的数据交换、需要多播和广播的应用环境。

第6章 网络层与网络层协议分析

本章主要讨论以下内容：
- 网络层的主要功能
- IPv4 的主要内容
- IPv4 地址技术的发展
- 路由技术的发展
- 路由器的工作原理
- ICMP 与 IGMP 的作用
- 移动 IP 的作用
- IPv6 的作用

在讨论 IPv4 的研究与发展过程时，首先需要肯定 IPv4 设计的成功，它对互联网的发展具有重要的作用。今后，除了各类计算机、智能手机之外，可穿戴设备、智能家电、传感器结点等各类终端也要工作在基于 IP（网际协议）的网络环境中。

6.1 网络层与 IP 的发展

6.1.1 网络层的基本概念

我们设计与组建的计算机网络不仅要覆盖一个大学的实验室、一个校园、一家公司或一个政府部门，而且需要接入互联网。

在互联网环境中，你向远在欧洲的朋友发一封电子邮件，并不知道这封邮件通过怎样的传输路径、经过哪些邮件服务器转发，怎么在很短时间内就传送到对方。当你通过搜索引擎查询"IPv6 单播地址分配"资料时，并不需要知道浏览的 Web 服务器位于何处，通过什么样的传输路径将查询结果传送给你。南开大学网络实验室的一位学生与美国 UCLA 网络实验室的一位合作伙伴协同完成一个 WSN 软件，他们也不需要知道整个通信过程经过哪些网络，以及数据传输的正确性是如何保证的。

我们能够方便地在互联网上享受各种网络服务，正是因为有网络层协议 IP 的支持。网络层依据路由协议，计算和形成路由器的路由表，随着网络拓扑与通信线路的变化不断更新路由表；根据路由表，路由器为每个 IP 分组选择一条合适的传输路径，这一切都是路由器硬件和软件自动完成的。IP 是支撑互联网运行的基础，也是互联网的核心协议之一。因此，我们经常将互联网简称为"IP 网络"。

设计网络层协议 IP 的目的就是：向通信主机的传输层与应用层屏蔽数据通过传输网的细节，使得分布在不同地理位置的主机之间的分布式进程通信，就像在一个单机操作系统控制下一样"流畅"地进行。

6.1.2　IP 的演变与发展

IP 在发展过程中存在着多个版本，最主要的有两个版本：IPv4 与 IPv6。最早描述 IPv4 的文档 RFC791 出现在 1981 年。那时的互联网规模很小，主要用于连接参与 ARPANET 研究的科研机构与大学的计算机。在这样的背景下产生的 IPv4，不可能适应以后大规模扩张的互联网，进行修改和完善是必然的。伴随着互联网的规模扩大和应用扩展，IPv4 一直处于不断补充、完善中。但是，总结一下 IPv4 的完善过程，其实 IPv4 的主要内容一直没有发生实质性改变。实践证明，IPv4 是健壮和易于实现的，并且具有很好的可操作性。IPv4 通过了互联网从一个小型的科研与教育网络，发展到今天这样的全球性、大规模网际网的考验，这说明 IPv4 的设计是成功的。

在讨论 IPv4 研究与发展的过程时，需要注意以下几个问题：

1）我们首先应肯定 IPv4 设计思路的正确性，以及它对互联网的发展产生的重要作用。IPv4 的发展过程可从不变和变化两方面来认识。IPv4 中对于分组结构与头部结构的规定是不变的；变化部分主要是 IP 地址处理方法、分组交付的路由算法与路由协议，以及如何提高协议的可靠性、可管理性、服务质量与安全性。

2）早期设计的 IP 分组结构、IPv4 地址、服务质量、安全性都不能满足互联网的大规模发展，以及移动互联网、物联网发展的要求。今后除了计算机之外，各种智能手机、传感器以及各种移动终端都要在 IP 网络中工作，使得 IP 必然需要进行改进。IPv4 的局限性主要表现在地址空间的限制，缺乏对服务质量、移动性与安全性的支持，以及结点配置过程复杂等方面。

随着互联网应用的快速发展，IP 存在的问题逐步暴露出来。研究人员针对这些具体的问题，通过"打补丁"的办法不断完善 IPv4，但是 IP 框架一直没有发生根本性改变。图 6-1 描述了 IPv4 不断完善和向 IPv6 发展的过程。当互联网规模发展到一定程度，局部的修改已无济于事时，最终人们不得不期待研究一种新的网络层协议，以克服 IPv4 面临的所有困难，这个新的协议就是 IPv6。

1991 年 12 月，IETF 开始讨论下一代 IP（IPng）问题；1993 年，IETF 成立了 IPng Area 工作组；1995 年 12 月，IETF 发布了 IPv6 建议标准；1996 年 7 月，IETF 发布了 IPv6 草案标准；1998 年，IETF 启动了 IPv6 试验床 6Bone；1998 年 12 月，IETF 发布了 IPv6 正式标准；1999 年，IPv6 论坛成立，开始分配 IPv6 地址，并设计了 IPv6 设备互操作测试方案 Plugtest；2001 年，主流操作系统（Windows、Linux 等）开始支持 IPv6；2003 年，主要网络设备制造商开始推出支持 IPv6 的产品。

2011 年，国际 IP 地址管理部门宣布：在同年 2 月美国迈阿密的会议上，最后 5 块 IPv4 地址被分配给全球 5 大区域互联网注册机构，IPv4 地址全部分配完毕。现实告诉我们：IPv4 向 IPv6 的过渡已经迫在眉睫。

在看到 IPv6 技术优点与发展趋势的同时，必须正视从 IPv4 向 IPv6 过渡的困难。这些困难既表现在技术方面，也表现在经济方面。现在的 IPv4 网络运行稳定，从网络设备制造商、网络运营商、ISP 到操作系统、应用软件开发商的整个产业链，都正处于从 IPv4 网络中稳定获益的阶段，构建新的 IPv6 网络的投资大、建设周期长、成本回收困难。拥有大量 IPv4 地址资源与 IPv4 网络设备的国家与地区并不急于向 IPv6 过渡，而恰恰是以中国为代表的发展中国家受到 IP 地址的限制，这些国家应抓住 IPv6 带来的挑战与机遇。

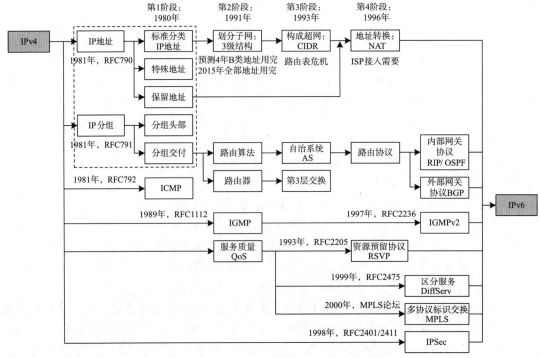

图 6-1 IPv4 不断完善和向 IPv6 发展的过程

6.2 IPv4 的基本内容

6.2.1 IP 的特点

1. IP 提供"尽力而为"的服务

IP 提供的是一种无连接的分组传送服务，它不对分组的传输过程进行跟踪。因此，它提供的是一种"尽力而为"（best-effort）的服务。理解这种"尽力而为"的服务，需要注意以下几个问题。

（1）无连接（connectionless）

"无连接"意味着 IP 不是在预先建立从源结点到目的结点的传输路径之后，才开始传输数据分组，一般是由源主机的默认路由器启用路由算法，根据网络拓扑与通信线路状态来选择下一跳转发路由器，通过路由器到路由器的"点 – 点"方式，形成从源主机到目的主机的通过传输网的传输路径，最终将 IP 分组发送到目的结点。源主机发出的同一个报文的不同分组的传输过程是相互独立的。

（2）不可靠（unreliable）

"不可靠"意味着在 IP 分组发送之后，源结点并不维护 IP 分组在传输过程中的任何状态信息，不保证属于同一个报文的每个 IP 分组都能够正确、不丢失地通过传输网，以及能够按顺序到达目的结点。这就决定着 IP 只能提供"尽力而为"的服务。

"尽力而为"的服务体现在两点上：

- IP 不能保证从源主机发送的属于同一个报文的多个 IP 分组，在传送到目的主机时不出现乱序、重复与丢失等现象。如果出现分组丢失则由高层协议处理。

- IP 不能保证从源主机发送的 IP 分组在规定的时间内传送到目的主机，不能保证分组传输的实时性。

互联网要求网络层的 IP 协议必须能适应网络结构随时改变、链路传输状态瞬息万变的局面。IP 设计的重点应放在系统的适应性、可操作性与可扩展性上，而在分组交付的可靠性方面只能做出一定的牺牲。这正反映出 IP "用简单方法处理复杂问题" 的设计思路，也是 IP 能够成功的秘诀。

2. IP 是 "点 – 点" 的网络层协议

网络层需要在互联网络中为通信的两台主机寻找一条跨越传输网的 "端 – 端" 传输路径，而这条 "端 – 端" 传输路径是由多个路由器的 "点 – 点" 链路组成的。IP 的作用就是要保证分组从一个路由器到下一跳路由器，并最终从源主机到达目的主机。因此，IP 是针对源主机 – 路由器、路由器 – 路由器、路由器 – 目的主机之间的数据传输的 "点 – 点" 线路的网络层协议。

3. IP 屏蔽了物理网络的差异

作为一个面向互联网络的网络层协议，它必然要面对各种异构的网络和协议。IP 的设计者必须充分考虑到这个问题。互联的网络可能是广域网，也可能是城域网或局域网。即使都是局域网，它们的 MAC 层与物理层协议也可能不同。网络设计者希望通过 IP 将结构不同的数据帧按统一的格式封装，向传输层提供格式一致的 IP 分组。传输层无须考虑互联网络的 MAC 层、物理层使用的协议与实现技术上的差异，只需要考虑如何使用低层所提供的服务。IP 使异构网络的互联变得更容易。图 6-2 示意了 IP 对低层网络的屏蔽作用。

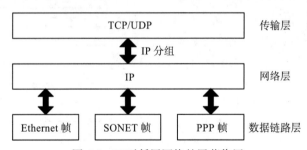

图 6-2　IP 对低层网络的屏蔽作用

6.2.2　IPv4 分组格式

1. IPv4 分组结构

RFC791 是最早描述 IP 的文档，它对 IP 分组的结构有明确的规定（不同的文献和教材有的使用 IP 分组，有的使用 IP 数据报，它们在概念上是相同的）。

图 6-3 给出了 IP 分组的基本结构。IP 分组由两个部分组成：分组头和数据部分。分组头有时也被称为头部（header）。分组头长度是可变的。人们习惯用 4 字节为基本单元来表示分组头字段。图中分组头的每行宽度是 4 字节，前 5 行是每个分组头中必须有的字段，第 6 行是选项字段，因此 IP 分组头的基本长度是 20 字节。如果加上最长的 40 字节的选项，则 IP 分组头的最大长度为 60 字节。

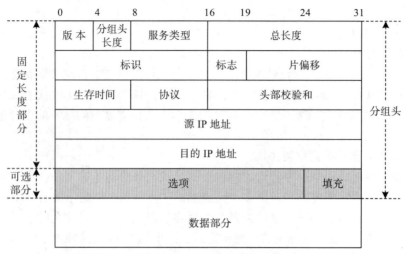

图 6-3 IP 分组的基本结构

2. IPv4 分组头格式

（1）版本（version）

版本字段表示 IP 分组使用的 IP 版本。例如，版本号为 4，表示 IPv4；版本号为 6，表示 IPv6。版本字段长度为 4 位。不同 IP 版本规定的 IP 分组结构不同。IP 软件在处理分组之前必须先检查版本号。

（2）协议（protocol）

协议字段表示 IP 分组承载的高层协议数据类型。协议字段长度为 8 位。表 6-1 给出了协议字段值表示的高层协议类型。

（3）长度

IPv4 分组头中有两个长度字段：

1）分组头长度（header length）。

分组头长度字段表示以 4 字节为单位的分组头长度。除了 IP 选项字段与填充字段之外，IPv4 分组头部中的其他字段是定长的，这些字段的总长度

表 6-1 协议字段值表示的高层协议类型

协议字段	高层协议类型
1	ICMP
2	IGMP
6	TCP
8	EGP
17	UDP
41	IPv6
89	OSPF

为 20 字节。因此，分组头长度字段值最小为 5，表示 IP 分组头的最小长度为 20（5×4）字节。分组头长度字段的长度为 4 位。

如果有 IP 选项与填充字段存在，IP 分组头的长度将会大于 20 字节。IPv4 规定该字段值最大为 15，表示 IP 分组头的最大长度为 60（15×4）字节。因此，IP 分组头长度为 20 ～ 60 字节。同时，IP 分组头长度必须是 4 字节的整数倍。如果不是 4 字节的整数倍，则需要由填充字段"添 0"来补齐。

2）总长度（total length）。

总长度字段表示以字节为单位的总长度，它是 IP 分组头与数据部分的长度之和。总长度字段的长度为 16 位，能表示的最大长度为 65 535（$2^{16}-1$）字节。

（4）服务类型（service type）

服务类型字段用于指示路由器如何处理 IP 分组。服务类型字段的长度为 8 位，它包括

4 位的服务类型（TOS）与 3 位的优先级（precedence），还有 1 位的保留位。

1）TOS。

TOS 中的 4 位分别表示 D（延迟）、T（吞吐量）、R（可靠性）与 C（成本），每位取值都可能是 0 或 1。每个组合的服务类型中，最多只能有 1 位的值为 1，其他 3 位的值为 0。例如，D=1 表示"low delay"，D=0 表示"normal"；T=1 表示"high throughput"，T=0 表示"normal"；R=1 表示"high reliability"，R=0 表示"normal"；C=1 表示"low cost"，C=0 表示"normal"。在实际应用中，应根据需要在 4 个参数之间采取某种折中。例如，如果要获得低成本的服务，则 D、T、R、C 参数的组合为 0001，只能牺牲延迟、吞吐量、可靠性等方面的要求。

2）优先级。

当 IP 分组在网络中传输时，有的应用需要网络提供优先服务，如网管服务的优先级通常高于 FTP 服务的优先级。当网络处于高载荷状态，特别是路由器发生拥塞而必须丢弃一些 IP 分组时，路由器将优先处理那些优先级高的分组。

（5）生存时间（Time-To-Live，TTL）

生存时间用于描述 IP 分组在互联网中的"寿命"，它通常被设置为经过路由器转发的跳数（hop）。IP 分组从源主机到达目的主机的传输延迟不确定。如果在路由器中出现查询路由表错误，可能会造成分组在网络中循环、无休止地转发。为了避免出现这种情况，IP 专门设计了 TTL 字段。TTL 的初始值由源主机设置，每次经过一个路由器，它的值就减 1。当 TTL 的值为 0 时，该分组就会被丢弃，并发送 ICMP 报文通知源主机。

（6）头部校验和（header checksum）

头部校验和用于检测 IP 分组头在传输中的完整性。头部校验和字段的长度为 16 位。IP 仅对分组头进行校验和计算，而不是针对整个分组，其原因主要有两点：

1）IP 分组头之外的部分属于高层数据，高层数据也有自己的校验字段，因此 IP 不对高层数据进行校验。

2）IP 分组每次经过一个路由器都会改变 TTL，但是数据部分并没有改变，因此 IP 仅对改变的部分进行校验。

（7）地址（address）

地址字段用于保存主机的 IP 地址。地址字段包括 IP 源地址（source IP address）与目的 IP 地址（destination IP address）。源 IP 地址与目的 IP 地址字段的长度都为 32 位，分别表示发送分组的源主机与接收分组的目的主机的 IP 地址。在 IP 分组的整个传输过程中，无论采用怎样的传输路径或如何分片，源 IP 地址与目的 IP 地址始终保持不变。

3. IP 分组的分片与组装

（1）最大传输单元的概念

在 IP 分组的头部结构中，与分片和组装操作相关的字段包括：标识（indentification）、标志（flag）与片偏移（fragment offset）。

1）从数据链路层协议的角度。

IP 分组作为网络层的数据单元必然通过数据链路层，封装成帧后通过物理层传输。一个分组可能经过多个不同的网络。每个路由器都要对接收帧进行拆包和处理，然后封装成符合要求的转发帧。帧格式与长度取决于物理网络采用的协议。例如，一台路由器从一个 Ethernet 接收到一个帧，而要转发到一个 Token Ring 中，则路由器接收的是一个 Ethernet

帧，它需要按 Token Ring 格式构造一个转发帧。每种网络规定的帧的最大长度称为该网络的最大传输单元（Maximum Transfer Unit，MTU）。不同网络的 MTU 大小不同。考虑到 IP对于不同网络的适应性，RFC791 文档规定 IP 分组的最大长度为 65 535 字节。

2）从传输层协议的角度。

传输层报文必须在网络层封装成 IP 分组，再传送到数据链路层封装成帧。在封装 IP 分组的过程中，传输层报文与 IP 分组头的总长度应小于 65 535 字节。如果该长度大于 65 535字节，则需要将传输层报文拆分后分别封装在不同 IP 分组中。多个 IP 分组传输出错的概率会增大。在 TCP/IP 的设计中，从应用层和传输层就开始注意控制报文长度，尽量避免在路由器转发过程中被分成多个分组。

（2）IP 分组的分片方法

如果 IP 分组的长度大于传输网的 MTU，则需要对 IP 分组进行分片操作。图 6-4 给出了对 IP 分组进行分片的方法。IP 分组分片时首先需要确定分片长度，然后将原始 IP 分组头与部分数据构成第 1 片。如果剩下部分仍超过分片长度，则将原始 IP 分组头与剩下部分的部分数据构成第 2 片。这样分到剩余数据小于分片长度为止。

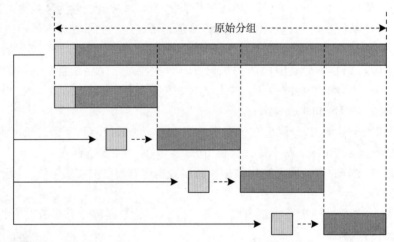

图 6-4   对 IP 分组进行分片的方法

（3）标识、标志和片偏移

1）标识（indentification）。

标识用于区分来自同一 IP 分组的不同分片。字段长度为 16 位，可分配的 ID 最多为65 535 个。IP 分组可能通过不同传输路径到达目的结点。属于同一分组的不同分片到达时可能乱序，或者与属于其他分组的分片混在一起。目的结点可以根据标识字段的 ID 值，将属于同一 IP 分组的多个分片识别出来。

2）标志（flag）。

标志字段共有 3 位：最高位为 0；中间位是不分片（do not fragment，DF），DF=0 表示可以分片，DF=1 表示不能分片；最低位是更多分片（more fragment，MF），MF=0 表示最后一个分片，MF=1 表示其他分片。

3）片偏移（fragment offset）。

片偏移表示分片在整个 IP 分组中的相对位置。片偏移字段的长度为 13 位。由于片偏移值以 8 字节为单位来计数，因此选择的分片长度应为 8 字节的整数倍。图 6-5 给出了对 IP

分组进行分片的例子。

图 6-5　对 IP 分组进行分片的例子

从图 6-5 中可以看出，IP 分组的数据部分为 2200 字节，分组头长度为 20 字节，MTU 长度为 820 字节，则这个分组可以分成 3 个分片。我们将 IP 分组的数据编号为 0 ～ 2199。编号为 0 ～ 799 的数据作为分片数据与原始分组头（除了标志与片偏移值之外）构成了第 1 个分片。由于它是 IP 分组的第 1 个分片，因此它的片偏移值为 0。编号为 800 ～ 1599 的数据作为分片数据与原始分组头构成了第 2 个分片。由于该分片的起始数据编号为 800，而片偏移值是以 8 字节为单位来计数，因此它的片偏移值为 100。编号为 1600 ～ 2199 的数据作为分片数据与原始分组头构成了第 3 个分片。由于该分片的起始数据编号为 1600，因此它的片偏移值为 200。第 3 个分片的数据长度小于 MTU 长度。

图 6-6 给出了分片与标识、标志、片偏移的关系。从原始分组到分片之后，分组头分的总长度、标志与片偏移字段均有改变。在分片 1 与分片 2 中，MF=1，表示它不是最后一个分片；在分片 3 中，MF=0，表示它是最后一个分片。需要注意的是，由于标识、标志与片偏移都发生了变化，因此分组头部分的校验和需要重新计算。

4. IP 分组头选项

设置 IP 分组头选项的主要目的是控制与测试。在理解 IP 分组头选项时，需要注意以下几个问题：

- 用户可以不使用 IP 分组头选项，但是作为 IP 分组头的组成部分，所有实现 IP 的硬件或软件都应该能处理它。
- IP 分组头选项的最大长度为 40 字节，如果选项长度不是 4 字节的整数倍，需要添加填充位来补齐。
- IP 分组头选项由选项码、长度与选项数据等 3 部分组成。选项码用于确定该选项的具体功能，如源路由、记录路由、时间戳等。长度表示选项数据的大小。

RFC791 文档对源路由与记录路由分组的定义比较模糊，RFC1812 文档对它们重新进行了定义。

（1）源路由选项

源路由（source routing）是指由发送分组的源主机来指定传输路径，以区别由路由器通过路由算法确定的路径。源路由常用于测试某个网络的吞吐量，绕开出错的网络，也用在保证传输安全的应用中。源路由主要分为两种：严格源路由（Strict Source Routing，SSR）与松散源路由（Loose Source Routing，LSR）。

1）严格源路由。严格源路由规定 IP 分组在传输中经过的每个路由器，并且这些路由器之间有严格的顺序关系。严格源路由主要用于网络测试，网管人员本身必须了解网络拓扑。

2）松散源路由。松散源路由规定 IP 分组在传输中经过的多个路由器，但不是一条完整的传输路径，中途也可以经过其他路由器。

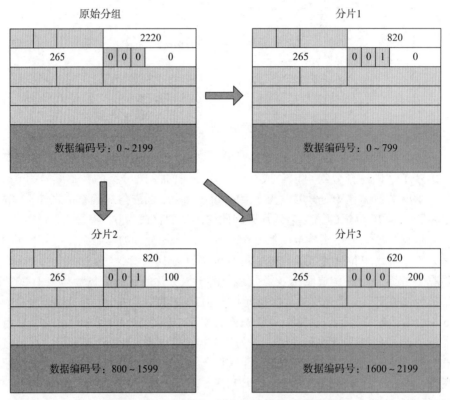

图 6-6　分片与标识、标志和片偏移字段的关系

（2）记录路由选项

记录路由（record routing）可记录 IP 分组在传输中经过的每个路由器。记录路由选项常用于网络测试，如网管人员希望了解 IP 分组经过的传输路径，以及互联网中的路由器配置是否存在问题。

（3）时间戳选项

时间戳（time stamp，TS）可记录 IP 分组经过每个路由器的时间。时间戳采用的是格林尼治时间，单位是毫秒（ms）。时间戳选项常用于分析网络运行状态，主要包括吞吐率、延时、通信载荷、拥塞状况等。

6.3　IPv4 地址

6.3.1　IP 地址的概念与划分技术

图 6-7 给出了 IPv4 地址与划分地址新技术的研究过程。IP 地址与划分地址新技术的研

究大致可分为 4 个阶段。

1. 标准分类的 IP 地址

第一阶段是 IPv4 制定初期，时间在 1981 年左右。那时的网络规模较小，用户一般是通过终端由大型、中型或小型计算机接入 ARPANET。IP 地址设计的最初目的是希望每个IP 地址能够唯一、确定地识别一个网络或一台主机。IP 地址由网络号与主机号组成，长度为 32 位，这是标准分类的 IP 地址。A 类、B 类与 C 类地址采用"网络号（netID）– 主机号（hostID）"的两级层次结构。

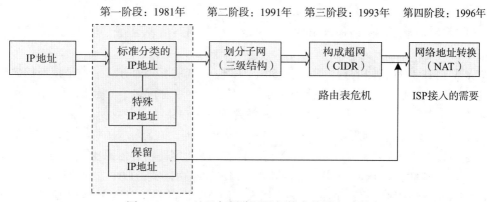

图 6-7 IPv4 地址与划分地址新技术的研究过程

A 类地址的网络号长度为 7 位，实际可分配的 A 类网络仅有 126 个。B 类地址的网络号长度为 14 位，实际可分配的 B 类网络仅有 16 384 个。初期的 ARPANET 是一个研究性网络，即使将美国的大约 2000 所大学、学院和研究机构，以及其他国家的一些大学都接入ARPANET，总数也不会超过 16 000。A 类、B 类与 C 类地址的总数在当时没有问题。理论上说，各类 IP 地址加起来总数超过 20 亿，但是实际上其中有数百万个地址被浪费了。

2. 划分子网的三级地址结构

第二阶段是在标准分类的 IP 地址的基础上，增加了表示子网号的三级地址结构。标准分类的 IP 地址在使用过程中，出现的第一个问题是地址的有效利用率：

1）A 类地址的主机号长度为 24 位，即使对于一个很大的机构，一个网络中也不可能有1600 万个结点。即使存在这种网络，其中路由器的路由表太大，处理载荷也太重。

2）B 类地址的主机号长度为 16 位，一个网络中可容纳 6.5 万多个结点。但是，实际的B 类网络有 50% 的主机数不超过 50。

3）C 类地址的主机号长度为 8 位，一个网络中最多容纳 255 个结点，这个数又太小。

如果使用标准分类的 IP 地址，即使网络中只有两台主机，只要它要接入互联网，就需要申请一个 C 类地址。在这种情况下，这个 C 类地址的有效利用率为 $2/255 \approx 0.78\%$。对于一个有 256 台主机的网络，它需要申请一个 B 类地址。在这种情况下，这个 B 类地址的有效利用率只为 $256/65\,535 \approx 0.39\%$。IP 地址的有效利用率问题一直存在，并且人们发现 B 类地址空间的无效消耗问题更突出。

1987 年，有人预言：互联网结点数可能超过 10 万。大多数人都不相信，但是 1996 年第 10 万台主机已接入互联网。设计者当初没有预见到互联网会发展得如此之快，人们对 IP地址的匮乏表示出强烈的担忧。当时研究报告指出：1992 年 B 类地址已分配了一半，估计在 1994 年 3 月将会用完；所有的 IP 地址在 2015 年将全部用完。

同时，人们认为 A 类与 B 类地址的设计不合理。1991 年，研究人员提出子网（subnet）和掩码（mask）的概念。构成子网就是将一个大的网络划分为几个较小的子网，将传统的"网络号 - 主机号"两级结构变为"网络号 - 子网号 - 主机号"三级结构。

3. 构成超网的无类别域间路由

第三阶段是 1993 年提出的无类别域间路由技术。

无类别域间路由（Classless Inter Domain Routing，CIDR）经常被简写为"cider"或"sider"。CIDR 主要用于解决互联网扩展中存在的两大问题：

1）32 位的 IP 地址空间可能在第 40 亿台主机接入互联网前就被消耗完。

2）随着越来越多的网络地址出现，主干网路由器的路由表增大，增加了路由载荷并造成服务质量下降。

如果希望 IP 地址空间的利用率接近 50%，我们可以采用两种方法：一是拒绝任何申请 B 类地址的要求，除非其主机数已接近 6 万；二是为该网络分配多个 C 类地址。后一种方法将会带来一个新问题：如果为它分配一个 B 类地址，则在路由表中只要保存 1 条路由记录；如果为它分配 16 个 C 类地址，那么即使它们的路径相同，在路由表中也要保存 16 条路由记录，这将给主干网路由器带来额外的载荷。目前，主干网路由器的路由表项已从几千条增加到几万条。因此，CIDR 要在提高地址利用率与减少路由器载荷两个方面取得平衡。

CIDR 技术也被称为超网（supernet）技术。构成超网的目的是将现有 IP 地址合并成容纳更多主机的路由字段，如将同一组织所属的几个 C 类地址合并成一个更大地址范围的路由字段。

研究划分 IP 地址新技术的动力有两个：一个是技术需要，另一个是 IP 地址的商业价值。20 世纪 90 年代，IP 地址的相关交易很活跃。曾经有段时期，一个 C 类地址的成交价达到 10 000 美元，而 B 类地址的成交价高达 250 000 美元。一些拥有 A 类地址的公司甚至被收购。很多公司和个人从 ISP 租用 IP 地址，而不是购买 IP 地址。研究划分 IP 地址的新技术可以使一些公司从 IP 地址上获得更多的商业价值。

4. 网络地址转换

第四阶段是 1996 年提出的网络地址转换技术。

IP 地址短缺已是非常严重的问题，而整个互联网迁移到 IPv6 的进程缓慢，可能需要很多年才能够完成。人们需要找到在短期内快速缓解和修补的方法，这就是网络地址转换（Network Address Translation，NAT）。目前，NAT 主要应用在专用网、虚拟专用网中，以及 ISP 为拨号用户接入提供的服务上。

NAT 设计的基本思路是：为每个公司分配一个或少量的 IP 地址，用于在互联网中传输的流量，而为每台内部主机分配一个不能在互联网中使用的专用地址。

专用地址是互联网管理机构预留的地址，任何组织使用时都不需要预先申请。这类地址在专用网络内部是唯一的，但在互联网中并不是唯一的。

专用地址用于内部网络中的通信，如果需要访问外部互联网中的主机，需要由运行 NAT 的路由器或主机将专用地址转换成全局地址。

NAT 更多的是应用于 ISP，以节约宝贵的 IP 地址资源。对于通过拨号接入互联网的用户，当其计算机拨号并登录到 ISP 时，ISP 为该用户动态分配一个 IP 地址。当用户离开互联网时，ISP 收回这个 IP 地址。

6.3.2 标准分类的 IP 地址

1. 网络地址的基本概念

理解网络地址需要注意以下几个问题。

（1）名字、地址与路径

RFC791 文档指出，名字（name）、地址（address）、路径（route）的概念有很大区别。名字说明要找的人，地址说明他在哪里，路径说明如何找到他。

（2）地址编址方法

有两类基本编址方法：连续地址编址与层次地址编址。其中，连续地址编址方法简单，但是它不包含位置信息，只能区别不同结点（如 Ethernet 的 MAC 地址）。连续地址编址方法不适于网络互联环境。

由于互联网络是由路由器将多个网络互联起来，因此在初期 ARPANET 地址设计中采用有结构的地址标识符，即主机地址用（P，N）表示，P 表示主机接入 IMP 的结点号，N 表示接入 IMP 的主机号。这种有结构的地址标识符反映了 ARPANET 的真实结构，因此可有效提高路由器的寻址效率。IP 地址采用有结构的地址标识符的表示方法。

（3）物理地址与逻辑地址

互联网络是由多个网络互联而成的。例如，一个校园网是将多个院、系与实验室的局域网通过路由器互联而成。接入局域网的每台计算机有一块网卡，也就是说每台计算机都有一个 MAC 地址。这个 MAC 地址称为物理地址。物理地址的基本特点是：地址长度、格式等与具体物理网络协议相关；物理地址通常不能修改。例如，Ethernet 的 MAC 地址长度为 48位，在网卡出厂时就被固化在 EPROM 中；物理地址是数据链路层地址，它被数据链路层软件使用，用来标识接入局域网的一台主机。

由于 IP 地址是网络层的地址，主要用于路由器的寻址，因此 IP 地址采用了层次结构。相对于数据链路层的固定不变的物理地址，网络层的地址由网管人员分配或通过软件来设置，因此人们也将它称为逻辑地址。

（4）IP 地址与网络接口

IP 地址标识的是一台主机、路由器与网络的接口。理解这一点很重要。图 6-8 给出了网络接口与 IP 地址的关系。局域网 LAN1 与 LAN2 都是 Ethernet，它们通过路由器 1 来互联。主机 1 ~ 3 通过 Ethernet 网卡连接 LAN1；主机 4 ~ 6 通过 Ethernet 网卡连接 LAN2；路由器 1 通过两块网卡分别连接 LAN1 与 LAN2。

以主机 1 为例，网卡一端插入主机 1 的主板扩展槽中，将主机与网卡连接；另一端通过 RJ-45 端口使用双绞线连接 LAN1。主机 1 的 Ethernet 网卡有一个固定的 MAC 地址，如 01-2A-00-89-11-2B。IP 协议为主机 1 连接 LAN1 的"接口"（interface）分配一个 IP 地址，如 202.1.12.2。这样，主机 1 的 MAC 地址（01-2A-00-89-11-2B）与 IP 地址（202.1.12.2）就形成了对应关系。同样，主机 2 ~ 6 都会形成 MAC 地址与 IP 地址的对应关系。

实际上，路由器是一台在网络层实现路由与转发功能的计算机。例如，路由器通过接口 1 的网卡连接 LAN1，通过接口 2 的网卡连接 LAN2。这两块网卡都有固定的 MAC 地址。同时，网卡要执行 IP 协议，需要为它分配 IP 地址。接口 1 的网卡连接 LAN1，它与主机 1 ~ 3 在同一网络中，需分配对应于 LAN1 的 IP 地址（202.1.12.1）。路由器插入 Ethernet 网卡的接口 1 通常记为 E1。这样，E1 的 MAC 地址为 21-30-15-10-02-55，对应的

IP 地址为 202.1.12.1。同样，接口 E2 的 MAC 地址为 01-0A-1B-11-01-52，对应的 IP 地址为 192.22.1.1。

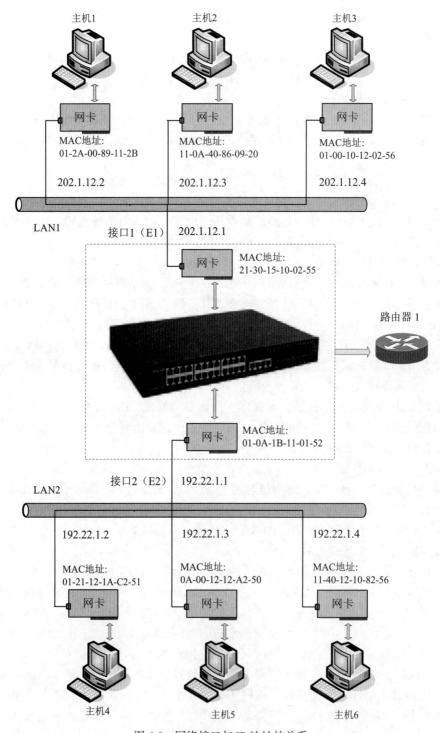

图 6-8　网络接口与 IP 地址的关系

由于路由器需要连接多个网络，完成多个网络之间的互联，它与连接的每个网络至少有一个接口，因此需要为每个接口分配一个 IP 地址。因此，这类具有多个接口的主机又称为"多归属主机"或"多穴主机"。

从上述讨论中可以看出：

- 连接到互联网的每台主机或路由器都有一个 IP 地址。
- 互联网中的任何两台主机与路由器不会有相同的 IP 地址。
- IP 地址与一个网络接口相关联，如果一台主机通过多个网卡分别连接多个网络，那么必须为其每个接口分配一个 IP 地址。

2. IP 地址的表示方法

IPv4 地址长度为 32 位，采用点分十进制（dotted decimal）格式，通常格式为 x.x.x.x，每个 x 为 8 位，其值为 0 ~ 255，如 202.113.29.119。

3. 标准分类的 IP 地址

图 6-9 给出了标准分类的 IP 地址。

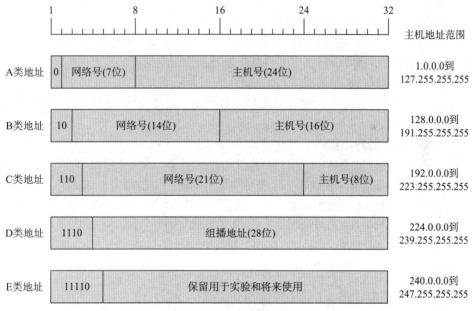

图 6-9　标准分类的 IP 地址

（1）A 类地址

A 类地址的网络号长度为 7 位，理论上的 A 类地址为 2^7=128 块。例如，第一块覆盖的地址为 0.0.0.0 ~ 0.255.255.255(网络号 =0)，第二块覆盖的地址为 1.0.0.0 ~ 1.255.255.255(网络号 =1)，以此类推，最后一块覆盖的地址为 127.0.0.0 ~ 127.255.255.255（网络号 =127）。但是，第一块和最后一块地址保留，10.0.0.0 ~ 10.255.255.255（网络号 =10）用于专用地址。实际上，可供分配的 A 类地址只有 125 块。

A 类地址的主机号长度为 24 位，理论上 A 类地址可容纳的主机数为 2^{24}=16 777 216。但是，主机号为全 0 和全 1 的地址保留。实际上，每个 A 类地址可容纳的主机数为 16 777 214。

A 类地址的覆盖范围为 1.0.0.0 ~ 127.255.255.255。

（2）B 类地址

B 类地址的网络号长度为 14 位，可供分配的 B 类地址为 2^{14}=16 384 块。B 类地址的主机号长度为 16 位，每块 B 类地址可容纳的主机数为 $2^{16}-2=65\ 534$。

B 类地址的覆盖范围为 128.0.0.0 ～ 191.255.255.255。

（3）C 类地址

C 类地址的网络号长度为 21 位，可供分配的 C 类地址为 $2^{21}=2\ 097\ 152$ 块。C 类地址的主机号长度为 8 位，每块 C 类地址可容纳的主机数为 $2^8-2=254$。

C 类地址的覆盖范围为 192.0.0.0 ～ 223.255.255.255。

（4）D 类 IP 地址

D 类地址用于其他特殊用途，如多播（multicasting）地址。D 类地址的覆盖范围为 224.0.0.0 ～ 239.255.255.255。

（5）E 类 IP 地址

E 类地址用于实验测试环境或保留供将来使用。E 类地址的覆盖范围为 240.0.0.0 ～ 247.255.255.255。

4．特殊地址形式

（1）直接广播（directed broadcasting）地址

在 A 类、B 类与 C 类地址中，主机号为全 1 的地址是直接广播地址。例如，191.1.255.255 的 B 类地址。直接广播地址以广播方式将分组发送给特定网络中的所有主机。

（2）受限广播（limited broadcasting）地址

网络号与主机号均为全 1 的地址是受限广播地址，如 255.255.255.255。受限广播地址以广播方式将分组发送给本网络中的所有主机。

（3）"这个网络上的特定主机"地址

在 A 类、B 类与 C 类地址中，网络号为全 0 的地址是"这个网络上的特定主机"地址，如 0.0.0.25。这个地址以单播方式将分组直接交付给本网络中的特定主机。

（4）回送地址（loopback address）

A 类地址中的 127.0.0.0 是回送地址，它不会出现在任何网络中。回送地址用于网络软件测试和本地进程之间通信。"Ping"程序可发送将回送地址作为目的地址的分组，以测试本地主机的 IP 软件能否正常工作。

5．专用地址

在 A 类、B 类、C 类地址中，各保留出一部分地址作为专用地址，用于使用 IP 协议但不接入互联网的内部网络，或者在出口处完成地址转换的内部网络。表 6-2 给出了保留的专用地址。如果分组的源地址或目的地址使用专用地址，接

表 6-2　保留的专用地址

类别	网络号	总数
A 类	10	1
B 类	172.16 ～ 172.31	16
C 类	192.168.0 ～ 192.168.255	256

入互联网的路由器认为这是一个内部网络使用的地址，则不会将该分组转发到互联网中。

如果一个组织出于安全因素考虑，希望组建一个自己使用的内部网络，并且不准备接入互联网，或者在转发分组到互联网时使用 NAT 技术，那么该组织就可以使用专用地址。

6．地址转换计算

在讨论 IP 地址时，读者经常遇到点分十进制数和二进制数之间的转换问题。熟练掌握两者之间的转换关系，对于理解 IP 地址也很重要。

（1）二进制数到点分十进制数的转换

IPv4 地址的 32 位分为 4 个 8 位组，每组用一个点分十进制数 x 表示。

最小的 8 位组为 00000000，用点分十进制数表示为 x=0。

最大的 8 位组为 11111111，用点分十进制数表示为 $x=1 \times 2^7+1 \times 2^6+1 \times 2^5+1 \times 2^4+1 \times 2^3+1 \times 2^2+1 \times 2^1+1 \times 2^0=128+64+32+16+8+4+2+1=255$。

表 6-3 给出了二进制与十进制转换表，记住其中的内容对快速计算地址是有益的。

表 6-3　二进制与十进制转换表

2^7	2^6	2^5	2^4	2^3	2^2	2^1	2^0
128	64	32	16	8	4	2	1

下面以 C 类地址为例进行计算。

①第 1 个 8 位组：

最小为 11000000，则 $x = 1 \times 2^7+1 \times 2^6+0 \times 2^5+0 \times 2^4+0 \times 2^3+0 \times 2^2+0 \times 2^1+0 \times 2^0=192$。

最大为 11011111，则 $x = 1 \times 2^7+1 \times 2^6+0 \times 2^5+1 \times 2^4+1 \times 2^3+1 \times 2^2+1 \times 2^1+1 \times 2^0=223$。

②第 2、3、4 个 8 位组：

最小为 00000000，则 x=0。

最大为 11111111，则 x=255。

因此，C 类地址最小为 192.0.0.0，最大为 223.255.255.255，覆盖范围为 192.0.0.0 ~ 223.255.255.255。按照这种计算方法，读者可以推导出 A 类、B 类地址。

（2）点分十进制数到二进制数的转换

点分十进制数到二进制数的转换，实际上是将 0 ~ 225 的整数转换成二进制数。例如，已知一个 IP 地址为 123.1.16.19，希望将它转换成二进制 IP 地址。

①第 1 个十进制数 x=123，计算：

第 1 步：123/2=61 余 1；

第 2 步：61/2=30 余 1；

第 3 步：30/2=15 余 0；

第 4 步：15/2=7 余 1；

第 5 步：7/2=3 余 1；

第 6 步：3/2=1 余 1；

第 7 步：1/2=0 余 1；

那么，123（十进制）=01111011（二进制）。

②第 2 个十进制数 x=1，对应的二进制数为 00000001。

③第 3 个十进制数 x=16，对应的二进制数为 00010000。

④第 4 个十进制数 x=19，对应的二进制数为 00010011。

那么，点分十进制数表示的 IP 地址 123.1.16.19 转换成二进制的 IP 地址为：

01111011 00000001 00010000 00010011

6.3.3　划分子网的三级地址结构

1. 子网的基本概念

标准分类的 IP 地址存在着两个主要问题：IP 地址的有效利用率与路由器的工作效率。为了解决这两个问题，人们提出了子网（subnet）的概念。RFC940 文档对子网的概念和如何划分子网做出了说明。

提出子网概念的基本思想是：允许将网络划分成多个部分供内部使用，但是从网络外部看来仍像一个网络一样。

2. 划分子网的地址结构

IP地址采用的是层次结构。A类、B类与C类地址采用的是包括网络号与主机号的两级层次结构。划分子网技术的要点是：

- 三级层次的IP地址是：网络号（netID）–子网号（subnetID）–主机号（hostID）。
- 同一子网中的所有主机必须使用相同的子网号。
- 子网概念可用于A类、B类或C类地址中。
- 子网之间的距离必须很近。分配子网是一个组织和单位内部的事情，既不需要向IANA申请，也不需要改变任何DNS。
- 在互联网相关文献中，一个子网有时也称为一个网络。

要求"子网之间的距离很近"主要是从路由器工作效率的角度考虑。最好在一个大的校园网或企业网中使用子网，外部用户只要知道共同的网络地址，就可通过校园网或公司网接入互联网的路由器，方便地访问校园或公司的多个网络。在路由器中只要在路由表中记录一个表项，就可快速找到校园或公司内的某个网络。

3. 子网掩码的概念

对于一个标准的IP地址，无论用二进制或点分十进制表示，都可以从数值上直观地判断其类别，指出它的网络号和主机号。但是，当三层结构的IP地址出现后，一个很现实的问题是：如何从IP地址中提取出子网号？为了解决这个问题，人们提出了子网掩码（subnet mask）或掩码（mask）的概念。

掩码同样适用于没有划分子网的A类、B类或C类地址。图6-10给出了标准A类、B类或C类地址的掩码。

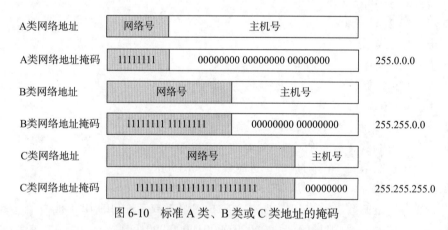

图6-10　标准A类、B类或C类地址的掩码

如果路由器处理的是一个标准IP地址，只要判断二进制地址的前两位就可以知道是哪类地址，如果为"10"，则是一个B类地址。该地址的前14位是网络号，后16位是主机号。而当路由器处理的是划分子网的IP地址时，需要IP地址和子网掩码来判断。图6-11给出了一个B类地址划分为64个子网的例子。如果需要划分出64（2^6）个子网，可借用16位主机号中的6位，该子网的主机号变成10位。掩码用点分十进制表示为255.255.252.0。另一种表示方法是用"/"加网络号与子网号长度之和，即"/22"来表示。

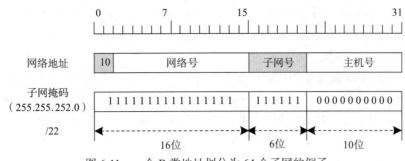

图 6-11　一个 B 类地址划分为 64 个子网的例子

4. 子网规划的基本方法

一个校园网要对一个 B 类地址（156.26.0.0）划分子网。该校园网由近 210 个网络构成。考虑到校园网的子网数不超过 254，可行方案是划分子网时取子网号的长度为 8 位。这样，子网掩码为 255.255.255.0。

在以上子网划分的方案中，校园网可用的 IP 地址为：

子网 1：156.26.1.1 ～ 156.26.1.254

子网 2：156.26.2.1 ～ 156.26.2.254

子网 3：156.26.3.1 ～ 156.26.3.254

……

子网 254：156.26.254.1 ～ 156.26.254.254

由于子网号与主机号不能为全 0 或全 1，因此该校园网只能拥有 254 个子网，每个子网中只能有 254 台主机。

在确定子网号时，应该权衡两方面的因素：子网数与每个子网中的主机数。不能简单地追求子网数，通常是满足基本要求，并考虑留有一定的余量。

5. 可变长度子网掩码（VLSM）

在某些情况下，可能需要设置不同大小的子网。RFC1009 文档描述了可变长度子网掩码（Variable Length Subnet Masking，VLSM）。

例如，某个公司申请了一个 C 类地址（202.60.31.0）。该公司的销售部门有 100 名员工，财务部门有 50 名员工，设计部门有 50 名员工，需要为销售部门、财务部门与设计部门分别组建子网。

针对这种情况，可以通过 VLSM 将一个 C 类地址分为 3 个部分，其中子网 1 的地址空间是子网 2 与子网 3 的地址空间的两倍。

1）通过子网掩码 255.255.255.128 将该 C 类地址划分为两部分，其计算过程为：

主机的 IP 地址：　11001010 00111100 00011111 00000000　（202.60.31.0）

子网掩码：　　　11111111 11111111 11111111 10000000　（255.255.255.128 或 /25）

与运算结果：　　11001010 00111100 00011111 00000000　（202.60.31.0）

2）将 202.60.31.1 ～ 202.60.31.126 作为子网 1 的 IP 地址，然后将余下的部分进一步划分为两部分。202.60.31.127 保留作为广播地址；子网 1 与子网 2、子网 3 的地址交界在 202.60.31.128；使用子网掩码 255.255.255.192。子网 2 与子网 3 地址空间的计算过程为：

主机的 IP 地址：　11001010 00111100 00011111 10000000　（202.60.31.128）

子网掩码：　　　11111111 11111111 11111111 11000000　（255.255.255.192 或 /26）

与运算结果：　　11001010 00111100 00011111 10000000　（202.60.31.128）

平分后的两个较小的地址空间分配给子网2与子网3。对于子网2，第一个可用地址是202.60.31.129，最后一个可用地址是202.60.31.190。子网2的地址范围为202.60.31.129 ~ 202.60.31.190。

3）202.60.31.191保留作为广播地址。对于子网3，第一个可用地址是202.60.31.193，最后一个可用地址是202.60.31.254。子网3的地址范围为202.60.31.193 ~ 202.60.31.254。

因此，采用变长子网划分的三个子网的地址范围分别为：

子网1：202.60.31.1 ~ 202.60.31.126

子网2：202.60.31.129 ~ 202.60.31.190

子网3：202.60.31.193 ~ 202.60.31.254

其中，子网1的掩码为255.255.255.128（/25），可容纳的主机数为126；子网2与子网3的掩码为255.255.255.192（/26），可容纳的主机数均为61。

图6-12给出了可变长度子网划分的结构。变长子网的划分关键是找到合适的VLSM。

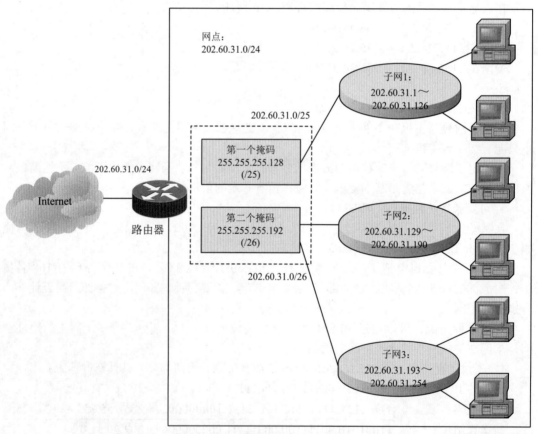

图6-12　可变长度子网划分的结构

6.3.4　无类别域间路由

1. 无类别域间路由的基本概念

无类别域间路由（CIDR）的概念在1993年提出。RFC1517 ~ 1519文档对CIDR加以定义，并且已形成互联网建议标准。CIDR技术的研究思路是：将剩余IP地址不是按标准的地址分类方法，而是以可变大小块的方法来分配。这样，ISP、学校、公司在确定地址结构时，可根据对地址管理和路由的需求来灵活决定。

CIDR 技术的特点主要有以下两点：

1）CIDR 区别于传统的标准分类 IP 地址以及划分子网，以"网络前缀"（network-prefix）代替"网络号、子网号、主机号"，形成新的无类别的两级地址结构。

CIDR 使三级结构地址重新回到两级结构，但它没有采取标准的 IP 地址分类方法，因此它是一种无类别的二级地址结构。CIDR 地址采用"斜线记法"：网络前缀/主机号。例如，CIDR 给出了 IP 地址 200.16.23.0/20，其中前 20 位是网络前缀，后 12 位是主机号。

2）CIDR 将网络前缀相同的连续 IP 地址组成一个"CIDR 地址块"，它由地址块的起始地址与地址数来表示。起始地址是地址块中数值最小的一个。例如，当 200.16.23.0/20 表示一个地址块时，其起始地址是 200.16.23.0，地址块中的地址数是 2^{12}。在这个地址块中，网络前缀表示 20 位的网络号，可容纳的主机数是 $2^{12}=4096$。

在 A 类、B 类与 C 类地址中，主机号为全 1 的地址是广播地址。在 CIDR 中，广播地址采用相同规则。例如，156.25.0.0/16 的广播地址将 16 位主机号置 1，即 156.25.255.255；156.25.0.0/24 的广播地址将 8 位主机号置 1，即 156.25.0.255；156.25.0.0/28 的广播地址将 4 位主机号置 1，即 156.25.0.15。195.1.22.64/27 的广播地址需要将 5 位主机号置 1。十进制数 64 换算成二进制为 01000000，后 5 位主机号置 1 之后为 01011111（十进制数 95），则 195.1.22.64/27 的广播地址为 195.1.22.95。

从这些例子中可以看出 CIDR 地址采用"斜线记法"时网络前缀与主机号的意义。

2. CIDR 的应用

如果一个校园网获得了 200.24.16.0/20 的地址块，希望将它划分为 8 个等长的较小地址块，网管人员可以采取前面介绍的方法，继续借用 CIDR 地址中 12 位主机号的前 3 位。图 6-13 给出了一个划分 CIDR 地址块的例子。

校园网地址	200.24.16.0/20	11001000 00011000 00010000 00000000
计算机系地址	200.24.16.0/23	11001000 00011000 00010000 00000000
自动化系地址	200.24.18.0/23	11001000 00011000 00010010 00000000
电子系地址	200.24.20.0/23	11001000 00011000 00010100 00000000
物理系地址	200.24.22.0/23	11001000 00011000 00010110 00000000
生物系地址	200.24.24.0/23	11001000 00011000 00011000 00000000
中文系地址	200.24.26.0/23	11001000 00011000 00011010 00000000
化学系地址	200.24.28.0/23	11001000 00011000 00011100 00000000
数学系地址	200.24.30.0/23	11001000 00011000 00011110 00000000

20位

图 6-13　一个划分 CIDR 地址块的例子

讨论：

1）对于计算机系，它被分配了地址块 200.24.16.0/23，网络前缀为 23 位"11001000 00011000 0001000"，地址块的起始地址为 200.24.16.0，可容纳的主机数为 2^9。对于自动化系，它被分配了地址块 200.24.18.0/23，网络前缀为 23 位"11001000 00011000 0001001"，地址块的起始地址为 200.24.18.0，可容纳的主机数为 2^9。其他 6 个系都获得同等大小的地址空间。

2）分析计算机系与自动化系的地址。

计算机系的网络地址：11001000 00011000 0001000

自动化系的网络地址：11001000 00011000 0001001

这两个系分配的 CIDR 地址的前 20 位相同，并且 8 个地址块的前 20 位均相同。这个结论说明 CIDR 具有一个重要特点：具有地址聚合（address aggregation）和路由聚合（router aggregation）的能力。

图 6-14 给出了划分 CIDR 地址块后的校园网结构。接入互联网的主路由器向外部网络发送一个通告，它接收所有目的地址的前 20 位与 200.24.16.0/20 相符的分组。外部网络无须知道在地址块 200.24.16.0/20 内部还有 8 个网络存在。

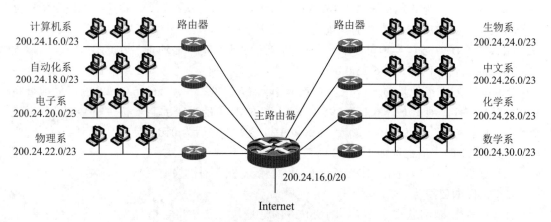

图 6-14　划分 CIDR 地址块后的校园网结构

CIDR 常用于将多个地址聚合到单一网络中，并在路由表中使用一项来表示这些地址。表 6-4 给出了 CIDR 及对应的掩码。在 CIDR 地址中，网络前缀越短，地址块可容纳的主机数越多。

表 6-4　CIDR 及对应的掩码

CIDR	对应的掩码	CIDR	对应的掩码
/8	255.0.0.0	/20	255.255.240.0
/9	255.128.0.0	/21	255.255.248.0
/10	255.192.0.0	/22	255.255.252.0
/11	255.224.0.0	/23	255.255.254.0
/12	255.240.0.0	/24	255.255.255.0
/13	255.248.0.0	/25	255.255.255.128
/14	255.252.0.0	/26	255.255.255.192
/15	255.254.0.0	/27	255.255.255.224
/16	255.255.0.0	/28	255.255.255.240
/17	255.255.128.0	/29	255.255.255.248
/18	255.255.192.0	/30	255.255.255.252
/19	255.255.224.0		

近年来，CIDR 技术已受到广泛认同和支持，现在希望获得 IP 地址时都将被分配 CIDR

块，而不是按照前面讨论的传统地址分配方法。如果想获得 CIDR 的更多资料，读者可参考 RFC1466 与 RFC1447。

6.3.5 专用地址与内部网络地址规划

1. 全局地址与专用地址

RFC1518 文档对 IP 地址中的全局地址和专用地址做出了规定。全局地址与专用地址的区别主要表现在：

1）使用 IP 地址的网络可分为两种情况：一种是需要直接接入互联网；另一种是需要运行 IP 协议，但是属于内部网络，并不直接接入互联网（即使需要接入互联网，内部用户访问互联网也会受到严格控制）。全局地址是分组在互联网中传输时用的地址，如 202.168.2.12。在 IP 地址的讨论中，只要不做特殊说明，通常是指全局地址。专用地址仅用于一个机构、公司的内部网，而不能用于互联网中。当一个分组使用专用地址时，即使该网络有接入互联网的路由器，路由器也不会将该分组转发到互联网。

2）全局地址需要申请，而专用地址不需要申请。IANA 机构负责 IP 地址的分配，确保 IP 地址的唯一。网络信息中心为申请成为网点的组织分配 IP 地址的网络号，主机号则由申请组织自己分配和管理。自治系统负责内部网络的拓扑结构、地址建立与更新。这种分层管理方法可有效防止地址冲突。RFC2050 文档描述了 IP 地址的分配原则。

3）全局地址必须保证在互联网中是唯一的，专用地址仅需在某个网络内部是唯一的。IPv4 为内部网络预留的专用地址有 3 组。第一组是 A 类地址的 1 个地址块（10.0.0.0 ～ 10.255.255.255）；第二组是 B 类地址的 16 个地址块（172.16 ～ 172.31）；第三组是 C 类地址的 256 个地址块（192.168.0 ～ 192.168.255）。例如，10.1.1.1 可能出现在不同城市的电子政务内网中，但是这个地址不会出现在互联网中。

2. 内部网络地址规划方法

RFC1918 在讨论内部网络地址规划方法时指出，使用专用地址规划一个内部网络地址空间时，首选方案是使用 A 类地址中的专用地址块。理由主要有两个：一是该地址块覆盖的地址空间为 10.0.0.0 ～ 10.255.255.255，用户可分配的主机号长度为 24 位，可以满足各种专用网络的需要；二是 A 类专用地址特征明显，20 世纪 80 年代之后，地址 10.0.0.0 已不再使用。只要出现 10.0.0.0 到 10.255.255.255 的地址，网络设备就会很快识别出它是一个专用地址，这样更便于规划和管理。当然，B 类和 C 类的专用地址也可使用。

在使用专用地址规划内部网络地址空间时，需要遵循的基本原则主要有以下几点。

（1）地址简洁

内部网络地址规划一定要简洁，文档记录清晰，用户很容易理解。当看到一个网络设备的 IP 地址时，不需要查询很多文档，能快速推断出它是哪类设备，以及它在网络中的大致位置。

（2）便于扩展

内部网络地址的规划一定要考虑实现容易，管理方便，并能够适应未来系统的发展，具有很好的可扩展性。

（3）有效的路由

内部网络地址的规划应采用分级地址结构，减少路由器的路由表规模，提高分组的路由与转发速率。

6.3.6 网络地址转换

1. NAT 的基本概念

解决 IP 地址短缺问题已经迫在眉睫，但是从 IPv4 过渡到 IPv6 的进程很缓慢，因此需要有一种短期内有效的快速修补办法，那就是网络地址转换（NAT）技术。

NAT 适用于四类应用领域：一是 ISP、ADSL、有线电视网的地址分配；二是移动无线接入的地址分配；三是电子政务内网等对互联网访问需要严格控制的内部网络的地址分配；四是与防火墙相结合。在使用专用地址设计的内部网络中，如果内部主机需要访问互联网中的主机，需要使用 NAT 技术。图 6-15 给出 ISP 采用 NAT 的结构。

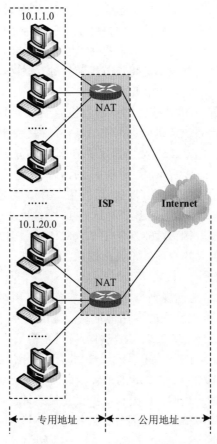

图 6-15　ISP 采用 NAT 的结构

假设 ISP 有 1000 个 IP 地址，但是它有 10 000 个用户。这个 ISP 将用户划分成 100 个组，每个组中有 100 个用户。每个组可视为一个内部网络，给每个用户分配一个专用地址。ISP 为每个内部网络分配 10 个全局地址。这样，每个内部网络的 100 个用户可共享 10 个全局地址。内部用户之间的通信可使用专用地址，与外部网络之间的通信需要使用全局地址。

如果内部用户希望访问互联网中的某个 Web 站点，其访问请求到达接入互联网的路由器时，路由器可从地址池中为用户临时分配一个全局地址，将内部网络使用的专用地址转换成全局地址。在访问结束后，路由器收回分配的全局地址，以便为其他用户提供服务。实际上，NAT 经常与代理、防火墙等技术一起使用。

2. NAT 的工作原理

图 6-16 给出了 NAT 的基本工作原理。如果内部主机（10.0.1.1）希望访问互联网中的 Web 服务器（135.2.1.1），它产生一个源地址为 10.0.1.1、源端口号为 3342、目的地址为 135.2.1.1、目的端口号为 80 的分组 1，记为"S=10.0.1.1, 3342, D=135.2.1.1, 80"。当分组 1 到达执行 NAT 功能的路由器时，将分组 1 的源地址从专用地址转换成可在互联网上路由的全局地址。这时，分组 2 记为"S=202.0.1.1, 5001, D=135.2.1.1, 80"。

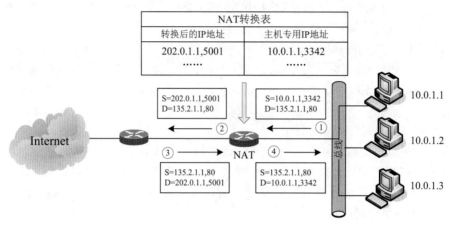

图 6-16　NAT 的基本工作原理

NAT 可以分为两类：一对一与多对多。其中，一对一转换方法属于静态 NAT，即一个专用地址对应一个全局地址。一对多转换方法属于动态 NAT。例如，在前面例子中假设的每个内部网络的 100 个用户共享 10 个全局地址。

3. 对 NAT 方法的评价

尽管 NAT 是弥补地址短缺的一种好办法，但是它也带来了一些问题：

- NAT 违反了 IP 地址结构模型的设计原则：每个 IP 地址均标识一个网络或一台主机。互联网软件设计就建立在这个基础上。NAT 可能使很多主机使用相同地址，如 10.0.1.1。
- NAT 使 IP 协议从无连接变成面向连接。NAT 必须维护专用地址与全局地址，以及端口号的映射关系。如果一个路由器出现故障，不会影响 TCP 执行，因为只要过几秒接收不到应答，发送进程就会进行超时重传。存在 NAT 时，最初设计的 TCP 处理过程发生了变化，互联网可能变得非常脆弱。
- NAT 违反了网络基本的分层结构模型。在传统的网络分层结构模型中，第 N 层不能修改第 $N+1$ 层的头部内容。NAT 破坏了这种各层独立的原则。
- 有些应用将 IP 地址插入正文内容中，如 FTP 与 VoIP 协议 H.323。如果 NAT 与这类协议一起工作，则需要做一定的修正。NAT 的存在使得 P2P 应用的实现出现困难。
- NAT 存在对高层协议和安全性的影响问题。

RFC2993 文档对 NAT 存在的问题进行了讨论。NAT 的反对者认为这种临时性缓解 IP 地址短缺的方案会推迟 IPv6 迁移进程，同时并没有解决深层次的问题。

6.4 路由算法与分组交付

6.4.1 分组交付和路由选择的概念

1. 分组交付的基本概念

（1）默认路由器的概念

分组交付（forwarding）是指互联网中的主机、路由器对 IP 分组的转发过程。多数主机首先接入一个局域网，局域网通过一台路由器再接入互联网。在这种情况下，这台路由器就是主机的默认路由器（default router），又称为第一跳路由器（first-hop router）。当这台主机发送一个 IP 分组时，首先将该分组发送到默认路由器。因此，发送主机的默认路由器称为源路由器，连接目的主机的路由器称为目的路由器。在早期的文献中，通常将默认路由器称为默认网关。

（2）直接交付和间接交付的概念

分组交付可以分为两类：直接交付和间接交付。路由器根据分组的目的地址与源地址是否属于同一网络，判断是直接交付还是间接交付。当分组的源主机和目的主机在同一网络中，或者目的路由器向目的主机转发分组时，属于直接交付。其他情况属于间接交付。图 6-17 给出了分组交付的过程。

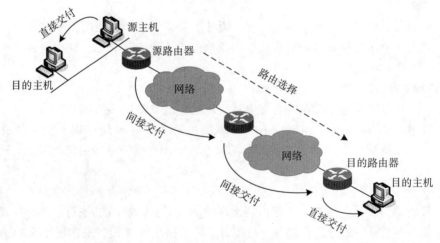

图 6-17 分组交付的过程

2. 路由选择的评价依据

路由选择的核心是路由算法，它为生成路由表提供了算法依据。一个理想的路由算法应具有以下特点。

（1）算法必须是正确、稳定和公平的

沿着路由表所指引的路径，分组可最终到达目的主机。在网络拓扑和通信量相对稳定的情况下，路由算法应收敛于一个可接受的值。算法应对所有用户平等。

（2）算法应该尽量简单

路由算法的计算必然要耗费路由器资源，增加分组转发的延时，算法只有尽量简单，才可能有实用价值。

（3）算法必须能适应网络的变化

网络拓扑与通信量的变化是必然的。当某个路由器或通信线路发生故障时，算法应该能及时改变路由。当网络通信量发生变化时，算法应该能自动改变路由，以均衡各个链路的负载。这种自适应性表现为路由算法的"稳健性"。

（4）算法应该是最佳的

这里的"最佳"是指以低开销转发分组。衡量开销的因素包括链路长度、传输速率、延时、费用等。正是由于需要考虑很多因素，因此不存在一种绝对的最佳算法。"最佳"是指相对于某种特定条件和要求给出的比较合理的路由选择。

3. 路由算法的主要参数

在讨论路由算法时，会涉及以下几个参数：

- **跳数**（hop count）　分组从源结点传输到目的结点经过的路由器数量。一般来说，跳数越少的路径越好。
- **带宽**（bandwidth）　一条线路的传输速率。例如，T1 线路的传输速率为 1.544Mbit/s，也可以说该线路的带宽为 1.544Mbit/s。
- **延时**（delay）　分组从源结点到达目的结点花费的时间。
- **负载**（load）　在单位时间内通过路由器或通信链路的通信量。
- **可靠性**（reliability）　分组在传输过程中的误码率。
- **开销**（overhead）　分组在传输过程中的耗费，通常与所用的线路带宽相关。

一个实际的路由算法应尽可能接近理想的算法。在不同应用条件下，路由算法有不同的侧重。路由选择是一个非常复杂的问题，它涉及网络中的主机、路由器、线路等。同时，网络拓扑与通信量随时在变化，这种变化无法事先知道。当网络发生拥塞时，路由算法应具有一定的缓解能力，恰好在这种条件下，很难从网络结点获得所需信息。由于路由算法与拥塞控制算法有一定的关系，因此只能找出在某种条件下相对合理的算法。

4. 路由算法的分类

路由器通常采用表驱动的路由算法。路由表存储可能的目的地址，以及如何到达目的地址的相关信息。路由器在传输分组时必须查询路由表，以决定将分组通过哪个端口转发。路由表根据路由算法产生。根据对网络拓扑和通信量变化的自适应能力，路由算法可分为两大类：静态路由算法与动态路由算法。其中，静态路由算法也称为非自适应路由算法，其特点是简单和开销较小，但不能及时适应网络状态的变化。动态路由算法也称为自适应路由算法，其特点是及时适应网络状态的变化，但是实现复杂，开销较大。

根据建立与更新方式，路由表可分为以下两大类。

（1）静态路由表

静态路由表是以人工方式建立的，网管人员将到达目的地址的路径输入路由表。当网络结构发生变化时，路由表并不会自动更新。静态路由表的更新由网管人员手工修改。因此，静态路由表通常仅用在结构不常改变的小型网络中。

（2）动态路由表

大型的互联网络通常采用动态路由表，在网络系统运行时，自动运行动态路由算法建立路由表。当网络结构发生变化时，如某台路由器故障，动态路由算法会自动更新所有路由器的路由表。不同规模的网络需要选择不同的动态路由算法。

5. 路由算法与路由表

在每台路由器中都有一个路由表，路由选择过程基于路由表查询。

（1）标准的路由算法

路由表通常保存着多个网络的 IP 地址与下一跳路由器的对应关系（N，R），这里 N 表示网络的 IP 地址，R 表示到网络 N 的传输路径上的下一跳路由器的 IP 地址。在结构非常复杂的互联网中，每台路由器的路由表记录到所有网络的路由是不可能的，路由器只需要记录到网络 N 路径上的下一跳地址。同时，为了提高路由选择的效率，路由表中的 N 使用的是目的主机所在网络的 IP 地址。图 6-18 给出了一个通过 3 个路由器连接 4 个网络的例子。表 6-5 给出了例子中 Router2 的路由表。

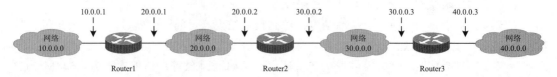

图 6-18 一个通过 3 个路由器连接 4 个网络的例子

从路由表中可以看出：

- 网络 20.0.0.0、30.0.0.0 直接与 Router2 连接。如果 Router2 接收到来自网络 20.0.0.0 或 30.0.0.0 的分组，根据路由表的第 1 项或第 2 项，将该分组直接交付目的主机。

- 如果 Router2 接收到来自网络 10.0.0.0 的分组，根据路由表的第 3 项，将该分组通过接口 20.0.0.1 转发给 Router1。

表 6-5 例子中 Router2 的路由表

到达的网络	下一跳路由器
20.0.0.0	直接交付
30.0.0.0	直接交付
10.0.0.0	20.0.0.1
40.0.0.0	30.0.0.3

- 如果 Router2 接收到来自网络 40.0.0.0 的分组，根据路由表的第 4 项，将该分组通过接口 30.0.0.3 转发给 Router3。

（2）子网的路由选择

在实际的应用中，所有路由器都应该支持子网的路由选择。图 6-19 给出了另一个通过 3 个路由器连接 4 个网络的例子。在划分了子网的情况下，仅通过网络地址已无法准确判断网络号、子网号与主机号，这时就需要在路由表中增加子网掩码，这样对应关系（N，R）变成了三元组（M，N，R），其中 M 表示的是目的网络的子网掩码。表 6-6 给出了例子中 Router2 的路由表。

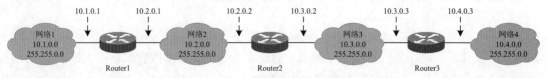

图 6-19 另一个通过 3 个路由器连接 4 个网络的例子

在执行路由选择时，首先将接收分组中的目的地址取出，与路由表中的"子网掩码"项按位进行"与"操作，然后将运算结果与路由表中的"到达的网络"项比较，如果相同则说明路由选择成功，并将该分组按"下一跳路由器"指出的地址转发。

表 6-6　例子中 Router2 的路由表

子网掩码	到达的网络	下一跳路由器
255.255.0.0	10.2.0.0	直接交付
255.255.0.0	10.3.0.0	直接交付
255.255.0.0	10.1.0.0	10.2.0.1
255.255.0.0	10.4.0.0	10.3.0.3

对于表 6-6 中的路由表，通过以下子网路由选择的例子来讨论：

- 如果 Router2 接收到目的地址为 10.2.18.55 的分组，首先将该目的地址与子网掩码 255.255.0.0 按位"与"，获得的地址为 10.2.0.0。根据路由表中的第 1 项，Router2 将该分组直接交付目的主机。
- 如果 Router2 接收到目的地址为 10.4.112.10 的分组，首先将该目的地址与子网掩码 255.255.0.0 按位"与"，获得的地址为 10.4.0.0。根据路由表中的第 4 项，Router2 将该分组通过接口 10.3.0.3 转发给 Router3。
- 如果 Router2 接收到目的地址为 10.1.66.8 的分组，首先将该目的地址与子网掩码 255.255.0.0 按位"与"，获得的地址为 10.1.0.0。根据路由表中的第 3 项，Router2 将该分组通过接口 10.2.0.1 转发给 Router1。

如果 Router3 不直接与该分组的目的网络相连，则 Router3 将按上述方法继续执行，直至该分组最终被传送到目的主机。

（3）路由表中的特殊路由

1）默认路由。

在路由选择过程中，如果路由表中没有明确指出一条到达目的网络的路径，可将该分组转发给默认的路由器（称为默认路由）。在图 6-19 中，如果 Router1 的路由表中建立了一个到 Router2 的默认路由，则无须建立到网络 10.3.0.0 和 10.4.0.0 的路由。这样，只要 Router1 接收到的分组的目的地址不在直接相连的网络中，就按默认路由将它们转发给 Router2。

2）特定主机路由。

路由表的表项通常是基于网络地址的，但也允许为特定主机建立路由表项（称为特定主机路由）。特定主机路由赋予网管人员更大的控制权，可用于网络安全、连通性测试、路由表项判断等。

6. 路由汇聚

路由表中的表数量越少，路由器执行路由查询的时间越短，相应的分组转发延迟越小。路由汇聚是减少路由表项数量的重要手段之一。

在使用 CIDR 技术之后，路由选择是与划分子网相反的过程。网络前缀越长，该地址块中包含的主机数越少，从中寻找目的主机越容易。由于 CIDR 地址由网络前缀和主机号组成，因此实际使用的路由表项也要相应改变。当前，路由表项由"网络前缀"和"下一跳地址"组成。这样，路由选择就变成从匹配结果中选择网络前缀最长的表项，这就是"最长前缀匹配"（longest-prefix matching）的路由选择原则。

图 6-20 给出了 CIDR 路由汇聚过程。路由器的接口 S0、S1 连接的是串行线路，接口 E0、E1、E2 连接的是 Ethernet。其中，路由器 R_G 通过 S0、S1 分别连接汇聚路由器 R_E、R_F；路由器 R_E、R_F 通过两个 Ethernet 分别连接四台接入路由器 R_A、R_B、R_C 和 R_D。R_A、R_B、R_C、R_D 进而连接 156.26.0.0/24 ～ 156.26.3.0/24、156.26.56.0/24 ～ 156.26.59.0/24 等 8

个子网。图中包括连接核心路由器与汇聚路由器的 4 个子网, 共有 12 个子网。表 6-7 给出了路由器 R_G 的路由表, 包括 12 个路由表项。如果采用静态路由表, 人工添加到 7 个路由器的路由表, 则总共需要输入 $12 \times 7=84$ 个表项。对于大型的网络, 这种方式显然不可取, 只能采用动态路由协议自动建立和更新路由表。

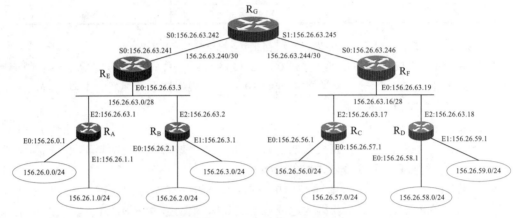

图 6-20　CIDR 路由汇聚过程

表 6-7　路由器 R_G 的路由表

路由器	输出接口
156.26.63.240/30	S0 (直接连接)
156.26.63.244/30	S1 (直接连接)
156.26.63.0/28	S0
156.26.63.16/28	S1
156.26.0.0/24	S0
156.26.1.0/24	S0
156.26.2.0/24	S0
156.26.3.0/24	S0
156.26.56.0/24	S1
156.26.57.0/24	S1
156.26.58.0/24	S1
156.26.59.0/24	S1

从表 6-7 中可以看出, 路由器 R_G 的路由表可简化。其中前 4 项保留, 后 8 项可考虑合并成两项。

按照 "最长前缀匹配" 原则, 寻找 156.26.0.0/24 ～ 156.26.3.0/24 等 4 项中的最长相同前缀。在这个例子中, 只需观察地址中的第 3 个字节:

0=00000000

1=00000001

2=00000010

3=00000011

对于这 4 条路径, 第 3 个字节的前 6 位都相同。也就是说, 这 4 项的最长相同前缀是 22 位。因此, 路由表中的这 4 项可合并成 156.26.0.0/22。同样, 观察 156.26.56.0/24 ～

156.26.59.0/24 的第 3 个字节：

    56=00111000

    57=00111001

    58=00111010

    59=00111011

对于这 4 条路径，第 3 个字节的前 6 位都相同。也就是说，这 4 项的最长相同前缀是 22 位。因此，路由表中的这 4 项可合并成 156.26.56.0/22。表 6-8 给出了汇聚后的路由器 R_G 的路由表，此时路由表项由 12 个减少到 6 个。

表 6-8　汇聚后的路由器 R_G 的路由表

路由器	输出接口
156.26.63.240/30	S0（直接连接）
156.26.63.244/30	S1（直接连接）
156.26.63.0/28	S0
156.26.63.16/28	S1
156.26.0.0/22	S0
156.26.56.0/22	S1

如果路由器 R_G 接收到目的地址为 156.26.2.37 的分组，为了在路由表中寻找一条最佳的匹配路由，它将分组的目的地址与一条路由比较：

    156.26.2.37/32=10011100 00011010 00000010 00100101

    156.26.0.0/22 =10011100 00011010 00000000 00000000

由于目的地址与 156.26.0.0/22 的地址前缀有 22 位匹配，因此路由器 R_G 将接收到目的地址为 156.26.2.37 的分组从 S0 接口转发。

从以上例子中可以看出，如果 IP 地址一开始就采用 CIDR，并且按地理位置对地址分块，则路由选择过程将简单得多。目前，CIDR 的使用使得寻找最长相同前缀的过程越来越复杂。当路由表很大时，如何减少查找路由表的时间是一个重要问题。如果路由器的链路线速达到 10Gbit/s，分组长度为 2000 位，则要求路由器每秒处理 500 万个分组。路由器的分组处理时间（包括路由查询）要求在 200ns 内。因此，如何优化路由表的数据结构和快速查找路由表一直是网络研究中的重要课题。

6.4.2　路由表的建立、更新与路由协议

1. 互联网路由选择的基本思路

在讨论了路由算法概念的基础上，需要研究实际网络中路由器的路由表建立、更新问题。在讨论路由表建立、更新方法时，首先需要认识两个基本问题：

1）在结构复杂的互联网环境中，试图建立一个适用于整个互联网的全局性路由算法是不切实际的想法。在路由选择问题上，也必须采用分层的思路，以"化整为零""分而治之"地解决这个复杂的问题。

2）路由算法（routing algorithm）与路由协议（routing protocol）是不同的概念。路由算法的目标是生成路由表，为路由器转发分组找出适当的下一跳路由器；路由协议的目标是实现路由表中路由表项的动态更新。

为了解决以上两个基本问题，人们提出了自治系统与路由协议的概念。

2. 自治系统的基本概念

研究人员提出了分层路由选择的概念，将互联网划分为很多小的自治系统（Autonomous System，AS）。引入自治系统的概念可以使大型互联网的运行更有序。

自治系统的核心是路由选择的"自治"。一个自治系统中的所有网络属于一个行政单位，如一所大学、一家公司或一个政府部门，它有权决定在自治系统内部采用的路由协议。自治系统内部的路由选择称为域内路由，自治系统之间的路由选择称为域间路由。

3. 路由协议的分类

路由协议分为两大类：内部网关协议（Interior Gateway Protocol，IGP）、外部网关协议（External Gateway Protocol，EGP）。

（1）内部网关协议

内部网关协议是在一个自治系统内部使用的路由协议，与互联网中的其他自治系统使用的路由协议无关。常用的内部网关协议主要有路由信息协议（RIP）、开放最短路径优先（OSPF）协议。

（2）外部网关协议

外部网关协议是在自治系统之间使用的路由协议，用于在不同自治系统的边缘路由器之间交换路由信息。图 6-21 给出了自治系统与 IGP、EGP 的关系。

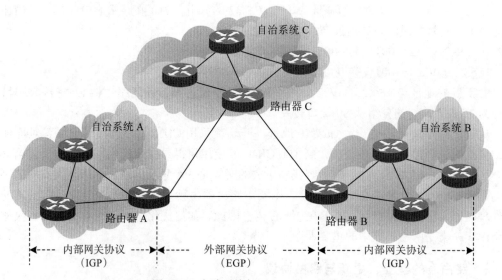

图 6-21　自治系统与 IGP、EGP 的关系

在讨论具体的路由协议之前，需要注意以下几个问题：

1）早期 RFC 文档中使用的术语"网关"（gateway），相当于现在大家熟悉的术语"路由器"（router）。比较新的 RFC 文档通常使用"路由器"。从网络互联设备的角度，"网关"与"路由器"是有区别的。但是，出于历史上的原因，在互联网路由技术的讨论中，并没有对"网关"与"路由器"加以区别。

2）IGP 与 EGP 是两类路由协议的名称，但是早期有一种具体的网关协议也叫"EGP"。一类协议的名称与一种具体协议的名称相同，容易造成混淆。此后，出现了一种新的外部网关协议（即边界网关协议，BGP），它取代了早期使用的 EGP，并成为当前广泛使用的一种外部网关协议。

3）当前常用的内部网关协议是 RIP 与 OSPF，常用的外部网关协议是 BGP。

6.4.3　路由信息协议

路由信息协议（Routing Information Protocol，RIP）是很早出现的内部路由协议，它基于向量 – 距离（Vector-Distance，V-D）算法。1969 年，ARPANET 研究了向量 - 距离路由算法。1988 年，RFC1058 描述了 RIP 的内容。1994 年，RIPv2 工作组更新了 RIP。1998 年，RIP 形成了正式的互联网标准。1997 年，RFC2080 描述了 RIPng，以便适应 IPv6 的变化。

1. 向量 – 距离算法的基本概念

向量 – 距离算法也称为 Bellman-Ford 算法，它的设计思想比较简单，要求路由器周期性通知相邻的路由器自己可以到达的网络，以及到达该网络的距离（跳数）。

路由报文的主要内容是由多个（V，D）构成的表。其中，V 代表向量（vector），指出该路由器可到达的目的网络或主机；D 代表距离（distance），指出该路由器到达目的网络的距离，对应于该路径上的跳数（hop count）。某台路由器接收到其他路由器的（V，D）报文后，根据最短路径原则刷新自己的路由表。

2. 向量 – 距离算法的工作原理

（1）建立路由表

当一个路由器刚启动时，对其（V，D）路由表进行初始化，仅包含与该路由器直接相连的所有网络的路由。由于初始化时都是直接相连的网络，此时无须中间路由器的转发，因此路由表中最初所有路由的距离均为 0。

（2）更新路由表

在路由表建立之后，路由器周期性向相邻路由器广播自己的路由表。假设 R1 与 R2 是一个自治系统中相邻的两个路由器。R1 接收到 R2 发送的（V，D）报文，R1 按照以下规律更新自己的路由表信息：

1）如果 R1 的路由表中没有这个表项，则 R1 在路由表中增加该项，由于需要经过 R2 转发，因此该表项的距离 D 为 R2 发送值加 1。

2）如果 R1 的路由表中有这个表项，但是该表项的距离 D 大于 R2 发送值减 1，则 R1 在路由表中修改该项，并且该表项的距离 D 为 R2 发送值加 1。图 6-22 给出了 R1 与 R2 的路由表更新过程。

其中，图 6-22a 是更新前的 R1 路由表，图 6-22b 是 R2 发送的（V，D）报文。在比较图 6-22a 与图 6-22b 之后，发现 R1 路由表中有 3 项需要修改：

- R1 路由表中目的网络 20.0.0.0 的距离为 8，而（V，D）报文中对应表项的距离为 4。因此，R1 需要根据 R2 提供的数据，修改相应的表项（取值为 4+1=5），路由仍为 Router2。
- R1 路由表中目的网络 40.0.0.0 不存在，而（V，D）报文中对应表项的距离为 7。因此，R1 需要根据 R2 提供的数据增加相应的表项（取值为 7+1=8），路由为 Router2。
- R1 路由表中目的网络 120.0.0.0 的距离为 11，而（V，D）报文中对应表项的距离为 5。因此，R1 需要根据 R2 提供的数据修改相应的表项（取值为 5+1=6），路由改为 Router2。

图 6-22c 是基于向量 – 距离算法更新的路由表。该方法的优点是实现简单，缺点是不适应大型或路由变化剧烈的网络环境。

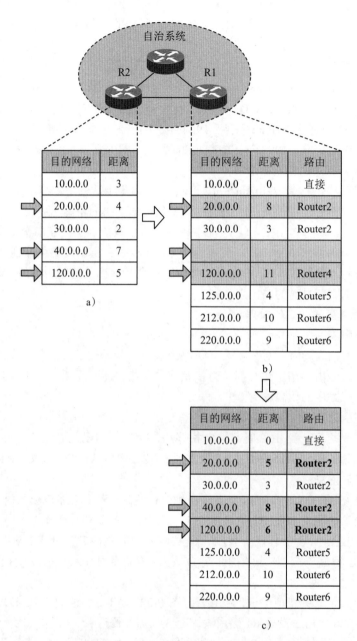

图 6-22　R1 与 R2 的路由表更新过程

3. RIP 的主要内容

RIP 在向量 – 距离路由算法的基础上，规定了自治系统内部的路由信息交互、错误处理，以及周期更新、延迟、超时与清除等定时器。

1）路由器设置了一个周期更新定时器，每隔 30s 在相邻路由器之间交换路由信息。每个路由器的周期更新定时器相对独立，它们同时广播路由信息的可能性很小。为了防止因触发更新而引起广播风暴，RIP 增加了一个延迟定时器，为每次路由更新产生一个随机延迟（1 ~ 5s）。

2）如果路由器接收到同一网络的多条距离相同的路径，路由器将按"先入为主"原则，采用获得的第一条路径的参数，直到该路径失效或被更短的路径取代。

3）根据向量－距离路由算法，只有出现一个开销小的路径时，才修改路由表中的一个表项，否则就要一直保留下去。这样可能出现一个弊端，那就是如果某条路径已出现故障，而对应该路径的表项可能一直保留在路由表中。为了避免这种情况，RIP 为每个路由表项增加了一个超时定时器，自路由表中的一个表项被修改开始计时，如果该表项在 180s（等于 6 个 RIP 刷新周期）没有刷新，表示该路径已出现故障，并将该表项设置为"无效"，但是不立即删除该表项。RIP 还设置了一个清除定时器，如果一个表项"无效"超过 120s，这时将会从路由表中删除该表项。

从以上讨论中可以看出，RIP 适用于相对较小的自治系统。每个自治系统中的相邻路由器之间交换路由表信息。当路由器的数量增多时，RIP 信息交换量将会大幅度增加。由于 RIP 配置与部署比较简单，因此它已获得广泛的应用。

6.4.4 开放最短路径优先协议

1. OSPF 协议的主要特点

随着互联网规模的不断扩大，RIP 的缺点表现得更加突出。1989 年，研究者提出了开放最短路径优先（Open Shortest Path First，OSPF）协议。开放最短路径优先协议的原理很简单，但是实现起来却比较复杂。其中，"开放"的意思是其不受厂商的限制。OSPF 的路由算法基于 Dijkstra 提出的最短路径优先（Shortest Path First，SPF）算法。1998 年，RFC2328 文档描述了 OSPF 协议的第二版。1999 年，RFC2740 文档描述了基于 IPv6 的 OSPF 协议。

与 RIP 相比，OSPF 主要有以下特点：

- OSPF 基于链路状态协议（link state protocol），而 RIP 基于向量－距离协议。
- OSPF 要求每个路由器周期性发送链路状态信息，区域内部的所有路由器最终都能形成一个全网的链路状态数据库（link state database），这里的状态主要包括路由器可用端口、已知可达路由、链路状态信息等。实际上，链路状态数据库是一张完整的网络映射图，它是路由器建立路由表的依据。RIP 只能根据相邻路由器交换信息来更新路由表。
- OSPF 要求路由器在链路状态变化时，采用洪泛（flooding）方式向所有路由器发送该信息；而 RIP 仅向自己相邻的几个路由器通报路由信息。
- RIP 与 OSPF 都是在寻找最短的路径，并且都采取"最短路径优先"的思想。但是，在计算方法与使用参数上有较大区别。OSPF 采用链路综合开销来评价最短路径；而 RIP 采用简单的"跳数"来衡量路径长短。

2. OSPF 主干区域与区域的概念

为了适应更大规模网络的路由选择需求，自治系统内部可以进一步分为两级：主干区域（backbone area）与区域（area）。主干路由器（backbone router）构成主干区域。每个区域通过区域边界路由器（area border router）连接主干路由器，进而接入主干区域。区域边界路由器向主干路由器报告区域内部的路由信息。区域内部主机之间的分组交换通过区域路由器来实现。区域之间的分组交换通过主干路由器来实现。自治系统之间通过 AS 边界路由器实现互联。

图 6-23 给出了自治系统的内部结构。每个区域采用一个 32 位区域标识符（点分十进制）来标识。一个区域内部的路由器数量不超过 200 个。区域边界路由器接收来自其他区域的路由信息。主干区域内部有一个 AS 边界路由器，专门与其他自治系统交换路由信息。

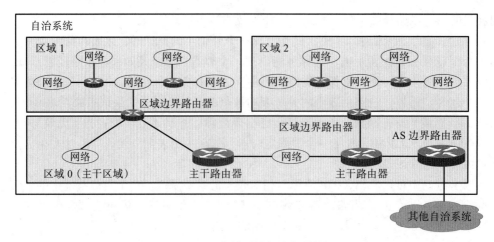

图 6-23　自治系统的内部结构

采用 OSPF 的路由器每隔 30min，以洪泛法向所有路由器广播链路状态信息，建立并维护一个区域内同步的链路状态数据库。每个路由器从该链路状态数据库出发，计算出以本路由器为根的最短路径树，并根据最短路径树来形成路由表。

区域划分可将链路状态信息的广播范围限制在区域内部，而不是在整个自治系统内部。一个区域内的路由器仅知道本区域的网络拓扑，而不知道其他区域的网络拓扑情况。采用区域划分方法使 OSPF 能适用于大型自治系统。

3. OSPF 协议的执行过程

（1）路由器初始化

当一个路由器刚开始工作时，它只能通过"问候分组"完成邻居发现，获得哪些与它相邻的路由器在工作，以及将分组转发给该路由器所需的"开销"。OSPF 使每个路由器用"数据库描述分组"与相邻路由器交换本地数据库中已有的链路状态摘要信息。摘要信息指出哪些路由器的链路状态信息已写入数据库。通过一系列的这种分组交换，全网同步的链路数据库就已经建立。

（2）网络运行过程

在网络运行过程中，当一个路由器的链路状态发生变化，该路由器使用"链路状态更新分组"，以洪泛法向全网更新链路状态。为了确保链路状态数据库保持一致，OSPF 每隔一段时间（如 30min）刷新一次链路状态。通过在路由器之间交换链路状态信息，每个路由器可获得该网络的链路状态数据库。每个路由器可以从这个链路状态数据库出发，计算出以本路由器为根的最短路径树，再根据最短路径树得出路由表。图 6-24 给出了 OSPF 协议的执行过程。

（3）最短路径选择过程

图 6-25 给出了一个自治系统划分为多个区域的结构。在这个自治系统中包含多个路由器，连接路由器的链路上标出的数值表示分组传输开销（包括

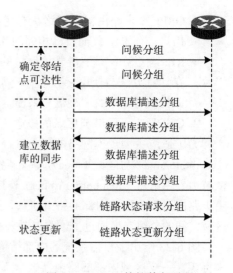

图 6-24　OSPF 协议执行过程

传输距离、延迟等)。这些路由器执行的是 OSPF 协议。

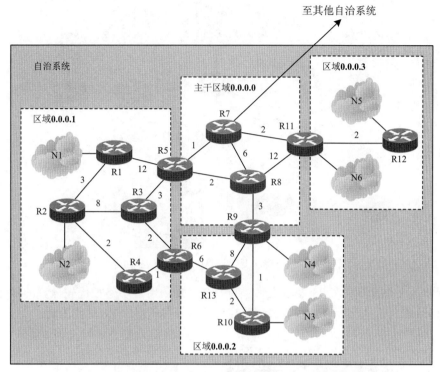

图 6-25   一个自治系统划分为多个区域的结构

图 6-26 给出了计算最短路径的拓扑图。我们用更简洁方法表示计算最短路径的有传输开销的拓扑图,以讨论 OSPF 协议的基本工作原理。本例中的网络被抽象成圆。按照 OSPF 协议的规定,网络与路由器直接相连的开销为 0。为了简化讨论过程,本例中链路的两个传输方向的传输开销假设相同。

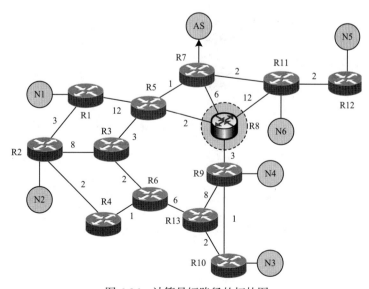

图 6-26   计算最短路径的拓扑图

图 6-27 给出了根据最小开销计算方法得出的最短路径，包括从路由器 R8 出发到网络 N1 至 N6 的最短路径。

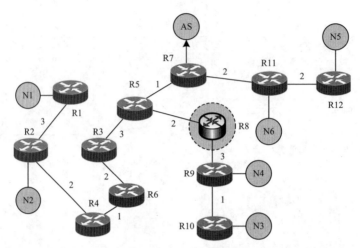

图 6-27 根据最小开销计算方法得出的最短路径

如果将这个结果用图 6-28 表示出来，我们会发现：用最小路径优先计算的最终结果是形成以 R8 为根的最短路径树。根据最短路径树可以很容易得出 R8 的路由表。

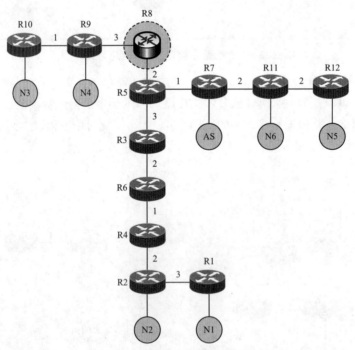

图 6-28 以 R8 为根的最短路径树

目前，大多数路由器生产商支持 OSPF 协议，并开始在一些网络中取代 RIP，成为经常使用的内部路由协议。

6.4.5　边界网关协议

1. 外部网关协议的设计思想

外部网关协议是不同自治系统的路由器之间交换路由信息的协议。目前，最常见的外部网关协议是边界网关协议（Border Gateway Protocol，BGP）。1989 年，RFC1105 文档描述了最初的 BGP 版本。1991 年，RFC1267 文档描述了 BGP-3 版本。1994 年，RFC1654 文档描述了 BGP-4 版本。

从协议设计的角度来看，BGP 与内部网关协议 RIP、OSPF 不同。由于互联网规模巨大，因此域间路由选择实现起来困难。互联网主干网的路由器必须为任何 IP 地址在路由表中找到对应的目的网络。如果仍然使用常用的路由算法，则每个路由器必须维持一个很大的数据库，计算最短路由所花费的时间太长。由于各个自治系统运行自己选定的内部路由协议，使用自己指明的路由开销，因此当一条路由通过几个自治系统时，要想对这样的路由计算出有意义的开销是不可能的。

自治系统的域间路由协议应允许使用多种路由选择策略，需要考虑包括安全、经济方面的因素。使用这些策略是为了找出较好的路由，而不是最佳的路由。

BGP-4 采用路径向量（path vector）路由协议，它与 RIP、OSPF 都有很大的区别。在配置 BGP 时，每个自治系统的管理员至少选择一个路由器（通常是 BGP 边界路由器）作为"BGP 发言人"。BGP 发言人之间首先建立 TCP 连接，然后建立 BGP 会话，再利用 BGP 会话来交换路由信息，如增加新路由、撤销过时路由、差错报告等。利用 TCP 提供的可靠服务可以简化路由协议。

图 6-29 给出了 BGP 发言人和自治系统的关系。在这个例子中，3 个自治系统中有 5 个

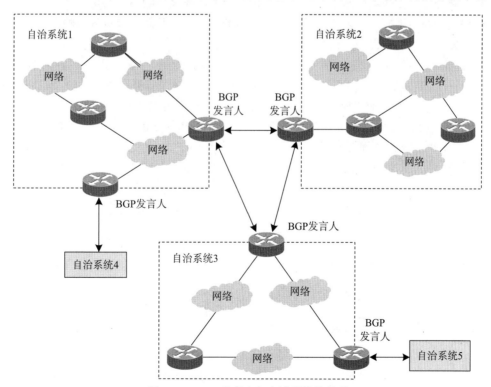

图 6-29　BGP 发言人与自治系统的关系

BGP 发言人。每个 BGP 发言人除了运行 BGP 之外，还需要运行该自治系统所用的内部网关协议（如 OSPF 或 RIP）。BGP 交换的路由信息需要到达某个网络所经过的一系列自治系统。

BGP 发言人之间交换路由信息之后，各 BGP 发言人就根据所采用的策略，从接收的路由信息中找出到达各个自治系统的较好路由。

图 6-30 给出了自治系统连接的树形结构。BGP 交换路由信息的结点数是以自治系统数为单位，这比自治系统中的网络数少得多。为了在自治系统之间寻找一条较好路由，需要寻找正确的 BGP 边界路由器，而每个自治系统中的边界路由器数量少，这种方法可有效降低路由选择的复杂度。

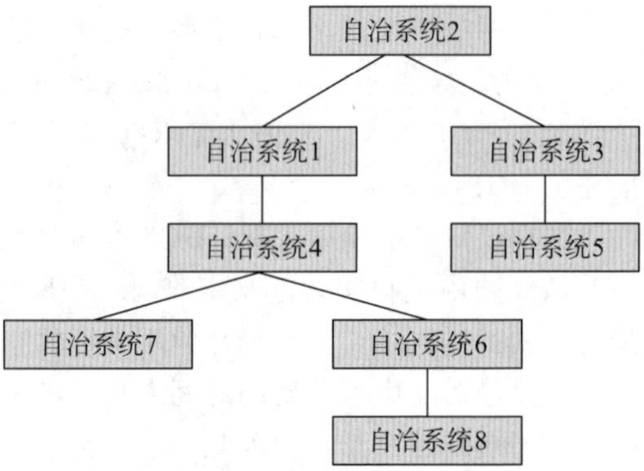

图 6-30　自治系统连接的树形结构

2. BGP 的工作过程

（1）边界路由器初始化

在 BGP 刚开始运行时，BGP 边界路由器与相邻的边界路由器交换整个路由表。但是，以后只须在发生变化时更新有变化的部分，而不是像 RIP 或 OSPF 那样周期性更新，这样做有利于节省网络带宽和减少路由器处理开销。

（2）BGP 的分组

BGP 使用以下四种分组：

- **打开分组**　与相邻的边界路由器建立关系的协商过程。
- **更新分组**　发送某个路由的相关信息，以及列出要撤销的多条路由。
- **保活分组**　周期性验证相邻的边界路由器的存在，以及对协商过程的响应。
- **通知分组**　发送检测发现的差错。

如果两个边界路由器属于不同自治系统，这两个路由器之间希望定期交换路由信息，则应该有一个协商的过程。因此，在开始协商时就要发送"打开分组"。如果相邻的边界路由器接受，就响应一个"保活分组"。这样，两个 BGP 发言人的相邻关系就建立了。当相邻关系建立后，需要设法维持这种关系。相邻关系的各方都要确信对方是存在的。因此，两个 BGP 发言人之间需要周期性（通常是每隔 30s）交换"保活分组"。"更新分组"是 BGP 的核心。BGP 发言人可以用"更新分组"撤销以前通知的路由，也可以宣布增加新的路由。撤销路由时可以一次撤销很多条，增加路由时每次只能增加一条。当某个路由器或链路出现故障时，BGP 发言人可从多个相邻路由器获得路由信息，因此很容易选择出新的路由。

6.4.6　路由器与第三层交换技术

1. 路由器主要功能

（1）建立并维护路由表

为了实现分组转发功能，路由器中有一个路由表与一个路由状态数据库。在路由表数据库中，保存路由器每个端口对应连接的结点地址，以及其他路由器的地址信息。

路由器与其他路由器和网络结点之间要定期交换地址信息，自动更新路由表。路由器之间还要定期交换网络拓扑、通信量、链路状态等信息，这些信息保存在路由状态数据库中。

（2）提供网络间的分组转发功能

当一个分组进入路由器时，路由器检查分组的源地址与目的地址，然后根据路由表的相关信息，决定将该分组传送给哪个路由器或主机。

2. 路由器的结构与工作原理

（1）路由器的基本结构

路由器是一种有多个输入端口和多个输出端口，完成分组转发功能的专用计算机系统。路由器通常包括两部分：路由选择处理器、分组处理与交换部分。图 6-31 给出了典型的路由器结构示意图。

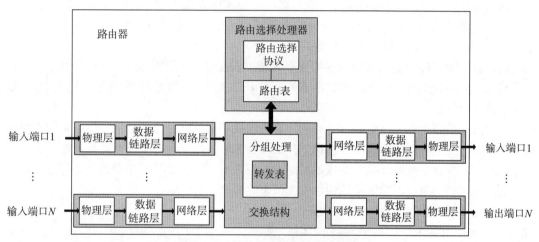

图 6-31　典型的路由器结构示意图

（2）路由选择处理器

路由选择部分又称为控制部分，其核心构件是路由选择处理器。路由选择处理器的任务是根据所选的路由协议构造路由表，与相邻路由器交换路由信息，更新和维护路由表。

（3）分组处理与交换部分

分组处理与交换部分主要包括：交换结构、一组输入端口与一组输出端口。

交换结构（switching fabric）的作用是根据转发表（forwarding table）处理分组，将某个输入端口进入的分组从合适的输出端口转发出去。路由器根据转发表将分组从合适的端口转发，而转发表是根据路由表形成的。

路由器通常有多个输入端口与多个输出端口。每个输入和输出端口中各有三个模块，分别对应于物理层、数据链路层和网络层的处理模块。物理层处理模块负责比特流的处理，数据链路层处理模块负责相应帧的处理，网络层处理模块负责分组头部的处理。

如果接收的是路由器之间交换路由信息的分组（如 RIP 或 OSPF 分组），则将这种分组送交路由选择处理器。如果接收的是数据分组，则按照分组头部中的目的地址查找转发表，决定合适的输出端口。

查找转发表和转发分组的原理虽然不复杂，但是在具体的实现中还是很困难的，问题的关键在于转发分组的速率。理想状况是路由器分组处理的速率等于输入端口的线路传送速率。路由器的这种能力被称为线速（line speed）。如果使用的是 OC-48 链路，速率为 2.488Gbit/s，分组长度为 256 字节。如果路由器处理能力达到线速，则需要每秒处理 121.48×10^6 个分组，记为 121.48Mpps。衡量路由器性能的重要指标是路由器每秒钟处理的分组数。

（4）排队队列

当一个分组正在查找转发表时，紧接着从这个端口收到另一个分组，这个后到的分组就必须在输入队列中排队等待。输出端口从交换结构中接收分组，然后将它们发送到输出端口的线路上，也要设有缓存并形成一个输出队列。只要路由器的接收、处理或输出分组的速率小于线速，输入端口、交换结构与输出端口都会出现排队等待，产生分组转发延时，严重时由于队列长度不够而溢出，从而造成分组丢失。

3. 路由器技术演变与发展

路由器作为 IP 网络的核心设备，在网络互联技术中处于关键位置。随着互联网的广泛应用，路由器的体系结构发生重要变化。这种变化主要集中在从基于软件的单总线单 CPU 结构向基于硬件的高性能路由器方向发展。

路由器的分组转发是网络层的主要服务功能。根据路由表为分组选择合适的输出端口，然后将相应分组转发给下一跳路由器。下一跳路由器也按这种方法处理分组，直到该分组最终到达目的地为止。

最初的简单路由器可以由一台普通的计算机加载特定的软件，并增加一定数量的网络接口卡构成。特定的软件主要有路由选择、分组接收和转发功能。为了满足网络规模发展的需要，高速、高性能、高吞吐量与低成本的路由器研发与应用一直是网络设备制造商与学术界十分关注的问题。路由器的体系结构也发生快速的演变。

（1）第一代单总线单 CPU 结构的路由器

最初的路由器采用传统的计算机体系结构，包括 CPU、内存和总线上的多个网络接口。Cisco 2501 是第一代单总线单 CPU 路由器的代表，其中的 CPU 是 Motorola MC68302 处理器，提供 1 个 Ethernet 接口和 4 个广域网接口，其结构如图 6-32 所示。在这种路由器中，接口从其连接的网络中接收分组，CPU 通过查询路由表决定转发接口。

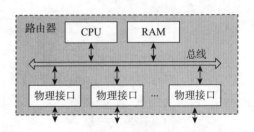

图 6-32　第一代单总线单 CPU 的路由器结构

在传统路由器中，控制信令与数据分组都通过一条总线，路由器软件要完成路由选择和数据转发功能。这种路由器的缺点是处理速度慢。但是，这种路由器价格便宜，适用于结构简单、通信量小的网络。目前，接入网使用的多数是这类路由器。

（2）第二代多总线多 CPU 结构的路由器

为了提高路由器的性能，路由器体系结构发生很大变化。从单总线单 CPU 结构逐步发展到多总线多 CPU 结构的第二代路由器，出现了单总线主从 CPU、单总线对称多 CPU、多总线多 CPU 等多种结构的路由器。

在单总线主从 CPU 结构的路由器中，两个 CPU 是非对称的主从关系，一个 CPU 负责数据链路层协议处理，另一个 CPU 负责网络层协议处理。典型产品包括 3COM Net Builder2。这种路由器是单总线单 CPU 结构的简单延伸，系统的容错能力有较大的提高，但是分组转发速度并没有明显提高。

针对单总线主从 CPU 结构的缺点，单总线对称多 CPU 结构开始采用并行处理技术。在每个网络接口使用一个独立的 CPU，负责该接口的分组处理，包括队列管理、路由表查询和分组转发。主 CPU 完成路由器的配置、控制与管理等非实时任务。典型产品包括 Bay BCN 系列路由器，其中的 CPU 是 Motorola MC68060 处理器。尽管这种路由器的网络接口处理能力有所提高，但是单总线与软件实现这两个因素成为限制性能提高的瓶颈。

针对这两个因素，第二代路由器将多总线多 CPU 结构与路由加交换技术相结合。典型产品包括 Cisco 7000 系列路由器。这种路由器使用 3 种 CPU 与 3 种总线。3 种 CPU 是接口 CPU、交换 CPU 和路由 CPU，3 种总线是 CxBUS、dBUS 与 SxBUS。图 6-33 给出了多总线多 CPU 的路由器结构。在路由与交换技术结合方面，采用硬件 Cache 快速查找路由表，以提高分组转发的速度。实际上，这是一种中间的过渡结构，第三代路由器采用基于硬件专用芯片的交换结构。

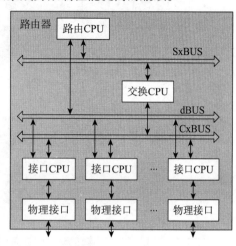

图 6-33　多总线多 CPU 的路由器结构

（3）第三代交换结构的 Gbit/s 路由器

仅通过软件无法在 10Gbit/s 或 2.5Gbit/s 的 POS 端口上实现线速处理。基于硬件专用芯片 ASIC 的交换结构代替传统的共享总线结构是必然趋势。图 6-34 给出了基于硬件交换的路由器结构。

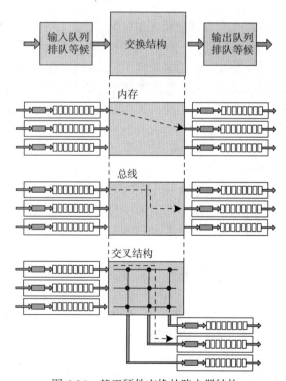

图 6-34　基于硬件交换的路由器结构

典型产品包括 Cisco 12000 系列路由器，最多可提供 16 个 2.5Gbit/s 的 POS 端口，可以实现线速的路由转发。由于该路由器没有核心 CPU，所有网络接口都有相同 CPU，因此这种结构的路由器扩展性好。路由软件采用并行处理的思想，可以有效提高路由器性能。这类路由器适用于作为核心路由器。图 6-35 给出了第三代交换结构的 Gbit/s 路由器。

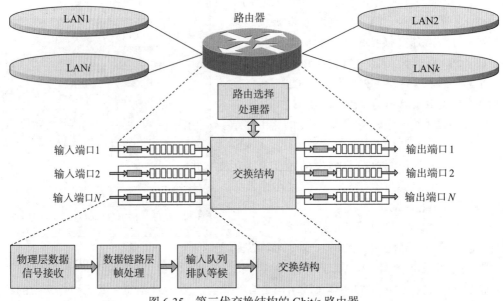

图 6-35　第三代交换结构的 Gbit/s 路由器

（4）第四代多级交换路由器

第三代交换结构 Gbit/s 路由器性能获得大幅度提高，但是也存在一些问题。例如，硬件专用芯片 ASIC 的使用增加了系统成本，对新型应用与协议变化的适应能力差。

针对这种情况，研究人员提出了网络处理器（Network Processor，NP）的概念，通过多个微处理器（multi-microprocessor）的并行处理模式，使 NP 具有与 ASIC 芯片相当的功能，同时具有很好的可编程能力，基于 NP 的路由器性能获得了大幅度提高，同时能更好地适应网络应用与协议发展的需要。我们可以预计，发展中的路由器应该是采用并行处理、光交换技术的多级交换路由器。

4. 第三层交换的基本概念

20 世纪 90 年代中期，网络设备厂商提出了"第三层交换"的概念。最初，人们将"第三层交换"的概念限制在网络层。但是，现在有一种发展趋势：将第三层成熟的路由技术与第二层高性能的硬件交换技术相结合，达到快速转发分组、保证服务质量，以及提高网络结点性能的目的。

最早将第三层路由与第二层交换技术相结合，并且将产品投入市场的是 Ipsilon 的 IP Switching 设备。此后，其他网络设备厂商陆续推出各自的产品，如 Cisco 基于标记交换的 Tag Switching 设备、IBM 基于路由汇聚的 IP 交换设备、Toshiba 的信元交换路由 CSR 设备、Cascade 的 IP 导航器等。这些产品都希望提高分组的转发速度，改善 IP 网络的吞吐量与延时等特征。

第三层交换机通过内部路由协议（如 RIP 或 OSPF），创建和维护路由表。出于安全方面的考虑，第三层交换机通常提供防火墙等功能。第三层交换机的设计重点在于如何提高分组接收、处理与转发速度，减小传输延迟，其功能是通过硬件实现的。由于交换机执行的路由协议是硬件固化，因此它仅适用于特定的协议。

6.5　互联网控制报文协议

6.5.1　ICMP 的功能

　　IP 协议提供的是一种无连接的、尽力而为的服务。在 IP 分组通过网络传输的过程中，出现各种错误是不可避免的。例如，IP 分组因超过生存时间而被丢弃，目的主机在预定时间内无法收到所有分片。这些错误都可能造成数据传输失败，而源结点无法知道 IP 分组是否到达目的结点，以及在传输过程中出现哪种错误。也就是说，IP 协议的缺点是缺少差错控制与查询机制。互联网控制报文协议（Internet Control Message Protocol，ICMP）就是为解决这个问题而设计的。

　　ICMP 本身是一个网络层协议。但是，ICMP 报文并不是直接传送给数据链路层，而是封装成 IP 分组后传送给数据链路层。如果仅从这点来看，ICMP 的层次应该高于 IP 协议。

但是，ICMP 用于解决 IP 协议可能出现的差错问题，它不能独立于 IP 而单独存在，因此还是应将它看作 IP 协议的一部分。图 6-36 给出了 ICMP 报文与 IP 分组的关系。ICMP 头部与 ICMP 数据都是作为 IP 数据来封装。IP 分组头部中的协议字段值为 1，则说明这个 IP 分组是一个 ICMP 报文。

图 6-36　ICMP 报文与 IP 分组的关系

　　在基于 IPv4 的网络层协议体系中，实现差错通知功能的是 ICMP 第 4 版，通常简称为 ICMPv4。随着下一代 IP 协议的完善与应用，在基于 IPv6 的网络层协议体系中，ICMP 版本也相应过渡到 ICMPv6。它的主要变化表现在两个方面：一是去掉过时的报文类型，定义一些新的报文类型；二是合并原来的 IGMP、ARP 等协议的功能。

6.5.2　ICMP 报文类型

　　ICMP 报文类型可以分为两类：差错通知报文与查询报文。表 6-9 给出了 ICMP 报文的具体类型。其中，ICMP 差错通知报文主要分为 5 类：目的不可达、源主机抑制、超时、参数问题与重定向。IP 协议提供无连接的分组传输服务，在协议中没有设计流量控制功能，源主机、路由器与目的主机之间没有协调机制。由于路由器的缓冲区长度有限，如果路由器接收分组速度比转发速度慢，则会因缓冲区溢出而丢弃某些分组。"源主机抑制"是指路由器或主机因拥塞而向源主机发送报文请求放慢速度。超时报文用于解决分组在网络中无限转发问题。重定向报文用于解决主机与路由器的路由表差异问题。

　　ICMP 目的不可达是常用的 ICMP 差错通知报文。当路由器因无法向目的主机交付而丢弃 IP 分组时，路由器或目的主机向源主机发送目的不可达报文。最初，目的不可达报文主要有 5 类：网络不可达、主机不可达、协议不可达、端口不可达、源路由失败等。后续，目的不可达报文增加了目的网络不可知、目的主机不可知、网络被禁用、主机被禁用、防火墙过滤等。这里，网络不可达与目的网络不可知的区别是，网络不可达指路由器知道目的网络存在，但是无法将 IP 分组交付给网络；目的网络不可知是指路由器不知道目的网络存在。主机不可达与目的主机不可知的区别与网络类似。

表 6-9　ICMP 报文的主要类型

类型	代码	功能描述
0	0	回送应答（Ping 应答）
3 （目的不可达）	0	网络不可达
	1	主机不可达
	2	协议不可达
	3	端口不可达
	4	需要分片，但标记为不可分片
	5	源站选路失败
	6	目的网络不可知
	7	目的主机不可知
4	0	源主机抑制（数据流控制）
5 （重定向）	0	网络重定向
	1	主机重定向
	2	服务类型和网络重定向
	3	服务类型和主机重定向
8	0	回送请求（Ping 请求）
9	0	路由器通告
10	0	路由器查询
11 （超时）	0	传输期间生存期减为 0
	1	数据包组装期间生存期减为 0
12 （参数问题）	0	各种 IP 头部错误
	1	缺少必要的选项
13	0	时间戳请求
14	0	时间戳应答
17	0	地址掩码请求
18	0	地址掩码应答

　　ICMP 查询报文的设计目标是解决网络故障的诊断问题。ICMP 差错通知报文是单向、单个出现，而 ICMP 查询报文是双向、成对出现。ICMP 查询报文主要分为 4 类：回送请求与应答、时间戳请求与应答、地址掩码请求与应答、路由器查询与通告。其中，回送请求用于主机检查某台主机路由器是否可达。时间戳请求提供了一个简单的时钟同步协议，可用于获得 IP 分组在两台主机之间往返传输所需时间。地址掩码请求用于主机获得所在网络的子网掩码。路由器查询用于主机查询所在网络的本地路由器地址，路由器通告用于路由器向外广播自己的路由信息。

6.5.3　ICMP 报文格式

　　ICMP 最初设计目的是报告 IP 协议执行中的错误，由路由器或目的主机向源主机报告传输出错原因，真正的差错处理功能需要由高层协议来完成。RFC777 是最早出现的 ICMP 文档，它描述了 ICMP 的基本内容。RFC792 文档对 ICMP 报文类型加以修改与补充。RFC1256 文档增加了路由器查询与通告报文。图 6-37 给出了 ICMP 报文格式。ICMP 数据报分为两个部分：ICMP 头部与 ICMP 数据。ICMP 头部的长度为 4 字节。ICMP 数据部分的长度是可变的，具体内容由 ICMP 报文的类型来决定。

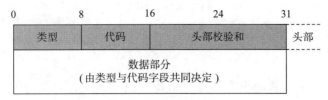

图 6-37　ICMP 报文格式

ICMP 头部由以下几个字段组成。

（1）类型

类型（type）字段的长度为 8 位，表示 ICMP 报文的基本类型。目前，类型字段主要有 13 个数值，分别表示 13 类的 ICMP 报文。例如，3 表示目的不可达报文，5 表示重定向报文，8 表示回送请求报文，10 表示路由器查询报文。有些 ICMP 报文类型已在近年被废除，如 15、16 表示的信息请求、应答报文等。实际上，类型与代码共同标识具体的 ICMP 类型。

（2）代码

代码（code）字段的长度为 8 位，表示 ICMP 报文的子类型。对于 ICMP 差错通知类报文，每种报文又可分为多种子类型。目的不可达报文可分为 8 种子类型，如 0 表示网络不可达、1 表示主机不可达等。重定向报文可分为 4 种子类型，如 0 表示网络重定向、1 表示主机重定向等。对于 ICMP 查询类报文，如回送请求与应答、路由器查询与通告，它们的代码字段都只有 0 这个值。

（3）头部校验和

头部校验和（head checksum）字段的长度为 16 位，用来检查 ICMP 报文头部在传输中是否出错，其计算方法与 IP 头部校验和的计算方法相同。头部校验和字段的校验范围为 ICMP 头部与 ICMP 数据。

6.6　IP 多播与 IGMP

6.6.1　IP 多播的概念

1. IP 多播的发展过程

传统的 IP 协议规定 IP 分组的目的地址只能是单播（unicast）地址。对于讨论组、视频会议、交互式游戏等多个用户参与的网络应用，这种单播模式显然工作效率很低，并且浪费大量网络资源。

1988 年，Steve Deering 首次提出了 IP 多播（或组播）的概念。1989 年，RFC1112 文档定义了互联网组管理协议（Internet Group Management Protocol，IGMP）。为了适应交互式音频、视频信息的多 IP 多播，1992 年开始试验虚拟的多播主干网（Mbone）。Mbone 可以将分组发送到属于一个组的多台主机。1997 年 RFC2236 文档公布了 IGMP 的第二版，它已成为互联网协议标准。目前，多播主干网的规模已经很大，拥有几千个多播路由器。在传统 IP 协议的框架下，IP 多播也一定只能提供"尽力而为"服务。IGMP 不能保证多播分组都能到达所有的组成员。

2. IP 多播与单播的区别

图 6-38 给出了 IP 单播与多播过程的比较。图 6-38a 给出了 IP 单播的工作过程。在 IP 单播模式下，如果主机 0 要向主机 1 至主机 20 发送同一文件，则它需要准备该文件的 20 个副本，分别封装在源地址相同、目的地址不同的分组中，然后将这 20 个分组分别发送给相应的目的主机。

图 6-38b 给出了 IP 多播的工作过程。在 IP 多播模式下，如果主机 0 要向多播组成员（主机 1 至主机 20）发送同一文件，则它需要准备该文件的 1 个副本，然后封装在 1 个多播分组中，并将该分组发送给多播组中的 20 个成员。如果多播组的成员数量达到成千上万，多播模式对系统效率的提高将会更加显著。支持 IGMP 的路由器称为多播或组播路由器（multicast router）。

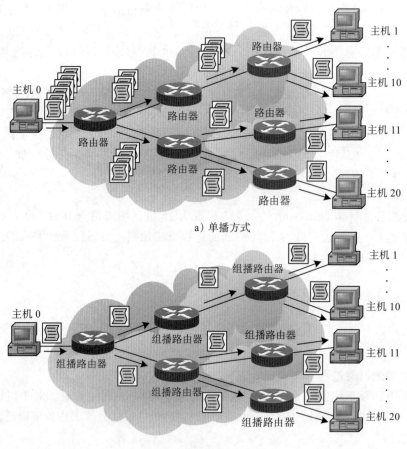

a) 单播方式

b) 多播方式

图 6-38　IP 单播与多播过程的比较

3. 多播地址

在讨论 IP 多播地址时，需要注意以下几个问题：

- 实现 IP 多播的分组使用的是多播地址。IP 多播地址只能用于目的地址，而不能用于源地址。
- 标准分类的 D 类地址是为 IP 多播而定义的地址。D 类地址的前 4 位为 1110，其地址范围是 224.0.0.0 ～ 239.255.255.255。每个 D 类地址可用于标识一个多播组，则 D 类地址能标识出 2^{28} 个多播组。

- RFC3330 文档说明了 D 类地址中被预留做特殊用途的部分地址。例如，224.0.0.0 被保留；224.0.0.1 指定为本网中所有参加多播的主机和路由器使用；224.0.0.11 指定为移动代理的地址，224.0.1.1 ～ 224.0.1.18 被预留用于电视会议等多播应用；239.0.0.0 ～ 239.255.255.255 限制在一个组织中使用。

6.6.2　IGMP 的基本内容

IP 多播的基本思想是：多个接收方可以接收到来自同一个或同一组发送方的相同分组。IP 多播模式主要包括以下内容：

- 它定义了一个组地址（group address）。每个组代表一个或多个发送方与一个或多个接收方的一个会话（session）。
- 接收方可以用多播地址通知路由器，它希望加入或退出哪个多播组。
- 发送方使用多播地址发送分组时，无须了解接收方的位置与状态信息。
- 路由器建立一棵从发送方分支出去的多播树，这棵树延伸到所有的，其中至少有一个多播成员的网络中。利用这棵传递树，路由器把多播组的分组一直转发到有多播组成员的网络中。

当某个主机要加入一个新的多播组时，该主机应向该组发送一个 IGMP 报文，声明自己希望成为该组的成员。本地的多播路由器收到 IGMP 报文后，将组成员关系转发给互联网中的其他多播路由器。

由于多播组的成员关系是动态的，因此本地多播路由器需要周期性探询本地网络，以便知道这些主机是否继续留在组中。只要某个组中有一台主机响应，则多播路由器就认为该组是活跃的。如果经过几次探询后没有主机响应，则多播路由器就认为本地网络中的主机都已离开该组，不再将该组的成员关系转发给其他多播路由器。

多播路由器在探询组成员关系时，仅需对所有组发送一个询问报文，而不需要对每个组都发送一个询问报文。默认的探询周期是 125s。当一个网络中有几个多播路由器时，它们能选择其中一个来探询主机的成员关系。因此，网络中存在多个多播路由器并不会引起 IGMP 通信量增大。

在 IGMP 询问报文中有一个数值 N，它指出的是最长响应时间，默认值为 10s。当某个主机接收到一个询问报文时，主机在 0 到 N 之间随机选择响应所需经过的延时。如果一个主机同时加入了几个多播组，主机对每个多播组选择不同的随机数，则会最先发送对应于最小延时的响应。

多播路由器只需知道网络中是否至少有一个主机是该组的成员。当询问报文通过多播到达组中成员后，各个主机就会计算出随机延时，并且延时最小的最先发送响应。由于响应也是按组的多播地址发送，因此最先发送的响应能被组中所有成员接收。一个组的成员只要知道有其他主机已发送对本组的响应，就取消自己原来准备发送的响应。实际上，每个组只有一个主机对询问报文发送响应。

6.6.3 多播路由器与隧道技术

1. 多播路由器

当多播分组跨越多个网络时，存在关于多播分组的路由问题。多播路由器的作用是完成多播分组的转发工作，具体有两种实现方式：一种是专用的多播路由器，另一种是在传统路由器上增加多播路由功能。

当多播路由器对多播分组进行转发时，在多播路由器所在的任何网络中都可能有该多播组成员，在转发过程中随时会遇到某个目的主机。

2. 隧道技术

如果多播分组在转发过程中遇到不支持多播功能的路由器或网络，这时就需要采用隧道（tunneling）技术。图 6-39 给出了 IP 多播中隧道的工作原理。

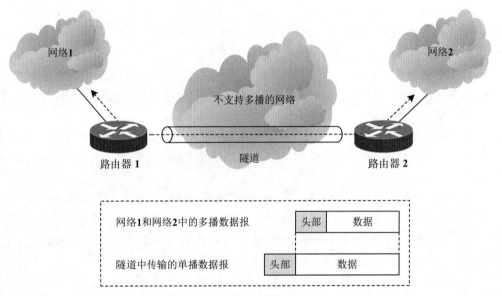

图 6-39　IP 多播中隧道的工作原理

例如，网络 1 的主机向网络 2 中的多个主机进行多播，但是路由器 1 或路由器 2 不支持多播协议。这时，路由器 1 需要对多播分组再次封装，加上普通 IP 头部使它成为单播分组，然后通过 "隧道" 发送到路由器 2。路由器 2 接收到单播分组之后，去掉普通 IP 头部，使它恢复成原来的多播分组，然后继续向多个目的主机转发。这种使用隧道传送 IP 分组的过程称为 IP 中的 IP 分组（IP-in-IP）。

6.7　QoS 与 RSVP、DiffServ、MPLS 协议

网络中的不同层次都会涉及服务质量（QoS）问题。评价网络层 QoS 的参数主要是带宽与传输延时。IP 协议提供的是 "尽力而为" 服务，这对于多媒体网络服务显然不适应。网络层引入 QoS 保障机制的目的是：通过协商为某种服务提供所需的资源，防止个别应用独占共享的网络资源。实际上，QoS 保障机制是一种网络资源分配机制。

6.7.1 资源预留协议

1. RSVP 的主要特征

资源预留协议（Resource Reservation Protocol，RSVP）的核心是对一个应用会话提供 QoS 保障。资源预留意味着路由器知道需要为即将出现的会话预留多少带宽和缓冲区。为了做到这点，源结点和目的结点之间需要在会话之前建立连接，路径上的所有路由器都要预留所需的资源。

RFC2205 文档对 RSVP 的特征做出以下描述：

- RSVP 可以为单播或多播传输建立资源预留。组成员或路由改变时可以动态调整，并且可以为多播成员各自预留资源。这些资源包括带宽与缓冲区。
- RSVP 可以为单向的数据流建立资源预留。两个结点之间的数据交换需要在两个方向上分别做出预留。
- 数据流的接收方发起并维护资源预留。
- 数据流的接收方负责维护软状态。

2. 数据流的相关概念

流（flow）可以定义为"具有相同源地址、源端口、目的地址、目的端口、协议标识符与 QoS 要求的分组序列"。在讨论 RSVP 时，需要注意有关流的 3 个概念：会话、流规范与过滤规则，它们构成 RSVP 操作的基础。

一个会话必须声明它所需的服务质量，以便路由器确定是否有足够资源来满足会话的需求。会话给出需预留资源结点的 IP 地址与端口；流规范指定所需的 QoS；过滤规则选择与会话相关的分组。

3. RSVP 的工作原理

RSVP 分组主要包括 PATH 分组与 RESV 分组。其中，PATH 分组由发送方发送到接收方，在分组传输过程中负责收集路径上的资源信息，以便供接收方做出是否能够执行预留的选择。RESV 分组由接收方发送到发送方，沿着与 PATH 分组相反的传输路径，通知路径上的所有路由器执行预留资源。因此，RSVP 的资源预留过程是端到端的。图 6-40 给出了 RSVP 的资源预留过程。

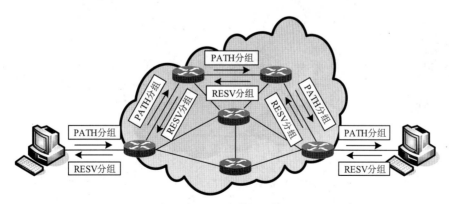

图 6-40　RSVP 的资源预留过程

资源预留过程可以分为以下几个步骤：

- 当确定数据流所需的带宽、缓冲区等参数时，发送方将这些参数保存在一个 PATH 分组中并发送出去。

- 当某个路由器接收到这个 PATH 分组时，它将修改该分组中的路由状态信息，其中描述了分组经过的上一跳路由器或主机的 IP 地址。传输路径上的所有支持 RSVP 的路由器都完成状态存储。
- 当接收方接收到这个 PATH 分组时，它将沿着 PATH 分组中获取路径的相反方向发送一个 RESV 分组。该分组包含为数据流进行资源预留所需的参数。
- 当某个路由器接收到这个 RESV 分组时，它将根据 QoS 需求确定自己是否有足够资源。如果自己有足够的资源，则进行带宽与缓冲区的预留；否则，向接收方反馈一个错误信息。
- 当发送方接收到这个 RESV 分组时，说明数据流的预留过程已完成，可以开始向接收方发送数据。
- 当数据流发送完毕，路由器将会释放预留资源，准备为新的传输提供服务。

4. RSVP 的局限性

RSVP 的局限性主要表现在：基于单个数据流的端到端资源预留，调度处理、缓冲区管理、状态维护机制复杂，开销大，可扩展性与鲁棒性差，不适用于大型网络。在当前的网络上推行 RSVP 服务，须对现有的路由器、主机与应用程序进行调整，实现难度很大。因此，单纯的 RSVP 服务难以让业界接受，也无法在互联网中获得广泛应用。

6.7.2 区分服务

1. DiffServ 的基本概念

RSVP 应用的受阻促进了区分服务（Differentiated Services，DiffServ）的发展。针对 RSVP 存在的问题，DiffServ 设计者注意解决协议简单、有效与扩展性问题，使它适用于骨干网的多种业务需求。DiffServ 的特点主要表现在：服务机制简单与采用层次化结构。RFC2474 与 RFC2475 文档定义了 DS 区域与 DiffServ 模型。图 6-41 给出了 DiffServ 网络结构。

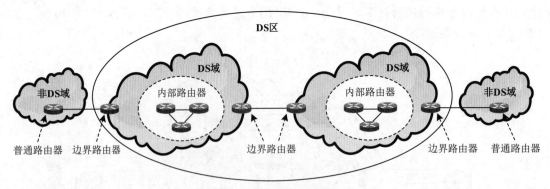

图 6-41 DiffServ 网络结构

考虑到系统的可扩展性，DiffServ 网络被分为两级：DS 区（DS region）与 DS 域（DS domain）。实现 DiffServ 功能的结点称为 DS 结点（DS node）。DS 结点分为两类，即内部结点与边界结点。边界结点可以是路由器、主机或防火墙。

DS 域由一组互联的 DS 结点构成，它们采用统一的服务提供策略。DS 域的内部结点仅完成简单的调度转发功能，而流状态与流监控信息保存在边界结点。不同的 DS 域之间通过边界路由器互联构成 DS 区。

边界路由器可以连接 DS 域与非 DS 域。边界路由器根据流规定和资源预留信息，将进入网络的单个流分类、整形、汇聚成不同的聚合流。DS 域通常由毗邻、属于同一网管机构的网络构成，如某个校园网、企业网或 ISP 网络。连续的几个 DS 域构成 DS 区，区内可以支持跨越多个域的区分服务。

2. 区分服务标记

为了在不改变网络结构的前提下，在路由器上增加区分服务功能，DiffServ 借用了 IPv4 头部中的 8 位服务类型字段，或者是 IPv6 头部中的 8 位通信类型字段，在其中定义了 DiffServ 的 DS 域。

根据 RFC2474 文档的规定，DS 域借用服务类型字段的前 6 位作为区分服务标记（Differentiated Service Code Point，DSCP），后两位暂时没有使用。服务等级协定（Service Level Agreement，SLA）表示支持的服务类型（涉及吞吐率、分组丢失率、延时、延时抖动等），以及每种类型允许的通信量。DSCP 表示不同等级的服务质量。DSCP 长度为 6 位，则可形成 $64(2^6)$ 个标记。这 64 个标记被分为 3 类："xxxxx0"用于标准操作，"xxxx11"用于实验或局部使用，"xxxx01"预留用于以后扩展。

3. DiffServ 的工作原理

图 6-42 给出了 DiffServ 的工作原理。DiffServ 简化内部路由器功能，将复杂的 QoS 功能放在边界路由器。边界路由器结构分为两部分：分类器（classifier）与调节器（conditioner）。调节器由计量器（meter）、标识器（marker）和整形器（shaper）三部分构成。

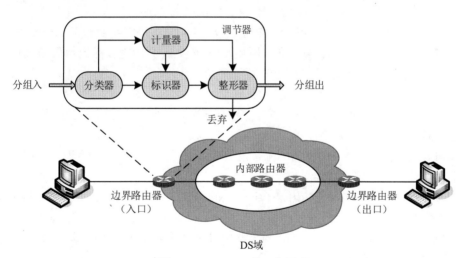

图 6-42　DiffServ 的工作原理

分类器根据接收分组的源地址、目的地址、源端口、目的端口、标识来分类，然后交给标识器。计量器根据事先商定的 SLA，不断检测分组的实时速率，并将速率统计信息传送给标识器与整形器。标识器在分组头的 DS 字段中标记 DSCP 值。在整形器中设置有缓冲区，通过延迟或丢弃等方法，使分组传输符合传输调节规范（TCA）。

4. 每跳行为

根据 RFC2598 文档的定义，每跳行为（Per-Hop Behavior，PHB）是对一个 DS 结点调度特定聚合流行为的外部特征描述。

"行为"是指路由器如何处理 IP 分组，它是首先转发这个分组，还是最后丢弃这个分组。"每跳"是指这个路由器，这个行为由这个路由器采取，至于下一跳路由器如何处理，则由下一跳路由器自己决定。这与 RSVP 的"端到端"资源预留的思路不同，DiffServ 实现起来更灵活，并且可扩展性更好。

将 PHB 描述为"外部"行为特征的另一个理由是：协议定义了 PHB 的意义，但是没涉及具体的实现技术，这类似于编程中对象封装后的外部接口。PHB 实现可采用优先级队列、分类队列等队列调度与缓冲区管理算法。

IETF 的 DiffServ 工作组致力于定义具体的 PHB。目前，已经标准化的 PHB 有 4 种：默认型（Best Effort，BE）、加速型（Expedited Forwarding，EF）、确保型（Assured Forwarding，AF），以及兼容 IP 优先级的分类选择型（Class Selector，CS）。

6.7.3　多协议标识交换

1. MPLS 的基本概念

多协议标识交换（MPLS）是一种快速交换的路由方案，它对保障 QoS 有重要的实用价值。从设计思想上来看，MPLS 将第二层交换技术引入网络层，实现 IP 分组的快速交换。在这种网络结构中，核心网络是 MPLS 域（MPLS domain），构成它的路由器是标记交换路由器（Label Switching Router，LSR），在 MPLS 域边缘连接其他子网的路由器是边界标记交换路由器（E-LSR）。MPLS 在 E-LSR 之间建立标记交换路径（Lable Switching Path，LSP），这种标记交换路径（LSP）与 ATM 的虚电路相似。MPLS 减少了 IP 网络中每个路由器逐个处理分组的工作量，提高了路由器性能和保证传输网络的 QoS。

1997 年年初，IETF 成立了 MPLS 工作组。1997 年 11 月，IETF 发布了 MPLS 框架文件。1998 年，IETF 发布了 MPLS 结构文件；同年，IETF 发布了 LDP、标记编码与应用等基本文件。2001 年，IETF 发布了第一个 MPLS 建议标准。

MPLS 可以提供以下四个主要功能：

- MPLS 设计思路是借鉴 ATM 面向连接和保障 QoS 的设计思想，在 IP 网络中提供一种面向连接的服务。
- MPLS 引入流（flow）的概念。流是指从某个源主机发出的分组序列，利用 MPLS 可以为单个流建立路由。
- MPLS 提供虚拟专用网（Virtual Private Network，VPN）服务，可提高分组传输的安全性与服务质量。
- MPLS 可用于纯 IP 网络、ATM 网、帧中继网及多种混合网络，也支持 PPP、SDH、DWDM 等底层协议。

2. MPLS 的工作原理

在讨论标记交换的概念时，需要注意"路由"和"交换"的区别。"路由"是网络层的问题，是指路由器根据 IP 分组的目的地址与源地址，在路由表中找出转发到下一跳路由器的输出端口。"交换"仅需使用第二层的地址，如 Ethernet 的 MAC 地址或 ATM 的虚通路号。"标记交换"的意义就在于：LSR 不是使用路由器查找下一跳的地址，而是根据"标记"通过交换机硬件在第两层实现快速转发。这样，节省了分组在每个结点通过软件查找路由表的时间。图 6-43 给出 MPLS 的工作原理。

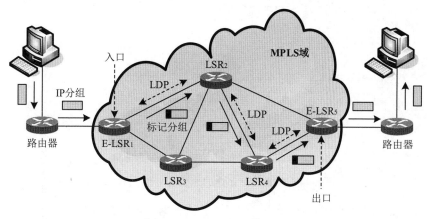

图 6-43　MPLS 的工作原理

MPLS 的工作原理可以归纳为：

- MPLS 域中的 LSR 使用标记分配协议（Label Distribution Protocol，LDP）交换报文，找出与特定标记对应的路径（即 LSP），如对应主机 A 到 B 的路径（E-LSR₁、LSR₂、LSR₄、E-LSR₅），进而形成 MPLS 标识转发表。
- 当 IP 分组进入 MPLS 域入口的边界路由器 E-LSR₁ 时，E-LSR₁ 为分组打上标记，并将标记后的分组转发给下一跳路由器 LSR₂。
- LSR₂ 根据标识直接利用硬件，以交换方式转发给下一跳路由器 LSR₄。
- 当标记后的分组到达 MPLS 域出口的边界路由器 E-LSR₅ 时，E-LSR₅ 为分组去除标记，并将 IP 分组交付给非 MPLS 的路由器。

MPLS 工作机制的核心是：路由仍使用第三层的路由协议来解决，而交换则使用第二层的硬件来完成，这样可将第三层成熟的路由技术与第二层快速的硬件交换相结合，达到提高路由器性能和保障 QoS 的目的。

6.8　地址解析协议

6.8.1　地址解析的概念

互联网通过路由器和网关等网络设备将很多网络互联而成。由于这些网络可能是 Ethernet、Token Ring、ATM 或其他网络，因此 IP 分组从源主机到达目的主机可能经过多种异型网络。对于 TCP/IP 来说，主机和路由器在网络层用 IP 地址来标识，在数据链路层用物理地址（如 Ethernet 的 MAC 地址）来标识。图 6-44 给出了 TCP/IP 体系中的地址类型和层次关系。

在描述一个网络的工作过程时，实际上是做了一个假设：已经知道目的主机的 IP 地址，并且知道这个 IP 地址对应的物理地址。这个假设成立的条件是在任何主机或路由器中必须有一个"IP 地址 - 物理地址对照表"，其中包括任何主机或路由器的信息。通过"静态映射"方法可从已知的 IP 地址获取对应的物理地址。这是一种理想的解决方案，在一个小型网络中容易实现，但是在大型网络中几乎不可能实现。

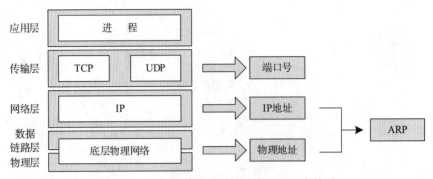

图 6-44   TCP/IP 体系中的地址类型和层次关系

因此，在互联网中需要一种"动态映射"方法，以解决 IP 地址与物理地址的映射问题，这就为地址解析技术研究提出了应用需求。从已知 IP 地址找出对应物理地址的映射过程是正向解析，相应的协议称为地址解析协议（Address Resolution Protocol，ARP）。从已知物理地址找出对应 IP 地址的映射过程是反向解析，相应的协议称为反向地址解析协议（Reverse Address Resolution Protocol，RARP）。

6.8.2   ARP 报文格式

1. ARP 报文字段

ARP 通过 ARP 报文来完成地址解析过程。ARP 报文可以分为两类：ARP 请求与 ARP 应答。图 6-45 给出了 ARP 报文格式。

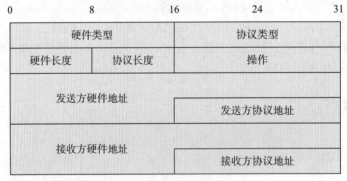

图 6-45   ARP 报文格式

ARP 报文包括以下字段：

- 硬件类型（hardware type） 字段长度为 16 位，表示物理网络类型。例如，"1"表示 Ethernet。
- 协议类型（protocol type） 字段长度为 16 位，表示网络层协议类型。例如，"0x0800"表示 IPv4。
- 硬件长度（hardware length） 字段长度为 8 位，表示物理地址长度，以字节为单位。例如，"6"是 Ethernet 地址长度。
- 协议长度（protocol length） 字段长度为 8 位，表示网络层地址长度。例如，"4"是 IPv4 地址长度。
- 操作（operation） 字段长度为 16 位，表示 ARP 报文类型。例如，"1"表示 ARP 请求；"2"表示 ARP 响应；"3"表示 RARP 请求；"4"表示 RARP 响应。

- 发送方硬件地址（sender hardware address）字段长度为 48 位，表示源结点的物理地址。
- 发送方协议地址（sender protocol address）字段长度为 32 位，表示源结点的 IP 地址。
- 接收方硬件地址（target hardware address）字段长度为 48 位，表示目的结点的物理地址。
- 接收方协议地址（target protocol address）字段长度为 32 位，表示目的结点的 IP 地址。

2. ARP 的工作过程

在通常情况下，地址解析将静态映射与动态映射的方法相结合。在本地主机中需要建立一个"ARP 高速缓存表"，用来存储 IP 地址与物理地址的映射关系。ARP 高速缓存表可以随时动态更新。

地址解析的工作过程如下：

- 源主机在发送一个分组之前，首先根据该分组的目的 IP 地址，在本地 ARP 高速缓存表中查找对应的物理地址。如果找到对应地址，不需要进行地址解析；否则，需要进行地址解析。
- 源主机首先生成一个 ARP 请求报文，在相应字段中填入本地主机的 IP 地址与物理地址，以及目的主机的 IP 地址，而目的主机的物理地址填入 0。
- 源主机将该报文交给数据链路层封装成相应的帧，以发送方的物理地址作为源地址，以广播的物理地址作为目的地址，然后发送出去。
- 由于这个帧使用的是广播地址，本地网络中的所有结点都能接收到该帧。除了目的主机之外，其他主机和路由器都会丢弃该帧。
- 目的主机需要生成一个 ARP 响应报文，其中包括对方想知道的物理地址，并将该报文封装成相应的帧发送出去。
- 源结点接收到该 ARP 响应报文之后，获得目的主机的物理地址，并将它作为一条新记录加入 ARP 高速缓存表中。
- 源结点将双方的 IP 地址、物理地址与数据生成一个分组，交给数据链路层封装成相应的帧，然后以点 - 点方式发送到目的主机。

6.9　移动 IP

6.9.1　移动 IP 的概念

早期的主机都是通过固定方式接入互联网。随着移动通信技术的广泛应用，人们希望通过笔记本、Pad、手机及其他移动智能终端，在任何时间、任何地点都能方便地访问互联网。移动 IP 技术就是在这个背景下产生和发展的，它是网络与通信技术高度发展、密切结合的产物，也是当前和今后研究的热点问题之一。

移动 IP 技术在电子商务、移动办公、大型展览与学术交流等方面有广泛的应用前景，在军事领域也具有重要的应用价值。对于公务人员，他们会希望在办公室或家中，或者在火车、飞机等交通工具上，通过计算机或手机接入互联网，随时随地回复邮件、阅读论文、修改文件、批阅公文等。

互联网中的每台主机都被分配了至少一个 IP 地址。IP 地址由网络号与主机号组成,它标识了这台主机所接入的网络及自身信息,也就可以标识出该主机所在的地理位置。主机之间分组传输的路由主要通过网络号来决定。路由器根据接收分组中的目的地址,通过查找路由表来决定转发给哪个路由器或主机。

移动 IP 结点简称为移动结点,它是指从一个链路(或网络)移动到另一个链路(或网络)的结点,主要包括主机或路由器。当移动结点在不同链路(或网络)之间移动时,随着接入位置的改变,接入点也会随之发生改变。最初的 IP 地址已不能表示当前所在网络,如果移动结点仍使用原来的 IP 地址,将无法为移动结点提供准确的路由服务。

在不改变现有 IPv4 的前提下,解决这个问题只有两种可能的方案:一是移动结点改变接入点时随之改变 IP 地址;二是移动结点改变接入点时不改变 IP 地址,而是在主干网路由器中增加该结点的特定主机路由。

这两种方案都存在重大的缺陷。第一种方案的缺点是不能保持通信的连续性,特别是当移动结点在两个子网之间漫游时,由于该结点的 IP 地址不断变化,将会导致移动结点无法与其他主机正常通信。第二种方案的缺点是路由器将对移动结点发送的每个分组都进行路由选择,路由表将会急剧膨胀,路由器处理载荷加重,难以满足大型网络的要求。

针对上述问题,有必要寻找一种新的机制来解决结点移动问题。为此,IETF 建立了移动 IP 工作组,并在 1992 年开始制定移动 IPv4 标准。1996 年 6 月,IETF 发布了移动 IPv4 草案标准。1996 年 11 月,IETF 通过了移动 IPv4 建议标准。至此,移动 IPv4 成为解决结点移动问题的首选方案。

6.9.2 移动 IP 的设计目标

移动 IP 的设计目标是:移动结点在改变接入点时,无论是在不同的网络之间,还是在不同的链路之间移动,都不必改变其 IP 地址,在移动过程中保持已有通信的连续性。因此,移动 IP 研究要解决支持移动结点的分组转发的网络层协议问题。

移动 IP 研究解决以下两个基本问题:

- 移动结点可以通过一个永久的 IP 地址连接到任何链路。
- 移动结点在切换到新的链路时,仍能保持与通信对方之间的正常通信。

为了解决以上两个问题,移动 IP 应满足以下几个基本要求:

- 移动结点改变接入点之后,仍能与互联网中其他结点通信。
- 移动结点连接到任何接入点时,仍能使用原来的 IP 地址来通信。
- 移动结点能与其他不具备移动 IP 功能的结点通信,而不需要修改协议。
- 移动结点通常使用无线方式接入,涉及无线信道带宽、误码率与电池供电等因素,应该尽量简化协议,以减少开销、提高效率。
- 移动结点不应该比互联网中其他结点受到更大的安全威胁。

作为网络层的一种协议,移动 IP 应具备以下几个特征:

- 与现有的互联网协议兼容。
- 与底层网络采用的传输介质类型无关。
- 对传输层及高层协议是透明的。
- 具有良好的可靠性、安全性和可扩展性。

6.9.3 移动 IP 结构与术语

1. 移动 IP 结构

图 6-46 给出了移动 IP 结构示意图。这是一个移动结点从家乡网络漫游到外地网络的例子。为了研究方便和表述简洁，这张图简化了移动结点通过接入点连接到网络的细节，而突出链路接入和 IP 地址的概念。

图 6-46　移动 IP 结构示意图

在讨论移动 IP 的工作原理时，主要涉及以下 4 个功能实体。

（1）移动结点（mobile node）

移动结点是指从一个链路移动到另一个链路的主机或路由器。移动结点在改变接入点之后，可以不改变其 IP 地址，而继续与其他结点通信。

（2）家乡代理（home agent）

家乡代理是指移动结点最初使用的家乡网络接入互联网的路由器。当移动结点离开家乡网络的情况下，它负责将发送给移动结点的分组通过隧道转发给移动结点，并且维护移动结点当前的位置信息。

（3）外地代理（foreign agent）

外地代理是指移动结点当前使用的外地网络接入互联网的路由器。外地代理接收家乡代理通过隧道发送给移动结点的分组；为移动结点发送的分组提供路由服务。家乡代理和外地代理统称为移动代理。

（4）通信对端（correspondent node）

通信对端是指与移动结点通信的对方结点，它可以是一个固定结点，也可以是一个移动结点。

2. 移动 IP 的基本术语

在讨论移动 IP 的工作原理时，常用的基本术语包括：

- **家乡地址**（home address）　家乡网络为自己管理的每个移动结点分配的长期 IP 地址。
- **转交地址**（care-of address）　外地网络为临时接入的某个移动结点分配的临时 IP 地址。
- **家乡网络**（home network）　对某个移动结点永久拥有管理权，并负责为其分配家乡地址的网络。
- **外地网络**（foreign network）　对某个移动结点临时拥有管理权，并负责为其分配转交地址的网络。
- **家乡链路**（home link）　移动结点在家乡网络时接入的本地链路。
- **外地链路**（foreign link）　移动结点在外地网络时接入的本地链路。

- **移动绑定**（mobility binding） 家乡网络负责维护的移动结点所用家乡地址与转发地址的关联。
- **隧道**（tunnel） 家乡代理将 IP 分组转发给移动结点所用的通道。

家乡代理通过隧道将 IP 分组转发给移动结点。隧道的一端是家乡代理，另一端通常是外地代理，也有可能是移动结点。图 6-47 给出了通过隧道向移动结点转发分组。

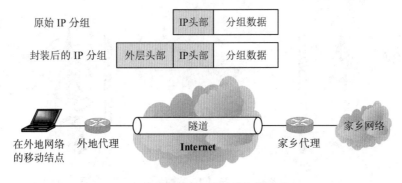

图 6-47　通过隧道向移动结点转发分组

原始 IP 数据分组是从家乡代理准备转发到移动结点，它的源 IP 地址为发送该 IP 分组的结点地址，目的 IP 地址为移动结点的 IP 地址。家乡代理路由器在转发之前需要加上外层头部。外层头部的源 IP 地址为隧道入口的家乡代理的地址，目的 IP 地址为隧道出口的外地代理的地址。在隧道传输过程中，中间的路由器看不到移动结点的家乡地址。

6.9.4　移动 IP 的工作原理

移动 IPv4 的工作过程可分为 4 个阶段：代理发现、代理注册、分组路由与注销。

1. 代理发现（agent discovery）

代理发现通过扩展 ICMP 路由发现机制来实现。为了提供代理发现功能，ICMP 定义了"代理通告"和"代理请求"两种新的报文。图 6-48 给出了移动 IP 的代理发现机制。移动代理周期性地发送代理通告报文，或者为响应移动结点的代理请求而发送代理通告报文。移动结点在接收到代理通告报文后，判断自己是在家乡网络还是外地网络。当移动结点访问外地网络时，可选择使用外地代理提供的转交地址。

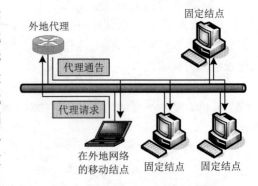

图 6-48　移动 IP 的代理发现机制

2. 代理注册（agent registration）

移动结点到达新的网络之后，通过注册将自己的可达信息通知家乡代理。注册过程涉及移动结点、外地代理和家乡代理。通过交换注册报文在家乡代理上创建或修改"移动绑定"，使家乡代理在生存期内保持移动结点的家乡地址与转发地址的关联。

通过注册过程可以达到以下目的：

- 使移动结点获得外地代理的转发服务。
- 使家乡代理知道移动结点当前的转发地址。

- 家乡代理更新即将过期的移动结点注册，或注销回到家乡的移动结点。

移动 IPv4 为移动结点定义了两种注册过程：一是通过外地代理转发注册请求，二是由移动结点直接到家乡代理注册。

通过外地代理转发注册请求，需要经过以下四个步骤：

1）移动结点向外地代理发送一个注册请求报文。

2）外地代理接收到这个注册请求，并将该报文转发给家乡代理。

3）家乡代理接收到这个注册请求，同意（或拒绝）注册，并向外地代理返回一个注册应答报文。

4）外地代理接收到这个注册应答，并将该报文转发给移动结点。

移动结点直接到家乡代理注册，需要经过以下两个步骤：

1）移动结点向家乡代理发送一个注册请求报文。

2）家乡代理接收到这个注册请求，同意（或拒绝）注册，并向移动结点返回一个注册应答报文。

具体采用哪种方法注册，需要根据以下规则来决定：

- 如果移动结点使用外地代理转发地址，则它必须通过外地代理进行注册。
- 如果移动结点使用配置转发地址，并从当前链路上接收到外地代理的代理通告报文，该报文的"标志 R"被置位，则它必须通过外地代理进行注册。
- 如果移动结点使用配置转发地址，则它必须直接到家乡代理进行注册。

3. 分组路由（packet routing）

移动 IP 的分组路由可以分为单播、广播与多播三种情况来讨论。

（1）单播分组路由

图 6-49 给出了移动结点接收单播分组的过程。在移动 IPv4 中，通信对端使用移动结点的单播地址发送的分组，首先被发送给移动结点的家乡代理。如果家乡代理判断目的主机已在外地网络中，通过隧道将该分组发送给外地代理，并由外地代理转发给移动结点。

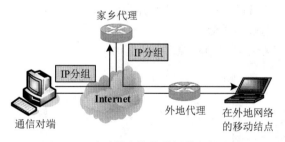

图 6-49　移动结点接收单播分组的过程

图 6-50 给出了移动结点发送单播分组的过程。移动结点发送单播分组有两种方法：一是通过外地代理路由到目的主机，如图 6-50a 所示；二是通过家乡代理转发到目的主机，如图 6-50b 所示。

（2）广播分组路由

一般情况下，家乡代理不将广播分组转发给移动绑定列表中的每个结点。如果移动结点已请求转发广播分组，则家乡代理采取"封装"方法实现转发。

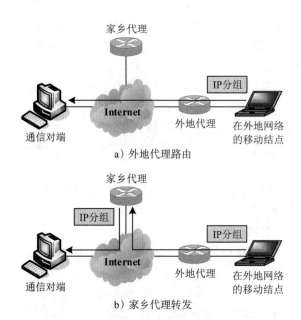

图 6-50　移动结点发送单播分组的过程

（3）多播分组路由

移动结点接收多播分组有两种方法：一是移动结点通过多播路由器加入多播组，它直接通过多播路由器来接收多播分组；二是移动结点通过家乡代理的隧道加入多播组，多播分组先通过隧道发送给家乡代理，再通过家乡代理转发给移动结点。

移动结点发送多播分组有两种方法：一是移动结点通过多播路由器加入多播组，它直接通过多播路由器来发送多播分组；二是移动结点通过家乡代理的隧道加入多播组，多播分组先通过隧道发送给家乡代理，再通过家乡代理转发给通信对端。

4. 注销（deregistration）

如果某个移动结点已回到家乡网络，则它需要直接到家乡代理进行注销。

5. 移动结点与通信对端的通信

图 6-51 给出了移动结点与通信对端之间的通信。

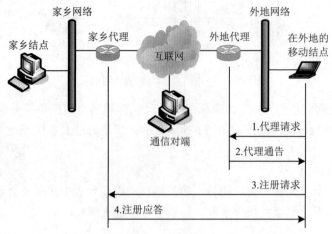

图 6-51　移动结点与通信对端之间的通信

移动结点和通信对端之间通信大致可以分为以下几个步骤：

- 移动结点向当前访问的外地网络发送"代理请求"报文，以获得外地代理返回的"代理通告"报文。外地代理也可以通过"代理通告"报文，通知当前网络中的所有结点有关外地代理的信息。
- 移动结点接收到"代理通告"报文后，确定自己在外地网络中，并将获得一个"转交地址"。如果它是通过"代理通告"报文获得转交地址，则这个地址称为外地代理转交地址（foreign agent care-of address）。如果它是通过 DHCP 获得转交地址，则这个地址称为配置转交地址（co-located care-of address）。
- 移动结点向家乡代理发送"注册请求"报文，然后接收"注册应答"报文，注册自己获得的转交地址。
- 家乡代理截获发送到移动结点的家乡地址的数据分组。
- 家乡代理通过隧道将截获的数据分组按照转交地址发送给移动结点。
- 隧道的输出端将接收到的数据分组转交给移动结点。

在完成上述步骤之后，移动结点已知道通信对端的地址。这时，它可以将通信对端的地址作为目的地址、转交地址作为源地址，按照正常的 IP 路由机制与对方进行通信。

6.10　IPv6

6.10.1　IPv6 的研究背景

IP 是一种无连接、不可靠，在异构网络中提供分组传送服务的协议。IP 协议的设计思想就是通过简单的方法解决复杂问题，采用"尽力而为"的服务来应对互联网络中存在的各种复杂问题。这是 IPv4 的成功之处，同样也是 IPv4 掣肘的地方。随着计算机网络规模的不断扩大的过程中，IPv4 也逐渐暴露出它的缺陷。20 世纪 80 年代初就已开始研究的 IPv4，在今天被大家看出问题也是很自然的事情，近年来研究人员针对这些问题不断提出各种改进意见。

IPv4 存在的问题主要表现在以下几个方面：

- 标准分类 IP 地址的利用率低，地址数量不能满足网络规模不断扩展的需要。
- 随着网络结构越来越复杂，路由选择算法的研究越来越困难。
- IPv4 对分组传输可靠性没有提供任何保障措施。
- IPv4 不支持多播传输。
- IPv4 不能保证分组传输的服务质量。
- IPv4 对网络安全问题没有提出对策。

IPv4 发展过程可以从不变和变化的两方面来认识。IPv4 中对于分组结构与分组头部结构的基本定义是不变的。变化的部分主要集中在 3 个方面：IP 地址处理方法、分组交付需要的路由算法与路由协议，以及为提高协议的可靠性、服务能力与安全性增加的补充协议。任何事情都有一个限度。随着网络规模的继续扩大与应用的深入，这些补充协议已经无法从根本上解决问题，这时就需要彻底考虑、重新设计一种新的协议，这就导致了 IPv6 的研究与应用。

IPv4 设计者无法预见 Internet 发展如此快，以及 Internet 应用会变得如此广泛。IPv4 面对的很多问题已经无法通过打"补丁"方法解决，只能在设计新一代的 IP 协议时统一加以考虑与解决。针对这种情况，IETF 设计了一套全新的协议标准（即 IPv6）。实际上，IPv6 是由多个层次的一系列相关协议所构成的协议集。IPv6 在设计中尽量做到对上、下层协议的影响最小，并力求在协议设计时考虑得更为周全，以避免后续使用中仍需不断做出新的修补与改进。

6.10.2　IPv6 的主要特点

IPv6 的主要特点可总结为：新的头部格式、巨大的地址空间、有效的分级寻址和路由结构、有状态和无状态的地址自动配置、内置的安全机制、更好地支持 QoS 服务等。

（1）新的头部格式

IPv6 头部采用一种新的格式，以最大程度减少头部的开销。为了实现这个目的，IPv6 将一些非根本性和可选择的字段移到固定头部后的扩展头部中。这样，中间的转发路由器在处理这种简化的 IPv6 头部时效率更高。IPv4 和 IPv6 头部不具有互操作性，也就是说 IPv6 并不向下兼容 IPv4。

（2）巨大的地址空间

IPv6 的地址长度定为 128 位，可提供多达 3.4×10^{38} 个 IP 地址。如果我们用十进制数写出可能的 IPv6 地址数量，可达到 340 282 366 920 938 463 463 374 607 431 768 211 456 个。人们经常用地球表面每平方米平均可获得多少个 IP 地址来形容 IPv6 地址数量之多，地球表面按 5.11×10^{14} 平方米计算，则地球表面每平方米平均可获得 665 570 793 348 866 943 898 599（即 6.65×10^{23}）个 IP 地址。这样，今后的手机、汽车、家电、传感器等移动智能设备都可以获得 IP 地址，接入 Internet 的设备数量将不受限制地持续增长，可以适应 21 世纪甚至更长时间的需要。

（3）有效的分级寻址和路由结构

地址长度为 128 位的原因当然是需要更多的可用地址，以便从根本上解决 IP 地址匮乏问题，不再使用带来很多问题的 NAT 技术。实际上，地址长度为 128 位的更深层次原因是：巨大的地址空间能更好地将路由结构划分出层次，允许使用多级的子网划分和地址分配，可覆盖从 Internet 主干网到各个部门内部子网的多级结构，更好地适应现代 Internet 中的 ISP 层次结构与网络层次结构。

一种典型的做法是：将分配给一台主机的 128 位 IPv6 地址分为两部分，其中 64 位作为子网地址空间，剩余 64 位作为局域网硬件 MAC 地址空间。64 位作为子网地址空间可满足主机到主干网之间的三级 ISP 结构，使得路由器的寻址更简便。这种方法可增加路由层次划分和寻址的灵活性，适于当前存在的多级 ISP 结构，这正是 IPv4 所缺乏的。

（4）有状态和无状态的地址自动配置

为了简化主机配置，IPv6 既支持 DHCPv6 服务器的有状态地址自动配置，也支持没有 DHCPv6 服务器的无状态地址自动配置。在无状态的地址配置中，链路上的主机会自动为自己配置适合于这条链路的 IPv6 地址（称为链路本地地址），或者是适合于 IPv4 和 IPv6 共存的 IP 地址。在没有路由器的情况下，同一链路的所有结点可自动配置它们的链路本地地址，这样不用手工配置也可以通信。链路本地地址在 1s 内就能自动配置完成。

（5）内置的安全机制

IPv6 支持 IPSec 协议，为网络安全性提供一种标准的解决方案，并提高不同 IPv6 实现方案之间的互操作性。IPSec 由两种扩展头部和一个安全设置协议组成。认证头（AH）为整个 IPv6 分组中，除了在传输过程中必须改变的 IPv6 头部字段之外的数据提供数据完整性、数据验证和重放保护。封装安全报文（ESP）为封装的高层数据提供数据完整性、数据验证、数据机密性和重放保护。在 IPv6 单播通信中，用于 IPSec 安全设置的协议通常是 Internet 密钥交换（IKE）协议。

（6）更好地支持 QoS

IPv6 头部中的新字段定义如何识别和处理通信流，主要通过流类型字段来区分其优先级。流标记字段使路由器可以对属于一个流的分组进行识别和提供特殊处理。由于通信流是在 IPv6 基本头部中标识的，因此即使分组的有效载荷已用 IPSec 与 ESP 加密，它仍然可以实现对 QoS 的支持。

（7）用新协议处理邻结点的交互

IPv6 邻结点发现（neighbor discovery）协议使用 ICMPv6 报文，用来管理同一链路上的相邻结点之间的交互过程。它采用更有效的组播和单播的 ICMPv6 报文，代替为 IPv4 提供辅助性服务的 ARP、ICMP、IGMP 等协议。

（8）可扩展性

通过在 IPv6 头部之后添加新的扩展头部，IPv6 可以很方便地实现功能上的扩展。IPv4 头部中的选项最多支持 40B 的选项，而 IPv6 扩展头部长度只受分组长度的限制。

6.10.3　IPv6 地址

1. IPv6 地址表示方法

RFC2373 文档定义了 IPv6 地址空间结构与地址表示方法。IPv6 的 128 位地址按照每 16 位划分为一个位段，每个位段被转换为一个 4 位的十六进制数，并用冒号隔开，这种表示法称为冒号分十六进制表示法（colon hexadecimal）。

1）用二进制格式表示的一个 IPv6 地址：

00100001110110100000000000000000000000000000000000000000000000000000000101010101000000000000111111111111000001000100110001011010

2）将这个 128 位的地址按照每 16 位划分为 8 个位段：

0010000111011010　0000000000000000　0000000000000000　0000000000000000
0000001010101010　0000000000001111　1111111000001000　1001110001011010

3）将每个位段转换成十六进制数，并用冒号隔开，结果应该是：

21DA:0000:0000:0000:02AA:000F:FE08:9C5A

这时，获得的冒号分十六进制表示的 IPv6 地址与最初用 128 位二进制数表示的 IPv6 地址是等效的。

由于十六进制和二进制之间的进制转换比十进制和二进制之间的进制转换容易，因此 IPv6 的地址表示法采用十六进制数。每位十六进制数对应 4 位二进制数。但是，128 位的 IPv6 地址实在太长，人们很难记忆。在 IPv6 网络中，结点的 IPv6 地址都是自动配置的。

2. 零压缩法

IPv6 地址中可能会出现多个二进制数 0，可以规定一种方法，通过压缩某个位段中的前导 0，进一步简化 IPv6 地址的表示。例如，"000A" 可简写为 " A"，"00D3" 可简写为 "D3"；"02AA" 可简写为 "2AA"。但是，"FE08" 并不能简写为 "FE8"。需要注意的是，每个位段至少应该有一个数字，"0000" 可以简写为 "0"。

前面给出了一个 IPv6 地址的例子：

21DA:0000:0000:0000:02AA:000F:FE08:9C5A

根据零压缩法，上面的地址可进一步简化为：

21DA:0:0:0:2AA:F:FE08:9C5A

有些类型的 IPv6 地址中包含长串的 0。为了进一步简化 IP 地址的表示，在一个以冒号分十六进制表示的 IPv6 地址中，如果几个连续位段值都为 0，则这些 0 可简写为"::"，称为双冒号表示法（double colon）。

前面的结果又可以简化为：

21DA::2AA:F:FE08:9C5A

根据零压缩法，链路本地地址"FE80:0:0:0:0:FE:FE9A:4CA2"可简写为"FE80::FE:FE9A:4CA2"。组播地址"FF02:0:0:0:0:0:0:2"可简写为"FF02::2"。

需要注意的问题有两点：

- 在使用零压缩法时，不能将一个位段内有效的 0 压缩掉。例如，不能将"FF02:30:0:0:0:0:0:5"简写为"FF2:3::5"，而应该简写为"FF02:30::5"。
- 双冒号在一个地址中只能出现一次。例如：对于地址"0:0:0:2AA:12:0:0:0"，一种简化的表示法是"::2AA:12:0:0:0"，另一种表示法是"0:0:0:2AA:12::"，而不能将它表示为"::2AA:12::"。

3. IPv6 前缀

在 IPv4 地址中，子网掩码用来表示网络与子网地址长度。例如，192.1.29.7/24 表示子网掩码长度为 24 位，对应的子网掩码为 255.255.255.0。由于 IPv4 地址中可标识子网地址长度的位数是不确定的，因此要用前缀长度来区分子网号和主机号。在上述例子中，网络号为 192.1，子网号为 29，主机号为 7。

IPv6 地址不支持子网掩码，仅支持前缀长度表示法。前缀是 IPv6 地址的一部分，用作 IPv6 路由或子网标识。这种表示方法与 IPv4 中的 CIDR 表示方法类似。IPv6 前缀可用"地址 / 前缀长度"来表示。例如，"21DA:D3::/48"是一个路由前缀；而"21DA:D3:0:2F3B::/64"是一个子网前缀。64 位前缀表示结点所在的子网，子网中所有结点都有相应的前缀。任何少于 64 位的前缀可能是一个路由前缀，或者是一个包含部分地址空间的地址范围。

在当前已定义的 IPv6 单播地址中，用于标识子网与子网中主机的位数都是 64。因此，尽管 RFC2373 文档允许在 IPv6 单播地址中写明它的前缀长度，但是在实际使用中它们的前缀长度总是 64，因此不需要再表示出来。

例如，不需要将 IPv6 单播地址"F0C0::2A:A:FF:FE01:2A"表示成"F0C0::2A:A:FF:FE01:2A/64"。根据子网和接口标识平分地址的原则，IPv6 单播地址"F0C0::2A:A:FF:FE01:2A"的子网标识是"F0C0::2A/64"。

6.10.4　IPv6 分组结构与基本头部

1. IPv6 分组结构

IPv6 分组包括以下组成部分：基本头部、扩展头部与高层协议数据。图 6-52 给出了 IPv6 分组结构。每个 IPv6 分组都包含一个基本头部，它的长度固定为 40 字节。基本头部中定义了 IPv6 实现所需的各个字段。

IPv6 分组可以没有扩展头部，也可以有一个或多个扩展头部，扩展头部可以具有不同长度。基本头部中的"下一个头部"字段指向第一个扩展头部。每个扩展头部中都包含"下一个头部"字段，它指向紧接着的下一个扩展头部。最后一个扩展头部中的"下一个头部"字段指向高层协议的头部。高层协议可以是 TCP、UDP 等传输层协议，也可以是 ICMPv6 等辅助性网络层协议。

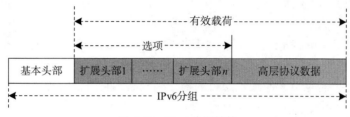

图 6-52 IPv6 分组结构

IPv6 基本头部与扩展头部代替 IPv4 头部及其选项，通过定义新的扩展头部可以增强 IP 功能，使得 IPv6 可以支持未来新应用的需求。与 IPv4 头部中的选项不同，IPv6 扩展头部没有最大长度的限制，因此它支持多个扩展头部。

IPv6 分组的有效载荷包括扩展头部与高层协议数据。有效载荷的长度最多可达到 65535 字节。有效载荷长度大于 65535 字节的 IPv6 分组称为超大包（jumbogram）。

2. 基本头部结构

IPv6 基本头部由以下这些字段组成。

（1）版本（version）

版本字段长度为 4 位，表示分组使用的 IP 协议版本。例如，对于 IPv6，版本字段值为 6。

（2）优先级（priority）

优先级字段长度为 8 位，表示分组类型与优先级，路由器通过它决定在拥塞时如何处理该分组。例如，优先级字段值为 0 ~ 7，表示拥塞发生时允许延时处理；优先级字段值为 8 ~ 15，表示优先级较高的实时业务，需要使用固定速率传输。优先级字段默认值是 0，表示不使用区分服务。RFC2460 文档对优先级的使用没有明确定义。

（3）流标号（flow label）

流标号字段长度为 20 位，表示分组属于通信双方之间的某个数据流，它需要由中间转发的路由器进行特殊处理。流标号用于非默认的 QoS 连接，如实时数据（音频与视频）的连接。流标号字段的默认值是 0，表示不使用区分服务。RFC2460 文档对流标号的使用没有明确定义。

（4）有效载荷长度（payload length）

有效载荷长度字段长度为 16 位，表示分组中除了基本头部之外的数据长度，这部分包括扩展头部与高层协议数据。有效载荷部分的最大长度为 65535 字节。

（5）下一个头部（next header）

下一个头部字段长度为 8 位，表示位于基本头部之后的数据类型。该字段的功能类似于 IPv4 的协议字段。如果 IPv6 分组中存在扩展头部，该字段标识接下来的扩展头部，如逐跳头部、路由头部等；否则，该字段标识高层协议类型，如传输层协议（TCP 或 UDP）或网络层协议（ICMP）。

（6）跳步限制（hop limit）

跳步限制字段长度为 8 位，表示分组可通过路由器转发的最大次数。该字段的功能类似于 IPv4 的生存时间，防止分组因出现问题而无限期转发。当分组每次经过一个路由器时，该字段值减 1。当该字段值为 0 时，路由器丢弃该分组，并向源主机发送 ICMP 报文。

（7）IP 地址（IP address）

IP 地址包括两个部分：源 IP 地址与目的 IP 地址。这里，源地址与目的地址字段长度均为 128 位。源地址是发送分组的源主机的 IPv6 地址，目的地址是接收分组的目的主机的 IPv6 地址。

图 6-53 给出了一个简化的 IPv6 基本头部结构。这个例子是一个 ICMPv6 回送请求报文头部。该报文使用默认的通信类型标识与流标记，以及一个 128 的跳步限制。MAC 层使用的是 EUI-64 地址。根据对其源地址与目的地址的判断，它是在两台主机之间使用链路本地地址发送。

```
Frame: Base frame properties
Ethernet: E-type=0x86DD(IPv6)
          destination = 00-0D-23-FF-FE-60-5F-FC
          source = 00-E0-12-FF-FE-10-22-1A
Internet Protocol:
          version = 6(IPv6)
          traffic class = 0x0(0)
          flow label = 0x0(0)
          playload length = 0x0028(40)
          next header = 0x003A(58, ICMPv6)
          hop limit = 128
          source address = f080::160:16ff:cd02:3d02
          destination address = f080::160:16ff:cd02:3d05
Internet Control Message Protocol v6:
          Type = 128(echo request)
          Code = 0
          Checksum = 0x9675(correct)
          Id = 0x0001
Data = 32
```

图 6-53　一个简化的 IPv6 基本头部结构

3. IPv6 与 IPv4 头部的比较

IPv6 头部与 IPv4 头部相比，做了很多简化。表 6-10 给出了 IPv6 与 IPv4 头部对应字段的比较，从中可以看到以下几点：

- IPv6 头部字段数量从 IPv4 的 12 个（包括选项）降到 8 个，并且 IPv6 头部由 IPv4 的长度可变改为长度固定，因此 IPv6 头部取消了"头部长度"字段。
- IPv6 头部字段数量中需要路由器处理的从 IPv4 的 6 个降到 4 个，路由器可以更有效地转发 IPv6 分组。
- IPv6 的有效载荷长度字段代替了 IPv4 的总长度字段。IPv4 总长度包括头部长度，而 IPv6 只表示有效载荷的长度。
- IPv6 地址长度是 IPv4 地址长度的 4 倍，而 IPv6 基本头部的长度仅是 IPv4 最小头部长度的 2 倍。
- IPv6 的通信类型字段代替了 IPv4 的服务类型字段。
- IPv6 的跳步限制字段代替了 IPv4 的生存时间字段。
- IPv6 将 IPv4 头部中支持拆分的字段（如标识、标志、片偏移）移到扩展头部。

- IPv6 的下一个头部字段代替了 IPv4 的协议字段。
- IPv6 取消了头部校验和字段，相应的功能由数据链路层来承担。
- IPv6 取消了选项字段，相应的功能由扩展头部来承担。

表 6-10　IPv6 与 IPv4 头部对应字段的比较

IPv4 头部字段	作用	IPv6 头部字段	作用
版本，4 位	协议版本号，数值为 4	版本，4 位	协议版本号，数值为 6
头部长度，4 位	以 4 字节为单位的头部长度数，包括头部选项		
服务类型，8 位	指定优先级、可靠性与延迟参数	通信类型，8 位	0～7 表示阻塞时允许延时处理，8～15 表示是优先级较高的实时业务
		流标记，20 位	路由器根据流标记在连接时采用不同策略
总长度，16 位	以字节为单位的分组的总长度	载荷长度，16 位	表示包括扩展头部和高层协议数据的有效载荷长度
标识，16 位	标识属于同一分组的不同分片		
标志，3 位	表示分组还有分片与不能分片		
片偏移，13 位	表示分片在原分组中的偏移量		
		下一个头部，8 位	表示下一个扩展头部或高层协议类型
生存时间，8 位	分组在网络中以秒为单位的寿命	跳步限制，8 位	分组在网络中经过路由器转发的最大次数
协议，8 位	高层协议类型		
头校验和，16 位	仅校验分组头部		
源地址，32 位	发送方的 IPv4 地址	源地址，128 位	发送方的 IPv6 地址
目的地址，32 位	接收方的 IPv4 地址	目的地址，128 位	接收方的 IPv6 地址
选项，24 位	用户可选择		
填充位	保证头部是 4 字节的整数倍		

4．"下一个头部"字段的讨论

RFC1700 文档定义了 IPv6 基本头部中的"下一个头部"值及其表示内容。如果 IPv6 采用扩展头部，则"下一个头部"指出扩展头部类型。如果 IPv6 没有采用扩展头部，则"下一个头部"指出有效载荷是哪种高层协议数据。表 6-11 给出了"下一个头部"字段值与对应的协议类型。例如，IPv6 基本头部的"下一个头部"值为 6，表示该分组没有扩展头部，它的有效载荷是 TCP 数据。

表 6-11　"下一个头部"字段值与对应的协议类型

字段值	关键字	协议类型
3	GGP	Gateway-to-Gateway Protocol
4	IP	IP in IP
6	TCP	TCP
8	EGP	Exterior Gateway Protocol
9	IGP	Interior Gateway Protocol
17	UDP	UDP
45	IDRP	Inter-Domain Routing Protocol

（续）

字段值	关键字	协议类型
46	RSVP	ReServation reserVation Protocol
48	MHRP	Mobile Host Routing Protocol
50	SIPP-ESP	SIPP-Encapsulating Security Payload
51	SIPP-AH	SIPP-Authentication Header
58	ICMPv6	Internet Control Message Protocol version 6

5. IPv6 分组的转发过程

下面给出了一个 IPv6 分组的转发过程：

- 检查"版本"字段。判断该分组是否按 IPv6 要求封装。
- 递减"跳步限制"字段。如果该值大于 1，将减 1 后的值填入"跳步限制"字段；否则，丢弃该分组，并向源结点发送一个"超时"ICMPv6 报文。
- 检查"下一个头部"字段。如果该值为 0，则处理"逐跳选项"扩展头部。
- 执行路由选择。对该分组的目的地址在本地路由表中进行查找，以便确定下一跳路由器的 IPv6 地址以及转发接口。如果没有找到合适的路由，则丢弃该分组，并向源结点发送一个"目的地不可达"ICMPv6 报文。
- 处理"有效载荷长度"字段。如果转发接口的链路 MTU 小于有效载荷长度字段值加 40 字节，则丢弃该分组，并向源结点发送一个"分组过大"ICMPv6 报文。
- 根据路由选择结果转发分组。

通过比较我们发现：IPv6 分组的转发过程比 IPv4 简单得多。在转发一个 IPv6 分组时，不需要计算头部校验和，不需要执行拆分操作，也不需要处理并非路由器处理的选项。因此，IPv6 简化了分组头部经过路由器的计算过程，提高了路由器的转发效率。

6.10.5　IPv6 扩展头部

1. 扩展头部的基本概念

在 IPv4 网络中，IP 分组经过每个中间路由器时，必须检查头部所有字段是否存在，如果存在就必须处理，这样显然会降低路由器性能。IPv6 分组将选项移到扩展头部中。每个路由器仅处理固定长度的基本头部，唯一需要处理的扩展头部就是逐跳选项头部，这种设计思想必然会提高路由器性能。

IPv6 扩展头部包括逐跳选项头部、目标选项头部、路由头部、分片头部、认证头部与封装安全载荷头部。IPv6 分组通常不需要这么多扩展头部，只是在中间路由器或目的结点需要一些特殊处理时，发送方才添加一个或几个扩展头部。

除了认证头部和封装安全载荷头部之外，RFC2460 文档定义了其他扩展头部。每个扩展头部由不同字段构成，长度各不相同，但必须是 8 字节的整数倍。所有扩展头部的第 1 字节都是"下一个头部"字段，说明该扩展头部的类型。如果 IPv6 分组中存在多个扩展头部，则这些扩展头部的顺序依次为：逐跳选项头部、目标选项头部、路由头部、分片头部、认证头部与封装安全载荷头部。

表 6-12 给出了"下一个头部"字段值与对应的扩展头部类型。如果"下一个头部"字段值为 59，则表示该头部是最后一个头部，后面不再有其他头部。

表 6-12 "下一个头部"字段值与对应的扩展头部类型

字段值	扩展头部类型
0	逐跳选项头部（hop-by-hop option header）
43	路由头部（routing header）
44	分片头部（fragment header）
50	认证头部（authentication header）
51	封装安全载荷头部（encapsulating security payload header）
60	目标选项头部（destination option header）

2. 扩展头部的链状结构

如果 IPv6 分组中没有扩展头部，则基本头部中的"下一个头部"字段值为 6，表示它的有效载荷是 TCP 数据（如图 6-54 所示）。

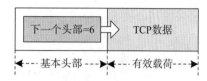

图 6-54 没有扩展头部的 IPv6 分组

如果 IPv6 分组中只有一个路由头部，则基本头部中的"下一个头部"字段值为 43，表示有效载荷第一部分为路由头部。路由头部中的"下一个头部"字段值为 6，表示有效载荷的剩余部分是 TCP 数据。图 6-55 给出了只有一个扩展头部的 IPv6 分组。

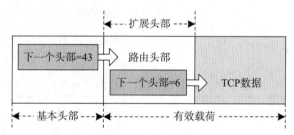

图 6-55 只有一个扩展头部的 IPv6 分组

如果 IPv6 分组中有两个扩展头部，第 1 个是路由头部，第 2 个是认证头部，则基本头部中的"下一个头部"字段值为 43，表示有效载荷第 1 部分为路由头部。路由头部中的"下一个头部"字段值为 50，表示有效载荷第一部分为认证头部。认证头部中的"下一个头部"字段值为 6，表示有效载荷的剩余部分是 TCP 数据。图 6-56 给出了有两个扩展头部的 IPv6 分组。

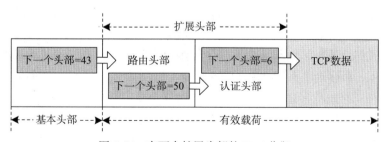

图 6-56 有两个扩展头部的 IPv6 分组

从以上分析可以看出：IPv6 基本头部的"下一个头部"字段与扩展头部的"下一个头部"组成扩展头部的指针链表。每个指针表示紧接着的下一个扩展头部类型，最后一个扩展头部的"下一个头部"指出高层协议类型。

3. 扩展头部的主要用途

（1）逐跳选项头部

扩展头部按逐跳选项头部、目标选项头部、路由头部、分片头部、认证头部与封装安全载荷头部的顺序出现。如果存在逐跳选项头部，它会是第 1 个扩展头部，则基本头部中的"下一个头部"字段值为 0。逐跳选项头部是中间路由器唯一需要处理的扩展头部。显然，通过路由器硬件测试"0"来确定是否存在该头部，比测试其他值（如 57）更容易。

逐跳选项头部包括 3 个部分：下一个头部、扩展头部长度与选项。其中，"下一个头部"字段长度为 8 位，表示接下来的扩展头部或高层协议数据。"扩展头部长度"字段长度为 8 位，表示选项长度为 8 位的倍数。"选项"长度是 8 位的整数倍，由 8 位选项类型、8 位选项长度与选项数据构成。图 6-57 给出了逐跳选项头部结构。

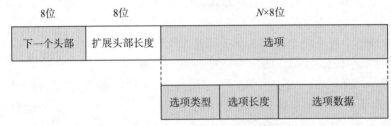

图 6-57   逐跳选项头部结构

选项类型的最高两位表示处理选项的结点不能识别选项类型时，当前结点应该采取的动作（如表 6-13 所示）。

表 6-13   选项类型最高两位的值与作用

最高两位的值	作用
00	跳过这个选项
01	丢弃该分组
10	丢弃该分组，向源结点发送 ICMPv6 参数错误报文
11	丢弃该分组，仅当目的地址不是多播地址时，向源结点发送 ICMPv6 参数错误报文

选项类型最高的第三位表示处理选项的结点是否能改变分组到达目的结点的路由。该位的值为 0 时，表示不能改变路由；该位的值为 1 时，表示可以改变路由。

（2）目标选项头部

目标选项头部用于指定中间结点或目的结点的分组转发参数。目标选项头部主要有两种使用方式：

- 如果存在路由头部，目标选项头部指定每个中间结点都要转发或处理的选项。在这种情况下，目标选项头部出现在路由头部之前。
- 如果不存在路由头部，或目标选项头部出现在路由头部之后，则目标选项头部指定在最后的结点要转发或处理的选项。

（3）路由头部

路由头部用于指出在分组从源结点到目的结点的过程中，需要经过的一个或多个中间路由器的相关信息。

（4）分片头部

分片头部用于支持在分组从源结点到目的结点的过程中，是否需要对分组进行分片。

"段偏移"表示分片数据相对于原始数据以 8 字节为单位的偏移值。例如,"段偏移"字段的最大值为 8191,表示分片数据的最大长度为 8191×8=65 528 字节。

（5）认证头部

认证头部（AH）用于一对主机或一对安全网关之间,以提高端－端通信的安全性。认证头部可提供数据源身份认证、数据完整性认证、抗重放功能等。RFC2402 文档将认证头部定义为 IP 安全体系的一部分。

（6）封装安全载荷头部

封装安全载荷（ESP）头部可以与 AH 结合使用,也可以单独使用,以提高端-端通信的安全性。ESP 头部可提供 AH 的所有功能,以及数据加密服务。RFC2406 文档将封装安全载荷头部定义为 IP 安全体系的一部分。IPv6 分组默认的加密技术是密码块链（Cipher Block Chaining,CBC）模式下的 DES 算法,可记为 DES-CBC。DES 算法是一种使用 64 位密钥的对称加密算法。

6.10.6 IPv4 到 IPv6 的过渡

1. 双 IP 层

双 IP 层是指在完全过渡到 IPv6 之前,部分结点（主机和路由器）支持两个协议,即 IPv4 和 IPv6。这种主机既能与 IPv6 主机通信,又能与 IPv4 主机通信。双 IP 层结点拥有两个 IP 地址:IPv6 地址与 IPv4 地址。在双 IP 层结点中,TCP 或 UDP 都可通过 IPv4、IPv6 网络,或 IPv6 穿越 IPv4 的隧道来通信。图 6-58 给出了双协议层和双协议栈结构。例如,Windows Server 2003 系统就是采用双协议栈结构。

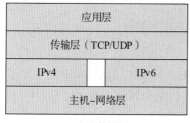
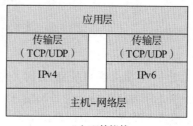

a）双协议层　　　　　　　　　b）双协议栈

图 6-58　双协议层和双协议栈结构

2. 隧道技术

隧道技术是指当 IPv6 分组进入 IPv4 网络时,将整个 IPv6 分组封装入 IPv4 分组的数据部分。当这个 IPv4 分组离开 IPv4 网络时,再将其数据部分还原成 IPv6 分组。这样,就像在 IPv4 网络中打通一个隧道来传输 IPv6 分组。当 IPv6 分组通过隧道来传输时,IPv4 头部的协议字段值为 41,表示这是一个经过封装的 IPv6 分组,其源地址与目的地址分别为隧道端点的 IPv4 地址。

隧道配置用于建立隧道。RFC2893 文档将隧道配置分为 3 种类型:路由器－路由器隧道、主机－路由器隧道、主机－主机隧道。

（1）路由器－路由器隧道

图 6-59 给出了路由器－路由器隧道结构。隧道端点是两个 IPv4/IPv6 路由器,隧道是连接这两个端点之间的逻辑链路。两个 IPv4/IPv6 路由器都有一个表示 IPv6 穿越 IPv4 网络的

隧道的接口，以及对应的路由。对于穿越 IPv4 网络的 IPv6 分组，穿越隧道相当于经过一个单跳路由。

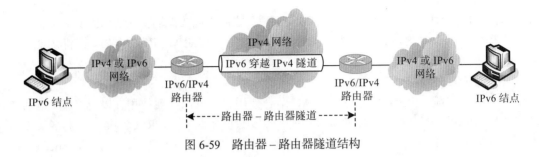

图 6-59　路由器－路由器隧道结构

（2）主机－路由器隧道

图 6-60 给出了主机－路由器隧道结构。由 IPv4 网络中的 IPv4/IPv6 主机创建一个穿越 IPv4 网络的隧道，作为从源结点到目的结点之间路径中的第一段。对于穿越 IPv4 网络的 IPv6 分组，穿越隧道相当于经过一个单跳路由。

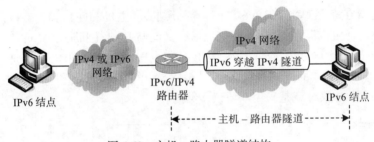

图 6-60　主机－路由器隧道结构

（3）主机－主机隧道

图 6-61 给出了主机－主机隧道结构。由 IPv4 网络中的 IPv4/IPv6 主机创建一个穿越 IPv4 网络的隧道，作为从源结点到目的结点之间的整个路径。对于穿越 IPv4 网络的 IPv6 分组，穿越隧道相当于经过一个单跳路由。

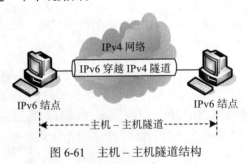

图 6-61　主机－主机隧道结构

（4）其他隧道技术

除了上述三种隧道模式之外，其他隧道技术主要包括以下几种。

- 6over4：一种主机－主机、主机－路由器的多播隧道技术，又称为 IPv4 多播隧道。它主要支持 IPv6 结点之间穿越 IPv4 网络的多播通信。
- 6to4：一种路由器－路由器的自动隧道技术，提供地址自动分配功能。它主要支持

IPv6 结点之间穿越 IPv4 网络的单播通信。

- ISATAP：一种主机 – 主机、主机 – 路由器的自动隧道协议，提供地址自动分配功能。它支持 IPv6 结点之间穿越 IPv4 网络的单播通信。

6.11　本章总结

1）IP 协议提供的是一种"尽力而为"的服务。IP 分组包括分组头部和数据两个部分。分组头部的基本长度为 20B，选项最长为 40B。

2）IP 地址技术研究分为 4 个阶段：标准分类的 IP 地址结构、划分子网的三级地址结构、构成超网的无类别域间路由（CIDR）技术、网络地址转换（NAT）技术。

3）路由算法为生成路由表提供具体的算法依据，路由协议用于路由表中路由信息的动态更新。

4）整个互联网划分为很多较小的自治系统（AS），其核心是路由选择的"自治"。互联网路由协议分为两类：内部网关协议与外部网关协议。目前，内部网关协议主要有 RIP 与 OSPF，外部网关协议主要是 BGP。

5）路由器是具有多个输入端口和输出端口、负责转发分组的专用计算机系统，其结构可以分为路由选择和分组转发两个部分。

6）针对 IPv4 缺乏传输可靠性保证机制，IP 协议体系中增加了 ICMP。针对 IPv4 不能支持多播服务，IP 协议体系中增加了 IGMP。

7）为了提高 IP 网络的服务质量，出现了资源预留协议（RSVP）、区分服务（DiffServ）、多协议标记服务（MPLS）等技术。

8）移动 IP 要求移动结点在改变接入点时不改变 IP 地址，以便在结点的移动过程中保持已有通信的连续性。

9）IPv6 的主要特征是：新的协议格式、巨大的地址空间、有效的分级寻址和路由结构、有状态和无状态的地址自动配置、内置的安全机制、更好地支持 QoS 服务等。

第7章　数据链路层与数据链路层协议分析

本章主要讨论以下内容：
- 数据链路层的主要功能
- 数据链路层协议的主要类型
- 数据链路层的差错控制技术
- HDLC 协议包括哪些内容
- PPP 包括哪些内容
- 以太网 MAC 协议包括哪些内容

数据链路层在传输介质的基础上提供可靠的数据传输链路。本章将系统地讨论数据链路层协议的主要功能与分类、基于点对点线路的数据链路层协议、局域网的基本工作原理，以及数据链路层的软件编程方法。

7.1 数据链路层的基本概念

7.1.1 物理线路与数据链路

物理线路与数据链路的含义是不同的。在通信技术中，常用"线路"这个术语来描述一条点 – 点的电路段（circuit segment）或物理电路（physical circuit）。根据定义的描述，一条线路的中间没有任何交换结点。因此，线路通常是指实际的一段物理电路，它用于连接两个传输设备，或者是一台计算机与一个传输设备。

数据链路的概念有着更深层次的意义。如果在两台计算机之间传输数据，除了需要一条物理线路及相应的传输设备之外，还需要协议来控制数据在线路上的传输，以保证数据传输过程的正确性。实现这些协议的硬件、软件与物理线路共同构成了数据链路（data link）。图7-1 给出了物理线路与数据链路的关系。

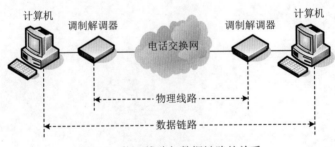

图 7-1　物理线路与数据链路的关系

7.1.2　数据链路层的主要功能

数据链路层介于物理层与网络层之间。设立数据链路层的目的是将物理层的有差错的物理线路，变成对于网络层来说无差错的数据链路。由于数据链路层的存在，网络层并不知道物理层采用的传输介质，以及在传输技术上的差异。数据链路层为网络层提供的服务是：正确传输网络层数据，为网络层屏蔽物理层实现的差异。

数据链路层的主要功能包括如下内容。

（1）链路管理

数据链路的建立、维持和释放称为链路管理。在传输数据之前，通信双方需要交换一些必要的信息，以便建立一条数据链路；在传输数据的过程中，通信双方需要维持这条链路的通畅；在传输数据完毕后，通信双方需要释放这条链路。

（2）帧同步

数据链路层的数据传输单元通常称为帧（frame）。物理层的比特序列按数据链路层协议的规定被封装成帧来传输。帧同步是指接收方能从接收的比特序列中正确判断出一帧的开始与结束位。

（3）流量控制

通信双方需要协调数据发送与接收速率是否匹配。发送方以自己的速率来发送数据，接收方也以自己的速率来接收数据，这些数据通常先放在缓存中等待处理。如果数据链路拥塞或接收方不能及时接收，则发送方需要控制自己的发送速率。

（4）差错控制

数据链路层的主要功能是将有差错的物理线路变成无差错的数据链路。由于计算机之间通信一般要求有极低的误码率，而仅靠传输介质是达不到误码率要求的，因此数据链路层协议必须能实现差错控制功能。

（5）透明传输

当传输数据中出现控制字符时，就必须采取适当的处理措施，防止接收方将数据内容误认为是控制信息。例如，一帧的开始与结束是用固定的帧定界符"01111110"限定，则在数据内容中不能出现该比特序列。但是，任何一帧封装的数据无法保证不出现该比特序列，这就是帧传输"透明性"问题。

7.2　差错产生与差错控制方法

7.2.1　设计数据链路层的原因

在讨论具体的数据链路层协议之前，我们首先看设置数据链路层的必要性。这个问题可从以下3个方面回答：

- 物理线路传输数据信号是存在差错的。通信线路由传输介质与设备组成。物理线路是指没有采用差错控制的传输介质与设备。误码率是指二进制比特在数据传输过程中被传错的概率。测试结果表明：对于电话线路，传输速率为 300 ~ 2400bit/s 时，平均误码率为 10^{-4} ~ 10^{-6}；传输速率为 4800 ~ 9600bit/s 时，平均误码率为 10^{-2} ~ 10^{-4}。由于计算机网络对数据通信的要求是平均误码率低于 10^{-9}，因此普通的电话线路不采取差错控制措施将无法达到计算机网络的要求。

- 设计数据链路层的主要目的是在原始的、有差错的物理线路的基础上，采取差错检测、差错控制与流量控制等方法，将有差错的物理线路改进成无差错的数据链路，以便向网络层提供高质量的服务。
- 从网络参考模型的角度来看，物理层以上各层都有改善数据传输质量的责任，数据链路层是其中最重要的一层。

7.2.2   差错产生原因和差错类型

接收数据与发送数据不一致的现象称为传输差错（简称差错）。差错的产生是不可避免的，我们应分析差错产生原因与类型，研究发现与纠正差错的方法（即差错控制方法）。图7-2 给出了传输差错产生的过程。当数据从发送方发送经过信道时，由于信道总有一定的噪声存在，因此信号到达接收方时是信号叠加噪声。接收方在采样时需要判断信号电平。如果信号叠加噪声在电平判决时出错，则说明出现传输错误。

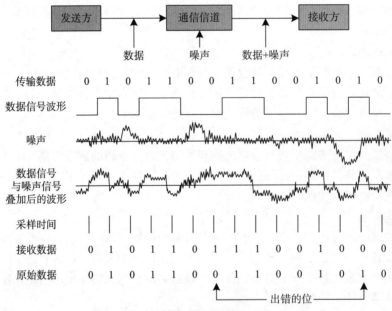

图 7-2   传输差错的产生过程

通信信道的噪声可分为两类：热噪声与冲击噪声。其中，热噪声是由传输介质的电子热运动产生。热噪声的主要特点是：随时存在，幅度较小，强度与频率无关，但是频谱很宽。热噪声是随机的噪声，它引起的差错称为随机差错。

冲击噪声是由外界的电磁干扰而产生。与热噪声相比，冲击噪声的幅度较大，它是引起传输差错的主要原因。冲击噪声的持续时间较长，引起的相邻多位出错呈突发性。冲击噪声引起的差错称为突发差错。传输差错由随机差错与突发差错构成。

7.2.3   误码率的定义

误码率是指二进制比特在传输中出错的概率，它在数值上近似满足以下等式：

$$P_e = N_e/N$$

式中，N 为传输的二进制比特总数，N_e 为传错的二进制比特数。

在理解误码率的定义时，需要注意以下问题：

- 误码率是衡量数据传输系统在正常工作状态下传输可靠性的参数。
- 对于一个实际的数据传输系统，不能笼统地说误码率越低越好，应该根据实际传输要求提出误码率要求。在传输速率确定后，要求的误码率越低，传输系统的设备越复杂，造价也越高。
- 如果数据传输系统传输的不是二进制比特，需要折合成二进制比特来计算。
- 传输差错的出现具有随机性。在实际测试一个传输系统时，只有被测的二进制比特数量越多，才会越接近真正的误码率值。

在实际的数据传输系统中，需要对通信信道进行大量、重复的测试，以便获得该信道的平均误码率，或者某些特殊情况下的平均误码率。

7.2.4　检错码与纠错码

在计算机通信中，在承认传输过程会产生差错的前提下，有效地检测出错误并进行纠正的方法称为差错检测与校正（简称差错控制）。设计差错控制方法的目的是减少信道的传输错误，当前的技术还不可能检测出所有错误并纠正。

设计差错控制方法主要有两种策略：

- 为每个分组添加足够的冗余信息，使接收方能发现并自动纠正传输差错，这种方法称为纠错码。
- 为每个分组添加一定的冗余信息，使接收方能发现传输差错，但是不能确定差错位置，并且不能纠正差错，这种方法称为检错码。

纠错码虽然有纠正错误的优点，但是实现复杂、造价高、效率低，当前各类传输系统很少采用这种方法。检错码通过重传机制来实现纠错，但是原理简单、实现容易、效率高，这种方法得到了广泛的应用。

7.2.5　循环冗余编码的工作原理

常用的检错码主要有奇偶校验码和循环冗余编码。奇偶校验码是一种最常见的检错码，它分为垂直奇偶校验、水平奇偶校验与水平垂直奇偶校验（即方阵码）。奇偶校验方法简单，但是检错能力差，通常用于要求较低的通信环境。目前，循环冗余编码（Cyclic Redundancy Code，CRC）是应用最广泛的检错码，它具有检错能力强与实现容易的特点。

1. CRC 校验的工作原理

发送方将待发送数据的比特序列作为一个多项式 $f(x)$，除以双方约定的生成多项式 $G(x)$ 求得一个余数多项式，并将待发送数据与该余数多项式一起发送。接收方将接收数据 $f'(x)$ 除以同样的生成多项式 $G(x)$ 求得一个余数多项式。如果计算出的余数多项式与接收的余数多项式相同，说明传输正确；否则，说明传输出错，需要发送方来重发数据。图 7-3 给出了 CRC 校验的工作原理。

CRC 生成多项式 $G(x)$ 由不同协议来规定，$G(x)$ 的结构及检错效果经过严格的数学分析与实验。目前，已有多种生成多项式列入国际标准：

- CRC-12：$G(x)=x^{12}+x^{11}+x^3+x^2+x+1$
- CRC-16：$G(x)=x^{16}+x^{15}+x^2+1$
- CRC-CCITT：$G(x)=x^{16}+x^{12}+x^5+1$

● CRC-32：$G(x)=x^{32}+x^{26}+x^{23}+x^{22}+x^{16}+x^{12}+x^{11}+x^{10}+x^8+x^7+x^5+x^4+x^2+x+1$

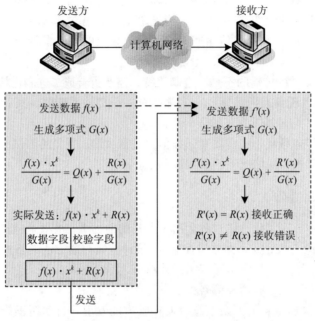

图 7-3　CRC 校验的工作原理

CRC 校验的工作过程如下：

1）发送方的发送数据为 $f(x) \cdot x^k$，其中 k 为生成多项式的最高幂值，如 CRC-12 的最高幂值为 12，则为 $f(x) \cdot x^{12}$；对于二进制数乘法，$f(x) \cdot x^{12}$ 的意义是将发送数据的比特序列左移 12 位，用于放入余数。

2）将 $f(x) \cdot x^k$ 除以生成多项式 $G(x)$，得

$$\frac{f(x) \cdot x^k}{G(x)} = Q(x) + \frac{R(x)}{G(x)}$$

式中，$R(x)$ 为余数多项式。

3）将 $f(x) \cdot x^k + R(x)$ 作为整体，从发送方通过通信信道传送到接收方。

4）接收方对接收数据 $f'(x)$ 采用同样的运算，即

$$\frac{f'(x) \cdot x^k}{G(x)} = Q(x) + \frac{R'(x)}{G(x)}$$

求得余数多项式 $R'(x)$。

5）接收方判断计算的余数多项式 $R'(x)$ 是否等于接收的余数多项式 $R(x)$，以确定传输是否出错。

2. CRC 校验的例子

CRC 校验过程采用二进制数模二算法，即减法不错位、加法不进位，实际上是一种异或操作。下面，通过例子说明 CRC 校验码（余数多项式）的生成过程：

1）待发送数据为 110011（6 位）。

2）生成多项式为 11001（5 位，$k = 4$）。

3）将待发送数据乘以 2^4，得到 1100110000。

4）将乘积除以生成多项式，得到余数多项式为 1001：

$$
\begin{array}{r}
1\,0\,0\,0\,0\,1 \leftarrow Q(x) \\
G(x)\rightarrow 1\,1\,0\,0\,1\overline{\smash{\big)}\,1\,1\,0\,0\,1\,1\,0\,0\,0\,0}\leftarrow f(x)\cdot x^k \\
\underline{1\,1\,0\,0\,1} \\
1\,0\,0\,0\,0 \\
\underline{1\,1\,0\,0\,1} \\
1\,0\,0\,1 \leftarrow R(x)
\end{array}
$$

5）将余数多项式加到乘积中：

$$1\,1\,0\,0\,1\,1 \qquad 1\,0\,0\,1$$

发送数据	CRC 校验码
0、1 序列	0、1 序列

带 CRC 校验码的
发送数据 0、1 序列

6）如果在传输过程中没有出错，则接收方接收到的带 CRC 校验的接收数据一定能被相同的生成多项式整除：

$$
\begin{array}{r}
1\,0\,0\,0\,0\,1 \\
1\,1\,0\,0\,1\overline{\smash{\big)}\,1\,1\,0\,0\,1\,1\,1\,0\,0\,1} \\
\underline{1\,1\,0\,0\,1} \\
1\,1\,0\,0\,1 \\
\underline{1\,1\,0\,0\,1} \\
0
\end{array}
$$

在实际的网络应用中，CRC 校验码的生成与校验过程可通过软件或硬件来实现。目前，很多集成电路芯片中内置了相应的硬件，可以方便、快速地实现 CRC 校验计算。

3. CRC 校验的特点

CRC 校验具有以下这些检错能力：

- CRC 校验能检查出全部单个错。
- CRC 校验能检查出全部离散的二位错。
- CRC 校验能检查出全部奇数个错。
- CRC 校验能检查出全部长度小于或等于 k 位的突发错。
- CRC 校验能以 $[1–(1/2)^{k-1}]$ 的概率检查出长度为 $(k + 1)$ 位的突发错。

例如，如果 $k=16$，则 CRC 校验能检查出所有长度小于或等于 16 位的突发差，并能以 $99.997\%[1–(1/2)^{16-1}]$ 的概率检查出长度为 17 位的突发错。

7.2.6　差错控制机制

接收方可通过检错码来检查数据是否出错，如果发现数据在传输过程中出错，通常采用自动反馈重发（Automatic Repeat Request，ARQ）方式来纠正。自动反馈重发方式可以分为两类：停止等待与连续工作方式。

1. 停止等待方式

在停止等待方式中，发送方每次发送完一个数据后，需要等待接收方的应答信息到来。如果发送方接收到应答，表示上一个数据已正确接收，则开始发送下一数据；否则，发送方将重发出错的数据。停止等待方式的协议简单，但是工作效率低。

2. 连续工作方式

为了克服停止等待方式的缺点，研究者提出了连续工作方式。图 7-4 给出了连续工作方式的工作原理。连续工作方式又分为两类：拉回方式与选择重发方式。

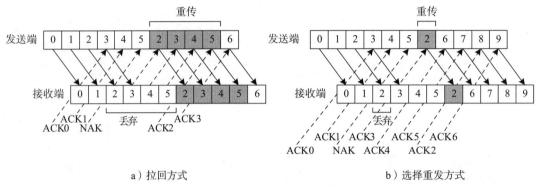

图 7-4　连续工作方式的工作原理

在拉回方式中，发送方可以连续向接收方发送数据，接收方对接收数据进行校验，然后向发送方返回应答信息。例如，发送方连续发送数据 0 ~ 5 之后，从接收方的应答中得知数据 2 出错，则发送方停止当前数据的发送，并重发数据 2 ~ 5。在拉回状态结束后，发送方继续发送数据 6。

选择重发方式与拉回方式的区别在于：如果发送方发送完编号为 5 的数据后，接收到数据 2 出错的应答，则发送方仅重发出错的数据 2。在选择重发状态结束后，发送方继续发送数据 6。显然，选择重发方式的工作效率高于拉回方式。

7.3　面向字符型数据链路层协议

7.3.1　数据链路层协议的分类

为了使有差错的物理线路成为无差错的数据链路，需要在物理层之上增加一个数据链路层。实现数据链路层的功能就需要制定相应的数据链路层协议。数据链路层协议基本可分为两类：面向字符型与面向比特型。

数据链路层协议经历了一个不断改进的过程。最早出现的数据链路层协议是面向字符型的协议，其特点是利用已定义的某种编码（如 ASCII 码或 EBCDIC 码）的一个子集来执行通信控制。面向字符型协议可利用 ASCII 码中的 10 个控制字符（如报头开始 SOH、肯定应答 ACK、同步字符 SYN 等）实现通信控制。典型的面向字符型协议是二进制同步通信（Binary Synchronous Communication，BSC）协议。

面向字符型协议有两个明显的缺点：一是采用不同字符集的计算机之间很难利用这类协议来通信；二是控制字符编码（如同步字符 SYN 编码为 0010110）不能出现在数据字段中，否则就会引起通信控制方面的错误。这种现象称为用户数据不能"透明"传输。为了克服这两个主要缺点，在此基础上提出了面向比特型协议。面向比特型协议主要包括：同步数据链路控制（Synchronous Data Link Control，SDLC）协议与高级数据链路控制（High Level Data Link Control，HDLC）协议。

尽管面向字符型协议存在明显缺点并且较少使用，但是它比较符合人们通常的思维方式，很多人在网络环境的软件编程中经常使用类似方法。因此，了解面向字符型协议原理与工作过程，对初学者理解数据链路层协议是有益的。

7.3.2　BSC 协议的基本内容

面向字符型的 BSC 协议使用 ASCII 码中的 10 个控制字符完成通信控制，并规定了数据与控制报文的格式，以及协议操作过程。

1. 控制字符

表 7-1 给出了 BSC 协议中使用的控制字符及其功能。

表 7-1　BSC 协议中使用的控制字符

控制字符	功能
SOH（Start of Head）	报头开始
STX（Start of Text）	正文开始
ETX（End of Text）	正文结束
EOT（End of Transmission）	传输结束
ENQ（Enquiry）	询问对方，并要求回答
ACK（Acknowledge）	肯定应答
NAK（Negative Acknowledge）	否定应答
DLE（Data link Escape）	转义字符
SYN（Synchronous）	同步
ETB（End of Transmission Block）	正文信息组结束

2. 数据报文格式

图 7-5 给出了 BSC 数据报文的格式。其中，SYN 为同步字符，接收方至少接收到两个 SYN 字符后才能开始接收。报头字段从 SOH 字符开始，报头字段属于选项部分，并且可以由用户自行定义，如存放地址、路径信息、发送日期等。正文字段从 STX 字符开始，正文的长度未做规定，如果正文太长，则需要分成几块传输，每块以 ETB 字符结束。当全部正文传输结束后，用 ETX 结束正文字段。BCC 是校验字段。

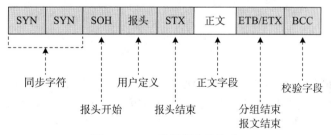

图 7-5　BSC 数据报文的格式

3. 转义字符的使用

在 BSC 数据报文中，数据报文是以字符为单位组成。在正文字段中可能出现控制字符并造成误解。例如，在正文中出现 ETB 字符，接收方会误认为是正文结束。为了解决这个问题，BSC 协议做出了规定：当正文中出现与控制字符相同编码时，发送方自动在其后插入一个 DLE 字符；当接收方发现正文中有 DLE 字符时，将会自动删除这个 DLE 字符，这个过程对用户来说是透明的。

4. BSC 协议的执行过程

图 7-6 给出了 BSC 协议的实现流程。图中实线表示结点内协议控制信息的交换,虚线表示结点之间的数据交互。

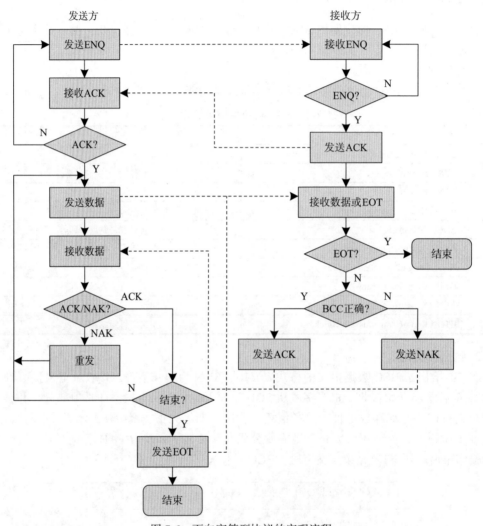

图 7-6 面向字符型协议的实现流程

在 BSC 协议的执行过程中,经历了建立、维持和释放数据链路的过程。发送方在正式发送数据报文之前,首先向接收方发送一个询问报文 ENQ,询问对方是否同意接收数据。如果接收方同意,则向发送方返回一个确认报文 ACK;当发送方接收到这个 ACK 后,双方进入数据传输状态。ENQ 与 ACK 使用 ASCII 码中的控制字符。例如,ENQ 的 ASCII 码是 0000101,ACK 的 ASCII 码是 0000110,它们未计入校验位。

在数据链路建立后,发送方向接收方发送一个数据报文。接收方接收到这个数据报文后,根据校验字符 BCC 确定传输是否出错。如果传输正确,则向发送方返回一个确认报文 ACK;否则,向发送方返回一个确认报文 NAK。发送方接收到这个 ACK 后,确定是否还有数据需要发送。如果还有数据需要发送,则继续发送后续数据;否则,向接收方发送一个传输结束报文 EOT。接收方接收到这个 EOT 后，释放本次数据链路。

面向字符型协议基本都属于停止等待型的数据链路层协议，这类协议的主要缺点是效率低。实际上，停止等待型的协议要求链路上只能有一个未确认的帧，这就造成了实际的链路传输能力远小于链路容量。

7.4 面向比特型数据链路层协议

7.4.1 HDLC 协议的研究背景

从 BSC 协议的讨论中可以看出，面向字符型协议的特点是建立、维护与释放数据链路的控制由一些规定的控制字符完成。随着计算机通信的发展，这种面向字符型协议逐渐暴露出缺点。BSC 协议的主要缺点有以下 4 点：

- 控制报文与数据报文的格式不一致。
- 协议规定通信双方采用停止等待方法，收发双方只能交替工作，协议效率低，通信线路的利用率低。
- 协议只对数据部分进行差错控制，没有考虑控制字符出错，系统可靠性较差。
- 系统每增加一种新的功能，需要设定一个新的控制字符，功能扩展困难。

针对面向字符型协议的缺点，人们认识到需要设计一种新的协议代替它。1974 年，IBM 公司推出了 SNA 体系结构，数据链路层采用面向比特型的 SDLC 协议。后来，IBM 建议 ANSI 与 ISO 组织将 SDLC 协议变成国际标准。ANSI 将 SDLC 改进的先进数据通信控制协议（Advanced Data Communications Control Protocol，ADCCP）作为美国标准。ISO 将 SDLC 改进的高级数据链路控制（High-Level Data Link Control，HDLC）协议作为国际标准。CCITT 将 HDLC 修改为链路接入规程（Link Access Procedure，LAP），并作为 X.25 建议书的数据链路层协议。下面我们将以 HDLC 协议为例，深入地讨论面向比特型协议的内容。

7.4.2 数据链路配置和数据传输

在具体讨论 HDLC 协议之前，需要了解数据链路配置和数据传输方式。数据链路有两种基本配置方式：非平衡配置与平衡配置。

1. 非平衡配置方式

（1）主站与从站

非平衡配置的特点是一组结点根据在通信过程中的地位分为主站与从站，由主站来控制数据链路的工作过程。主站发出命令；从站接受命令，发出响应，配合主站工作。图 7-7 给出了数据链路的非平衡配置方式。非平衡配置可以分为两种类型：点对点方式和多点方式。在多点方式的链路中，主站与每个从站之间分别建立数据链路。

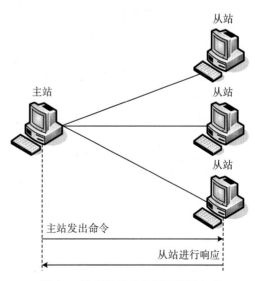

图 7-7　数据链路的非平衡配置方式

（2）正常响应与异步响应

非平衡配置可以有两种数据传输方式：正常响应模式（Normal Response Mode，NRM）与异步响应模式（Asynchronous Response Mode，ARM）。

在正常响应模式中，主站可随时向从站传输数据帧。只有在主站向从站发送命令帧探询，从站响应后才可以向主站发送数据帧。

在异步响应模式中，主站和从站可以随时相互传输数据帧。从站不需要等待主站发出探询就可以发送数据帧。但是，主站仍然负责数据链路的初始化、建立、释放与差错恢复等功能。

2. 平衡配置方式

平衡配置的特点是链路两端的两个站都是复合站。复合站同时具有主站与从站的功能，每个复合站都可以发出命令与响应。平衡配置结构只有一种工作模式，那就是异步平衡模式（Asynchronous Balanced Mode，ABM）。每个复合站都可以发起数据传输，而不需要得到对方的许可。图 7-8 给出了数据链路的平衡配置方式。

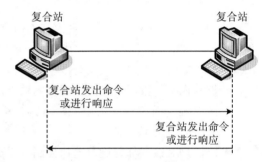

图 7-8　数据链路的平衡配置方式

7.4.3　HDLC 帧格式

数据链路层的数据传输是以帧（frame）为单位的。这里的"帧"在 OSI 术语中是"数据链路协议数据单元"（DL-PDU）。

1. HDLC 帧格式

HDLC 帧结构具有固定的格式。图 7-9 给出了 HDLC 帧结构。网络层提交给数据链路层传输的数据是上层协议数据，在 HDLC 帧中存放在信息字段。数据链路层在信息字段的前后各加上控制信息，这样就构成了一个完整的帧。这里，信息字段之前的字段称为帧头，信息字段之后的字段称为帧尾。

标志字段F （8位）	地址字段A （8/16位）	控制字段C （8位）	信息字段I （长度可变）	帧校验字段FCS （16/32位）	标志字段F （8位）

图 7-9　HDLC 协议帧结构

HDLC 帧主要包括以下几个字段。

（1）标志（flag）

标志字段长度为 8 位，在帧开始与结束位置各有一个，用于在比特流中识别出一个帧。物理层解决比特流传输中的比特同步问题，数据链路层要解决帧同步问题。帧同步是指如何从比特流中正确判断一个帧的开始和结束。因此，HDLC 规定在一个帧开头的第 1 字节和结尾的最后 1 字节做出特殊标记。标志字段 F 就是帧的开始与结束的标记。标志字段 F 为比特序列"01111110"。接收方在接收的比特流中找到两个标志字段 F，就可以确定这两个字段之间的比特流是一个帧的内容。

这里也存在一个问题，当规定一个特定字符作为标记时，信息字段中不能出现与该标记相同的比特序列，否则会出现判断错误。也就是说，在帧开始与结束的两个"01111110"之间的比特流中，如果出现比特序列"01111110"，可能误认为该字节是一个帧的结束。这就是 HDLC 帧传输的透明性问题。为了避免出现这种错误，HDLC 采用了"0 比特插入 / 删除方法"（如图 7-10 所示）。

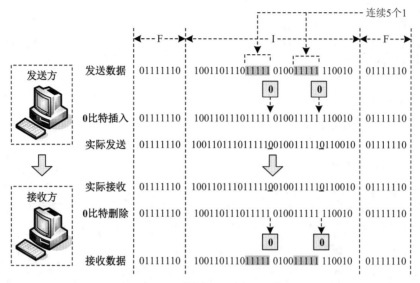

图 7-10　0 比特插入 / 删除的工作过程

0 比特插入 / 删除方法规定：发送方在两个标志字段 F 之间的比特流中，如果检查出连续的 5 个"1"，则在后面增加 1 个比特"0"；接收方在两个标志字段 F 之间的比特流中，如果检查出连续的 5 个"1"，则删除后面的 1 个比特"0"。采用 0 比特插入 / 删除方法后，在帧的信息字段中可包含任意组合的比特序列。

（2）地址（address）

地址字段长度为 8 位或 16 位。如果地址字段首位为 1，表示地址字段长度为 8 位，网中最多可标识 256 个站。如果地址字段首位为 0，表示地址字段长度为 16 位，网中最多可标识 65536 个站。

在采用非平衡方式时，地址字段应填入从站地址。在采用平衡方式时，地址字段应填入应答站地址。如果地址字段为全 1，表示广播地址，则网中所有站都要接收该帧。

（3）控制（control）

控制字段长度为 8 位。控制字段是 HDLC 帧中最复杂的字段，很多重要功能都要靠控制字段来实现。图 7-11 给出了 HDLC 控制字段结构。根据其最前面两位的取值，可以将 HDLC 帧划分为 3 类：

	控制字段C							
	b0	b1	b2	b3	b4	b5	b6	b7
信息帧	0		N(S)		P/F		N(R)	
监控帧	1	0	监控类型		P/F		N(R)	
无编号帧	1	1	未分配		P/F		未分配	

图 7-11　HDLC 控制字段结构

- 信息帧：I（information）帧。
- 监控帧：S（supervisory）帧。
- 无编号帧：U（unnumbered）帧。

（4）信息（information）

信息字段的长度可变，但必须是 8 位的整数倍。HDLC 未规定信息字段最大长度，在实际应用中常用的是 1000 ～ 2000 字节。信息帧中必须有信息字段，监控帧中不能有信息字段，无编号帧中可选择是否有信息字段。信息字段用于存放来自网络层的用户数据。在采用 0 比特插入 / 删除方法后，信息字段可容纳任意比特序列的组合。

（5）帧校验（FCS）

帧校验字段长度是 16 位或 32 位，支持 16 位或 32 位的 CRC 校验，计算范围包括地址字段、控制字段与信息字段。例如，采用 16 位 CRC 校验时，生成多项式可用 CRC-CCITT（即 $X^{16}+X^{12}+X^5+1$）。

2. 信息帧

（1）发送序号与接收序号

如果控制字段的第 1 位 b0=0，则该帧为信息帧。b1、b2、b3 为发送序号 N(S)，而 b5、b6、b7 为接收序号 N(R)。

N(S) 表示当前发送信息帧的序号；N(R) 表示已正确接收序号为 N(R)–1 及之前的各帧，通知发送站可发送序号为 N(R) 的帧。N(R) 带有捎带确认的含义。例如，B 站在给 A 站发送的信息帧中，包含 N(S)=4 与 N(R)=8。这就表示：B 站本次向 A 站发送序号为 4 的帧；B 站已正确接收 A 站发送的序号为 1 ~ 7 的帧，A 站下次可发送序号为 8 的帧。

这样，通信双方可在交换信息帧的同时完成接收确认，而无须专门为接收信息帧发送确认帧。在全双工通信模式下，通信双方各有一个 N(S) 和 N(R)。

（2）探询 / 终止位

控制字段的 b4 为探询 / 终止（poll/final）位，简称 P/F 位。如果 P/F=0，表示该位无意义；如果 P/F=1，对不同情况有不同含义。在正常响应模式下，仅主站向从站发出"探询"后，其中 P=1，从站才能向主站发送信息帧。当从站向主站发送最后一帧时，其中 F=1，表示从站本次发送结束。因此，P=1 与 F=1 在帧交换过程中成对出现。

3. 监控帧

如果控制字段的 b0=1、b1=0，则对应的帧为监控帧（S 帧）。监控帧共有 4 种，取决于 b2、b3 的取值。表 7-2 给出了 4 种监控帧的功能。

表 7-2　4 种监控帧的功能

b2 b3	监控帧	功能
00	RR（receive ready，准备好接收）	确认编号为 N(R)–1 及以前的各帧，可接收下一帧
10	RNR（receive not ready，未准备好接收）	确认编号为 N(R)–1 及以前的各帧，暂停接收下一帧
01	REJ（reject，拒绝）	确认编号为 N(R)–1 及以前的各帧，拒绝接收后面的帧
11	SREJ（selective reject，选择拒绝）	确认编号为 N(R)–1 及以前的各帧，仅拒绝接收下一帧

在这 4 种监控帧中，前 3 种用于连续 ARQ 协议，最后一种仅用于选择重传 ARQ 协议。所有监控帧都不包含需要传输的数据，因此监控帧长度只有 48 位。显然，监控帧不需要发送序号 N(S)，但是接收序号 N(R) 至关重要。

RR 帧和 RNR 帧除了具有确认功能之外，还具有流量控制功能。RR 帧表示已做好接收帧的准备，希望对方继续发送；RNR 帧表示要求对方暂停发送，可能由于接收方来不及处理到达的帧或缓冲区已满。

监控帧的 b4 也是 P/F 位。同样，P/F=0，则 P/F 位没有意义。P=1 与 F=1 是成对出现的，其中一方作为探询，要求另一方做出应答。探询方需要置 P=1；应答方在发送状态信息的同时置 F=1，作为对探询的应答。

4. 无编号帧

如果控制字段的 b0=b1=1，则对应的帧为无编号帧。无编号帧本身不带编号，即没有 N(S) 和 N(R)，而是用 5 位（b2、b3、b5、b6、b7）来表示其用途。目前，HDLC 协议已定义了 15 种无编号帧。无编号帧主要起到控制作用，它可以在需要时随时发送，而不影响带序号的信息帧的交换顺序。图 7-12 给出了无编号帧格式及其功能。无编号帧的功能主要包括置异步响应、置正常响应、置异步平衡响应与拆链等 4 种命令，以及无编号确认与命令拒绝两种响应。

| 无编号帧 | 01111110 | A | 1 1 | M | P/F | M | FCS | 01111110 |

	命令	响应						
置异步响应	SARM		1	1	0	0	0	建立主从的点–点结构
置正常响应	SNRM		0	0	0	0	1	建立主从的多点结构
置异步平衡响应	SABM		1	1	1	0	0	建立复合站的平衡结构
拆链	DISC		0	0	0	1	0	结束已建立的数据链路
无编号确认		UA	0	0	1	1	0	从站响应主站的命令
命令拒绝		CMAD	1	0	0	0	1	从站报告帧传输异常

图 7-12　无编号帧格式及其功能

7.4.4　HDLC 协议的工作过程

为了帮助读者更好地理解数据链路的概念，以异步响应模式的数据链路工作过程为例，进一步说明 HDLC 协议的工作原理。

在建立物理线路之后，通信双方之间可以传输比特流时，才有可能进入建立数据链路的阶段。数据链路的工作过程分为 3 个阶段：建立数据链路、帧传输、释放数据链路。

为了方便表示，以简化结构表示信息帧。图 7-13 给出了信息帧的简化结构。例如，信息帧的发送序号 N(S)=4、接收序号 N(R)=3、P=1。它表达的意思是：该结点已正确接收序号为 2 的帧，希望对方发送序号为 3 的帧；该结点发送序号为 4 的帧，并以 P=1 询问对方。

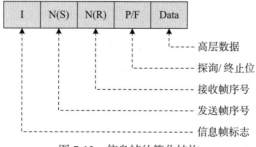

| I | N(S) | N(R) | P/F | Data |

- - - - 高层数据
- - - - 探询/终止位
- - - - 接收帧序号
- - - - 发送帧序号
- - - - 信息帧标志

图 7-13　信息帧的简化结构

图 7-14 给出了无编号帧的简化结构。这里，置正常响应模式帧（SNRM 帧）与无编号确认帧（UA 帧）成对出现。其中，主站用 SNRM 帧向从站请求建立数据链路，从站用 UA 帧向主站做出响应。

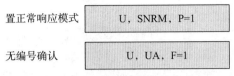

| 置正常响应模式 | U，SNRM，P=1 |
| 无编号确认 | U，UA，F=1 |

图 7-14　无编号帧的表示方法

图 7-15 给出了正常响应模式的工作过程。当两个结点采用正常响应模式时，主站首先向从站发送一个 SNRM 帧请求建立链路。如果从站同意建立链路，则向主站发送一个 UA 帧应答。如果主站成功接收到该 UA 帧，则数据链路建立阶段完成。

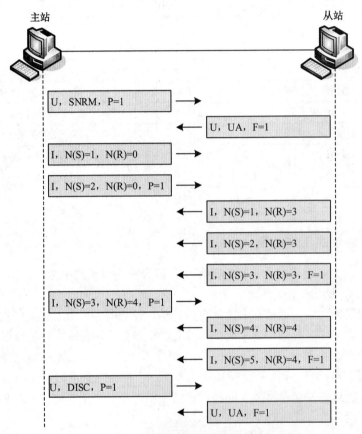

图 7-15　正常响应模式的工作过程

在正常响应模式中，主站可随时向从站传输数据帧；从站仅在主站发出探询，从站响应后才能向主站发送数据。在帧传输过程中，主站发送第 1 个帧，其中 N(S)=1、N(R)=0。主站接着发送第 2 个帧，同时询问从站是否有帧发送，则 N(S)=2、N(R)=0、P=1。

如果从站有 3 个帧需要发送，依次发送 N(S)=1、N(R)=3 的第 1 个帧，N(S)=2、N(R)=3 的第 2 个帧，以及 N(S)=3、N(R)=3 的第 3 个帧。如果从站后续没有帧需要发送，则第 3 个帧的 F=1。这里可看出探询位 P 与应答位 F 成对出现的规律。

如果主站本次有一个帧需要发送，同时询问从站是否有帧发送，则主站发送第 3 个帧，其中 N(S)=3、N(R)=4、P=1。这里，N(R)=4 表示主站已接收从站的序号为 1 ~ 3 的帧，从站可以发送第 4 个帧。从第 4 个帧的 N(R) 变化中，可看出接收序号的捎带确认功能。

如果从站只有 2 个帧需要发送，第 4 个帧的 N(S)=4、N(R)=4，而第 5 个帧的 N(S)=5、N(R)=4、F=1。

如果通信双方没有帧需要发送，则进入释放链路阶段。这时，主站向从站发送一个 DISC 帧请求释放链路。如果从站同意释放链路，它向主站发送一个 UA 帧应答。如果主站接收到该 UA 帧，则链路释放阶段完成。

从上述讨论中可以看出，由于数据链路层的控制操作，使得通信双方之间可有条不紊、正确地完成帧传输，使物理线路上可能出现的传输错误得到及时发现与纠正，从而提高数据传输的可靠性。

7.5　互联网数据链路层协议

7.5.1　PPP 的研究背景

互联网数据链路层协议主要有两种：串行线路 IP（Serial Line IP，SLIP）协议与点 – 点协议（Point-to-Point Protocol，PPP）。它们主要用于串行通信的拨号线路，是家庭或公司用户通过 ISP 接入互联网的主要协议。

SLIP 的历史可追溯到 20 世纪 80 年代初，它最早在 BSD UNIX 7.2 操作系统上实现。SLIP 协议支持 TCP/IP，它只是对数据报进行简单的封装，然后用 RS-232 接口串行线路进行传输。SLIP 通常用来将远程终端连接到 UNIX 主机，也可以用于通过租用或拨号线路的主机到路由器、路由器到路由器的通信。SLIP 是一种简单、有效的协议。PPP 是 SLIP 协议的新版本，它提供更快、更有效的通信。1992 年，IETF 开始制定 PPP。1994 年，RFC1661 文档描述了 PPP 的基本内容。

PPP 的特点是简单。从 TCP/IP 协议体系的讨论中看到，IETF 将互联网协议设计中最复杂的部分放在 TCP。同时，在通信线路质量不断提高、光纤应用越来越广泛的情况下，简化数据链路层协议已成为发展趋势。PPP 的特点主要表现在：

- 不使用帧序号，不提供流量控制功能。
- 只支持点 – 点连接，不支持点 – 多点连接。
- 只支持全双工通信，不支持单工与半双工通信。
- 可以支持异步、串行通信，也可以支持同步、并行传输。

PPP 是多数的个人计算机和 ISP 之间使用的协议，它在高速广域网上也有一定的应用。有些社区宽带网也将 PPP 作为协议族的一部分。PPP 不仅用于拨号电话线上，在路由器之间的专用线路上也得到广泛应用。

7.5.2　PPP 的基本内容

1. PPP 的主要功能

PPP 主要提供以下几种功能：

- 用于串行链路的基于 HDLC 数据帧的封装机制。
- 用于建立、配置、管理、测试数据链路的链路控制协议（Link Control Protocol，LCP）。
- 用于建立、配置、管理不同网络层协议的网络控制协议（Network Control Protocol，NCP）。

为了通过点对点的 PPP 链路进行通信，每个结点首先发送 LCP 数据帧，以配置和测试 PPP 数据链路。在 PPP 链路建立起来后，每个结点发送 NCP 数据帧，以选择和配置网络层协议。在网络层协议配置好后，网络层数据可通过 PPP 帧来传输。

2. PPP 帧格式

针对 PPP 提供的上述功能，PPP 帧可以分为 3 种类型：信息帧、链路控制帧、网络控制帧。其中，信息帧被用于传输上层的协议数据，链路控制帧被 LCP 用于配置数据链路，网络控制帧被 NCP 用于配置网络层协议。图 7-16 给出了 PPP 帧的格式。PPP 帧与 HDLC 帧的格式类似，由帧头、信息字段、帧尾三部分组成。其中，信息字段之前为帧头，信息字段之后为帧尾。

标志字段F （8位）	地址字段A （8位）	控制字段C （8位）	协议字段P （16位）	信息字段I （长度可变）	帧校验字段FCS （16/32位）	标志字段F （8位）

图 7-16 PPP 帧的格式

PPP 帧主要包括以下几个部分。

（1）标志字段

标志字段长度为 8 位，在帧开始与结束位置各有一个，用于在比特流中识别出一个帧。PPP 采用与 HDLC 相同的表示办法，该字段值固定为 "7E"（01111110）。

（2）地址字段

地址字段长度为 8 位，用于标识网中的 PPP 结点。由于 PPP 仅支持点-点连接，仅对方结点能接收数据，因此该字段值固定为 "FF"（11111111）。

（3）控制字段

控制字段长度为 8 位，用于实现 PPP 的控制功能。目前，该字段值固定为 "03"（00000011），具体含义是没有顺序、流量控制与差错控制。

（4）协议字段

协议字段长度为 16 位，用于标识信息字段的数据来源。表 7-3 给出了协议字段值及其对应的协议。如果该字段值为 "0021"，表示该帧是一个信息帧，其信息字段数据来自 IP 分组；如果该字段值为 "C021"，表示该帧是一个链路控制帧；如果该字段值为 "8021"，表示该帧是一个网络控制帧。

表 7-3 协议字段值及其对应的协议

协议字段值	对应的协议
0021	IP 协议
C021	链路控制协议 LCP
8021	网络控制协议 NCP
C023	安全性认证 PAP
C025	链路状态报告 LQR
C223	安全性认证 CHAP

（5）信息字段

信息字段的长度可变，但必须是 8 位的整数倍，最大长度为 1500 字节。通过协议字段值可以区分上述 3 种 PPP 帧。对于信息帧来说，信息字段的数据来自网络层协议。在采用 0 比特插入 / 删除方法后，信息字段可容纳任意比特序列的组合。

（6）帧校验字段（FCS）

帧校验字段长度是 16 位或 32 位，支持 16 位或 32 位的 CRC 校验，计算范围包括地址字段、控制字段与信息字段。例如，采用 16 位 CRC 校验时，生成多项式可用 CRC-CCITT（即 $X^{16}+X^{12}+X^5+1$）。

7.6　以太网与局域网组网

上面讨论了基于点－点链路的数据链路层协议，本节将在以太网（Ethernet）的基础上，讨论局域网的工作原理及其数据链路层协议。

7.6.1　IEEE 802 参考模型

1980 年，IEEE 成立局域网标准委员会（简称 IEEE 802 委员会），专门从事局域网标准化工作，并制定了 IEEE 802 参考模型与标准。IEEE 802 研究重点是解决局部范围的计算机联网问题，因此研究者只需面对 OSI 参考模型中的数据链路层与物理层，网络层及以上高层不属于局域网协议研究的范围。这是 IEEE 802 标准只制定数据链路层与物理层协议的原因。

IEEE 802 委员会刚成立时，局域网领域已有 3 类典型技术：以太网、令牌总线网与令牌环网。同时，市场上还有很多厂商的局域网产品，它们的数据链路层与物理层协议各不相同。面对这样一个复杂的局面，要想为多种局域网技术和产品制定一个公用模型，IEEE 802 标准设计者提出将数据链路层分为两个子层：逻辑链路控制（Logical Link Control，LLC）与介质访问控制（Media Access Control，MAC）子层。

图 7-17 给出了 IEEE 802 与 OSI 参考模型的对应关系。不同局域网在 MAC 子层和物理层可采用不同协议，但在 LLC 子层必须采用相同协议。这与网络层 IP 协议的设计思路相似。不管局域网的介质访问控制方法与帧结构，以及采用的物理传输介质有什么不同，LLC 子层统一将它们封装到固定格式的 LLC 帧中。LLC 子层与低层采用的传输介质、访问控制方法无关，网络层可以不考虑局域网采用哪种传输介质、访问控制方法和拓扑构型。这种方法在解决异构的局域网互联问题上是有效的。

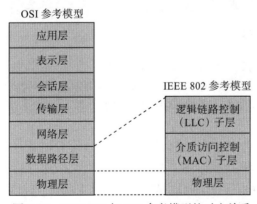

图 7-17　IEEE 802 与 OSI 参考模型的对应关系

经过多年激烈的市场竞争，从以太网、令牌总线网与令牌环网"三足鼎立"局面，最终以太网突出重围形成"一枝独秀"格局。根据目前局域网的实际应用情况，在办公自动化中大量应用的局域网（如企业网、校园网）几乎都采用以太网，因此局域网中是否使用 LLC 子层已不重要，很多硬件和软件厂商已不使用 LLC 协议，而是直接将数据封装在以太网的 MAC 帧中。网络层 IP 协议直接将分组封装到以太帧中，整个协议处理过程变得更简洁，因此人们已很少讨论 LLC 协议。

IEEE 802 委员会为制定局域网标准而成立一系列组织，如制定某类协议的工作组（WG）

或技术行动组（TAG），它们制定的标准统称为 IEEE 802 标准。随着局域网技术的快速发展，IEEE 802 很多工作组已停止工作。目前，活跃的工作组有 IEEE 802.3、IEEE 802.10、IEEE 802.11 等。IEEE 802 委员会公布了很多标准，这些标准主要分为以下三类：

- IEEE 802.1 标准：定义局域网体系结构与网络互联等基本功能。
- IEEE 802.2 标准：定义逻辑链路控制子层的功能与服务。
- IEEE 802.3 ~ IEEE 802.16 标准：定义不同介质访问控制技术的相关标准。

第三类标准曾经多达 14 个。随着局域网技术的快速发展，目前应用最多与仍在发展的标准主要有 4 个，其中三个是无线局域网标准，而其他标准目前已很少使用。在早期常用的标准中，IEEE 802.4 标准定义令牌总线网的介质访问控制子层与物理层标准；IEEE 802.5 标准定义令牌环网的介质访问控制子层与物理层标准。图 7-18 给出了简化的 IEEE 802 协议结构。上述 4 个主要的 IEEE 802 标准是：

- IEEE 802.3 标准：定义 Ethernet 的介质访问控制子层与物理层标准。
- IEEE 802.11 标准：定义无线局域网的介质访问控制子层与物理层标准。
- IEEE 802.15 标准：定义无线个人区域网的介质访问控制子层与物理层标准。
- IEEE 802.16 标准：定义宽带无线城域网的介质访问控制子层与物理层标准。

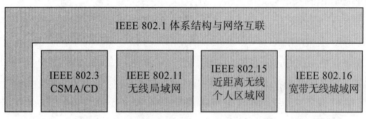

图 7-18　简化的 IEEE 802 协议结构

7.6.2　以太网的工作原理

共享介质局域网的典型技术是以太网（Ethernet）。为了有效实现对多个主机访问公共介质的控制策略，CSMA/CD 发送流程可简单概括为四步：先听后发，边听边发，冲突停止，延迟重发。图 7-19 给出了 Ethernet 主机的数据发送流程。

（1）载波侦听过程

Ethernet 中每台主机利用总线发送数据时，首先需要侦听总线是否空闲。物理层规定发送的数据采用曼彻斯特编码方式。图 7-20 给出了总线忙闲状态的判断。如果总线上已有数据在传输，总线电平按曼彻斯特编码规律跳变，则判定此时"总线忙"。如果总线上没有数据在传输，总线电平将不发生跳变，则判定此时"总线闲"。如果一台主机准备好发送数据，并且总线处于空闲状态，则该结点可"启动发送"。

（2）冲突检测方法

载波侦听并不能完全消除冲突。数字信号以一定速率在介质中传输。电磁波在同轴电缆中传播速度是光速的 2/3 左右，即 $2 \times 10^8 \text{m/s}$。例如，局域网中相隔最远的两台主机 A 和 B 相距 1000m，则主机 A 向 B 发送一帧要经过约 5μs 传播延迟。也就是说，主机 A 开始发送数据后 5μs，主机 B 可能接收到这个帧。在这个 5μs 时间内，主机 B 不知道主机 A 已发送数据，它可能也向主机 A 发送数据。当出现这种情况时，主机 A 与 B 的本次发送出现"冲突"。因此，多台主机利用公共介质发送数据需要进行"冲突检测"。

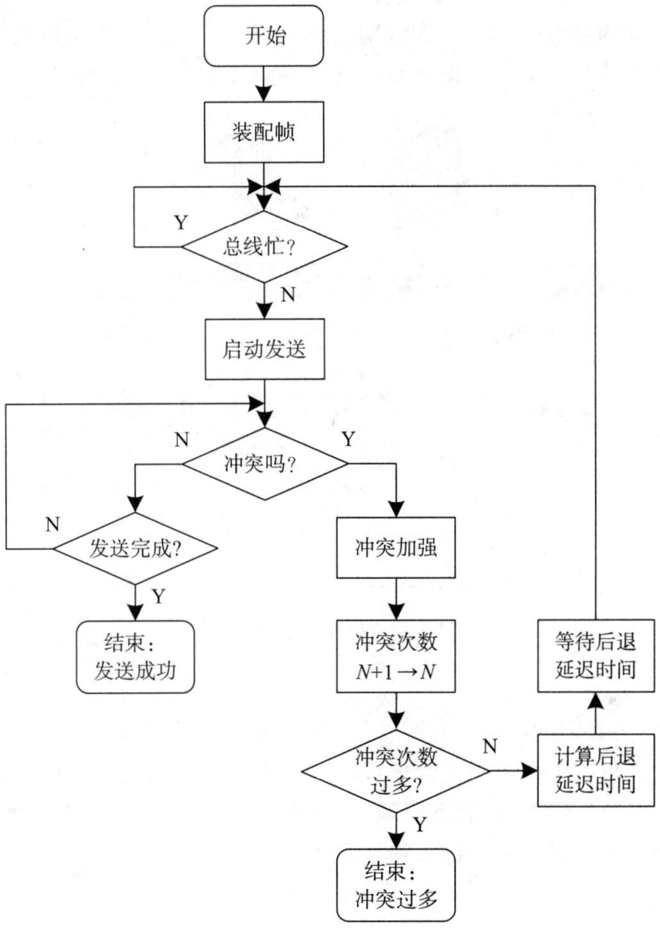

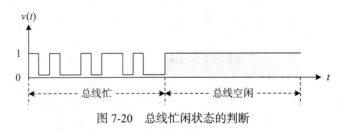

图 7-19　Ethernet 主机的数据发送流程

图 7-20　总线忙闲状态的判断

　　有一种极端的情况是：主机 A 向主机 B 发送数据，在信号快到达主机 B 时，主机 B 也发送数据，此时冲突发生。等到冲突信号传回主机 A 时，经过两倍的传播延迟 2τ，其中 $\tau=D/V$，D 为总线最大长度，V 是电磁波在介质中的传播速度。在传播延迟的 2 倍时间（$2D/V$）期间，冲突帧可以传遍整个总线。$2D/V$ 被定义为冲突窗口（collision window），它是总线上所有主机能检测到冲突的最短时间。由于物理层协议规定总线最大长度，电磁波在介质中传播速度确定，因此冲突窗口大小也确定。图 7-21 描述了冲突窗口的概念。

　　冲突检测可以有两种方法：比较法和编码违例判决法。比较法是指发送主机在发送帧的同时，将发送信号波形与总线上接收信号波形进行比较。如果发送主机发现这两个信号波形不一致，表示已出现冲突。如果总线上同时出现两个或以上发送信号，它们叠加的信号波形不等于任意一台主机的发送信号。编码违例判决法是指检查从总线上接收的信号波形。接收信号波形不符合曼彻斯特编码规律，则说明已出现冲突。如果总线上同时出现两个或以上发送信号，它们叠加的信号波形将不符合曼彻斯特编码规律。

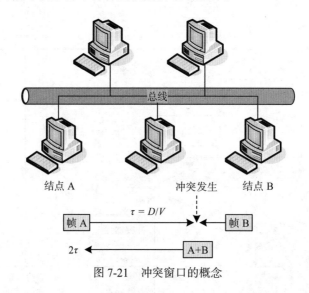

图7-21 冲突窗口的概念

（3）发现冲突

如果在发送数据过程中检测出冲突，为了解决信道争用冲突，发送主机进入停止发送、随机延迟后重发的流程。随机延迟重发的第一步是发送冲突加强干扰序列信号。发送这种信号的目的是：确保有足够的冲突持续时间，网络中所有主机都能检测出冲突，并立即丢弃冲突帧，减少由于冲突浪费的时间，提高信道利用率。

（4）随机延迟重发

Ethernet 规定一个帧的最大重发次数为 16。如果重发次数超过 16，则认为线路故障，进入"冲突过多"结束状态。如果重发次数不超过 16，则允许主机随机延迟后重发。为了公平地解决信道争用问题，需要确定后退延迟算法。典型的后退延迟算法是截止二进制指数后退延迟（truncated binary exponential backoff）算法。算法可以表示为：

$$\tau = 2k \times R \times a$$

其中，τ 为重新发送所需的后退延迟时间，a 是冲突窗口值，R 是随机数。如果一台主机需要计算后退延迟时间，以地址为初始值产生一个随机数 R。

主机重发后退的延迟时间是冲突窗口值的整数倍，并与以冲突次数为二进制指数的幂值成正比。为了避免延迟过长，该算法限定作为二进制指数 k 的范围，定义了 $k=\min(n,10)$。如果重发次数 $n<10$，则 k 取值为 n；如果重发次数 $n \geqslant 10$ 时，则 k 取值为 10。例如，第一次冲突发生，则重发次数 $n=1$，取 $k=1$，即冲突后 2 个时间片后重发。如果第二次冲突发生，则重发次数 $n=2$，取 $k=2$，即冲突后 4 个时间片后重发。在后退延迟时间到达后，主机重新判断总线状态，重复发送流程。当冲突次数超过 16 时，表示发送失败。

从以上讨论中可以看出，任何主机发送数据都要用 CSMA/CD 方法争取总线使用权，从准备到成功发送的等待时间不确定。因此，CSMA/CD 是一种随机争用型的访问控制方法，可有效控制多主机对共享总线的访问，方法简单并且容易实现。

7.6.3 以太网帧格式

帧（frame）是以太网中数据传输的基本单位，通常又称为 Ethernet 帧。发送结点在发送数据的前后各添加特殊的字符构成帧，这些特殊的字符是帧头与帧尾。IEEE 802.3 标准是在 Ethernet V2.0 规范的基础上制定的，但 Ethernet V2.0 规范与 IEEE 802.3 标准的 Ethernet 帧结构有一些差别。本书按 IEEE 802.3 标准的帧结构进行讨论。图 7-22 给出了 Ethernet 帧的基本结构。Ethernet 帧的长度单位是字节（Byte），简写为 B。

前导码 （7B）	帧前定界符 （1B）	目的地址 （2B/6B）	源地址 （2B/6B）	长度 （2B）	数据 （46B ~ 1500B）	帧校验字段 （4B）

图 7-22　Ethernet 帧的基本结构

IEEE 802.3 标准的 Ethernet 帧结构包括以下几个部分。

（1）前导码与帧前定界符

前导码由 7B（56 位）的 0、1 序列组成，换算成十六进制编码是 7 个 0xaa。从以太网物理层的角度来看，从网卡开始接收到达到稳定状态需要一定时间。设置该字段的目的是保证网卡在目的地址到来前达到稳定状态。帧前定界符可视为前导码的延续。帧前定界符由 1B（8 位）的 0、1 序列组成，换算成十六进制编码是 1 个 0xab。前导码与帧前定界符主要起到接收同步的作用，这 8B 数据在接收后不需要保留，也不计入长度字段值中。

（2）目的地址与源地址

目的地址与源地址是接收结点与发送结点的硬件地址。网络结点之间通信需要使用硬件地址，在数据链路层使用网络设备接口的 MAC 地址。MAC 地址在出厂时固化在网卡 EPROM 中，并保证该地址在全球范围内是唯一的。MAC 地址与 IP 地址是不同的概念，无论网卡被连接在哪个局域网中，或计算机被移动到哪个位置，网卡 MAC 地址都固定不变。

在研究 Ethernet 帧结构时，主要讨论以下两个问题：

- 目的地址和源地址长度可以是 2B 或 6B。早期的以太网曾使用过 2B 地址。目前，所有以太网都使用 6B（48 位）地址。MAC 地址由两部分组成：3B 的公司唯一标识（OUI）与 3B 的扩展唯一标识（EUI）。图 7-23 给出了 MAC 地址的表示方法。MAC 地址由十六进制数用连字符隔开表示，如 08-01-00-2A-10-C3。
- 目的地址主要有三种类型：单播地址（unicast address）、多播地址（multicast address）与广播地址（broadcast address）。其中，目的地址的第一位为 0 表示单播地址，第一位为 1 表示多播地址，目的地址为全 1 表示广播地址。如果目的地址是单播地址，表示该帧仅被与目的地址相同的结点接收。

（3）长度字段

长度字段（2B）表示数据字段包含的字节数。数据字段的最小长度为 46B，最大长度为 1500B。由于帧头长度为 18B（前导码与帧前定界符不计入长度），因此帧的最小长度为 64B，最大长度为 1518B。IEEE 802.3 规定最小长度的目的是保证接收结点有足够时间检测冲突，并通知源结点重新传输。

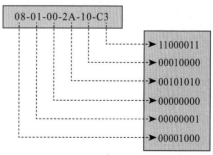

图 7-23　MAC 地址的表示方法

（4）数据字段

数据字段保存发送给目的结点的实际数据。由于数据部分最小长度为 46B，如果数据部分长度少于 46B，则应将数据字段填充至 46B。填充字符可以是任意字符，在实际应用中经常用 0 填充。但是，填充部分不计入长度字段值。数据部分最大长度为 1500B。

（5）帧校验字段

帧校验字段（4B）用于判断帧传输是否出错。IEEE 802.3 标准规定的校验范围包括：目的地址、源地址、长度与数据。前导码与帧前定界符不进行校验。Ethernet 帧校验采用 CRC-32 算法，使用的生成多项式为：

$$G(x)=x^{32}+x^{26}+x^{23}+x^{22}+x^{16}+x^{12}+x^{11}+x^{10}+x^8+x^7+x^5+x^4+x^2+x+1$$

7.7 高速以太网技术

高速以太网技术研究的基本原则是：在保持与传统 Ethernet 兼容的前提下，尽力提高 Ethernet 能提供的传输速率，以及扩大 Ethernet 的覆盖范围。

7.7.1 快速以太网

快速以太网（Fast Ethernet，FE）是传输速率为 100Mbit/s 的以太网。1995 年，IEEE 802 委员会批准 IEEE 802.3u 作为快速以太网标准。IEEE 802.3u 标准在 MAC 子层仍使用 CSMA/CD 方法，只是在物理层做了一些必要的调整，主要是定义 100BASE 系列物理层标准，它们可以支持多种传输介质，主要包括双绞线、单模与多模光纤等。

IEEE 802.3u 标准定义了介质专用接口（Media Independent Interface，MII），用于对 MAC 子层与物理层加以分隔。这样，在物理层实现 100Mbit/s 传输速率的同时，传输介质和信号编码方式的变化不影响 MAC 子层。为了支持不同传输速率的设备共同组网，IEEE 802.3u 标准提出了速率自动协商的概念。

为了能够支持多种传输介质，IEEE 802.3u 定义了多种物理层标准。

（1）100BASE-TX

100BASE-TX 是物理层标准之一，支持的传输介质是非屏蔽双绞线。单根双绞线的最大长度为 100m。100BASE-TX 采用以集线器为中心的星形拓扑。100BASE-TX 采用全双工方式，使用两对 5 类双绞线，分别用于发送与接收数据，数据传输采用 4B/5B 编码。

（2）100BASE-T4

100BASE-T4 是物理层标准之一，支持的传输介质是非屏蔽双绞线。单根双绞线的最大长度为 100m。100BASE-T4 采用以集线器为中心的星形拓扑。100BASE-T4 采用半双工方式，使用四对 3、4 或 5 类双绞线，其中三对用于数据传输，每对双绞线的速率为 33.3Mbit/s，另一对用于冲突检测，数据传输采用 8B/6T 编码。100BASE-T4 的应用环境多为建筑物结构化布线系统。

（3）100BASE-FX

100BASE-FX 是物理层标准之一，支持的传输介质是光纤（包括单模与多模光纤）。单模光纤的最大长度为 10km，多模光纤的最大长度为 2km。100BASE-FX 采用以集线器为中心的星形拓扑。100BASE-FX 采用全双工方式，使用两根光纤，分别用于发送与接收数据，数据传输采用 4B/5B 编码。

7.7.2　千兆位以太网

千兆位以太网（Gigabit Ethernet，GE，以下简称千兆以太网）是传输速率为 1Gbit/s 的以太网。1998 年，IEEE 802 委员会批准 IEEE 802.3z 作为千兆以太网标准。IEEE 802.3z 标准在 MAC 子层仍使用 CSMA/CD 方法，只是在物理层做了一些必要的调整，主要是定义 100BASE 系列物理层标准，它们可以支持多种传输介质，主要包括双绞线、单模与多模光纤等。

IEEE 802.3z 标准定义了千兆介质专用接口（Gigabit Media Independent Interface，GMII），用于对 MAC 子层与物理层加以分隔。这样，在物理层实现 1Gbit/s 传输速率的同时，传输介质和信号编码方式的变化不影响 MAC 子层。为了适应传输速率提高带来的变化，它对 CSMA/CD 访问控制方法加以修改，包括冲突窗口处理、载波扩展、短帧发送等。IEEE 802.3z 标准延续了速率自动协商的概念，并将它扩展到光纤连接上。

为了能够支持多种传输介质，IEEE 802.3z 定义了多种物理层标准。

（1）1000BASE-LX

1000BASE-LX 是物理层标准之一，支持的传输介质是光纤（包括 9μm 单模光纤、50μm 多模光纤与 62.5μm 多模光纤）。在全双工模式下，单模光纤的最大长度为 5000m，多模光纤的最大长度为 550m；在半双工模式下，单模光纤的最大长度为 315m，多模光纤的最大长度为 315m。1000BASE-LX 的网络拓扑是星形结构，常用于网络设备之间的点到点连接，物理层采用 1310nm 波长的激光，数据传输采用 8B/10B 编码。

（2）1000BASE-SX

1000BASE-SX 是物理层标准之一，支持的传输介质是光纤（包括 50μm 多模光纤与 62.5μm 多模光纤）。其中，50μm 多模光纤的最大长度为 550m，62.5μm 多模光纤的最大长度为 275m。1000BASE-SX 的网络拓扑是星形结构，常用于网络设备之间的点到点连接，物理层采用 850nm 波长的激光，数据传输采用 8B/10B 编码。

（3）1000BASE-CX

1000BASE-CX 是物理层标准之一，支持的传输介质是 150Ω 铜缆。其中，全双工模式的铜缆最大长度为 50m，半双工模式的铜缆最大长度为 25m，使用 9 芯 D 型连接器来连接。1000BASE-SX 的网络拓扑是星形结构，常用于网络设备之间的点到点连接，尤其是主干交换机和服务器之间的短距离连接，数据传输采用 8B/10B 编码。

（4）1000BASE-T

1000BASE-T 是物理层标准之一，支持的传输介质是非屏蔽双绞线。单根双绞线的最大长度为 100m。1000BASE-T 采用以交换机为中心的星形拓扑。1000BASE-T 采用全双工方式，使用四对 5 类非屏蔽双绞线，四对双绞线均用于数据传输，每对双绞线的速率为 250Mbit/s，数据传输采用 PAM5 编码。

7.7.3　万兆位以太网

万兆位以太网（10 Gigabit Ethernet，10GE，以下简称万兆以太网）是传输速率为 10Gbit/s 的以太网。2002 年，IEEE 802 委员会批准 IEEE 802.3ae 作为万兆以太网标准。万兆以太网并非简单地将千兆以太网的速率提高 10 倍。万兆以太网的物理层使用光纤通道技术，它的物理层协议需要进行修改。万兆以太网定义了两类物理层标准：以太局域网

（Ethernet LAN，ELAN）与以太广域网（Ethernet WAN，EWAN）。万兆以太网致力于将覆盖范围从局域网扩展到城域网、广域网，成为城域网与广域网主干网的主流组网技术。

万兆以太网主要具有以下几个特点：

- 保留 IEEE 802.3 标准对 Ethernet 的最小和最大帧长度的规定，以便用户在将其已有的 Ethernet 升级为万兆以太网时，仍可与低速率的 Ethernet 通信。
- 提供的传输速率高达 10Gbit/s，不再使用铜质的双绞线，而仅使用光纤作为传输介质，以便在城域网和广域网范围内工作。
- 仅支持全双工方式，不存在介质争用的问题。由于无须使用 CSMA/CD 方法，因此传输距离不再受冲突检测的限制。

10GE 的物理层标准分为两类：10GE 局域网与 10GE 广域网。其中，10GE 局域网标准支持的传输速率为 10Gbit/s；10GE 广域网标准支持的传输速率为 9.58464Gbit/s，以便与 SONET 的 STS-192 传输格式相兼容。

为了能够支持局域网与广域网应用，IEEE 802.3ae 定义了多种物理层标准。

（1）10000BASE-ER

10000BASE-ER 是 10GE 局域网标准之一，支持的传输介质是 10μm 单模光纤。单根单模光纤的最大长度为 10km。10000BASE-ER 的网络拓扑是星形结构，常用于网络设备之间的点到点连接，物理层采用 1550nm 波长的激光，数据传输采用 64B/66B 编码。

（2）10000BASE-EW

10000BASE-EW 是 10GE 局域网标准之一，支持的传输介质是 10μm 单模光纤。单根单模光纤的最大长度为 10km。10000BASE-EW 的网络拓扑是星形结构，常用于网络设备之间的点到点连接，物理层采用 1550nm 波长的激光，数据传输采用 64B/66B 编码。

（3）10000BASE-SR

10000BASE-SR 是 10GE 局域网标准之一，支持的传输介质是多模光纤（包括 50μm 和 62.5μm）。其中，50μm 多模光纤的最大长度为 300m，62.5μm 多模光纤的最大长度为 35m。10000BASE-SR 的网络拓扑是星形结构，常用于网络设备之间的点到点连接，物理层采用 850nm 波长的激光，数据传输采用 64B/66B 编码。

（4）10000BASE-LR

10000BASE-LR 是 10GE 广域网标准之一，支持的传输介质是 10μm 单模光纤。单根单模光纤的最大长度为 10km。10000BASE-LR 的网络拓扑是星形结构，常用于网络设备之间的点到点连接，物理层采用 1310nm 波长的激光，数据传输采用 64B/66B 编码。

（5）10000BASE-L4

10000BASE-L4 是 10GE 广域网标准之一，支持的传输介质是光纤（包括 10μm 单模光纤、50μm 多模光纤与 62.5μm 多模光纤）。其中，10μm 单模光纤的最大长度为 40km，50μm 多模光纤的最大长度为 300m，62.5μm 多模光纤的最大长度为 240m。10000BASE-L4 的网络拓扑是星形结构，常用于网络设备之间的点到点连接，物理层采用 1310nm 波长的激光，数据传输采用 64B/66B 编码。

（6）10000BASE-SW

10000BASE-SW 是 10GE 广域网标准之一，支持的传输介质是多模光纤（包括 50μm 和 62.5μm）。其中，50μm 多模光纤的最大长度为 300m，62.5μm 多模光纤的最大长度为 35m。10000BASE-SW 的网络拓扑是星形结构，常用于网络设备之间的点到点连接，物理层采用

850nm 波长的激光，数据传输采用 64B/66B 编码。

7.8 局域网组网技术

7.8.1 交换式局域网技术

交换技术在高速局域网实现技术中占据了重要的地位。在传统的共享介质局域网中，所有结点共享一条共用传输介质，因此不可避免会发生冲突。随着局域网规模的扩大，网络性能会急剧下降。为了克服网络规模与性能之间的矛盾，研究者提出将共享介质方式改为交换方式，这就导致了交换式局域网技术的研究。

1. 交换机的工作原理

交换式局域网中的核心设备是局域网交换机，通常简称为交换机（switch）。如果一个交换式局域网是以太网，则它被称为交换式以太网（switched Ethernet）。交换机可在多对端口之间建立多个并发连接，多个 Ethernet 帧同时在不同连接上传输。图 7-24 给出了交换机的工作原理。交换机通常包括以下几个组成部分：地址映射表、转发器、缓冲器与端口。其中，地址映射表是交换机的核心部分，实现端口与结点 MAC 地址的映射关系。端口既可以连接单个结点，也可以连接一个局域网。

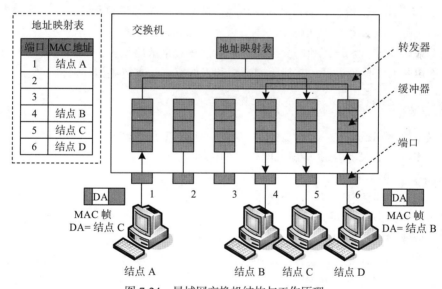

图 7-24　局域网交换机结构与工作原理

图 7-24 中所示的交换机共有六个端口，其中端口 1、4、5、6 分别连接结点 A、B、C、D。地址映射表根据端口与结点 MAC 地址的对应关系建立。如果结点 A、D 同时需要发送数据，则它们分别填写各自帧的目的地址。例如，结点 A 向结点 C 发送帧，则目的地址为结点 C；结点 D 要向结点 B 发送，则目的地址为结点 B。交换机根据地址映射表的对应关系，找到对应于该目的地址的输出端口，为结点 A 到 C 建立端口 1 到 5 的连接，为结点 D 到 B 建立端口 6 到 4 的连接，然后在两个连接上传输相应的帧。

2. 交换机的交换方式

交换机的交换方式有多种类型，如直接交换方式、存储转发交换方式与改进的直接交换方式。

（1）直接交换方式

在直接交换（cut through）方式中，交换机只要接收并检测到目的地址，就立即转发该帧，而不管该帧是否出错。帧校验操作由结点负责完成。这种交换方式的优点是交换延迟较短，但是缺乏差错检测能力。

（2）存储转发交换方式

在存储转发（store and forward）方式中，交换机首先需要接收整个帧，然后对该帧执行帧校验操作，如果没有出错则转发。这种交换方式的优点是具有差错检测能力，支持不同速率的端口之间转发，缺点是交换延迟将会增大。

（3）改进的直接交换方式

改进的直接交换方式将上述两种方式相结合。交换机在接收到一个帧的前 64 字节后，检测帧头中的各个字段是否出错，如果没有出错则转发。对于短的 Ethernet 帧，这种方法的交换延迟与直接交换方式相近；对于长的 Ethernet 帧，由于仅对地址等字段进行帧校验，因此交换延迟将会减小。

3. 交换机的性能参数

衡量交换机性能的参数主要包括以下几个：

- 最大转发速率，指两个端口之间每秒最多能转发的帧数量。
- 汇集转发速率，指所有端口之间每秒最多能转发的帧数量总和。
- 转发等待时间，指交换机做出转发决策所需时间，与交换机采用的交换技术相关。

由于交换机完成 Ethernet 帧的交换，并且工作在数据链路层上，因此它被称为第二层交换机。交换机具有交换延迟低、支持不同速率和工作模式、支持虚拟局域网等优点。

7.8.2 虚拟局域网技术

虚拟局域网（Virtual LAN，VLAN）并不是一种新型局域网，而是局域网为用户提供的一种新型服务。VLAN 是用户与局域网资源的一种逻辑组合，而交换式局域网技术是实现 VLAN 的基础。1999 年，IEEE 发布了有关 VLAN 的 IEEE 802.1Q 标准。建立 VLAN 需要利用交换式局域网的核心设备——交换机。

在传统的局域网中，一个工作组的成员必须位于同一网段。多个工作组之间通过互联的网桥或路由器来交换数据。如果一个工作组中的结点要转移到其他工作组，需要将该结点从自己连接的网段撤出，并将它连接到相应的网段中，有时甚至需要重新布线。因此，工作组受到结点所处网段的物理位置限制。

图 7-25 给出了 VLAN 的工作原理。如果将结点按需划分成多个逻辑工作组，则每个工作组就是一个 VLAN。例如，结点 N1-1 至 N1-4、N2-1 至 N2-4、N3-1 至 N3-4 分别连接在交换机 1、2、3 的网段，它们分布于 3 个楼层。如果希望划分 4 个逻辑工作组（N1-1、N2-1 与 N3-1）、（N1-2、N2-2 与 N3-2）、（N1-3、N2-3 与 N3-3）和（N1-4、N2-4 与 N3-4），建立产品、财务、营销与售后等四个专用子网，最简单的方法是通过软件在交换机中设置 4 个 VLAN。

VLAN 建立在局域网中的交换机之上，以软件方式划分与管理逻辑工作组，工作组中的结点不受物理位置限制。工作组成员不一定连接在同一网段，它们可连接在同一交换机，也可连接在不同交换机，只要这些交换机之间互联即可。如果某个结点要转移到其他工作组，只需通过软件设定来改变工作组，而无须改变它在网络中的位置。VLAN 的设置可基于交换机端口、MAC 地址、IP 地址或网络层协议等。VLAN 的主要优点表现在：方便用户管理，改善服务质量，可增强安全性。

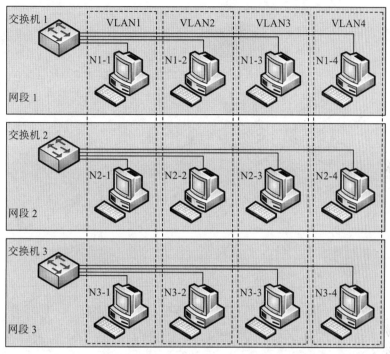

图 7-25　VLAN 的工作原理

7.8.3　局域网组网方法

1. 传统以太网组网方法

在传统 Ethernet 组网中，最初经常单独使用粗缆或细缆，或混合使用粗缆与细缆组网。随着双绞线出现并被应用于组网，减小了组网成本与维护难度，这样集线器与双绞线的组网方式逐渐流行。无论是使用粗缆、细缆还是双绞线，由于这些传输介质都是有线介质，因此组网时都需要预先完成布线。

（1）单一集线器结构

单一集线器结构是最简单的组网方式，它适用于规模较小的网络，结点数量较少与覆盖范围较小。图 7-26 给出了单一集线器的网络结构。组网所需的硬件设备包括：10Mbit/s 集线器、10Mbit/s 网卡与双绞线。其中，集线器是组网的核心设备，通常提供多个 RJ-45 端口；每个结点需要安装网卡，通常提供 1 个 RJ-45 端口；所有结点通过双绞线连接到集线器。结点数量受限于单个集线器的端口数，通常为 4 至 24 个端口。覆盖范围受限于双绞线的长度，单根双绞线的最大长度为 100m，任意结点之间的最大距离为 200m。

（2）多集线器级联结构

多集线器级联结构适用于规模较大的网络，结点数量较多与覆盖范围较大。如果结点数量超过单个集线器的端口数，或覆盖范围超过 200m，这时可采用多集线器级联结构。例如，单个集线器的端口数为 24 个，需要连网的结点数量为 36 台，结点分布范围超过 200m，则可采用双集线器的级联结构。图 7-27 给出了多集线器级联的网络结构。每个集线器连接网络中的部分结点，在物理上构成星形拓扑；集线器之间通过不同介质来级联，以便实现集线器之间的数据传输。

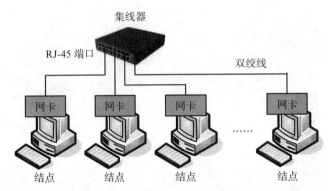

图 7-26　单一集线器的网络结构

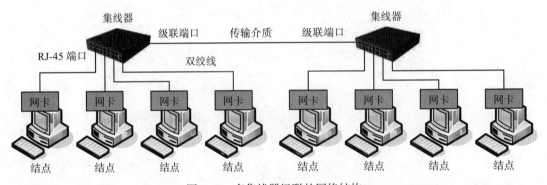

图 7-27　多集线器级联的网络结构

多集线器级联可增加网络的结点规模。普通集线器通常提供两类端口：一类是 RJ-45 端口，可通过双绞线连接结点，也可通过双绞线实现级联；另一类是专门的级联端口，包括 AUI 端口、BNC 端口或 F/O 端口，可使用粗缆、细缆或光纤实现级联。多集线器级联可扩大网络的覆盖范围。例如，如果用双绞线实现双集线器级联，单根双绞线的最大长度为100m，任意结点之间的最大距离为 300m；如果用粗缆实现双集线器级联，单根粗缆的最大长度为 500m，任意结点之间的最大距离为 700m；用中继器可进一步扩大覆盖范围。

（3）堆叠式集线器结构

堆叠式集线器结构适用于中等规模的网络，结点数量较多但覆盖范围较小。如果结点数量超过单个集线器的端口数，但覆盖范围不超过 200m，则可采用堆叠式集线器结构。例如，单个集线器的端口数为 24 个，需要连网的结点数为 36 台，结点分布范围不超过 200m，则可采用堆叠式集线器结构。堆叠式集线器结构与单一集线器结构类似。堆叠式集线器连接网络中的全部结点，在物理上构成星形拓扑。在实际应用中，经常将堆叠式集线器与多集线器级联结构相结合，以适应不同网络结构需求。

2. 快速以太网组网方法

快速以太网组网方法与传统 Ethernet 类似。根据网络规模不同，局域网组网可采用单一集线器、多集线器级联或堆叠式集线器结构，或者将上述几种结构相结合。随着速度更快的快速以太网设备的出现，它们开始广泛应用于局域网组网中，特别是交换机在网络中开始全面代替集线器。

快速以太网组网所需的硬件设备包括10Mbit/s或100Mbit/s交换机、10Mbit/s或100Mbit/s网卡，以及双绞线、光纤等传输介质。其中，100Mbit/s交换机是核心设备，通常提供多个RJ-45端口与少量光纤端口；10Mbit/s交换机是主要设备，通常提供多个RJ-45端口；每个结点须安装10Mbit/s或100Mbit/s网卡，通常提供1个RJ-45端口。所有结点通过双绞线连接到交换机，光纤通常用于交换机之间的级联。

由于交换机采用的是交换方式，与集线器的共享介质方式相比，同样速率的交换机性能比集线器好，因此交换机逐步代替集线器的地位。图7-28给出了快速以太网组网的典型结构。100Mbit/s交换机被用于网络主干，它负责连接两台10Mbit/s交换机，每台10Mbit/s交换机连接网络中的部分结点。例如，一台100Mbit/s交换机提供24个100Mbit/s端口，如果每个端口支持全双工方式，则该交换机的最大带宽为4.8Gbit/s。

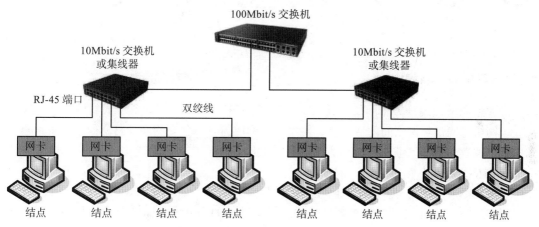

图7-28　快速以太网组网的典型结构

3. 千兆以太网组网方法

千兆以太网组网方法与传统Ethernet类似，交换机已成为局域网组网的核心设备。根据网络规模不同，局域网组网可采用单一交换机、多交换级联或堆叠式交换机结构，或者将上述几种结构相结合。随着速度更快的千兆以太网交换机的出现，它们开始广泛应用于局域网组网中。

千兆以太网所需的硬件设备包括100Mbit/s或1Gbit/s交换机、10Mbit/s或100Mbit/s或1Gbit/s网卡，以及双绞线、光纤等传输介质。其中，1Gbit/s交换机是核心设备，通常提供多个RJ-45端口与少量光纤端口；100Mbit/s交换机是主要设备，通常提供多个RJ-45端口；每个结点须安装10Mbit/s、100Mbit/s或1Gbit/s网卡，通常提供1个RJ-45端口。所有结点通过双绞线连接到交换机，光纤通常用于交换机之间的级联。

在千兆以太网组网中，如何合理分配网络带宽是很重要的，须根据实际网络的规模、范围与布局等因素，选择合适的两级或三级网络结构。图7-29给出了千兆以太网组网的典型结构。这里，需要注意以下几个问题：在网络主干部分，通常使用高性能的1Gbit/s主干交换机，以解决带宽瓶颈问题；在网络支干部分，通常使用性价比高的1Gbit/s普通交换机；在楼层或部门一级，通常选择经济实用的100Mbit/s交换机。

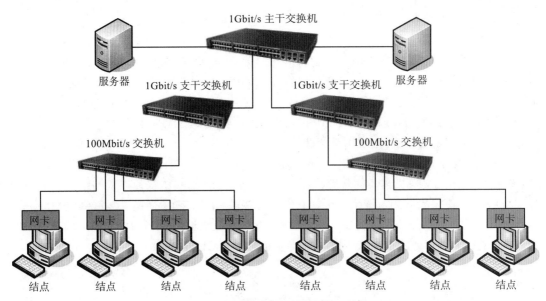

图 7-29　千兆以太网组网的典型结构

7.8.4　网桥与局域网互联

将大型局域网划分为用网桥（bridge）互联的多个子网，这就导致了局域网互联技术的发展。网桥可隔离子网之间的通信量，使每个子网成为一个独立的局域网。通过减少每个子网内部结点数的方法，可改善每个子网的网络性能。

1. 网桥的应用环境

很多实际应用需要将多个局域网互联，这些应用环境主要有以下 5 种：

- 某个单位的不同部门根据各自的需要组建独立的局域网，而各个部门的局域网之间又需要交换信息与共享资源，则需要把多个局域网互联起来。
- 某个单位有多幢办公楼，每幢办公楼内部组建了局域网，这些局域网之间需要交换信息与共享资源，则需要把多个局域网互联起来。
- 某个单位有数千台计算机需要联网，如果都连接在一个局域网中，网络通信量将会对网络性能造成严重影响。可行的办法是按地理位置或组织关系划分为多个子网，多个局域网互联起来构成一个大型网络。
- 如果联网计算机之间的距离超过单个局域网的最大覆盖范围，可以将它们分成几个局域网分别组建，然后把这些局域网互联起来。
- 某个单位的不同部门对信息系统的安全性要求不同，如果某个部门对信息安全、保密方面的要求较高，可将该部门的计算机连接在物理上独立的局域网中，然后将这个局域网与其他局域网互联起来。

2. 网桥的工作原理

网桥在数据链路层完成数据帧接收、转发与地址过滤功能，它用来实现多个局域网之间的数据交换。当使用网桥实现数据链路层互联时，允许互联网络的物理层协议不同，但是数据链路层以上各层需要采用相同的协议。实际上，交换机与网桥之间没有严格的界限，可认为交换机是在网桥的基础上发展起来，并且是功能更加完善的网桥。但是，在结构、交换方式、地址过滤与端口连接等方面，交换机与网桥之间有明显的区别。

图 7-30 给出了网桥的工作原理。如果主机 A 向主机 C 发送数据，网桥接收到这个数据帧，由于主机 A 与主机 C 属于同一局域网，网桥进行地址过滤后认为不需要转发，这时网桥将丢弃该帧；如果主机 A 向主机 D 发送数据，网桥接收到这个数据帧，由于结点 A 与结点 D 属于不同的局域网，网桥进行地址过滤后认为需要转发，并通过相应的端口转发该帧，这时结点 D 将接收到这个帧。从用户的角度来看，用户并不知道网桥的存在，局域网 1 与局域网 2 就像是同一网络。

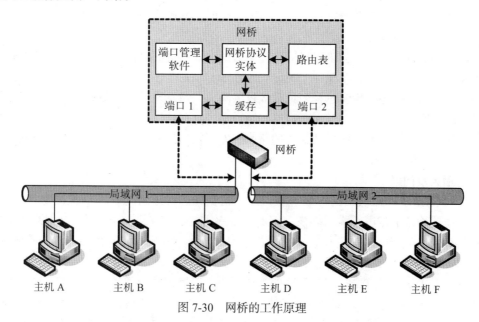

图 7-30　网桥的工作原理

3. 网桥的分类

网桥的工作原理比较简单，只需在计算机中安装多块网卡。例如，为连接以太网与令牌环网设计一种网桥，插入一个以太网卡与一个令牌环网卡，这样就可构成网桥的工作环境。实际上，这是一个异型局域网互联的网桥，各种网卡独立完成各自帧的发送与接收。网桥软件完成接收、转发与地址过滤。目前，异型局域网互联的网桥已不重要，使用的局域网基本都是以太网。但是，各种以太网在物理层有不同速率标准，仍须解决不同速率以太网在 MAC 层的互联问题。

网桥最重要的维护工作是构建与维护路由表。路由表记录不同结点的物理地址与网桥转发端口的关系。如果没有路由表，网桥无法确定是否转发帧，以及如何转发。IEEE 802.1 与 IEEE 802.5 委员会分别制定了透明网桥与源路由网桥的标准。

（1）透明网桥

透明网桥（transparent bridge）标准是 IEEE 802.1d。透明网桥主要有以下几个特点：透明网桥由每个网桥自己进行路由选择，局域网中的结点不负责路由选择，网桥对于互联局域网的各结点是"透明"的；透明网桥用于 MAC 层协议相同网段之间互联，如连接两个以太网或两个令牌环网；透明网桥的最大优点是容易安装，它是一种即插即用设备。目前，使用最多的网桥是透明网桥。

透明网桥的路由表需要记录三个信息：MAC 地址、端口与时间。透明网桥的路由表在最初连接到局域网时为空，它接收帧并记录源 MAC 地址与进入网桥的端口号，然后将该帧向所有其他端口转发。网桥在转发过程中逐渐建立路由表。因此，局域网拓扑经常发生变化。为了使路由表能反映整个网络的最新拓扑，需要记录每个帧到达网桥的时间，以便在路由表中保留网络拓扑的最新状态。网桥的端口管理软件周期性扫描路由表，并删除那些已经过时的路由表项。

（2）源路由网桥

源路由网桥（source routing bridge）标准是 IEEE 802.5d。源路由网桥由发送帧的源结点负责路由选择。源路由网桥假定每个结点在发送帧时，都已清楚到达目的结点的路由，并将详细的路由信息放在帧的头部中。

关键是源结点如何知道应该选择的路由。为了发现适合的路由，源结点以广播方式向目的结点发送一个用于探测的发现帧（discovery frame）。这个帧在网桥互联的局域网中沿着所有可能的路由传输，并在传输过程中记录经过的路由。当发现帧到达目的结点后，将会沿着各自的路由返回源结点。在源结点获得这些路由信息后，从所有可能的路由中选出一个最佳结果，通常选择经过的中间网桥数最少的路由。发现帧的另一个作用是帮助源结点确定整个网络可通过帧的最大长度。

4. 广播风暴问题

图 7-31 给出了广播风暴的形成过程。网桥根据帧的源地址与目的地址决定是否转发。由于网桥需要确定通过哪个端口转发，因此网桥中需要保存一个"路由表"。但是，网桥的存储空间有限。随着网络规模扩大与结点数量增加，将不断出现"路由表"中没有的信息。当带有这种目的地址的帧出现时，网桥无法决定从哪个端口转发。这时，唯一办法就是在所有端口进行广播，只要这个结点在互联的局域网中，广播帧总会到达目的结点。这种方法非常简单，但是却带来很大的问题，那就是一个帧经过多轮广播后，变成 2 个、4 个、8 个、16 个，这种盲目广播会使帧数量按指数规律增长，造成网络中无用的通信量剧增，形成"广播风暴"，严重时会造成网络无法工作。

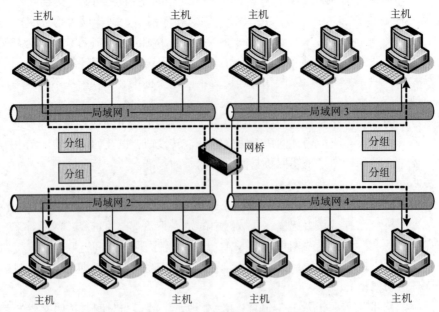

图 7-31 广播风暴的形成过程

7.9　本章总结

1）设置数据链路层的目的是将存在传输差错的物理线路变成对网络层无差错的数据链路。数据链路层的功能主要包括链路管理、帧传输、流量控制、差错控制等。

2）误码率是指二进制比特序列在数据传输系统中被传错的概率。

3）差错控制是指检测并纠正数据传输差错。最常用的检错方法是循环冗余编码（CRC）。

4）数据链路层协议可分为两类：面向字符型与面向比特型。面向字符型协议的典型代表是 BSC 协议，面向比特型协议的典型代表是 HDLC 协议。

5）互联网数据链路层协议主要是 PPP。PPP 不仅常用于个人计算机到 ISP 的拨号连接，在路由器之间的专用线路上也有广泛应用。

6）局域网的 MAC 层协议用于解决多个结点对共享介质的随机争用控制。Ethernet 采用带冲突检测的载波侦听多路访问 CSMA/CD 方法。

7）随着 10GE 技术的出现，Ethernet 工作范围已从校园网、企业网扩大到城域网和广域网。局域网交换机可以在多个端口之间建立多个并发连接。虚拟局域网（VLAN）建立在交换技术的基础上。

第 8 章 物理层与物理层协议分析

本章主要讨论以下内容：
- 物理层的主要功能
- 信息、数据与信号的关系
- 传输介质的主要类型
- 数据编码的基本类型
- 数据传输速率的定义
- 为什么可以用带宽表示速率

物理层的传输介质为数据链路层提供数据传输服务。本章在介绍数据通信概念的基础上，系统地讨论常用传输介质、数据编码类型、数据传输与多路复用等技术，以及物理层的基本概念与典型的物理层协议。

8.1 物理层与物理层协议

8.1.1 物理层的基本概念

1. 物理线路的类型

计算机网络使用的通信信道分为两类：点－点通信线路与广播通信线路。其中，点－点通信线路用于直接连接两个结点，广播通信线路作为公共线路可以连接多个结点。

（1）点－点通信线路的物理层协议

电话线路是典型的点－点通信线路。家庭中的计算机通常使用 ADSL Modem，通过电话线路接入 ISP 的 ADSL Modem，两个设备之间通过电话线路传输比特流。这时，它们遵循的通信协议就是一种点－点通信线路的物理层协议。

（2）广播通信线路的物理层协议

广播通信线路又分为两种：有线与无线。在传统 Ethernet 协议标准 IEEE 802.3 中，就包括针对共享总线介质的物理层协议。在无线局域网协议标准 IEEE 802.11 中，也包括了针对共享无线信道的物理层协议。

2. 物理层的服务功能

物理层的基本功能是实现结点之间的比特流传输。物理层处于网络参考模型的最低层，它向上与数据链路层连接，向下与传输介质连接。计算机网络使用的传输介质与通信设备种类繁多，各种通信技术存在很大差异，并且新的通信技术在快速发展。设置物理层的目的是屏蔽物理层采用的传输介质、通信设备与通信技术的差异性，使数据链路层只需要考虑本层的服务，而无须考虑具体使用哪些传输介质、通信设备与通信技术。数据链路实体通过与物理层的接口将比特流传送给物理层，物理层将比特流按照传输需要进行编码，然后将信号通过传输介质传送到下一个结点的物理层。

8.1.2　物理层向数据链路层提供的服务

对于基于点－点通信线路的物理层，它向数据链路层主要提供如下服务功能。

1. 物理连接的建立、维护与释放

当数据链路层请求在两个数据链路实体之间传送数据时，物理层在数据传输之前首先需要建立相应的物理连接，在数据传输过程中需要维护物理连接，在数据传输结束之后需要释放物理连接。

这个过程与人们熟悉的电话通信过程相似。数据链路层相当于电话用户，物理层相当于电话交换系统。如果两个用户之间的距离很近，两个电话机可以用一段电话线直接相连。如果两个用户之间的距离较远，两个电话机之间必然要通过多个电话交换机与多段电话线顺序连接。与电话交换系统相似，物理连接从一个访问点到另一个访问点，其中可能通过多个物理实体与多条传输介质，有时还需要经过中继物理实体。

2. 物理连接的类型

物理连接可以分为两类：点－点连接与多点连接。其中，点－点连接是在两个物理层实体之间用一条传输介质直接相连。多点连接可以在一个物理层实体与多个物理层实体之间分别通过传输介质相连。

（1）全双工、半双工与单工方式

点－点连接的两个实体之间通信可以分为 3 种方式：全双工传输、半双工传输与单工传输。其中，全双工传输方式允许两个连接实体之间同时进行双向的比特流传输；半双工传输方式允许两个连接实体之间交替进行双向的比特流传输；单工传输方式只允许连接实体之间单向的比特流传输。

（2）串行与并行方式

点－点连接的两个实体之间通信可以分为两种方式：串行传输与并行传输。其中，串行传输方式的数据单元是位（bit）；并行传输方式的物理数据服务单元是 n 位，n 为并行连接的物理通道数量。

8.2　数据通信的基本概念

8.2.1　信息、数据与信号

在研究网络环境中的信息交换过程时，首先要了解信息、数据与信号这三个最基本和最常用的术语之间的联系与区别。

1. 信息

通信的主要目的是交换信息（information）。信息的载体可以是文本、音频、图像、视频等。计算机产生的信息通常是字母、数字、符号的组合。为了传输这些信息，首先需要将每个字母、数字或符号用二进制编码表示。数据通信是指在不同计算机之间传输表示字母、数字或符号的二进制编码序列的过程。

数据通信最引人注目的发展是在 19 世纪中期。美国人莫尔斯完成了电报系统的设计，设计了用一系列点、划的组合表示字符的方法（即莫尔斯电报码），并在 1844 年通过电缆从华盛顿向巴尔的摩发送第一条报文。1866 年，通过美国、法国之间贯穿大西洋的电缆，莫尔斯电报将世界上的不同国家连接起来。莫尔斯电报提出了一个完整的数据通信方法，即包括数据通信设备与数据编码方式的整套方案。莫尔斯电报的某些术语（如传号、空号等）至今仍在使用。

2. 数据

莫尔斯电报码仅适用于操作员手工发报，而不适用于机器的编码与解码。法国人博多发明了适用于机器编码的博多码（baudot）。博多码采用了 5 位二进制编码，因此它仅能产生 32 种可能的组合，在表示 26 个字母、10 个数字、多种标点符号与空格时是远不够的。为了弥补这个缺陷，博多码增加了两个转义字符。尽管博多码本身并不完善，但是它在数据通信中几乎使用了半个世纪。

此后，曾出现过很多种数据编码方法，目前保留下来的主要有两种：扩充的二、十进制交换码（Extended Binary Coded Decimal Interchange Code，EBCDIC）与美国标准信息交换码（American Standard Code for Information Interchange，ASCII）。其中，EBCDIC 是 IBM 公司 1963 年为其主机产品设计的编码方法，用 8 位二进制编码表示 256 个字符。ASCII 是 ANSI 组织 1967 年认定的美国国家标准，作为在不同计算机之间通信共同遵循的西文编码规则，后来被 ISO 接纳为国际标准 ISO 646（又称为国际 5 号码）。

ASCII 可采用 7 位或 8 位二进制编码。标准 ASCII 码称为基础 ASCII 码，采用 7 位二进制编码表示 128 个字符（如表 8-1 所示）。这些字符主要分为两类：显示字符与控制字符。其中，显示字符包括数字 0 到 9、大小写字母、标点符号等。控制字符分为两类，即文本控制字符，如 CR（回车）、LF（换行）等；通信控制字符，如 SOH（文头）、EOT（文尾）、ACK（确认）等。后 128 个字符编码称为扩展 ASCII 码，允许使用每个字符的最高位，增加特殊符号、外来语字母与图形符号等。

表 8-1　基本 ASCII 码的部分编码

字符	二进制码	字符	二进制码	字符	二进制码
0	0110000	A	1000001	SOH	0000001
1	0110001	B	1000010	STX	0000010
2	0110010	C	1000011	ETX	0000011
3	0110011	D	1000100	EOT	0000100
4	0110100	E	1000101	ENQ	0000101
5	0110101	F	1000110	ACK	0000110
6	0110110	G	1000111	NAK	0010101
7	0110111	H	1001000	ETB	0010111
8	0111000	I	1001001	SYN	0010110
9	0111001	J	1001010		

在标准 ASCII 码中，二进制编码按从高位到低位（$b_6b_5b_4b_3b_2b_1b_0$）的顺序排列，而 b_7 位通常用作字符的奇偶校验位（该位为 0）。英文单词 "NETWORK" 的 ASCII 码（不考虑校验位）应为 "1001110 1000101 1010100 1010111 1001111 1010010 1001011"。如果从主机 A 将该编码正确传输到主机 B，并且主机 A、B 都采用 ASCII 码，则主机 B 就可将接收编码解释为 "NETWORK"。

对于数据通信来说，传输的二进制编码称为数据（data）。数据是信息的载体。数据涉及对事物的表示形式，信息涉及对数据表示内容的解释。数据通信的任务就是正确地传输二进制编码，而不需要解释编码表示的意义。在数据通信中，人们习惯将传输的二进制编码中的一个 0 或 1 称为一个码元。

　　随着计算机技术的发展，多媒体（multimedia）技术得到广泛应用。这里，媒体（media）是指信息的载体，如文本、图像、音频、视频等。与文本、图形信息传输相比，音频、视频信息传输的主要特点是：高速率与低延时。多媒体系统通常要传输连续的音频或视频流。数字化的音频、视频的数据量很大。例如，对于分辨率为 640×480 的视频，如果以每秒 25 帧的速度显示，通信系统的传输速率要达到 184Mbit/s，也就是每秒传输 184×10^6 位。因此，多媒体技术对数据通信提出更高的要求。

3. 信号

　　对于计算机系统来说，关心的是信息采用怎样的编码方式。例如，如何用 ASCII 码表示字母、数字与符号，如何用双字节表示汉字，以及如何表示音频、图形与视频。对于数据通信技术来说，需要研究如何将表示各类信息的二进制编码，通过传输介质在不同计算机之间进行传输的问题。

　　信号是数据在传输过程中电信号的表示形式。图 8-1 给出了模拟信号与数字信号的波形。电平幅度连续变化的电信号称为模拟信号（analog signal）。在传统的电话线路上传输的信号是模拟信号。计算机产生的电信号是用两种不同的电平表示 0、1 比特序列的电压脉冲信号，这种电信号称为数字信号（digital signal）。

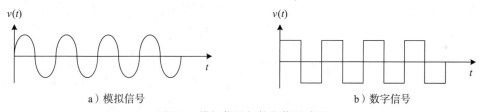

a）模拟信号　　　　　　　　　　　　　　b）数字信号

图 8-1　模拟信号与数字信号波形

8.2.2　数据传输类型

　　在数据通信系统中，采用数字信号还是模拟信号，取决于通信信道支持传输的信号类型。如果通信信道不支持直接传输数字信号，发送方要将数字信号变换成模拟信号，接收方再将模拟信号还原成数字信号。如果通信信道支持传输数字信号，为了解决收发双方同步及实现中的技术问题，也需要对数字信号进行波形变换。

1. 串行通信与并行通信

　　计算机中通常用 8 位二进制编码表示一个字符。根据每个字符使用的信道数，数据通信可以分为两种类型：串行通信与并行通信。其中，串行通信是指将待传输的每个字符的二进制编码按由低位到高位的顺序依次发送，如图 8-2a 所示。并行通信是指将待传输的每个字符的二进制编码的每位通过并行信道同时发送，这样就可以每次发送一个字符，如图 8-2b 所示。

　　显然，如果采用串行通信方式，收发双方之间只需建立一条通信信道。如果采用并行通信方式，收发双方之间需要同时建立多条通信信道。在同样传输速率的情况下，并行通信在单位时间内传输的数据量大得多。由于需要建立与维护多条通信信道，因此并行通信系统的造价高得多。出于这个原因，在远程通信中通常采用串行方式。

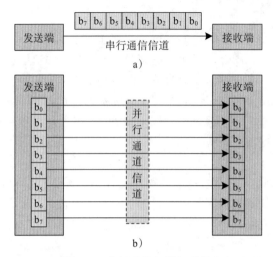

图 8-2   串行通信与并行通信

2. 单工通信、半双工通信与全双工通信

根据信号传输方向与时间的关系，数据通信可分为 3 种类型：单工通信、半双工通信与全双工通信。其中，单工通信是指信号只能单向传输，如图 8-3a 所示。半双工通信是指信号可双向传输，但是同时仅支持单个方向，如图 8-3b 所示。全双工通信是指信号可同时双向传输，如图 8-3c 所示。双向通道既可实现全双工通信，也可实现半双工或单工通信。

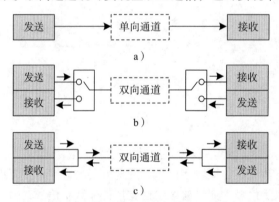

图 8-3   单工、半双工与全双工通信

3. 同步技术

计算机通信与电话通话过程有相似之处。在拨通电话并确定对方身份后，双方可以进入通话状态。在通话过程中，说话方要说清每个字，并在每句话后停顿一下。接听方要适应说话方的语速，以听清对方说的每个字；根据说话方的语气和停顿，判断每句话的开始与结束，以听懂对方说的每句话。这是电话通话中需要解决的同步问题。

在数据通信过程中，通信双方同样要解决同步问题，只是问题更加复杂一些。同步是指要求通信双方在时间基准上保持一致。数据通信中的同步主要分为两种类型：位同步（bit synchronous）与字符同步（character synchronous）。

（1）位同步

如果数据通信的双方是两台计算机，即使两台计算机的时钟频率相同，也必然存在某种程度上的频率误差。尽管这种误差是微小的，但在大量数据的传输过程中，其积累误差足以造成传输错误。在数据通信过程中，首先要解决通信双方时钟频率的一致性问题。解决问题的基本方法是：接收方根据发送方发送数据的时间信息来校正自己的时间基准。这个过程称为位同步。

实现位同步的方法主要有两种：外同步法与内同步法。其中，外同步法是指发送方在发送数据信号的同时，额外发送一个同步时钟信号。接收方根据接收的同步时钟信号来校正自己的时间基准。内同步法是指发送方在发送的数据信号中添加同步时钟信号，接收方从接收数据中提取同步时钟并校正自己的时间基准。曼彻斯特码与差分曼彻斯特编码都是自含时钟编码方法。

（2）字符同步

在解决位同步问题之后，需要解决的是字符同步问题。在标准 ASCII 码中，每个字符由 8 位二进制编码构成。发送方以 8 位为一个单元发送，接收方也以 8 位为一个单元接收。字符同步是指保证通信双方正确传输每个字符的过程。

字符同步的实现方法主要有两种：同步式（synchronous）与异步式（asynchronous）。同步传输（synchronous transmission）是指以同步方式进行数据传输。同步传输将多个字符组织成一个组，以组为单位实现连续传输。每组字符之前添加一个或多个同步字符（SYN）。接收方根据 SYN 确定每个字符的起始与终止，以便实现字符同步传输的功能。图 8-4 给出了同步传输的数据结构。

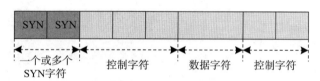

图 8-4　同步传输的数据结构

异步传输（asynchronous transmission）是指以异步方式进行数据传输。异步传输的主要特点是：每个字符作为一个独立的个体来传输，字符之间的时间间隔可以任意。每个字符的第一位前添加 1 位起始位（逻辑 1），最后一位后添加 1 或 2 位终止位（逻辑 0）。图 8-5 给出了异步传输的数据结构。

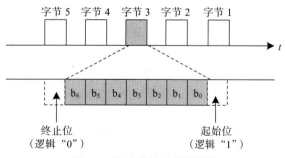

图 8-5　异步传输的数据结构

8.2.3　传输介质类型

传输介质是在网络中连接收发双方的物理线路，也是在通信中实际用于传输数据的载体。在计算机网络中，常用的传输介质主要包括双绞线、同轴电缆、光纤、无线信道与卫星信道等。

1. 双绞线

双绞线（twisted pair）是当前最常用的传输介质。双绞线由按螺旋结构排列的两根、四根或八根绝缘导线组成。一对绝缘导线可作为一条通信线路，各个线对螺旋排列的目的是减小各线对之间的电磁干扰。图 8-6 给出了双绞线的结构。双绞线主要分为两种类型：屏蔽双绞线（Shielded Twisted Pair，STP）与非屏蔽双绞线（Unshielded Twisted Pair，UTP）。其中，屏蔽双绞线由外部保护层、外屏蔽层、绝缘层与多对双绞线组成。非屏蔽双绞线由外部保护层、绝缘层与多对双绞线组成。

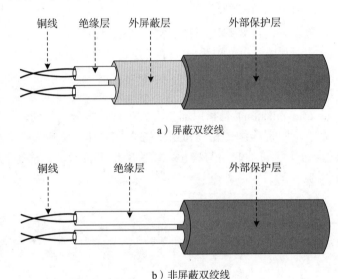

a）屏蔽双绞线

b）非屏蔽双绞线

图 8-6　双绞线的基本结构

根据介质支持的传输特性，双绞线主要分为以下这些类型：一类线、二类线、三类线、四类线、五类线、超五类线与六类线。其中，常用于局域网组网的是三类线、五类线、超五类线与六类线。三类线支持的最大传输速率为 10Mbit/s，常用于语音传输与传统以太网的组网；五类线支持的最大传输速率为 100Mbit/s，常用于快速以太网的组网；超五类线支持的最大传输速率为 1Gbit/s，常用于千兆以太网的组网；六类线的传输性能远高于超五类线，常用于千兆以太网以上的网络应用中。

双绞线可与集线器构成共享介质以太网，或者与交换机构成交换式以太网。由于双绞线的传输距离有限，单根双绞线的最大长度为 100m，因此它适用于有限范围的局域网组网。双绞线的主要优点：价格低于其他介质，安装与维护方便。

2. 同轴电缆

同轴电缆（coaxial cable）是早期网络中常用的传输介质。图 8-7 给出了同轴电缆的结构。同轴电缆的组成部分从内至外依次为：内导体、绝缘层、外屏蔽层与外部保护层。其中，内导体是位于中心的铜线；绝缘层是塑料材质的绝缘体；外屏蔽层是网状的导电材料；外部保护层是同轴电缆的外皮。中心铜线和网状外屏蔽层形成电流回路。由于内导体与外屏蔽层为同轴关系，因此获得了同轴电缆这个名称。

根据支持的带宽不同，同轴电缆主要分为两种类型：基带同轴电缆与宽带同轴电缆。其中，基带同轴电缆是 50 Ω 的同轴电缆，也就是常说的细同轴电缆（简称细缆），主要用于基带信号传输；宽带同轴电缆是 75Ω 的同轴电缆，也就是常说的粗同轴电缆（简称粗缆），主要用于宽带信号传输。粗缆主要应用于有线电视网中，实际上就是常用的 CATV 电缆。粗缆与细缆被用于早期的传统以太网组网，随着双绞线的出现与广泛应用，粗缆与细缆已经不用于局域网组网中。

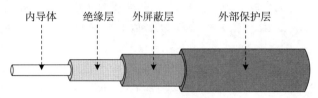

图 8-7　同轴电缆的基本结构

3. 光纤

光纤（optical）是一种性能很好的传输介质。它是一种柔软、能传导光波的介质，多种玻璃和塑料可用于制造光纤，其中超高纯度石英玻璃纤维制作的纤芯的性能最好。在折射率较高的纤芯外面，以折射率较低的玻璃材质的包层包裹，最外层是 PVC 材质的外部保护层。图 8-8 给出了光纤的结构。光缆（optical cable）可由一根或多根光纤构成。描述光纤尺寸的参数主要有两个：纤芯直径与包层直径，计量单位均为微米（μm）。常见的光缆有三种尺寸——50/125μm、62.5/125μm 与 100/140μm。例如，对于 50/125μm 的光缆，其纤芯直径为50μm，包层直径为 125μm。

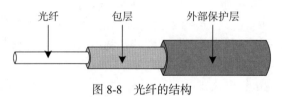

图 8-8　光纤的结构

光纤通过内部全反射来传输一束经过编码的光信号。纤芯的折射系数高于包层的折射系数，可形成光波在纤芯与包层表面的全反射。图 8-9 给出了光纤传输的工作原理。发送方使用发光二极管（LED）或注入型激光二极管（ILD）生成光波，光波沿着纤芯内部向前传输。包层的作用是将光波反射回纤芯内部。接收方使用检波器将光信号转换成电信号。光波调制方法采用振幅键控（ASK）方法。

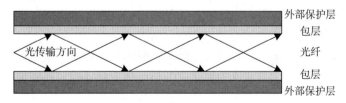

图 8-9　光纤传输的工作原理

在光纤中传输数据时，传输性能与光的波长有关。有些波长的光在光纤中传输更有效率。波长的计量单位为纳米（nm）。可见光的波长范围为 400 ~ 700nm，它在光纤中的传输效率并不高。红外线的波长范围为 700 ~ 1600nm，它在光纤中的传输效率相对较高。光波传输的理想波长主要有 3 个：850nm、1300nm 与 1550nm。在光纤中进行数据传输时，光波到达接收方时必须有足够的强度，以保证接收方能准确检测出光波。光波的衰减与光纤长度、弯曲程度等参数相关。

光缆通常可分为两种类型：单模光纤与多模光纤。其中，单模光纤在某个时刻只能有一个光波在光纤内传输；多模光纤同时支持多个光波在光纤内传输。单模光纤的纤芯直径为 8 ~ 10μm。单模光纤使用的光波是激光，光波信号的强度很大，主要用于高速率、长距离的传输。多模光纤的纤芯直径为 50 ~ 100μm。多模光纤使用的光波是红外线，光波信号的强度较小，它在传输距离上比单模光纤要短。在局域网组网的环境中，光缆的常见用途是建筑物之间的互联。

由于数据是通过光波进行传输，光纤中不存在电磁干扰问题，并且数据传输过程是纯数字的，因此光纤传输的带宽大、损耗小、速率高与距离远。由于光纤及其连接器的安装比较复杂，需要经过特殊培训的人完成，难以安装未经授权的连接头，因此光纤的安全性比其他介质好。但是，光纤的主要缺点是造价较高。

4. 无线与卫星通信技术

电磁波的传播有两种方式：一种是在自由空间中传播，即无线方式；另一种是在有限的空间内传播，即有线方式。采用同轴电缆、双绞线、光纤来传输电磁波的方式属于有线方式。在同轴电缆中，电磁波传播的速度大约等于光速的 2/3。从电磁波谱中可看出，按照频率由低向高排列，电磁波可分为无线电（radio）、微波（microwave）、红外线（infrared）、可见光（visible light）、紫外线（ultraviolet）、X 射线（X-ray）与 γ 射线（γ-ray）。目前，无线通信主要使用无线电、微波、红外线与可见光。

不同传输介质可以传输不同频率的信号。例如，普通双绞线可传输低频与中频信号，同轴电缆可传输低频到甚高频信号，光纤可传输可见光信号。采用双绞线、同轴电缆与光纤的通信系统，通常只用于固定物体之间的通信。移动物体与固定物体、移动物体与移动物体之间的通信，这些都属于移动通信的范畴，如人、汽车、轮船、飞机等移动物体之间的通信。移动物体之间的通信只能依靠无线通信手段。

（1）微波通信

在电磁波谱中，频率在 100MHz 至 10GHz 的信号称为微波信号，它们对应的信号波长为 3m 至 3cm。微波信号只能进行视距传播。由于微波信号没有绕射功能，因此两个微波天线只能在可视的情况下才能正常接收。

大气对微波信号的吸收与散射影响较大。由于微波信号波长较短，因此利用机械尺寸相对较小的抛物面天线，可将微波信号能量集中在一个很小的波束内发送，这样就可用很小的发射功率进行远距离通信。同时，由于微波的频率很高，因此可获得较大的通信带宽，特别适用于卫星通信与城市建筑物之间的通信。

由于微波天线的高度方向性，因此在地面通常采用点–点方式通信。如果通信双方之间的距离较远，可采用微波接力方式作为城市之间的电话中继干线。在卫星通信中，微波通信也可以用于多点通信。

（2）蜂窝无线通信

1947 年，美国贝尔实验室提出蜂窝移动通信（cellular mobile communication）的概念；1958 年，该实验室向美国联邦通信委员会（FCC）提出建议；1978 年，AT&T 开发了先进移动电话业务（Advanced Mobile Phone Service, AMPS）系统；1983 年，AMPS 在美国多个大城市完成部署，并正式投入运营。AMPS 发展促进了全球范围内对蜂窝移动通信技术的研究。到 20 世纪 80 年代中期，欧洲和日本纷纷建立自己的蜂窝移动通信网，主要包括英国的

ETACS、北欧的 NMT-450、日本的 NTT/JTACS/NTACS 等。

早期的移动通信系统采用的是大区制，需要建立一个大型无线基站，架设高达 30m 的天线塔，发射功率为 50 ～ 200W，覆盖半径可达 30 ～ 50km。大区制的优点是结构简单、无须交换，但是可提供的频道数量较少。为了提高覆盖区域的系统容量，以及充分利用有限的频率资源，研究者提出了小区制的概念。

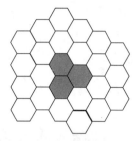

在小区制中，大区的覆盖区域划分成多个小区，每个小区设立一个基站（base station），通过基站在移动用户之间建立通信。小区的覆盖半径较小（通常为 1 ～ 20km），可用较小的发射功率实现双向通信。如果每个基站都提供几个频道，则容纳的移动用户数量可达几百个。由多个小区构成的覆盖区称为区群。由于区群的结构酷似大自然中的蜂房，因此小区制系统经常被形象地称为蜂窝移动通信系统（如图 8-10 所示）。

图 8-10　蜂窝移动通信系统结构

1995 年，第一代移动通信（1st Generation，1G）商用，主要采用模拟方式与 FDMA 技术，仅支持语音通话与短信息服务。从第二代移动通信开始都采用数字方式。1997 年，第二代移动通信（2nd Generation，2G）商用，主要标准包括 GSM、CDMA 等，开始提供数据（如邮件、网页）接收服务。2007 年，第三代移动通信（3rd Generation，3G）商用，主要标准包括 WCDMA、CDMA2000、TD-SCDMA 等，可提供更高速率的数据传输服务。2010 年，第四代移动通信（4th Generation，4G）商用，主要标准是 LTE-Advanced（包括 FDD 与 TDD 制式），重点满足数据通信与多媒体业务需求增长。目前，第五代移动通信（5th Generation，5G）仍处在研发阶段。

（3）卫星通信

1945 年，英国小说家克拉克在其科幻作品中提出卫星通信的设想。1957 年，苏联发射第一颗人造卫星 Sputnik，使人类看到实现卫星通信的希望。1962 年，美国发射第一颗通信卫星 Telsat，完成横跨大西洋的电话和电视传输实验。卫星通信的主要优点是：通信距离远，覆盖面积大，信道带宽大，受地理条件限制小，支持多址通信与移动通信等。卫星通信在最近 30 多年得到快速发展，并成为现代主要通信手段之一。

图 8-11 给出了卫星通信的工作原理。图 8-11a 采用点 – 点通信线路，包括一颗卫星与两个地球站（发送站、接收站）。卫星上安装多个转发器，用于接收、放大与发送信息。目前，通常是 12 个转发器共用一条信道（带宽为 36MHz）。发送站用上行链路（uplink）向卫星发射微波信号。卫星起中继器的作用，它接收上行链路中的微波信号，经放大后用下行链路（downlink）发送给接收站。由于上行链路与下行链路的频率不同，因此很容易区分发送信号与接收信号。图 8-11b 是采用广播通信线路。

需要注意卫星通信的传输延时。发送站要通过卫星转发信号到接收站，如果从地面发送到卫星的信号传输时间为 Δt，不考虑转发中处理时间，则从信号发送到接收的延迟时间为 $2\Delta t$。从卫星发射到地球表面的电磁波呈圆锥体形状，最短的是卫星到地面的垂线，最长的是斜边。电磁波从卫星发射到地球的传播时间 Δt 等于距离除以电磁波在自由空间的传播速度。电磁波在自由空间的传播速度为 $3 \times 10^8 \text{m/s}$。对于卫星与地面的垂直高度 Δt 值通常为 250ms，对于斜边数值通常为 300ms，在计算中通常取中间值 270ms。这样，计算出的往返传输延迟为 540ms，它是卫星通信系统的一个重要参数。

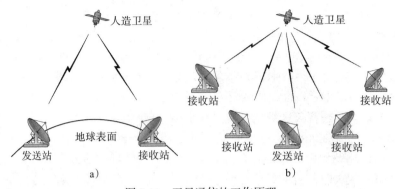

a)   b)

图 8-11 卫星通信的工作原理

8.3 数据编码技术

8.3.1 数据编码类型

在计算机系统中，数据的表示方式是二进制 0、1 比特序列，计算机数据在传输过程中的编码类型取决于通信信道支持的通信类型。常用的通信信道可分为两类：模拟信道与数字信道。因此，数据编码方式相应也分为两类，即模拟数据编码与数字数据编码。图 8-12 给出了数据与数据编码方式的关系。

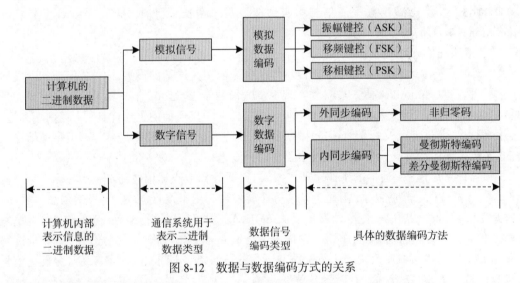

图 8-12 数据与数据编码方式的关系

8.3.2 模拟数据编码技术

电话信道是一种典型的模拟信道，它是目前覆盖最广泛的信道。无论网络与通信技术如何发展，电话仍是一种基本通信手段。传统的电话信道是为传输话音信号而设计，只适用于传输音频（300Hz ~ 3400Hz）的模拟信号，无法直接传输计算机的数字信号。为了利用电话交换网传输数字信号，首先须要将数字信号转换成模拟信号。

如果通信信道不支持直接传输数字信号，发送方要将数字信号变换成模拟信号，接收方再将模拟信号还原成数字信号，这个过程称为调制与解调。这种可以实现调制与解调功能的设备，通常被称为调制解调器（modem）。

在调制过程中，首先须选择音频范围内的某个角频率 ω 的正（余）弦信号作为载波，该正弦信号可以写为：

$$u(t) = U_m \cdot \sin(\omega t + \varphi_0)$$

在载波 $u(t)$ 中，有三个可改变的电参量：振幅 U_m、角频率 ω 与相位 φ_0。我们可通过改变这三个电参量实现模拟信号的编码。图 8-13 给出了模拟信号的编码方法。

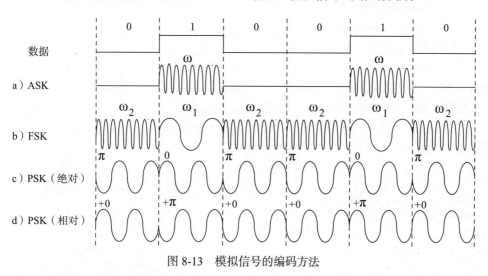

图 8-13　模拟信号的编码方法

1. 振幅键控

振幅键控（Amplitude-Shift Keying，ASK）是通过改变载波信号振幅来表示数字信号 1、0 的方法。例如，载波幅度为 U_m 表示数字 1，载波幅度为 0 表示数字 0。ASK 信号波形如图 8-13a 所示，其数学表达式为：

$$u(t) = \begin{cases} U_m \cdot \sin(\omega_1 t + \varphi_0) & \text{数字 1} \\ 0 & \text{数字 0} \end{cases}$$

振幅键控信号实现容易，技术简单，但是抗干扰能力较差。

2. 移频键控

移频键控（Frequency-Shift Keying，FSK）是通过改变载波信号角频率来表示数字信号 1、0 的方法。例如，角频率 ω_1 表示数字 1，角频率 ω_2 表示数字 0。FSK 信号波形如图 8-13b 所示，其数学表达式为：

$$u(t) = \begin{cases} U_m \cdot \sin(\omega_1 t + \varphi_0) & \text{数字 1} \\ U_m \cdot \sin(\omega_2 t + \varphi_0) & \text{数字 0} \end{cases}$$

移频键控信号实现容易，技术简单，抗干扰能力强。它是目前最常用的调制方法之一。

3. 移相键控

移相键控（Phase-Shift Keying，PSK）是通过改变载波信号的相位值来表示数字信号 1、0 的方法。如果用相位的绝对值表示数字信号 1、0，则称为绝对调相。如果用相位的相对偏移值表示数字信号 1、0，则称为相对调相。

（1）绝对调相

在载波信号 $u(t)$ 中，φ_0 为载波信号的相位。最简单的情况是，相位的绝对值表示它对应的数字信号。在表示数字 1 时，取 $\varphi_0=0$ ；在表示数字 0 时，取 $\varphi_0=\pi$。这种绝对调相方法可用下式表示：

$$u(t)=\begin{cases} U_\mathrm{m}\cdot\sin(\omega t+0) & \text{数字 1} \\ U_\mathrm{m}\cdot\sin(\omega t+\pi) & \text{数字 0} \end{cases}$$

接收方通过检测载波相位的方法确定它表示的数字信号值。绝对调相波形如图 8-13c 所示。

（2）相对调相

相对调相用载波在两位数字信号交接处产生的相位偏移表示数字信号 1、0。最简单的相对调相方法是，两位数字信号交接处为 0，载波信号相位不变；两位数字信号交接处为 1，载波信号相位偏移 π。相对调相波形如图 8-13d 所示。

在实际使用中，移相键控方法可方便地采用多相调制方法，以达到高速传输的目的。移相键控方法的抗干扰能力强，但是实现技术较复杂。

（3）多相调制

以上讨论的是二相调制方法，即两个相位值分别表示二进制数 0、1。在模拟通信中，为了提高数据传输速率，经常采用多相调制方法。例如，将数据按两位一组的方式来组织，则有四种组合，即 00、01、10、11。每组是一个双位码元，以四个不同相位值表示这四组双位码元。在调相信号传输过程中，相位每改变一次，传输两位。这种调相方法称为四相调制。同理，如果将数据按三位一组的方式来组织，则可用八种不同相位值表示，这种调相方法称为八相调制。

8.3.3　数字数据编码技术

在数据通信技术中，利用模拟信道通过 Modem 传输模拟信号的方法，称为频带传输；利用数字信道直接传输数字信号的方法，称为基带传输。频带传输的优点是可利用目前应用广泛的电话交换网，缺点是数据传输速率较低。基带传输无须改变数据信号的频带（即波形），可以达到很高的数据传输速率。因此，基带传输是目前快速发展的数据通信方式。图 8-14 给出了数字信号的编码方法。

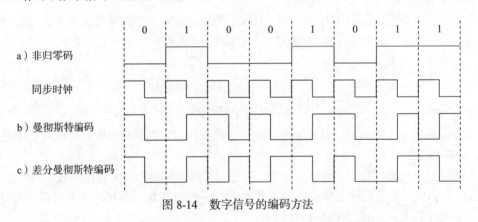

图 8-14　数字信号的编码方法

1. 非归零码

非归零码（Non-Return to Zero，NRZ）的波形如图 8-14a 所示。NRZ 可用负电平表示逻辑"0"，正电平表示逻辑"1"。NRZ 的缺点是无法判断每位的开始与结束，收发双方难以保持同步。为了保证收发双方的同步，必须在发送 NRZ 的同时，用另一个信道同时传输同步信号。

2. 曼彻斯特编码

曼彻斯特（Manchester）编码是目前应用广泛的编码方法之一。典型的曼彻斯特编码波形如图 8-14b 所示。曼彻斯特编码的规则是：每位的周期 *T* 分为前 *T*/2 与后 *T*/2 部分；通过前 *T*/2 传输该位的反码，通过后 *T*/2 传输该位的原码。

曼彻斯特编码的优点是：每位的中间有一次电平跳变，两次电平跳变的间隔可以是 *T*/2 或 *T*，利用电平跳变可产生收发双方的同步信号。因此，曼彻斯特编码信号又称为自含时钟编码信号。曼彻斯特编码信号不含直流分量。曼彻斯特编码的缺点是效率较低，如果数据的传输速率为 10Mbit/s，则发送时钟信号频率应为 20MHz。

3. 差分曼彻斯特编码

差分曼彻斯特（difference Manchester）编码是对曼彻斯特编码的改进。典型的差分曼彻斯特编码波形如图 8-14c 所示。差分曼彻斯特编码与曼彻斯特编码的不同之处：每位的中间跳变只起同步作用，每位的值由其开始边界是否发生跳变决定。

下面比较曼彻斯特编码与差分曼彻斯特编码的区别。

第一位 $b_0=0$，根据曼彻斯特编码规则，前 *T*/2 取 0 的反码（高电平），后 *T*/2 取 0 的原码（低电平），整个 *T* 为"高电平到低电平"。差分曼彻斯特编码规则相同。

第二位 $b_1=1$，根据曼彻斯特编码规则，前 *T*/2 取 1 的反码（低电平），后 *T*/2 取 1 的原码（高电平），整个 *T* 为"低电平到高电平"。根据差分曼彻斯特编码规则，当 b_1 为 1 时，在 b_0 与 b_1 交接处不发生电平跳变，由于 b_0 的后 *T*/2 是低电平，因此 b_1 的前 *T*/2 为低电平，后 *T*/2 为高电平，整个 *T* 为"低电平到高电平"。

第三位 $b_2=0$，根据曼彻斯特编码规则，前 *T*/2 为高电平，后 *T*/2 为低电平，整个 *T* 为"高电平到低电平"。根据差分曼彻斯特编码规则，当 b_2 为 0 时，在 b_1 与 b_2 交接处发生电平跳变，由于 b_1 的后 *T*/2 是高电平，则 b_2 的前 *T*/2 为低电平，后 *T*/2 为高电平，整个 *T* 为"低电平到高电平"。

以此类推，可画出曼彻斯特编码与差分曼彻斯特编码的波形。

曼彻斯特编码与差分曼彻斯特编码是最常用的数字信号编码方式，它们的优点很明显。但是，它们也有明显的缺点，那就是编码所需的时钟信号频率是发送信号频率的两倍。例如，如果发送速率为 10Mbit/s，则发送时钟频率为 20MHz；如果发送速率为 100Mbit/s，则发送时钟频率要达到 200MHz。因此，在高速网络研究中，提出了其他数字数据编码方法，在以后章节中将进一步讨论这个问题。

8.3.4 脉冲编码调制技术

由于数字信号传输失真小、误码率低与传输速率高，因此除了计算机产生的数字信号之外，语音、图像等模拟信号的数字化已成为发展趋势。脉冲编码调制（Pulse Code Modulation，PCM）是模拟数据数字化的主要方法。

PCM 技术的典型应用是语音数字化。语音以模拟信号形式通过电话线路传输，但在网络中传输首先需要将语音信号数字化。发送方通过 PCM 编码器将语音信号变换为数字信号，并通过通信信道传输到接收方，接收方再通过 PCM 解码器还原成语音信号。PCM 操作需要经过 3 个步骤：采样、量化与编码。

1. 采样

模拟信号数字化的第一步是采样。模拟信号是电平连续变化的信号。采样是指间隔一定的时间，将模拟信号的电平幅度取出作为样本，让其表示原来的信号。采样频率 f 应为：

$$f \geq 2B \text{ 或 } f=1/T \geq 2 \times f_{\max}$$

式中 B 为信道带宽，T 为采样周期，$f_{\max}$ 为信道允许通过信号的最高频率。

研究结果表明，如果以大于或等于信道带宽 2 倍的速率对信号定时采样，其样本可包含足以重构原模拟信号的所有信息。

2. 量化

量化是将样本幅度按量化级来决定取值的过程。经过量化后的样本幅度为离散的量化级，这时已不是连续值。在量化之前，需要规定将信号分为若干量化级，如 8 级或 16 级，也可以是更多的量化级，这是由精度要求所决定。同时，需要规定好每级对应的幅度范围，然后将样本幅值与上述量化级幅值比较。例如，1.28 取值为 1.3；1.52 取值为 1.5，通过取整来定级。图 8-15 给出了采样与量化的工作原理。

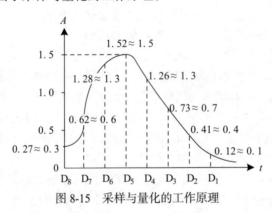

图 8-15   采样与量化的工作原理

3. 编码

编码是用相应位数的二进制编码表示量化后的样本量级。如果有 K 个量化级，则位数为 $\log_2 k$。例如，如果量化级有 16 个，需要 4 位编码。在常用的 PCM 系统中，多数采用 128 个量级，需要 7 位编码。每个样本使用对应编码脉冲来表示。如图 8-16 所示，D_5 取样幅度为 1.52，取值为 1.5，量化级为 15，样本编码为 1111。将二进制编码 1111 发送到接收方，接收方将它还原成量化级 15，对应的电平幅度为 1.5。

样本	量化级	二进制编码	编码信号
D_1	1	0001	
D_2	4	0100	
D_3	7	0111	
D_4	13	1101	
D_5	15	1111	
D_6	13	1101	
D_7	6	0110	
D_8	3	0011	

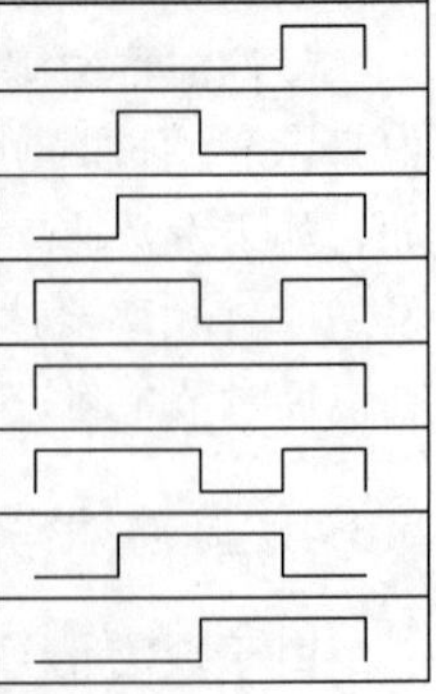

图 8-16   PCM 编码原理示意图

当 PCM 用于语音数字化时，将声音分为 128 个量化级，每个量化级用 7 位二进制编码来表示。采样速率为 8000 样本 /s，传输速率可达 $7 \times 8000=56$kbit/s。另外，PCM 也可用于计算机中图像的数字化处理。PCM 编码的缺点在于：二进制位数较多，编码效率较低。

8.4　数据传输速率的相关概念

8.4.1　数据传输速率的定义

传输速率是描述数据传输系统的重要技术指标之一。传输速率在数值上等于每秒传输的二进制比特数，单位为位 / 秒（bit/s）。对于二进制数据来说，数据传输速率为 $S=1/T$，其中 T 为发送 1 位所需时间。

如果在信道上发送 1 位所需时间是 0.104ms，则该信道的数据传输速率为 9600bit/s。在实际的应用中，常用的传输速率单位有：kbit/s、Mbit/s、Gbit/s 与 Tbit/s。

$$1kbit/s=10^3bit/s$$
$$1Mbit/s=10^6bit/s$$
$$1Gbit/s=10^9bit/s$$
$$1Tbit/s=10^{12}bit/s$$

在讨论数据传输速率时，需要注意以下几点：

1）传输速率是指结点向传输介质发送数据的速率，它与发送速率是等价的。例如，传统 Ethernet 的传输速率为 10Mbit/s，它 1 秒钟可发送 1×10^7 位，如果是 1500B 帧，它可以在 1.2ms 内发送完，则 1.2ms 就是 Ethernet 发送 1 帧的传输延时。

2）在计算二进制字节长度时 1Kbit=1024bit，但在计算速率时使用的是十进制，1kbit/s=1000bit/s ≠ 1024bit/s。同样，40.98×10^6bit/s=40.98Mbit/s ≠ 40.00Mbit/s。这是由计算机与通信中采用二进制与十进制的区别而引起的，也是经常容易忽略的问题。

3）在早期模拟线路上使用调制解调器时，曾经使用过"调制速率"与"波特率"的术语。调制速率是针对模拟数据信号传输过程中，从调制解调器输出的调制信号每秒载波调制状态改变的数值，单位是 1/s，称为波特（baud）。调制速率也称为波特率。

数据传输速率 S（单位为 bit/s）与调制速率 B（单位为 baud）之间的关系可以表示为：$S=B \times \log_2 k$。式中 k 为多相调制的相数。

8.4.2　奈奎斯特准则与香农定律

在常见的网络术语中，常用信道带宽来表示传输速率。例如，Ethernet 的传输速率为 10Mbit/s，有时会说 Ethernet 的带宽为 10Mbit/s。

为什么可以用信道带宽来描述传输速率？奈奎斯特（Nyquist）准则与香农（Shannon）定律有助于回答这个问题。两个定律从定量的角度描述"带宽"与"速率"的关系。

由于信道的带宽限制与存在干扰，信道上的传输速率总有一个上限。早在 1924 年，奈奎斯特推导出在无噪声的情况下，信道的最大传输速率与带宽的关系公式，这就是常说的奈奎斯特准则。根据奈奎斯特准则，二进制数据的最大传输速率 R_{max}（单位为 bit/s）与理想的信道带宽 B（单位为 Hz）的关系可写为：$R_{max}=2B$。对于二进制数据，如果信道带宽 $B=3000$Hz，则最大传输速率为 6000bit/s。因此，奈奎斯特定理描述了在有限带宽、无噪声的理想信道中，最大传输速率与信道带宽的关系。

香农定理则描述了在有限带宽、有热噪声的信道中，最大传输速率与信道带宽、信号噪声功率比之间的关系。香农定理指出：在有热噪声的信道中传输数据时，最大传输速率 R_{max} 与信道带宽 B、信噪比 S/N 的关系为：$R_{max}=B \times \log_2(1+S/N)$。这里，信噪比是信号功率与噪声功率的比值。S/N=1000 表示该信道的信号功率是噪声功率的 1000 倍。如果 S/N=1000 与 B=3000Hz，则该信道的最大传输速率 $R_{max} \approx 30$kbit/s。香农定律给出了一个有限带宽、有热噪声信道的最大传输速率的极限值。它表示对带宽为 3000Hz 的信道，当信噪比为 1000 时，无论数据采用二进制还是离散电平值表示，都不能以超过 30kbit/s 的速率来传输。

由于最大传输速率与信道带宽之间存在明确关系，因此也可以用带宽来表示传输速率。例如，在对网络的描述中，"高传输速率"可用"高带宽"来表述。因此，"带宽"与"传输速率"几乎成了同义词。

8.5 多路复用技术

8.5.1 多路复用技术的分类

进行多路复用（multiplexing）技术研究主要有两个原因：架设通信线路的费用相当高，需要充分利用通信线路的容量；无论在广域网还是在局域网中，传输介质的带宽通常超过单一信道的通信量。为了充分利用传输介质的带宽，需要研究在一条物理线路上建立多条信道的技术，这就是我们所说的多路复用技术。

多路复用是将多个用户的信息通过多路复用器汇集，并将汇集后的信息通过一条物理线路传输到接收端，再通过多路复用器将信息分离并分发给多个用户。图 8-17 给出了多路复用的工作原理。

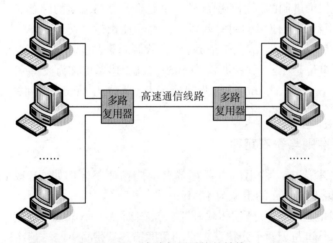

图 8-17 多路复用系统的结构

多路复用可以分为四种基本形式。

- 频分多路复用（Frequency Division Multiplexing，FDM）：以信道频率为对象，通过设置多个频率互不重叠的信道，达到同时传输多路信号的目的。
- 波分多路复用（Wavelength Division Multiplexing，WDM）：在一根光纤上复用多路光载波信号，它是在光频段上的频分多路复用。
- 时分多路复用（Time Division Multiplexing，TDM）：以信道传输时间为对象，通过为多个信道分配互不重叠的时间片，达到同时传输多路信号的目的。

- 码分多路复用（Code Division Multiplexing，CDM）：在同一频段的不同信道上传输经过挑选的编码，使多个用户同时利用共享信道通信时互不干扰（在本书中不做介绍）。

8.5.2　时分多路复用

1. 时分多路复用的概念

时分多路复用是以信道传输时间作为分割对象，通过为多个信道分配互不重叠的时间片来实现多路复用，因此时分多路复用更适于数字信号的传输。时分多路复用将信道用于传输的时间划分为多个时间片，每个用户分得一个时间片，用户在其占有的时间片内使用信道的全部带宽。目前，应用最广泛的时分多路复用方法是贝尔系统的 T1 载波。

T1 载波系统是将 24 路音频信道复用在一条通信线路上。每路音频模拟信号在送到多路复用器之前通过一个 PCM 编码器。编码器每秒取样 8000 次。24 路 PCM 信号轮流将一字节插入一帧中。由于每字节为 8 位，每帧由 24×8=192 位组成，并附加一位作为帧开始标志，因此每帧共有 193 位。图 8-18 给出了时分多路复用 T1 载波帧结构。由于发送一帧需要 125μs，因此 T1 载波的传输速率为 1.544Mbit/s。

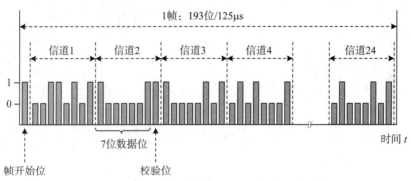

图 8-18　时分多路复用 T1 载波帧结构

2. 时分多路复用的分类

时分多路复用可以分为两类：同步时分多路复用与统计时分多路复用。图 8-19 给出了时分多路复用的工作原理。

（1）同步时分多路复用

同步时分多路复用（Synchronous TDM，STDM）将时间片预先分配给各个信道，并且时间片固定不变，各个信道的发送与接收必须是同步的。图 8-19a 给出了同步时分多路复用的工作原理。

如果有 n 条信道复用一条通信线路，则将线路的传输时间分成 n 个时间片。例如，图 8-19a 中的 $n=4$，传输单位时间 T 为 1s，则每个时间片为 1/4s。在第一个周期内，将第 1、2、3、4 个时间片分别分配给第 1、2、3、4 路信号。后续周期依然如此。这样，接收方仅须采用严格的时间同步，按照相同的顺序接收，就能将多路信号分割与复原。

同步时分多路复用将时间片固定地分配给各个信道，而不考虑这些信道是否需要发送数据。在图 8-19a 中，前 4 个帧中存在很多空闲时间片，而结点 B、D 还有数据没有发送。这种固定时间片与信道的方法简单，但是会造成信道资源的浪费。

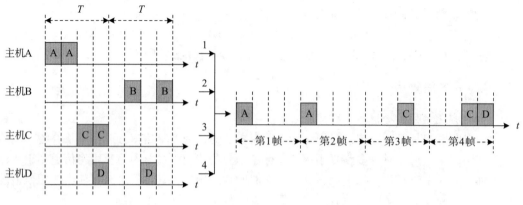

a）同步时分多路复用

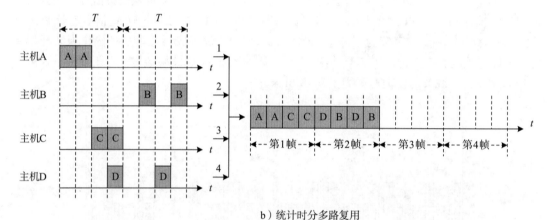

b）统计时分多路复用

图 8-19　时分多路复用的工作原理

（2）统计时分多路复用

为了克服上述缺点，研究者提出了异步时分多路复用（Asynchronous TDM，ATDM），又称为统计时分多路复用。这种多路复用方式允许动态地分配时间片。图 8-19b 给出了统计时分多路复用的工作原理。

考虑到多个信道并不总是同时工作，为了提高通信线路的利用率，允许每个周期内的各个时间片只分配给发送数据的信道。例如，在第一个周期内，根据信道实际需要发送数据的情况，将第 1、2 个时间片分配给第 1 个信道，将第 3、4 个时间片分配给第 3 个信道。在第二个周期内，将第 1 个时间片分配给第 4 个信道，将第 2 个时间片分配给第 2 个信道，将第 3 个时间片分配给第 4 个信道，将第 4 个时间片分配给第 2 个信道。这样，仅用两个帧就能发送 4 个信道需要发送的数据。

由于动态时分多路复用可以没有周期的概念，因此各个信道发出的数据须带有双方地址，由通信线路两端的多路复用设备来确定信道。多路复用设备可采用存储转发方式，调节通信线路的平均传输速率，以提高通信线路的利用率。

需要注意的是：这里的"帧"是指将物理层的比特流组成多个数据单元，以便在接收方被正确接收。因此，多路复用的"帧"与数据链路层的"帧"不同，两者不能混淆。

8.5.3 频分多路复用

频分多路复用是在一条通信线路上设置多个信道，每个信道的中心频率不同，并且各个信道的频率范围互不重叠，这样一条通信线路可以同时传输多路信号。图 8-20 给出了频分多路复用的工作原理。

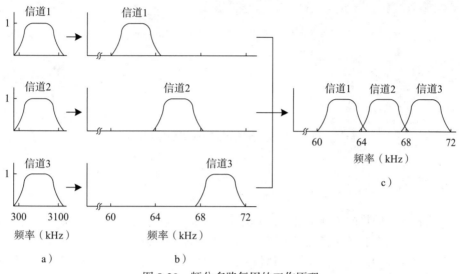

图 8-20 频分多路复用的工作原理

第 1 个信道的载波频率范围为 60 kHz ~ 64kHz，中心频率为 62kHz，带宽为 4kHz；第 2 个信道的载波频率为 64kHz ~ 68kHz，中心频率为 66kHz，带宽为 4kHz；第 3 个信道的载波频率为 68kHz ~ 72kHz，中心频率为 70kHz，带宽为 4kHz。这三个信道的载波频率互不重叠。如果一条通信线路的可用带宽为 96kHz，按照每个信道占用 4kHz 计算，则该线路可以复用 24 个信号。两个相邻信道之间按规定保持一定的隔离带宽，以防止相邻信道之间干扰，则可将每个信道分配给一对用户。因此，该线路可同时为 24 对用户提供服务。

8.5.4 波分多路复用

波分多路复用是在一根光纤上复用多路光波信号，它是对光波的频分多路复用。只要每个信道有各自的频率范围且互不重叠，它们就能以多路复用方式通过共享光纤远距离传输。图 8-21 给出了波分多路复用的工作原理。两束光波的波长分别为 λ_1 和 λ_2。它们经过棱镜（或光栅）后形成一束光波，通过一条光纤传输到达目的结点，然后经过棱镜（或光栅）重新分成两束光波。

随着光学技术的快速发展，可在一根光纤上复用更多光波信号，目前可复用 80 甚至更多路的光波信号。这种复用技术称为密集波分复用（DWDM）。例如，将 8 路 2.5Gbit/s 的光信号经过光调制后，将其波长变换到 1550nm ~ 1557nm 范围内，每个光波的波长相隔大约 1nm。在经过密集波分复用后，一根光纤上的总传输速率可达 20Gbit/s（8×2.5Gbit/s）。目前，DWDM 系统已在高速主干网中广泛应用。

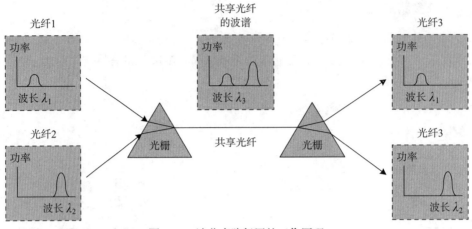

图 8-21　波分多路复用的工作原理

8.6　本章总结

1）设置物理层的目的是屏蔽物理传输介质、通信设备与技术的差异性。

2）物理层的基本服务功能是实现结点之间比特序列的传输。

3）点–点连接的两个实体之间的通信方式分为：全双工通信、半双工通信与单工通信，串行传输与并行传输，同步传输与异步传输。

4）根据在传输介质上传输的信号类型，可分为模拟信号与数字信号。

5）网络中常用的传输介质包括双绞线、同轴电缆、光纤电缆、无线与卫星信道。

6）数据传输速率等于每秒钟传输构成数据代码的二进制比特数，单位为 bit/s。

7）多路复用技术可以分为频分多路复用、波分多路复用、时分多路复用与码分多路复用。时分多路复用又可以分为同步时分多路复用与统计时分多路复用。

第9章 无线网络技术

本章主要讨论以下内容：
- 无线网络技术的发展进程
- 无线局域网与 802.11 标准的内容
- 无线城域网与 802.16 标准的内容
- 无线个人区域网与 802.15 标准的内容
- 无线自组网的主要特点
- 无线传感器网的主要特点
- 无线网状网的主要特点

无线网络是采用无线传输介质的计算机网络。本章在介绍无线网络技术发展的基础上，系统地讨论了无线局域网、无线城域网、无线个人区域网及其协议标准，以及无线自组网、无线传感器网、无线网状网的主要特点。

9.1 无线网络的基本概念

9.1.1 无线网络技术的分类

无线网络（wireless network）是网络技术研究的另一条主线，它的研究、发展与应用对21 世纪信息技术与产业发展有重要影响。从是否需要基础设施支持的角度，无线网络可以分为两类：有基础设施与无基础设施的无线网络。图 9-1 给出了无线网络的分类。其中，无

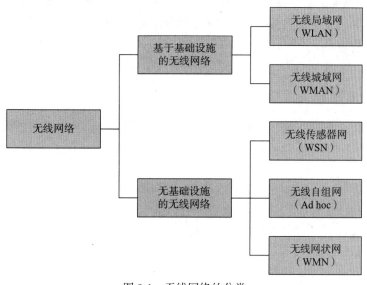

图 9-1 无线网络的分类

线局域网（Wireless LAN，WLAN）与无线城域网（Wireless MAN，WMAN）属于有基础设施的无线网络，无线自组网（Ad hoc）及随之出现的无线传感器网、无线网状网属于无基础设施的无线网络。

在无线分组网的基础上发展起来的无线自组网是一种自组织、对等式、多跳、移动的无线网络，在军事、特殊领域有重要的应用前景。在无线自组网技术日趋成熟的同时，微电子技术、传感器技术也获得了快速发展。在军事领域，人们提出将无线自组网与传感器技术相结合的无线传感器网（Wireless Sensor Network，WSN）。这项技术一出现，立即引起各国政府、军队和研究部门的高度关注。

无线网状网（Wireless Mesh Network，WMN）又称为无线网格网，它是无线自组网在接入领域的一种应用。无线网状网作为无线局域网、无线城域网的有效补充，成为解决无线接入"最后一公里"问题的重要技术手段。

9.1.2　无线分组网与无线自组网

1972 年，美国 ARPA 在启动 ARPANET 计划后，又开始将分组交换技术移植到军用的无线分组网（Packet Radio Network，PRNET），主要研究分组交换技术在战场环境无线数据通信中的应用，其研究成果为无线自组网发展奠定良好基础。在无线分组网项目结束后，ARPA 认为尽管无线分组网可行性得到验证，但还不能支持大型网络环境的应用需要。无线自组网仍有几个关键技术没有解决。

在这个背景下，ARPA 在 1983 年启动残存性自适应网络（Survivable Adaptive Network，SURAN）项目，主要研究如何将无线分组网应用于支持更大规模网络，并开发能适应战场快速变化的自适应网络协议。

20 世纪 70 年代末，美国海军研究室完成短波自组织网络（HF-ITF）项目，它是一种基于跳频方式组网的低速无线自组网。HF-ITF 使用短波频段，采用 ALOHA 信道访问控制方法，将 500km 范围内的水面舰艇、飞机、潜艇组成一个无线自组网。

1994 年，ARPA 启动了全球移动信息系统（Global Mobile Information System，GloMo）计划。GloMo 研究范围几乎覆盖无线通信所有相关领域。其中，无线自适应移动信息系统（WAMIS）是在无线分组网的基础上，研究在多跳、移动环境下支持实时多媒体业务的高速无线分组网。ARPA 在 1996 年启动了 WINGs 项目，主要目标是研究如何将无线自组网与互联网无缝连接。

9.1.3　无线传感器网

IEEE 将无线自组网定义为一种特殊的自组织、对等式、多跳、移动的无线网络，又被称为移动无线自组网（Mobile Ad Hoc Network，MANET），它是在无线分组网技术的基础上发展起来的。

无线传感器网的研究起步于 20 世纪 90 年代末期。在无线自组网技术日趋成熟的同时，微电子技术、传感器技术获得快速发展。在军事领域，提出如何将无线自组网与传感器技术相结合的研究课题，这就是无线传感器网概念的出现背景。无线传感器网主要用于对战场的实时监视，包括对敌方兵力和装备的监控、目标的定位，以及对核攻击和生化攻击的监测和搜索等。

近年来，无线传感器网引起了学术界和工业界的极大关注，美国和欧洲相继启动很多有关无线传感器网的研究计划。无线传感器网研究将涉及传感器设计、微电子芯片制造、无线传输、嵌入式计算、网络安全与软件开发等技术，它是一个必须由多个学科专家参加的交叉学科研究领域。

9.1.4　无线网状网

推动无线网状网发展的动力是互联网接入的应用需求。当无线自组网技术逐渐成熟并进入实用阶段时，通常还是局限于军事领域的应用。人们很快发现，如果将无线自组网作为无线局域网、无线城域网等的一种补充，将它应用于互联网的无线接入网中，将是一个很有发展前途的研究课题。无线网状网技术就是在这个背景下出现的。

目前，无线自组网技术呈现两个发展趋势：一是面向军事和特种用途的无线传感器网；二是面向民用的接入网领域的无线网状网。图 9-2 给出了无线自组网与无线传感器网、无线网状网的关系。无线网络问题的研究涉及多个学科领域，本章主要介绍与网络技术相关的研究工作。

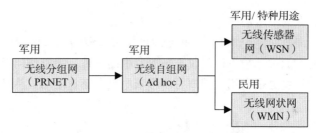

图 9-2　无线自组网与无线传感器网、无线网状网的关系

9.2　无线局域网技术

9.2.1　无线局域网的概念

无线局域网（Wireless LAN，WLAN）是实现移动计算的关键技术之一。无线局域网以微波、激光与红外线等无线电波作为传输介质，部分代替传统局域网中的同轴电缆、双绞线与光纤等有线传输介质，实现移动结点的物理层与数据链路层功能。

1987 年，IEEE 802.4 工作组开始研究无线局域网。最初目标是研究一种基于无线令牌总线网的 MAC 协议。经过一段时间的研究之后，研究者发现令牌方式不适合无线信道控制。1990 年，IEEE 802 委员会成立 IEEE 802.11 工作组，从事无线局域网 MAC 子层的访问控制协议和物理层的传输介质标准研究。无线局域网能够满足移动和特殊应用需求，其应用领域主要有以下 3 方面。

（1）作为传统局域网的扩充

有线局域网以双绞线实现 10Mbit/s 至 1Gbit/s 甚至更高速率，促使结构化布线技术获得广泛的应用。很多建筑物在建设过程中预先布好双绞线。在某些特殊的环境中，无线局域网能发挥传统局域网难以起到的作用。这类环境主要是建筑物群、工业厂房、不允许布线的历史古建筑，以及临时性的大型展览会等。无线局域网提供一种更有效的联网方式。在大多数情况下，有线局域网用于连接服务器和易布线的固定结点，无线局域网用于连接移动结点和不易布线的固定结点。图 9-3 给出了典型的无线局域网结构。

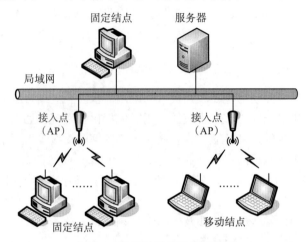

图 9-3 典型的无线局域网结构

（2）用于移动结点的漫游访问

带天线的移动设备（如笔记本）与 AP 之间可实现漫游访问。例如，展览会场的工作人员在向听众做报告时，通过笔记本访问位于服务器中的文件。漫游访问对于大学校园或业务分布于多幢建筑物的环境也很有用。用户可以带着笔记本随意走动，从其中某些地点的接入设备接入无线局域网。

（3）用于构建特殊的移动网络

一群工作人员每人携带一台笔记本，他们在一个房间中召开一次临时性会议，这些笔记本可临时自组织成一个无线网络，这个网络在会议结束后将自行消失。这种情况在军事应用中也很常见。这种类型的无线网络被称为无线自组网。

9.2.2 无线局域网的技术分类

无线局域网采用的是无线传输介质，按传输技术可分为 3 种类型：红外无线局域网、扩频无线局域网和窄带微波无线局域网。

（1）红外无线局域网

红外线（Infrared Radio，IR）信号按视距方式传播，发送方必须能够直接看到接收方。由于红外线的频谱非常宽，因此它可提供很高的传输速率。红外线与可见光的部分特性一致，它可以被浅色的物体漫反射，可通过天花板反射覆盖整个房间。但是，红外线不会穿过墙壁或其他不透明物体。

红外传输技术主要有 3 种类型：定向光束红外传输、全方位红外传输与漫反射红外传输。其中，定向光束红外传输可用于点到点链路，传输范围取决于发射强度与接收设备的性能；全方位红外传输需要在天花板安装基站，它能看到局域网中的所有结点；漫反射红外传输不需要在天花板安装基站，所有结点的发射器对准天花板漫反射区。

红外无线局域网的优点是：通信安全性好，抗干扰性强，安装简单，易于管理。但是，其传输距离受到一定的限制。

（2）扩频无线局域网

扩频通信是军事电子对抗中经常使用的方法，将数据的基带信号频谱扩展几倍或几十倍，以牺牲通信频带宽度为代价，提高无线通信的抗干扰性与安全性。与传统的利用较窄频谱的调频、调幅无线通信相比，它需要将信号扩展到更宽的频谱上传输，因此这种技术被称为扩频通信。目前，无线局域网最常用的是扩频通信技术。

扩频技术主要分为两种类型：跳频扩频（Frequency Hopping Spread Spectrum，FHSS）与直接序列扩频（Direct Sequence Spread Spectrum，DSSS）。其中，跳频扩频将可用频带划分成多个带宽相同的信道，中心频率由伪随机数发生器产生的随机数决定，变化频率值称为跳跃值，接收方与发送方采用相同跳跃值以保证正确接收。直接序列扩频使用 2.4GHz 的工业、科学与医药（Industrial Scientific and Medicine，ISM）频段，数据由伪随机数发生器产生的伪随机数进行异或操作，然后将数据经过调制后发送，接收方与发送方采用相同的伪随机数来保证正确接收。

（3）窄带微波无线局域网

窄带微波 (narrowband microwave) 是指使用微波无线电频带来传输数据。最初的窄带微波无线局域网都需要申请执照。用于声音、数据传输的微波无线电频率需要申请执照，并且彼此之间需要协调，以避免同一区域中的各个系统之间相互干扰。美国由 FCC 来控制执照发放。每个区域的半径为 28km，同时可容纳 5 个执照，每个执照覆盖两个频率。在整个频带中，每个相邻单元避免使用互相重叠的频率。申请执照的窄带无线通信的优点是可保证通信无干扰。

后来，出现免申请执照的窄带微波无线局域网。1995 年，Radio LAN 成为第一个免申请执照（使用 ISM）的无线局域网产品。Radio LAN 的传输速率是 10Mbit/s，使用的频率是 5.8GHz，在半开放环境中的有效范围是 50m，在开放环境中的有效范围是 100m。Radio LAN 采用对等方式的网络结构，可根据位置、干扰和信号强度等参数自动选择一个结点作为主管。随着网络结点的位置发生变化，这个主管的情况也会动态改变。

9.2.3　无线局域网的工作原理

IEEE 802.11 协议采用层次模型结构，其物理层定义了红外、扩频等传输标准。图 9-4 给出了 IEEE 802.11 协议结构模型。MAC 层负责对无线信道的访问控制，主要支持两种访问方式：无争用服务与争用服务。其中，无争用服务系统中存在中心结点，该结点提供点协调功能（Point Coordination Function，PCF）。争用服务类似于 Ethernet 的随机争用访问模式，被称为分布协调功能（Distributed Coordination Function，DCF）。其 MAC 层采用的介质访问控制方法是带冲突避免的载波侦听多路访问（Carrier Sense Multiple Access with Collision Avoid，CSMA/CA）方法。

根据 CSMA/CA 方法的要求，每个结点在发送数据之前，首先需要侦听信道。如果信道空闲，则该结点可发送一个帧。在源结点发送一个帧之后，必须等待一个时间间隔，检查目的结点是否返回确认帧。如果在规定时间内接收到确认帧，表示本次发送成功；否则，表示发送失败，源结点将重发该帧，这里有规定的最大重发次数。这个时间间隔被称为帧间间隔（Inter Frame Space，IFS）。IFS 的长短取决于帧的类型。高优先级帧的 IFS 短，它可以优先获得信道的使用权。

常用的 IFS 主要包括 3 种类型：短帧间间隔（Short IFS，SIFS）、点帧间间隔（Point IFS，PIFS）和分布帧间间隔（Distributed IFS，DIFS）。其中，SIFS 用于分隔属于一次对话的各个帧，如数据帧与确认帧，其值与物理层协议相关。例如，IR 的 SIFS 为 7μs；DSSS

的 SIFS 为 10μs；FHSS 的 SIFS 为 28μs。PIFS 等于 SIFS 加一个 50μs 的时间片。DIFS 等于
PIFS 加一个 50μs 的时间片。

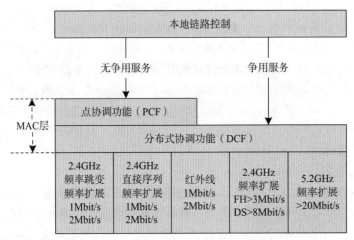

图 9-4　IEEE 802.11 协议结构模型

图 9-5 给出了 IEEE 802.11 结点发送数据帧的过程。它的 MAC 层采用 CSMA/CA 方法，
物理层执行信道载波监听功能。当源结点确定信道空闲时，在等待一个 DIFS 之后，如果信
道仍空闲，则该结点可发送一个帧。当源结点结束一次发送后，需要等待接收确认帧。当目
的结点正确接收一个帧时，在等待一个 SIFS 之后，则该结点将返回一个确认帧。如果源结
点在规定时间内接收到确认帧，表示本次发送成功。当一个结点正在发送数据帧时，其他结
点不能利用该信道发送数据。

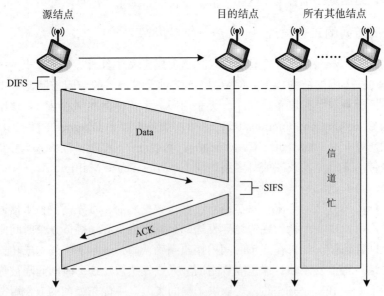

图 9-5　IEEE 802.11 结点发送数据帧的过程

IEEE 802.11 的 MAC 层还提供了虚拟载波侦听（Virtual Carrier Sense，VCS）机制，用
于进一步减少发生冲突的概率。MAC 层在帧的第 2 字段设置一个持续时间。当源结点发
送一个帧时，在该字段填入以 μs 为单位的值，表示在该帧发送结束后，还要占用信道多

长时间。当其他结点接收到信道中传输帧的持续时间之后，它们调整自己的网络分配向量（Network Allocation Vector，NAV）。NAV 等于源结点发送一个帧的时间、一个 SIFS 和目的结点返回一个确认的时间之和，表示信道在经过 NAV 之后才进入空闲状态。需要发送帧的结点在信道空闲后，再经过一个 DIFS 进入争用窗口。

由于 CSMA/CA 没有采用类似 Ethernet 的冲突检测机制，因此当信道从忙转到空闲时，各个结点不仅要等待一个 DIFS，还必须执行一个退避算法，以进一步减少碰撞。IEEE 802.11 采用了二进制指数退避算法，它与 Ethernet 不同的地方是第 i 次退避在 2^{2+i} 个时间片中随机选择一个。当一个结点进入争用窗口时，它将启动一个退避计时器，按二进制指数退避算法随机选择退避时间。当退避计时器的时间为 0 时，结点可以开始发送。如果此时信道已经转入忙，则结点将退避计时器复位，重新进入退避争用状态，直到成功发送。

IEEE 802.11 标准定义了两类网络拓扑：基础设施模式（infrastructure mode）与独立模式（independent mode）。其中，基础设施模式的网络依赖基站（即接入点），以实现网络中无线结点之间的通信。它进一步可分为两种模式，即基本服务集（Basic Service Set，BSS）与扩展服务集（Extended Service Set，ESS）。BSS 是构成无线局域网的基本单元，而 ESS 用于扩大无线局域网的覆盖范围。独立模式的网络中不需要基站，网络中无线结点之间以对等方式通信，它对应的是独立基本服务集（Independent BSS，IBSS）。IEEE 802.11s 标准增加了一种混合模式，对应 Mesh 基本服务集（Mesh BSS，MBSS）。

无线局域网主要包括 4 个组成部分：无线结点、接入点、接入控制器与 AAA 服务器。这里，无线结点通常是一台带无线网卡的计算机，也可以是手机、Pad 或其他移动终端。接入点（Access Point，AP）是无线局域网中的基站，它可将多个无线结点接入网络。接入控制器（Access Controller，AC）是无线局域网与外部网络之间的网关，它可将来自不同 AP 的数据汇聚后发送到外部网络。实际上，AC 与 AP 的功能可在一台设备中实现。AAA 服务器负责完成用户认证、授权和计费功能，并支持拨号用户的远程认证服务（Remote Access Dial In User Service，RADIUS）。

9.2.4   IEEE 802.11 标准

1987 年，IEEE 802.4 工作组开始研究无线局域网，最初目标是设计一种基于无线令牌总线网的 MAC 协议。经过一段时间的研究之后，研究者发现令牌方式不适合无线信道控制。1990 年，IEEE 802 委员会成立 IEEE 802.11 工作组，从事无线局域网 MAC 子层的访问控制协议和物理层的传输介质标准的研究。

1997 年，IEEE 802.11 正式成为 WLAN 标准，它使用 ISM 的 2.4GHz 频段，可提供最大 2Mbit/s 的传输速率，包括 MAC 子层与物理层的相关协议。IEEE 802.11 标准在实现细节上的规定不够全面，不同厂商的 WLAN 产品可能出现不兼容情况。

1999 年，350 个产业界成员（包括 Cisco、Intel、Apple 等）创建了 WiFi 联盟（WiFi alliance），其中 WiFi（wireless fidelity）涵盖了"无线兼容性认证"的含义。WiFi 联盟是一个非营利产业组织，它授权在 8 个国家建立测试实验室，对不同厂商生产的支持 IEEE 802.11 标准的无线局域网接入设备，以及采用 IEEE 802.11 接口的笔记本、Pad、智能手机等设备进行互操作性测试。

此后，IEEE 陆续成立新的工作组，补充和扩展 IEEE 802.11 标准。1999 年，出现 IEEE 802.11a 标准，采用 5GHz 频段，传输速率为 54Mbit/s。同年，出现 IEEE 802.11b 标准，采用 2.4GHz 频段，传输速率为 11Mbit/s。IEEE 802.11a 产品造价比 802.11b 高，同时两种标准互不兼容。2003 年，出现 IEEE 802.11g 标准，采用 2.4GHz 频段，传输速率提高到 54Mbit/s。从 IEEE 802.11b 过渡到 802.11g 时，只需购买 IEEE 802.11g 接入设备，原有 IEEE 802.11b 无线网卡仍可使用。因此，IEEE 802.11a 产品逐渐退出市场。

尽管从 IEEE 802.11b 过渡到 802.11g 已升级带宽，但是 IEEE 802.11 仍须解决带宽不够、覆盖范围小、漫游不便、安全性不好等问题。2009 年，出现了 IEEE 802.11n 标准，相对于 IEEE 802.11g 可以说是一次换代。正是由于 IEEE 802.11n 具有以下特点，该标准已成为无线城市建设中的首选技术，并大量进入家庭与办公室环境中。

IEEE 802.11n 标准具有以下几个特点：

- 可工作在 2.4GHz 与 5GHz 两个频段，传输速率最高可达 600Mbit/s。
- 采用智能天线技术，通过多组独立的天线阵列，动态调整天线的方向图，有效减少噪声干扰，提高无线信号稳定性，并有效扩大覆盖范围。
- 采取软件无线电技术，解决不同频段、信号调制方式带来的不兼容问题。它既能与 IEEE 802.11a/b/g 标准兼容，还能与 IEEE 802.16 标准兼容。

IEEE 802.11ac 与 802.11ad 草案被称为千兆 WiFi 标准。2011 年，IEEE 802.11ac 草案发布，工作在 5GHz 频段，传输速率为 1Gbit/s。2012 年，IEEE 802.11ad 草案抛弃拥挤的 2.4GHz 与 5GHz 频段，工作在 60GHz 频段，传输速率为 7Gbit/s。这些技术都考虑与 IEEE 802.11 a/b/g/n 标准兼容的问题。由于 IEEE 802.11ad 使用的频段在 60GHz，因此其信号覆盖范围较小，更适于家庭的高速 Internet 接入。

IEEE 802.11 协议定义了 3 种类型的帧：管理帧、控制帧与数据帧。其中，管理帧主要用于无线结点与 AP 之间建立连接，目前定义了 14 种管理帧，如信标（beacon）、探测（probe）、关联（association）、认证（authentication）等。在 BSS 模式中，AP 以 0.1 ~ 0.01s 间隔周期广播信标帧。只有在 Ad hoc 中，无线结点可以发送信标帧。控制帧主要用于预约信道、确认数据帧，目前定义了 9 种控制帧，如请求发送（RTS）、允许发送（CTS）、确认（ACK）等。无线结点可通过 RTS/CTS 机制来预约信道。

IEEE 802.11 数据帧由 3 个部分组成：帧头、数据与帧尾。其中，帧头的长度为 30B，数据部分的长度为 0 ~ 2312B，帧尾的长度为 2B。帧头主要由 4 个部分组成，即帧控制、持续时间、地址 1 ~ 地址 4 与序号。其中，帧控制字段长度是 2B，包括 11 个子字段，主要有版本、帧类型、分片、重传、电源管理等。持续时间是结点从发送到接收确认的信道占用时间。当数据帧从源主机经 AP 转发到目的主机时，将会使用 3 个 MAC 地址，即源地址、目的地址与 AP 地址。在 IEEE 802.11 系列协议中，数据帧结构可能会有所不同，如 IEEE 802.11n 在数据帧中增加 QoS 与 HT 字段。

9.3 无线城域网技术

9.3.1 宽带无线接入的概念

无线局域网作为局域网接入方式的一种补充，在个人计算机的无线接入中发挥重要作用。在无线通信技术广泛应用的背景下，如何在城域网中应用无线通信技术被提出。对于城市区域的一些大楼、分散的社区，架设电缆与铺设光纤的费用通常大于架设无线通信设备，人们开始研究在市区范围的高楼之间利用无线通信手段解决局域网、固定或移动的个人用户计算机接入互联网的问题。图 9-6 给出了 IEEE 802.16 宽带城域网结构。

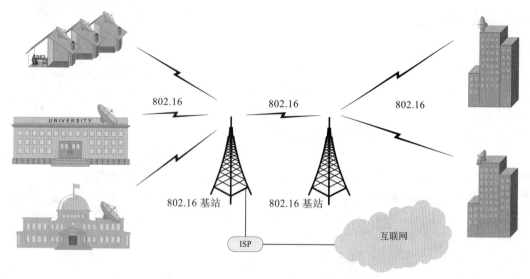

图 9-6   IEEE 802.16 宽带城域网结构

1999 年 7 月，IEEE 802 委员会成立一个工作组，专门研究宽带无线城域网标准问题。2002 年，IEEE 802.16 宽带无线城域网标准发布。IEEE 802.16 标准的全称是"固定带宽无线访问系统空间接口"（air interface for fixed broadband wireless access system），也称为无线城域网（Wireless MAN，WMAN）或无线本地环路（wireless local loop）标准。

9.3.2　IEEE 802.16 标准

IEEE 802.16 定义了工作在 2 ～ 66GHz 频段的无线接入系统，包括 MAC 子层与物理层的相关协议。IEEE 802.16 标准分为视距（LOS）与非视距（NLOS）两种，其中 2 ～ 11GHz 频段用于非视距类的应用，而 12 ～ 66GHz 频段用于视距类的应用。IEEE 802.16a 增加了对无线网格网（WMN）的支持。2004 年，IEEE 802.16 与 IEEE 802.16a 标准经过修订后，被统一命名为 IEEE 802.16d。

IEEE 802.16 标准的无线网络需要在每个建筑物上建立基站。基站之间采用全双工、宽带的方式来进行通信。后来，IEEE 802.16 标准增加了两个物理层标准：IEEE 802.16d 与 IEEE 802.16e。其中，IEEE 802.16d 主要针对固定结点之间的无线通信；IEEE 802.16e 主要针对火车、汽车等移动物体之间的无线通信。2011 年 4 月，IEEE 正式批准了 IEEE 802.16m 标准，它是为下一代无线城域网而设计。IEEE 802.16m 标准可在固定的基站之间提供 1Gbit/s 的传输速率，为移动用户提供 100Mbit/s 的传输速率。

尽管 IEEE 802.11 与 IEEE 802.16 都针对无线环境，但是由于两者的应用对象不同，其采用的技术与解决问题的侧重点均不同。IEEE 802.11 侧重于局域网范围的无线结点之间的通信；而 IEEE 802.16 侧重于城市范围内建筑物之间的数据通信问题。从基础设施的角度来看，IEEE 802.16 与移动通信 4G 技术有一些相似之处。WiMAX 论坛是由众多网络设备生产商、电信运营商等自发建立的组织，它致力于推广 WMAN 应用与 IEEE 802.16 标准。近年来，WiMAX 几乎成为可代表 WMAN 的专用术语。

9.4 无线个人区域网技术

9.4.1 蓝牙技术与协议

1. 蓝牙的基本概念

1994 年，Ericsson 公司对在无电缆的情况下，将移动电话和其他设备（如 PDA）连接起来产生兴趣。Ericsson 与 IBM、Intel、Nokia、Toshiba 等 4 家公司发起，开发一个用于将计算机与通信设备、附加部件和外部设备，通过短距离、低功耗、低成本的无线信道连接的无线标准。这个项目被命名为蓝牙（Bluetooth）。

对于"蓝牙"这个名称，有一个已被普遍接受的说法，那就是它与一位丹麦国王的名字有关——Harald Blatand。"Blatand"近似翻译成"Bluetooth"，中文直译为"蓝牙"。

蓝牙技术作为一个技术规范出现，它是蓝牙特别兴趣小组（SIG）中很多公司合作的结果。1998 年 5 月，SIG 由 Ericsson、Intel、IBM、Nokia、Toshiba 等公司发起。SIG 不是由任何一个公司单独控制，而是由其成员通过协定来管理。目前，SIG 共有 1800 多个成员，包括消费类电子产品制造商、芯片制造商与电信运营商等。SIG 的主要任务是发展蓝牙规范，但它不会发展成一个正式的标准化组织。

2. 蓝牙规范与 IEEE 802.15 标准

1999 年 7 月，SIG 公布蓝牙规范 1.0 版，卷 1 是核心规范，卷 2 是协议子集，整个规范长达 1500 页。虽然蓝牙技术最初目标只是解决近距离数字设备之间的无线连接，但是很快扩大到无线局域网的工作领域中。尽管这样的转变使该标准更有应用价值，但是也造成它与 IEEE 802.11 标准竞争的局面。

在蓝牙规范 1.0 版发表后不久，IEEE 802.15 工作组决定采纳蓝牙规范，并开始对它进行修订。这件事情从一开始就不协调，蓝牙规范已经有细致的协议，而且它是针对整个系统的。从网络体系结构的角度来看，它覆盖从物理层到应用层的全部内容。按照传统的思路，IEEE 802.15 的研究范围与 IEEE 802.11 一样，主要位于最底下的两层（物理层和数据链路层）。IEEE 802.15 标准组仅对物理层和数据链路层进行标准化，蓝牙规范的其他部分并没有被纳入该标准。

IEEE 802.15 工作组设有 4 个任务组（Task Group，TG）。其中，TG1 制定 IEEE 802.15.1 标准，它是基于蓝牙规范的通信标准，主要考虑手机、PDA 等设备的近距离通信问题。TG2 制定 IEEE 802.15.2 标准，主要考虑 IEEE 802.15.1 与 IEEE 802.11 的共存问题。目前，蓝牙 SIG 仍在积极改进方案。蓝牙 SIG 和 IEEE 的版本不完全相同，期望在不久的将来它们会汇聚到同一标准中。

3. 蓝牙系统的体系结构

蓝牙系统的基本单元是微微网（piconet）。每个微微网都包含一个主结点，在 10m 距离内最多有 7 个活动的从结点，以及最多 255 个静观结点（parked node）。静观结点是指主结点已将它切换到一种低功耗状态，以降低它们的电源消耗。静观设备除了响应主结点的激活或指示信号之外，不做其他任何事情。

在同一房间中可以同时存在多个微微网，它们可通过一个桥结点连接起来。两个相互连接的微微网成为一个分散网（scatternet）。图 9-7 给出了两个微微网组成的分散网结构。微微网是一个中心控制的 TDM 系统，主结点控制时钟，它决定每个时间片分配给哪个设备进行通信。所有通信都在主结点和从结点之间，从结点与从结点之间不直接通信。蓝牙系统的通信被设计成主从方式，体现出设计者希望系统结构越简单越好，争取将一个蓝牙芯片价格降低到 5 美元以下，从而可以大规模地推广使用。

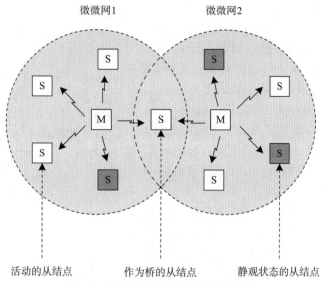

图 9-7　两个微微网组成的分散网结构

9.4.2　无线个人区域网与 IEEE 802.15.4 标准

1. LR-WPAN 的概念

随着智能手机、便携式计算机和其他移动终端设备的广泛应用，人们提出了自身附近几米范围的个人操作空间（Personal Operating Space，POS）中的设备联网需求。个人区域网（Personal Area Network，PAN）就是在这个背景下出现的。由于个人区域网基本都是使用无线通信技术，因此它通常被称为无线个人区域网（Wireless PAN，WPAN）。

IEEE 802.15 工作组致力于 WPAN 标准化工作，它的任务组 TG4 制定了 IEEE 802.15.4 标准，主要考虑低速无线个人区域网（Low-Rate WPAN，LR-WPAN）应用问题。2003 年，IEEE 正式批准 IEEE 802.15.4 作为 LR-WPAN 标准，这样就为近距离范围内不同设备之间的低速互联提供了统一标准。

与无线局域网相比，LR-WPAN 仅需很少的基础设施，甚至无需基础设施的支持。LR-WPAN 的特征与无线传感器网有很多相似点，很多研究机构也将它作为无线传感器网的通信标准。IEEE 802.15.4 主要包括针对 LR-WPAN 制定的物理层和 MAC 层协议，它具有以下几个主要特点：

- 在不同的载波频率下实现 20kbit/s、40kbit/s 和 250kbit/s 三种传输速率。
- 支持星形和点到点两种网络拓扑。
- 使用 16 位和 64 位两种地址格式，其中 64 位地址是全球唯一的扩展地址。
- 支持冲突避免的载波多路侦听 CSMA/CA 技术。
- 支持确认（ACK）机制，保证传输可靠性。

2. LR-WPAN 的拓扑结构

LR-WPAN 是在一个 POS 内使用相同无线信道，并通过 IEEE 802.15.4 通信的一组设备的集合。在 LR-WPAN 中，根据设备通信能力分为两种：简易功能设备（Reduced-Function Device，RFD）与全功能设备（Full-Function Device，FFD）。其中，RFD 主要用于简单的控制应用，如电灯开关、被动式红外传感器等，需要传输的数据量较少，对通信资源占用不多，可采用非常廉价的实现方案。

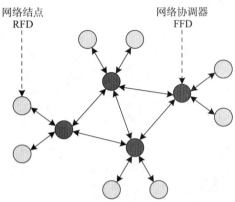

网络结点   网络协调器
RFD   FFD

图 9-8   FFD、RFD 与网络协调器的关系

FFD 主要用于复杂一些的控制应用。FFD 之间、FFD 与 RFD 之间可以直接通信。RFD 之间不能直接通信，而是需要 FFD 的转发。在 IEEE 802.15.4 标准中，为 RFD 提供转发的 FFD 称为网络协调器（coordinator），它是 LR-WPAN 中的主控制器。网络协调器除了直接参与应用之外，还负责成员身份管理、链路状态管理、分组转发等任务。图 9-8 给出了 FFD、RFD 与网络协调器的关系。

无线信道的特性是动态变化。结点位置或天线方向的微小改变、物体移动等周围环境的变化，都可能引起链路信号强度的剧烈变化，因此无线通信的覆盖范围并不确定。这样，LR-WPAN 中的设备数量、设备之间关系的动态变化，也必然造成网络拓扑的改变。根据实际应用的需要，LR-WPAN 拓扑分为两类：星形结构与点－点结构。在星形网络中，所有设备都与中心设备（网络协调器）通信。网络协调器通常使用持续的供电系统，而其他设备则可采用电池供电。星形网络适用于家庭自动化、个人计算机外设，以及个人健康护理等小范围的室内应用。

点－点网络中也需要有网络协调器，它负责实现设备身份认证、链路状态管理等功能。点－点网络通常可以支持 Ad hoc 模式，允许通过多跳路由的方式在网络中传输数据。研究者通常认为自组织问题由网络层解决，不在 IEEE 802.15.4 标准讨论的范围内。点－点网络可以构造更复杂的网络结构，适合于设备分布范围广的应用，如工业检测与控制、货物库存跟踪、智能农业等。

对于传统的计算机网络，网络拓扑形成过程属于网络层功能。但是，由于 LR-WPAN 具有自组网的一些特征，因此 IEEE 802.15.4 为形成各种网络拓扑提供支持。由于星形网络是以协调器为中心，所有设备只能与协调器通信，因此其拓扑形成第一步是确定协调器。当一个 FFD 第一次被激活时，首先广播查询协调器请求，如果收到响应说明存在协调器，再通过一系列认证过程后，它就成为该网络中的普通设备。如果没有收到响应或认证过程失败，这个 FFD 就可以建立自己的网络，并且成为该网络中的协调器。

3. IEEE 802.15.4 标准

IEEE 802.15.4 标准定义了物理层（PHY）与数据链路层的（MAC）子层。PHY 层由射频收发器与底层的控制模块构成。MAC 子层为高层访问物理信道提供点到点通信服务接口。高层协议访问 MAC 子层有两个路径：一个是直接访问；另一个是通过 LLC 子层与特定服务聚合子层（Service Specific Convergence Sublayer，SSCS）访问。IEEE 802.15.4 协议的安全服务使用的是对称密钥体系，应用层负责密钥的分配和管理由。图 9-9 给出了 IEEE 802.15.4 标准的协议结构。

由于 LR-WPAN 中的很多设备使用电池供电，要求频繁更换电池或充电并不现实，因此能量消耗是需要重点考虑的问题。这类设备可通过"轮换值班"减少能量消耗，它们大部分时间处在休眠状态，只是周期性苏醒并发送数据或检测信道状态，以确定是否有属于自己的消息。这种机制要求应用设计者在电池消耗和消息延迟之间做出权衡。

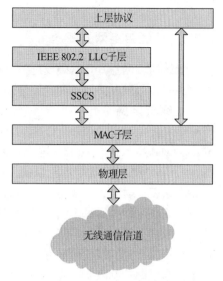

9.4.3　ZigBee 技术与协议

ZigBee 是一种面向自动控制的低速率、低功耗、低价格的无线网络技术。ZigBee 对于通信速率的要求要低于蓝牙。ZigBee 设备同样可工作在 ISM 频道，工作在 2.4GHz 频段时传输速率为 250kbit/s，工作在 915MHz 时传输速率为 40kbit/s。ZigBee 设备对功耗的要求更低，通常由电池供电，在不更换电池的情况下可工作几个月甚至几年。但是，ZigBee 网络的结点数、覆盖规模比蓝牙大得多，传输距离为 10 ~ 75m。

图 9-9　IEEE 802.15.4 标准的协议结构

ZigBee 适用于数据采集与控制结点多、数据传输量小、覆盖面大、造价低的应用领域。近年来，它在家庭网络、医疗保健、工业控制、安全监控等领域展现出良好的前景。同时，ZigBee 也是物联网智能终端设备在近距离、低速接入时常用的方法之一。

IEEE 802.15.4 已被广泛采纳为低功耗通信系统的物理层和 MAC 层标准，这样可将不同的无线通信平台融合于同一网络中。由于 ZigBee 在底层采用 IEEE 802.15.4 标准，因此 ZigBee 经常与 IEEE 802.15.4 标准混淆，而实际上两种标准在体系结构上有很大区别。图 9-10 给出了 ZigBee 与 IEEE 802.15.4 标准的关系。

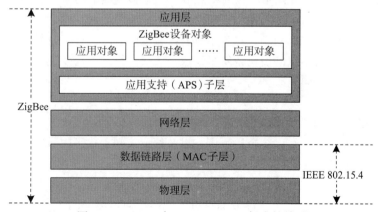

图 9-10　ZigBee 与 IEEE 802.15.4 标准的关系

IEEE 802.15.4 标准制定严格按照网络体系结构方法，它仅涉及物理层与数据链路层。ZigBee 标准覆盖网络体系结构的多个层次，从物理层、数据链路层、网络层直到应用层。在物理层与数据链路层，ZigBee 采用 IEEE 802.15.4 标准。在网络层，ZigBee 定义 3 种传输方式：针对监测应用的周期性数据传输，针对事件触发应用的间歇性数据传输，针对特定应用的重复低延时传输。在应用层，ZigBee 为不同应用对象设计专用协议，并引入应用支持（APS）子层来提供服务。

9.5 无线自组网技术

9.5.1 无线自组网的概念

无线局域网是基于基础设施的一跳网络，而无线自组网是无需基础设施的多跳网络。无线自组网是可以在任何时间、任何地点迅速构建的移动自组织网络。

无线自组网络有多个英文名称，如"Ad hoc network""self-organizing network""infrastructureless network"与"multi-hop network"。1991 年 5 月，IEEE 正式采用"Ad hoc network"术语。Ad hoc 这个词来源于拉丁语，其英文含义是"for the specific purpose only"，即"专门为某个特定目的、即兴的、事先未准备的"意思。IEEE 将 Ad hoc 定义为一种自组织、对等式、多跳、移动的无线网络。

无线自组网中的每个结点都承担着主机与路由器的两个角色。也就是说，每个结点本身具有路由和分组转发的功能，可以通过无线方式组成任意拓扑结构。无线自组网可以独立工作，也可以连接到互联网或移动通信网。但是，当无线自组网接入互联网时，考虑到无线通信带宽与电源功率限制，它通常不会作为中间的承载网，而是作为末端的子网出现，并不转发由其他网络穿越该网络的分组。

无线自组网具有以下几个主要特点。

（1）自组织与独立组网

无线自组网无需任何预先架设的无线通信基础设施，所有结点通过分层协议体系与分布式算法，协调每个结点各自的行为。结点可以快速、自主和独立组网。

（2）无中心

无线自组网是一种对等结构的网络。网络中的所有结点地位平等，没有专门的路由器。任何结点可以随时加入或离开网络，任何结点故障不会影响整个网络。

（3）多跳路由

受到结点的无线发射功率限制，每个结点的覆盖范围有限。在有效发射功率之外的结点之间通信，必须通过中间结点的多跳转发来完成。无线自组网不需要使用路由器，分组转发由结点之间按路由协议协同完成。

（4）动态拓扑

结点可以根据自己的需要开启或关闭，在任何时间以任意速度和方向移动，同时受结点的地理位置、无线发射功率、天线覆盖范围，以及信道之间干扰等因素的影响，使得结点之间的通信关系会不断变化，造成无线自组网拓扑的动态改变。

（5）无线传输的局限性与结点能量的限制

无线信道的传输带宽比较窄，部分结点可能采用单向信道，同时信道易受干扰与窃听，必须采用特殊技术来保证安全性。同时，结点具有携带方便的特点，通常使用电池供电，每个结点中的电池容量有限，必须采用节能措施以延长结点寿命。

（6）网络生存时间的限制

无线自组网通常是针对某种特殊目的而临时构建，如用于战场、救灾与突发事件，在事件结束后网络自行结束使命并消失。因此，无线自组网的生存时间相对于固定网络是临时性和短暂的。

9.5.2　无线自组网的应用领域

无线自组网在民用和军事通信领域都有很好的应用前景。

1. 军事领域

无线自组网技术研究初衷是用于军事领域，作为美国军方战术网络的核心技术。无线自组网无须事先架设通信设施，可以快速展开和组网，生存能力强。因此，无线自组网已成为数字化战场通信的首选技术，并在近年来得到迅速发展。无线自组网适用于军事人员野外联络、独立战斗群通信和舰队战斗群通信、临时性通信，以及无人侦察与情报传输的应用领域。

为了满足信息战和数字化战场的需要，美国军方研制各种无线自组网设备，用于单兵、车载、指挥所等不同场合，并大量装备部队。美军研制的数字电台、无线网络控制器等通信装备，都采用了无线自组网技术。

2000 年，美国军方开始资助"自愈式雷场系统"研究。该项目采用智能化的移动反坦克地雷阵，以挫败敌方突破地雷防线的尝试。这些地雷均配有无线通信与自组网单元，通过飞机、地对地导弹或火箭弹远程布撒后，它们迅速自行构成一个无线自组网。在遭到敌方坦克突破之后，这些地雷通过网络重构恢复连通，再次对敌方坦克实施拦阻。这项研究是无线自组网用于现代军事领域的一个典型实例。

2. 民用领域

无线自组网在办公、会议、紧急状态、临时通信组等应用领域有重要前景。无线自组网技术在未来的移动通信市场中将扮演重要角色。

（1）办公环境的应用

无线自组网的快速组网能力可以免于布线和部署网络设备，使得它可以用于临时性工作场合的通信，如会议、庆典、展览等应用场景。在室外临时环境中，工作单位的所有成员可以组成一个临时的协同工作网络。在室内办公环境中，办公人员携带的便携式计算机、智能手机、其他移动终端可以方便地相互通信。无线自组网可以与无线局域网结合，灵活地将移动用户接入互联网。无线自组网与蜂窝移动网络结合，利用无线自组网结点的多跳路由转发能力，扩大蜂窝移动网络的覆盖范围，均衡相邻小区的业务，提高小区边缘的数据传输速率。

（2）灾难环境的应用

在发生地震、水灾、火灾或其他灾难之后，固定或预设的网络设施可能被损毁或无法正常工作。这时就需要无线自组网这种不依赖任何设施，又能够快速布设的自组织网络技术。无线自组网能在这些恶劣和特殊的环境下提供通信服务。

（3）特殊环境的应用

当用户处于偏远或野外地区时，无法依赖固定或预设的网络设施来通信，无线自组网技术就成为最佳选择。无线自组网可以用于野外科考、边远矿山作业、边远地区执行任务分队的通信。对于像执行运输任务的汽车队这样的动态场合，无线自组网技术也可以提供很好的通信支持。

（4）个人区域网的应用

个人区域网是无线自组网的一个重要应用领域。无线自组网可以在个人活动的小范围内，实现手机、Pad、可穿戴设备等个人通信设备之间的通信，并构建虚拟教室、讨论组等移动对等应用。考虑到电磁辐射问题，个人通信设备的无线发射功率应尽量小，这样无线自组网的多跳通信能力将再次突现其特点。

9.5.3　无线自组网的关键技术

无线自组网在应用需求、协议设计和组网等方面，与传统的无线局域网和无线城域网有很大区别。无线自组网的关键技术主要集中在信道接入、路由协议、服务质量、多播与广播、网络安全等。

1. 信道接入

信道接入是指如何控制结点接入无线信道的方法。信道接入方法研究是无线自组网协议研究的基础，对无线自组网的性能有决定性作用。无线自组网采用"多跳共享的广播信道"。在无线自组网中，当一个结点发送数据时，只有最近的邻结点可以收到数据，而一跳之外的结点无法感知。但是，多个结点可能同时发送数据，这种情况就会产生冲突。多跳共享的广播信道带来的直接影响是数据发送冲突与结点位置相关，因此冲突只是一个局部事件，并非所有结点都能感知冲突的发生，这就导致基于一跳共享的广播信道、集中控制的多点共享信道的介质访问控制方法都不能直接使用。因此，"多跳共享的广播信道"的介质访问控制方法很复杂，必须专门研究特殊的信道接入技术。

2. 路由协议

从网络层的角度来看，无线自组网是一个多跳的网络。由于无线局域网是一跳网络，分组处理不需要通过网络层，研究主要集中在物理层和数据链路层的信道访问控制上。由于结点移动以及无线信道衰耗、干扰等原因造成网络拓扑频繁变化，同时考虑到单向信道与无线传输信道较窄等因素，无线自组网的路由问题与固定网络相比复杂得多。无线自组网实现多跳路由需要相应的路由协议支持。IETF 的 MANET 工作组主要负责 Ad hoc 路由标准的制定。

3. 服务质量

初期的无线自组网主要用于传输少量的数据。随着网络应用的不断扩展，需要在无线自组网中传输话音、图像等多媒体信息。多媒体信息对带宽、时延、时延抖动等提出更高要求，这就需要解决保证服务质量的问题，涉及从物理层到应用层的多层结构与协议。解决这个问题的难点主要表现在：链路质量难以预测，带宽资源难以确定，分布式控制为保证服务质量带来困难，网络的动态性是保证服务质量的难点。

4. 多播与广播

用于互联网的多播协议不适用于无线自组网。在无线自组网拓扑结构不断变化的情况下，结点之间路由向量或链路状态表的频繁交换，将会产生大量的通信和处理开销，并使得信道不堪重负。因此，无线自组网多播是一个有挑战性的研究课题。目前，针对无线自组网的多播协议主要分为两类：基于树的多播协议与基于网的多播协议。

5. 网络安全

从网络安全的角度来看，无线自组网与传统网络相比有很大区别。无线自组网面临的安全威胁有其自身的特殊性，传统的网络安全机制不再适用于它。无线自组网的安全需求与传统网络应该一致，包括机密性、身份认证、完整性、有效性、不可抵赖性等。但是，无线自组网在安全需求上也有特殊的要求。特别是用于军事用途的无线自组网，它在数据传输安全性方面的要求更高。

9.6　无线传感器网技术

9.6.1　无线传感器网的概念

随着微电子、无线通信、计算机与网络等技术的进步，推动了低功耗、多功能传感器的快速发展，使其在微小的体积内能够集成信息采集、数据处理和无线通信等多种功能。无线传感器网（WSN）是由部署在监测区域内大量廉价、微型传感器结点组成，通过无线通信方式形成的一个多跳、对等式的无线自组网，其目的是将网络覆盖区域内感知对象的信息发送给观察者。

构成无线传感器网的三个要素是：传感器、感知对象和观察者。如果说互联网改变的是人类之间的沟通方式，无线传感器网将改变人类与自然界的交互方式。人们可以通过无线传感网直接感知客观世界，扩展现有网络的功能和人类认识世界的能力。

最初，人们认为将成熟的互联网技术与无线自组网技术结合，就可以设计出无线传感器网。但是，随着研究的深入，人们发现无线传感器网有自己独特的技术要求。如果说传统的计算机网络强调的是端到端的数据传输和共享，中间结点的路由器只起到分组转发的功能，无线传感器网的所有结点除了需要参与数据转发之外，它们同时具有数据采集、处理、融合和缓存等功能。

无线传感器网的特点主要表现如下。

1. 网络规模

无线传感器网的规模与它的应用目的相关。例如，如果将它应用于原始森林防火和环境监测，必须部署大量传感器以获取精确信息，结点数量可能达到成千上万甚至更多。同时，这些结点必须分布在被检测的所有地理区域内。因此，网络规模表现在结点的数量与分布的地理范围等两个方面。

2. 自组织网络

在无线传感器网的实际应用中，传感器结点的位置不能预先精确设定，结点之间的相邻关系也不能预先知道，结点通常被放置在没有电力基础设施的地方。例如，通过飞机在面积广阔的原始森林中播撒大量结点，随意放置到人类不可到达或危险的区域。这就要求传感器结点具有自组织能力，能够自动进行配置和管理，自动形成转发监测数据的多跳网络。因此，无线传感器网是一种典型的无线自组网。

3. 拓扑动态变化

传感器结点的主要限制是携带的电源能量有限。传感器结点作为一种微型嵌入式系统，CPU 处理能力较弱，存储器容量较小，但是需要完成监测数据的采集、处理、转发等多种任务。在使用过程中，部分结点可能因能量耗尽或环境因素而失效，这样就必须增加一些新的结点以补充失效结点，结点数量的增减带来拓扑结构的动态变化。这就要求无线传感器网能够适应这些变化，具有动态的系统重构能力。

9.6.2　无线传感器网的应用领域

无线传感器网的应用领域非常广阔，主要包括军事、精准农业、环境监测与预报、健康护理、智能家居、建筑物状态监控、复杂机械监控、城市智能交通、空间探索、大型车间和仓库管理，以及机场、大型工业园区的安全监测等。可以预见，无线传感器网将会逐渐深入人类生活的各个领域。

1. 军事应用

无线传感器网具有可以快速部署、自组织、隐蔽性强和高容错性的特点，因此它非常适合应用于军事领域。无线传感器网能实现敌军兵力和装备监控、战场实时监视、目标定位、战场评估、核攻击与生化攻击监测等功能。通过飞机或炮弹直接将传感器结点播撒到敌方阵地内部，或在公共隔离带部署传感器网，隐蔽和近距离收集战场数据，迅速获取有利于作战的信息。无线传感器网由大量、随机分布的结点组成，即使部分结点受到敌方破坏，剩余的结点仍然能自组织形成网络。无线传感器网已成为军事系统必不可少的部分，并且受到各国军方的普遍重视。

2. 环境监测与预报

在环境监测和预报方面，无线传感器网可用于监视农作物灌溉情况、土壤空气情况、家畜和家禽迁移状况、大面积的地表监测等，以及行星探测、气象和地理研究、洪水监测等。无线传感器网可以监测降雨量、河水水位等，根据相关数据预测爆发山洪的可能性。无线传感器网可以监测环境温度、湿度等，实现森林环境监测和火灾报告。另外，无线传感器网还可以用于动物栖息地的生态监测。

3. 医疗系统与健康护理

无线传感器网在医疗系统和健康护理方面也会有很多应用，例如监测人体的各种生理数据，跟踪和监控医院中医生和患者的行动，以及医院的药物管理等。如果在住院病人身上安装特殊用途的传感器结点，如心率和血压监测设备，医生可以随时了解被监护者的病情，在发现异常情况时能够迅速抢救。

4. 智能家居与信息家电

无线传感器网能够应用在智能家居生活中。如果在家电、家具中嵌入传感器结点，并通过无线网络与互联网相连接，可以为人们提供更舒适、方便和人性化的智能家居环境。利用远程监控系统可以实现对家电的远程遥控，通过图像传感设备可以随时监控家庭安全情况。通过无线传感器网可以建立智能幼儿园，监测儿童的早期教育环境，以及跟踪儿童的活动轨迹等。

5. 建筑物状态监控

建筑物状态监控是指用无线传感器网来监控建筑物的安全状态。由于建筑物不断进行修补，可能会存在一些安全隐患。虽然地壳偶尔的小震动可能不会带来看得见的损坏，但是也许会在支柱上产生潜在的裂缝，并可能在下一次地震中导致建筑物倒塌。通过传统方法检查通常需要将大楼关闭较长时间。各种摩天大楼将来可能会装备无线传感器网，由建筑物自动告诉管理者当前是否安全、稳固程度等信息。

6. 空间探索中的应用

无线传感器网可以应用于空间探索。通过航天器在外星体上撒播一些传感器结点，可以对星球表面进行长时间的监测。这种方式成本较低，结点体积小，结点之间可以通信，也可以与地面站通信。NASA 的 Sensor Webs 项目就是为将来的火星探测做技术准备，并在佛罗里达宇航中心周围的环境监测项目中进行测试和完善。

7. 特殊环境中的应用

无线传感器网还存在一些特殊的应用领域。例如，石油管道通常要穿越大片荒无人烟的地区，这些地方的管道监控一直是个难题，传统的人力巡查几乎是不可能的，而现有的监控产品通常复杂且价格昂贵。将无线传感器网布置在管道上可实时监控管道情况，一旦有破损或恶意破坏就能在控制中心实时发现。加州大学伯克利分校研究者认为，如果美国加州将这种技术应用于电力线路监控，预计每年将可以节省 7 ～ 8 亿美元。

9.6.3　无线传感器网的基本结构

1. 无线传感器网络结构

无线传感器网主要由 3 类结点组成：传感器结点（sensor node）、汇聚结点（sink node）与管理结点。大量传感器结点随机部署在监测区域内部或附近，这些结点通过自组织方式构成网络。监测数据由多个传感器结点进行逐跳传输，数据可能被多个结点处理，数据在经过多跳路由后到达汇聚结点，最后通过互联网或其他网络传输到管理结点。管理者通过管理结点对无线传感器网进行配置和管理，发布监测任务以及收集监测数据。图 9-11 给出了无线传感器网络结构。

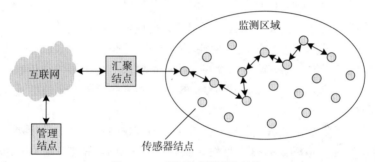

图 9-11　无线传感器网络结构

传感器结点通常是一个微型嵌入式系统，处理、存储与通信能力相对较弱，通过自身携带的电池来供电。从网络功能上来看，传感器结点兼顾传统网络的终端和路由器功能，除了进行本地信息收集和数据处理之外，还要对其他结点转发的数据进行存储、融合、转发等，并与其他结点协同完成一些特定任务。目前，传感器结点软硬件技术是无线传感器网的研究重点。

汇聚结点的处理、存储与通信能力相对较强，负责将无线传感器网接入互联网或外部网络，实现不同协议之间的转换，发布管理结点的监测任务，并将收集的数据转发到管理结点。汇聚结点可以是一个增强型传感器结点，也可以是一个没有监测功能，仅具备无线通信能力的特殊网关设备。

2. 无线传感器结点结构

图 9-12 给出了无线传感器结点结构。无线传感器结点由以下 4 部分组成：

- 传感器模块：负责监控区域内信息采集和数据转换。
- 处理器模块：负责整个传感器结点的操作，存储和处理传感器采集的数据，以及其他结点转发的数据。
- 无线通信模块：负责与其他传感器结点之间通信，接收和发送收集的信息，以及交换控制信息。
- 能量供应模块：通常采用小型电池供电，为传感器结点提供所需的能量。

传感器结点存在一些限制，最主要的是电源能量有限。在实际的应用中，传感器结点数量很多，但是每个结点体积很小，通常只能携带能量有限的电池。由于无线传感器网要求结点数量多、成本低廉、分布区域广，而且部署区域的环境复杂，有些区域甚至是人员难以到达的，因此无法通过更换电池来补充能源。如何增加网络寿命是无线传感器网面临的首要挑战。

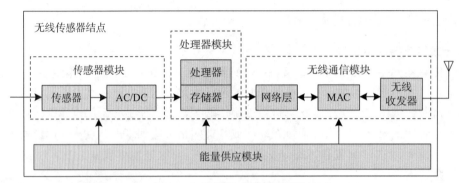

图 9-12   无线传感器结点结构

传感器结点消耗能量的模块主要有：传感器、处理器与无线通信模块。随着集成电路制造工艺的进步，处理器与传感器模块的功耗不断降低。图 9-13 给出了传感器结点各部分能量消耗情况。我们发现绝大部分能量消耗在无线通信模块。传感器结点传输信息比执行计算消耗更多能量，将 1 位数据传送给距离 100m 的另一个结点，所消耗的能量大约相当于执行 3000 条计算指令。

无线通信模块存在 4 种状态：发送、接收、空闲和休眠。无线通信模块在空闲状态时监听无线信道使用情况，检查是否有数据发送给自己，而在休眠状态则关闭通信模块。从图 9-13 中可以看到，发送状态的能量消耗最多；空闲状态与接收状态的能量消耗接近，但是略少于发送状态；休眠状态的能量消耗最少。因此，应该减少不必要的转发和接收，在不通信时尽快进入休眠状态。

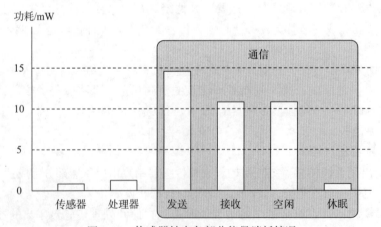

图 9-13   传感器结点各部分能量消耗情况

3. 无线传感器网的协议结构

结合 TCP/IP 与 OSI 两种参考模型，研究者提出了无线传感器网参考模型。该模型包括 5 个层次，从下向上依次为：物理层、数据链路层、网络层、传输层与应用层。另外，该模型包括涉及所有层次的 3 个平台，即能量管理平台、任务管理平台与移动管理平台。图

9-14 给出了无线传感器网参考模型。

在无线传感器网参考模型中，各个层次的主要功能是：

- 物理层提供可靠的信号调制与无线发送、接收功能。
- 数据链路层负责数据成帧、信道接入控制、帧检测与差错控制功能。
- 网络层负责路由生成与路由选择功能。
- 传输层负责数据流的传输控制功能。
- 应用层负责基于任务的信息采集、处理、监控等应用服务功能。

在无线传感器网参考模型中，各个平台的主要功能是：

- 能量管理平台负责监控传感器结点的能量使用状况。
- 任务管理平台负责特定区域内的任务调度与负载均衡。
- 移动管理平台负责监控传感器结点的移动状况，维护汇聚结点的路由情况，以及动态追踪邻结点位置。

图 9-14　无线传感器网参考模型

随着无线传感器网研究的深入，研究者提出了一种更能体现无线传感器网特点的结构模型。图 9-15 给出了基于功能的无线传感器网结构模型。这个模型增加了时间同步、定位两个子层，考虑了网络拓扑与数据链路层、网络层的关系，以及能量管理模块与 QoS 保证机制的关系问题。

时间同步与定位两个子层的位置比较特殊，它们建立在物理信道的基础上，既要依赖数据链路的协作来完成时间同步与定位，又要在网络层路由与传输层控制协议的支持下为高层应用提供服务。

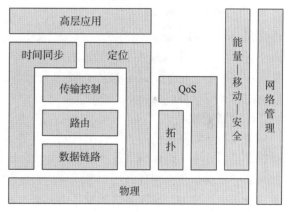

图 9-15　基于功能的无线传感器网结构模型

无线传感器网中的能量管理涉及所有层次。QoS 保证机制涉及各层的队列、优先级与带宽管理。网络拓扑的生成主要涉及结点位置、发送与接收能力、链路层信道接入方法，以及网络层的路由协议。网络管理需要与各层协议都有接口，收集、分析各层协议的执行情况。该模型的所有功能与协议执行过程，都与能量、移动与安全管理相关，这恰好体现出无线传感器网的特点。

9.6.4　无线传感器网的关键技术

无线传感器网的研究主要集中在：拓扑控制、MAC 协议、路由协议、能量效率、结点定位、时间同步、数据融合、网络安全等。

1. 拓扑控制

无线传感器网中的结点通常是大规模部署，为了提高协议工作效率与延长网络生存期，如何形成一个良好的网络拓扑是关键问题。拓扑控制算法主要分为两类：结点功率控制与层次拓扑控制。功率控制通过改变结点发射功率来调整信号覆盖范围，并在此基础上调节网络拓扑，最终目的是提高整个网络的连通性，这类拓扑控制算法主要有 LMA、LMN、DRNG、

DLMST 等。层次拓扑控制主要采用分簇机制，将整个网络划分成多个区域形成簇，选出骨干结点以构成骨干网进行数据转发，而普通结点可关闭没用的模块，以避免不必要的能量消耗，这类拓扑控制算法主要有 LEACH、GAF、EEU 等。

2. MAC 协议

MAC 协议处于无线传感器网的底层部分，负责为网络结点分配无线通信资源，对无线传感器网的性能有重要影响。结点能量效率、端到端延迟、信道利用率、冲突避免等是 MAC 协议设计时需要考虑的因素。根据信道接入方式不同，MAC 协议主要分为两类：基于竞争与基于时分复用。在基于竞争的 MAC 协议中，结点发送数据时通过竞争使用无线信道，在结点密度大时更容易出现冲突，这类 MAC 协议主要有 S-MAC、T-MAC 等。在基于时分复用的 MAC 协议中，为结点预先分配时间片用于发送数据，能够很好地避免传输冲突，这类 MAC 协议主要有 TRAMA、E-TDMA、BMA 等。

3. 路由协议

根据网络拓扑结构不同，路由协议主要分为两类：平面路由与分层路由。在平面路由协议中，所有结点的地位与功能都相同，以对等方式完成数据收集、处理与转发。这类协议的优点是结构简单、容错性好，缺点是对网络变化反应慢，建立、维护路由能耗较大。这类路由协议主要有 Flooding、SPIN、DD、SAR 等。分层路由又称为分簇路由，所有结点被分为多个簇，每个簇中有簇头与普通结点，簇头负责簇内的数据处理与转发。这类协议的优点是可扩展性好、能耗较小，缺点是簇头失效可能造成局部路由失效。这类路由协议主要有 LEACH、PEGASIS、TEEN、GAF 等。

4. 能量效率

无线传感器网中的结点通常由电池供电，每个结点的能量配备有限，并且对于大多数的应用场景，几乎不可能为结点进行能量补给。因此，能量效率将直接影响无线传感器网的生存时间，也必然成为设计时优先考虑的约束条件。目前，传感器结点的能量消耗主要用在数据通信、信息感应与数据处理等操作中。为了提高能量效率，传感器结点可采用动态电压调节与动态能量管理的功能设计，在不需要工作时使结点进入休眠状态；在数据通信过程中，可使用 μIP、6LowPAN、Rime 等低能耗的通信协议。

5. 结点定位

无线传感器网主要应用于事件监测，只有事件数据和位置信息相结合才能产生有效的信息，并且路由协议、网络管理等也需要本地结点的位置信息，因此定位技术是无线传感器网能够稳定、可靠运行的基础。但是，由于测量误差、计算约束上的差异，以及各类应用场景对定位技术的鲁棒性、可扩展性、定性精度的需求，因此相应提出了多种定位方法，如基于测距的 Ad Hoc 定位技术（AHLoS）、基于时间的 TPS 定位技术，以及基于预留的 CPE、APIT 定位技术等。

6. 时间同步

无线传感器网中的所有结点都配备有本地时钟，每个结点对事件感知、目标跟踪、数据处理与通信等操作都与本地时序密切相关，各个结点之间需要进行本地时钟信息的高频交互，以达到并保持全局时间的协调一致，并为上层的协同机制提供技术支持。时间同步主要考虑随机时延的影响，现有的同步协议主要包括传感器网络时间同步协议（TPSN）、时钟扩散同步协议（TDP）、基于速度扩散协议（RDP）等。

7. 数据融合

由于传感器结点采用大规模、分布式部署，相邻结点产生的感知数据通常带有高度的相关性，这样就产生了一定的冗余数据，因此有必要采用数据融合技术对相邻结点采集的大量原始数据进行实时处理，仅将处理后的少量有效结果传输给汇聚结点。通过数据融合可以显著降低传输的数据量，节省中间结点的带宽与能量，从而减轻网络负荷，并延长网络寿命。数据融合方面的研究主要包括：基于生成树的数据融合，如最短路径树（SPT）、贪心增长树（GTI）、E-Span 算法等；考虑网络性能的数据融合，如 AIDA 算法；基于安全的数据融合等。

8. 安全技术

无线传感器网通常部署在开放的物理空间中，不仅需要适应严苛的自然环境，还需要面对敌方的主动攻击。无线传感器网中各个结点的自身资源严重受限，并且结点之间的通信经常采用无线广播方式。因此，无线传感器网的安全性成为急需解决的问题。目前，在物理层、数据链路层、网络层等层面上，无线传感器网都有相应的安全策略。例如，在物理层采用各种扩频通信技术，在数据链路层采用信道监听与重传机制、纠错编码等，在网络层采用 SPINS 等安全协议。

9.7 无线网状网技术

9.7.1 无线网状网的概念

无线网状网（WMN）是在无线自组网的基础上发展起来的，它是一种基于多跳路由、对等结构、高容量的网络，具有自组织、自配置、自修复的特征。随着无线自组网与无线网状网技术发展，它们与技术成熟的无线局域网、无线城域网进行了结合。4G 时代必然是多种技术与标准的共存、结合与补充。无线网状网作为对无线局域网、无线城域网的补充，已成为解决无线接入"最后一公里"问题的新方案。

2000 年，ITT 公司将其为美国军方开发的战术移动通信系统的一些专利转让给 Mesh 公司。在此基础上，Mesh 公司将其无线自组网产品推向市场。同时，Nokia、Nortel 等公司联合开发的无线网状网产品问世。2005 年，Motorola 公司收购 Mesh 公司。在无线城域网标准的制定过程中，IEEE 802.16a 增加了对无线网状网的支持。2004 年 5 月，IEEE 802.16a 经过修定后重命名为 IEEE 802.16d。2004 年年底，Nortel 公司组建了一个大型、扩大 WLAN 覆盖范围的无线网状网，开始尝试提供宽带无线接入服务。

无线网状网与无线自组网的区别主要表现在：

- 从自组织的角度，无线自组网与无线网状网都采用自组织结构，无线自组网结点都兼有主机和路由的功能，结点之间以平等方式实现连通，而无线网状网是由无线路由器（Wireless Router，WR）构成骨干网。
- 从网络拓扑的角度，无线自组网的拓扑与无线网状网相似，但是在结点功能上差异很大。无线自组网结点的移动性强于无线网状网。无线自组网更强调结点移动和拓扑变化快，而无线网状网多为静态或拓扑变化不大。
- 从设计思想上来看，无线自组网侧重于"移动"，而无线网状网侧重于"无线"。无线自组网主要在结点之间传输数据，而无线网状网结点主要传输互联网数据。
- 从网络应用的角度，无线自组网主要用于临时性通信，而无线网状网主要提供互联网接入服务。

无线网状网与无线局域网的区别主要表现在：

- 从网络拓扑的角度，无线局域网采用共享信道的单跳网络，结点本身不承担数据转发任务；无线网状网采用对等式的多跳网络，结点可能承担数据转发的任务。
- 从覆盖范围的角度，无线局域网在较小范围内提供数据传输服务，结点距离接入点（AP）的接入距离在几百米左右；无线网状网则是利用无线路由器组成的骨干网，将接入距离扩展到几千米范围。
- 从网络应用的角度，无线网状网与无线局域网有很多共同点。无线局域网主要提供本地接入服务；无线网状网既提供本地接入服务，又为其他结点提供数据转发功能。因此，无线局域网主要采用静态路由协议，而无线网状网多采用按需发现的动态路由协议。

通过上述比较可以看出，无线网状网具有组网灵活、成本低、覆盖范围大的优点。需要注意的是，无线网状网有很好的发展和应用前景，但是这项技术正在发展的过程中，还是不成熟的。

9.7.2 无线网状网的基本结构

无线网状网是在无线自组网的基础上发展起来的，它在与无线局域网、无线城域网技术的结合过程中，针对不同应用场景提出了多种网络结构。

1. 平面结构

平面结构是一种最简单的无线网状网结构。图 9-16 给出了平面结构的无线网状网。在这种网络结构中，所有结点采用对等的 P2P 结构。每个结点都执行相同的 MAC、路由、网管与安全协议，它与无线自组网结点的作用相同。实际上，平面结构的无线网状网退化即为普通的无线自组网。

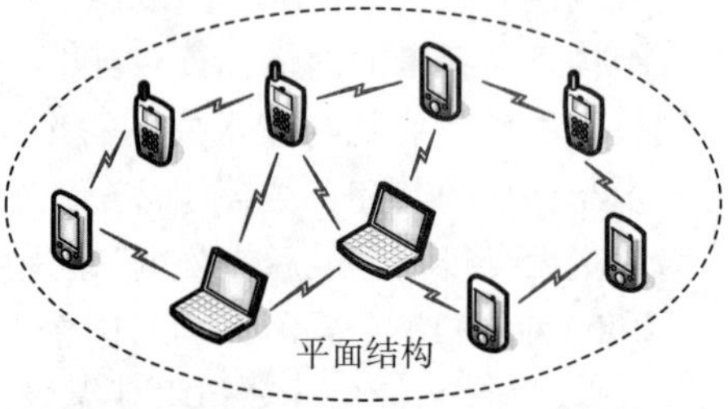

平面结构

图 9-16 平面结构的无线网状网

2. 多级结构

图 9-17 给出了多级结构的无线网状网。网络下层由各种终端设备组成，这些设备可以是笔记本电脑、手机、其他智能终端等。网络上层由无线路由器构成主干网，并通过网关接入互联网。这些终端设备接入无线路由器，无线路由器采用路由协议为终端设备通信选择传输路径。这些终端设备之间不进行通信。

3. 混合结构

图 9-18 给出了混合结构的无线网状网。混合网络结构将平面结构与多级结构相结合，可以实现上述两种网络结构的优势互补。

4. 优化结构

图 9-19 给出了一种优化的网络结构。主干网采用无线城域网，充分发挥无线城域网的远距离、高带宽的优点，在 50km 范围内提供 70Mbit/s 的最大传输速率。接入网采用无线局域网，满足一定地理范围内用户的无线接入需求。底层采用平面结构的无线网状网，无线局域网接入点与临近的无线网状网路由器相连，由这些路由器组成无线自组网通信平台，实现大量笔记本电脑、手机、其他终端设备的接入。这种结构着眼于延伸无线局域网的覆盖范围，提供更方便、灵活的城域范围的无线宽带接入，这是人们所能看到的无线自组网转向民

用的重要应用之一。

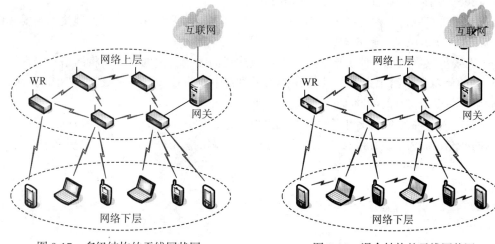

图 9-17　多级结构的无线网状网　　　　　图 9-18　混合结构的无线网状网

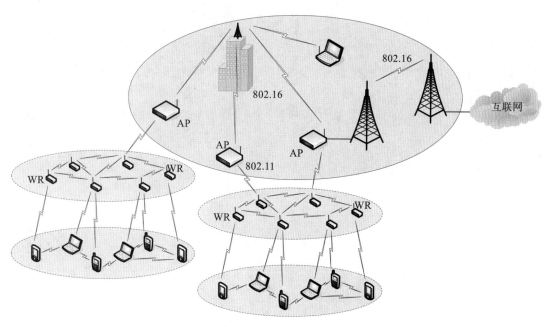

图 9-19　一种优化的网络结构

9.8　本章总结

　　1）无线网络是网络技术研究的另一条主线，它的研究、发展与应用将对 21 世纪信息技术与产业产生重大影响。

　　2）IEEE 802.11 定义了无线局域网的物理层与 MAC 层协议，包括物理层的跳频扩频与直接序列扩频的数据传输标准，以及 MAC 层的介质访问控制方法。

　　3）IEEE 802.16 定义了无线宽带城域网的物理层与 MAC 层协议，在建筑物之间通过基站提供全双工、宽带的数据通信服务。

4）IEEE 802.15.4 为低速无线个人区域网设备的近距离、低速互联提供统一的标准。蓝牙、ZigBee 是用途相似的近距离无线通信技术。

5）无线自组网是一种自组织、对等式、多跳、移动的无线网络，其关键技术主要集中在信道接入、路由协议、服务质量、多播与广播、安全问题等。

6）无线传感器网是一种主要由传感器结点构成的无线自组网，负责将网络覆盖区域内感知对象的信息发送给观察者，其关键技术主要集中在拓扑控制、MAC 协议、路由协议、能量效率、结点定位、时间同步、数据融合、网络安全等。

7）无线网状网是在无线自组网的基础上发展起来的，并作为对无线局域网、无线城域网技术的补充，成为解决无线接入"最后一公里"问题的新方案。

第 10 章　网络安全技术

本章主要讨论以下内容：
- 网络安全与网络空间安全
- OSI 安全体系结构
- 加密与认证的基本方法
- 常见的网络安全协议
- 防火墙技术的基本内容
- 入侵检测技术的基本内容
- 恶意代码及其防护技术

随着网络信息系统的作用越来越重要，用户也越来越关心网络安全问题。本章将系统地讨论网络安全的基本概念，OSI 安全体系结构，加密与认证的基本方法，主要的网络安全协议，防火墙技术，入侵检测技术，恶意代码及其防护技术。

10.1　网络安全与网络空间安全

10.1.1　网络安全的重要性

计算机网络对经济、文化、教育、科学等领域有重要影响，同时也不可避免地带来一些新的社会、道德与法律问题。Internet 技术的发展促进电子商务技术的成熟，大量的商业信息与资金通过计算机网络在世界各地流通，这已经对世界经济发展产生重要的影响。政府上网工程的实施使各级政府、部门之间利用网络进行信息交互。远程教育使数以千万计的学生可以在不同地方，通过网络进行课堂学习、查阅资料与提交作业。网络正在改变人们的工作、生活与思维方式，对提高人们的生活质量产生重要的影响。发展网络技术已成为国民经济现代化建设的重要基础。

计算机网络应用对社会发展有正面作用，同时还必须注意到它所带来的负面影响。用户可以通过计算机网络快速地获取、传输与处理各种信息，涉及政治、经济、教育、科学与文化等领域。但是，计算机网络在给广大用户带来方便的同时，也必然会给个别不法分子带来可乘之机，通过网络非法获取重要的经济、政治、军事、科技情报，或是进行信息欺诈、破坏与网络攻击等犯罪活动。另外，也会出现涉及个人隐私的法律与道德问题，如利用网络发表不负责任或损害他人利益的信息等。

计算机犯罪正在引起整个社会的普遍关注，而计算机网络是犯罪分子攻击的重点。计算机犯罪是一种高技术型犯罪，其隐蔽性对网络安全构成很大威胁。根据有关统计资料表明，计算机犯罪案件以每年超过 100% 的速度增长，网站被攻击的事件以每年 10 倍的速度增长。从 1986 年发现首例计算机病毒以来，二十年间病毒数量正以几何级数增长，目前已经发现的计算机病毒数超过十万种。网络攻击者在世界各地寻找袭击网络的机会，并且他们的活动几乎到了无孔不入的地步。

黑客（hacker）的出现是信息社会不容忽视的现象。黑客一度被认为是计算机狂热者的代名词，他们一般是指对计算机有狂热爱好的学生。当麻省理工学院购买第一台计算机供学生使用时，这些学生通宵达旦写程序并与其他同学共享。后来，人们对黑客有进一步的认识：黑客中的大部分人不伤害别人，但也有人会做一些不应该做的事情；部分黑客不顾法律与道德的约束，由于寻求刺激、被非法组织收买或对某个组织的报复心理，而肆意攻击与破坏一些组织的计算机网络，这部分黑客对网络安全有很大的危害。

电子商务的兴起对网站的安全性要求越来越高。2001 年年初，在美国的著名网站被袭事件中，Yahoo、Amazon、eBay、CNN 等重要网站接连遭到黑客攻击，这些网站被迫中断服务达数小时，据估算造成的损失高达 12 亿美元。网站被袭事件使人们对网络安全的信心受到重创。以瘫痪网络为目标的袭击破坏性大、造成危害速度快、影响范围广，而且更难于防范与追查。

计算机网络安全涉及一个系统的概念，它包括技术、管理与法制环境等多方面。只有不断健全有关网络与信息安全的法律法规，提高网络管理员的素质、法律意识与技术水平，提高用户遵守网络使用规则的自觉性，提高网络与信息系统安全防护的技术水平，才能不断改善网络与信息系统的安全状况。人类社会靠道德与法律来维系。计算机网络与互联网的安全同样要重视"网络社会"中的"道德"与"法律"。

10.1.2　网络空间安全的概念

目前，互联网、移动互联网、物联网已应用于现代社会的政治、经济、文化、教育、科研与社会生活的各个领域，这种开放的网络环境下的安全问题更加严重。例如，2016 年就发生了一系列攻击事件，美国纽约联邦储备银行遭到黑客攻击，失窃金额达到 8100 万美元；德国一座核电站的计算机系统中发现了恶意程序，导致核电站关闭，所幸没有涉及与核燃料相关的部分；美国旧金山地铁的电脑售票系统遭到攻击，攻击者开出 100 比特币的赎金要求；美国域名服务提供商 Dyn 遭到 DDoS 攻击，导致 GitHub、Twitter、PayPal 等大量网站无法访问。人们的社会生活与经济生活已须臾不能离开网络，网络安全已成为影响社会稳定、国家安全的重要因素之一。

回顾网络安全研究发展的历史，"网络空间"与"国家安全"关系的讨论由来已久。早在 2000 年，美国政府在"美国国家信息系统保护计划"中提到，在不到一代人的时间内，信息革命和计算机在社会所有方面的应用已改变了我们的经济运行方式，改变了维护国家安全的思维，也改变了日常生活的结构。著名的未来学家预言，谁掌握信息，谁控制网络，谁就拥有世界。同时，《下一场世界战争》一书预言：在未来的战争中，计算机本身就是武器，前线无处不在，夺取作战空间控制权的不是炮弹和子弹，而是计算机网络中流动的比特和字节。网络安全已严重影响到每个国家的社会、政治、经济、文化与军事安全，网络安全问题已上升到世界各国安全战略层面。

2010 年，美国国防部发布了"四年国土安全报告"，将网络安全列为国土安全五项首要任务之一。2011 年，美国政府在"网络空间国际战略"报告中，将网络空间（cyber space）看作与国家领土、领海、领空、太空等四大常规空间同等重要的"第五空间"。近年来，世界各国纷纷研究和制定网络空间安全政策。

10.1.3　网络空间安全的理论体系

图 10-1 给出了网络空间安全研究的基本内容。网络空间安全理论包括三大体系：基础理论体系、技术理论体系与应用理论体系。

图 10-1　网络空间安全研究的基本内容

（1）基础理论体系

基础理论体系主要包括两部分：网络空间理论与密码学。

网络空间理论研究主要包括：

- 网络空间安全体系结构
- 大数据安全
- 对抗博弈

密码学研究主要包括：

- 对称加密
- 公钥加密
- 密码分析
- 量子密码和新型密码

（2）技术理论体系

技术理论体系主要包括两部分：系统安全理论与技术、网络安全理论与技术。

系统安全理论与技术研究主要包括：

- 可信计算
- 芯片与系统硬件安全
- 操作系统与数据库安全
- 应用软件与中间件安全
- 恶意代码分析与防护

网络安全理论与技术研究主要包括：

- 通信安全
- 网络对抗
- 互联网安全
- 网络安全管理

（3）应用理论体系

应用理论体系主要是各种网络空间安全应用技术，研究内容主要包括：

- 电子商务、电子政务安全技术
- 云计算与虚拟化计算安全技术
- 社会网络安全、内容安全与舆情监控
- 物联网安全
- 隐私保护

10.2 OSI 安全体系结构

10.2.1 安全体系结构的概念

1989 年，ISO 发布 ISO7498-2 标准，定义 OSI 安全体系结构（security architecture），提出了网络安全体系的三个重要概念：安全攻击（security attack）、安全服务（security service）与安全机制（security mechanism）。

1. 网络安全攻击

任何危及网络与信息系统安全的行为都视为"攻击"。常见的网络安全攻击通常可分为两大类型：被动攻击（passive attack）与主动攻击（active attack）。图 10-2 给出了网络安全攻击的四种基本类型。

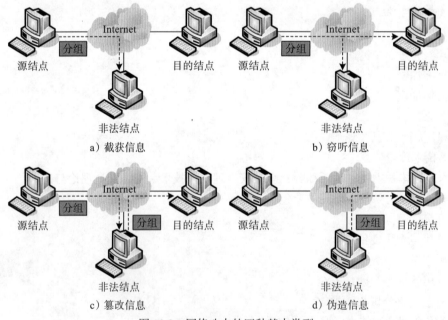

图 10-2　网络攻击的四种基本类型

（1）被动攻击

窃听或监视数据传输属于被动攻击，如图 10-2b 所示。网络攻击者通过在线窃听方法，非法获取网络上传输的数据，或通过在线监视网络用户的身份、传输数据的频率与长度，破译加密数据，非法获取敏感或机密的信息。

（2）主动攻击

主动攻击可分为三种基本方式。

- 截获数据：网络攻击者假冒和顶替合法的接收者，在线截获网络上传输的数据，如图 10-2a 所示。
- 篡改或重放数据：网络攻击者假冒接收者，在截获网络上传输的数据之后，经过篡改再发送给合法的接收者；或者在截获数据之后的某个时刻，一次或多次重放该数据，造成网络数据传输混乱，如图 10-2c 所示。
- 伪造数据：网络攻击者假冒合法的发送用户，将伪造的数据发送给合法的接收用户，如图 10-2d 所示。

2. 网络安全服务

为了评价网络系统的安全需求，指导网络硬件与软件制造商开发网络安全产品，ITU 的 X.800 标准与 IETF 的 RFC2828 文档定义了网络安全服务。其中，X.800 标准将网络安全服务定义为：开放系统的各层协议为保证系统与数据传输有足够的安全性所提供的服务。RFC2828 文档进一步明确网络安全服务：由系统提供的对网络资源进行特殊保护的进程或通信服务。

X.800 标准将网络安全服务分为以下五种类型。

- 认证（authentication）：提供对通信实体和数据来源的认证与身份鉴别。
- 访问控制（access control）：通过对用户身份的认证和用户权限的确认，防止未授权的用户非法使用系统资源。
- 数据机密性（data confidentiality）：防止数据在传输过程中被窃听或泄露。
- 数据完整性（data integrity）：确保接收数据与发送数据的一致性，防止数据被修改、插入、删除或重放。
- 防抵赖（non-reputation）：确保数据由特定用户发送，或由特定用户接收，防止发送方在发送数据后否认，或接收方在接收数据后否认。

3. 网络安全机制

网络安全机制主要包括以下几项内容。

- 加密（encryption）：确保数据的机密性，根据层次与对象的不同，可采用不同的加密方法。
- 数字签名（digital signature）：确保数据的真实性，利用数字签名技术对用户身份和消息进行认证。
- 访问控制（access control）：按照事先确定的规则，保证用户对主机系统与应用程序访问的合法性。当有非法用户尝试入侵时，实现报警与记录日志的功能。
- 数据完整性（data integrity）：确保数据的完整性，防止数据被插入、更改、重新排序或重放。
- 认证（authentication）：利用密码、数字签名、生物特征（如指纹）等手段，实现对用户身份、消息、主机与进程的认证。
- 流量填充（traffic padding）：通过在数据流中填充冗余字段，防止攻击者分析网络传输的流量。
- 路由控制（routing control）：通过预先安排好传输路径，尽可能使用安全的子网与链路，保证数据传输安全。

- 公证（notarization）：公证机制通过第三方参与的数字签名机制，对通信实体进行实时或非实时的公证，预防伪造签名与抵赖。

10.2.2　网络安全模型的提出

为了满足网络用户对网络安全的需求，针对攻击者对通信信道上传输的数据以及对网络计算资源等不同攻击的情况，分别提出网络安全模型与网络安全访问模型。

1. 网络安全模型

图 10-3 给出了一种通用的网络安全模型。网络安全模型主要涉及三类对象：通信对端（发送端与接收端）、网络攻击者、可信的第三方。发送端通过网络将数据发送到接收端。攻击者可能在通信信道上伺机窃取传输数据。为了保证网络通信的机密性、完整性，网络用户需要做两件事情：一是对数据进行加密与解密；二是需要一个可信的第三方，用于分发加密的密钥或确认通信双方的身份。

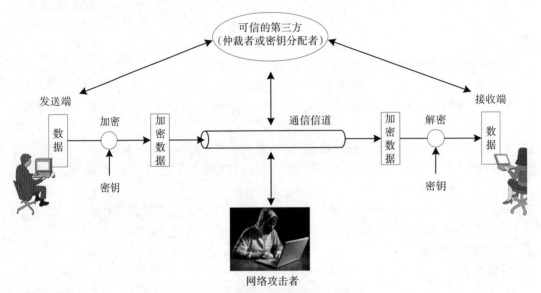

图 10-3　一种通用的网络安全模型

2. 网络安全访问模型

图 10-4 给出了一种通用的网络安全访问模型。网络安全访问模型主要从网络访问的角度，分析了对网络实施攻击的两类对象：一类是网络攻击者，另一类是恶意代码软件。黑客（hacker）的含义经历了复杂的演变过程，现在人们已习惯将网络攻击者统称为黑客。恶意代码是指利用操作系统或应用软件的漏洞、通过浏览器或利用信任关系，在计算机之间或网络之间大量、快速传播的程序，目的是在用户不知情的情况下修改网络配置、破坏网络正常运行或非法访问网络资源。恶意代码主要包括病毒、特洛伊木马、蠕虫、攻击脚本，以及垃圾邮件、流氓软件等多种形式。

对网络资源的攻击行为可分为两类：服务攻击与非服务攻击。其中，服务攻击是指对 E-mail、FTP、Web 或 DNS 服务器的攻击，造成服务器工作不正常甚至瘫痪。非服务攻击不针对某种具体的应用服务，而是对网络设备或通信线路发起攻击，造成网络设备或通信线路严重阻塞甚至瘫痪。网络安全研究包括开发网络安全防护工具（硬件与软件），保护网络系统与网络资源不受攻击。

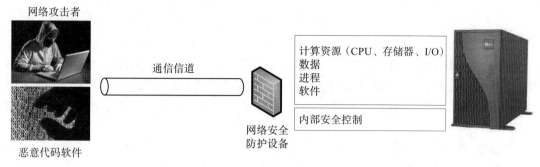

图 10-4   一种通用的网络安全访问模型

10.2.3　网络安全标准

仅靠技术来保护网络安全是远远不够的，还必须依靠政府与立法机构制定法律法规。世界各国与我国都很重视计算机、网络与信息安全的立法问题。从 1987 年开始，我国政府相继制定与颁布了一系列行政法规，主要包括"电子计算机系统安全规范""计算机软件保护条例""计算机软件著作权登记办法""中华人民共和国计算机信息与系统安全保护条例""计算机信息系统保密管理暂行规定"等。另外，全国人民代表大会常务委员会通过了"关于维护 Internet 安全决定"。

国外关于网络与信息安全技术与法规的研究起步较早，比较重要的组织有美国的国家标准与技术协会（NIST）、国家安全局（NSA）等。它们的工作各有侧重点，主要集中在计算机、网络与信息系统的安全政策、协议标准、安全工具、防火墙、网络防攻击技术，以及网络紧急情况处理与援助等方面。用于评估计算机、网络与信息系统安全性的标准已有多个，最先颁布、有影响力的是美国国防部的黄皮书"可信计算机系统评估准则"。欧洲信息安全评估标准（ITSEC）最初是用来协调法国、德国、英国等国的指导标准，目前已经被欧洲各国接纳成为信息安全标准。

1983 年，美国政府发布了可信计算机系统评估准则（TC-SEC-NCSC），将计算机系统安全等级分为 4 类 7 个等级，即 D、C1、C2、B1、B2、B3 与 A1。这些安全等级描述了对计算机系统的具体安全要求，D 级系统的安全要求最低，A1 级系统的安全要求最高。下面，我们列出了不同等级的安全要求：

- D 级系统属于非安全保护类，不能用于多用户环境下的重要信息处理。
- C 级系统为用户能定义访问控制要求的自主保护类型，它分为两个级别：C1 级和 C2 级。UNIX 系统通常能满足 C2 级标准。
- B 级系统属于强制型安全保护类，即用户不能分配权限，仅网络管理员可为用户分配访问权限。B 类系统分为三个级别：B1、B2 与 B3 级。部分 UNIX 系统可达到 B1 级标准的要求。
- A1 级提供的安全服务功能与 B3 级基本一致。A1 级系统在安全审计、安全测试、配置管理等方面提出更高要求。A1 级在系统安全模型设计及软、硬件实现方面要通过认证，要求达到更高的安全可信度。

10.3 加密与认证技术

10.3.1 密码学中的概念

密码技术是保证网络与信息安全的核心技术之一。密码学（cryptology）主要包括密码编码学与密码分析学。密码体制设计是密码学研究的主要内容。人们利用加密算法和一个秘密值（称为密钥）对信息编码进行隐蔽，而密码分析学试图破译算法和密钥。两者相互对立，又互相促进向前发展。

1. 加密算法与解密算法

加密的基本思想是伪装明文以隐藏其真实内容。伪装明文的操作称为加密，加密时使用的变换规则称为加密算法。由密文恢复出原明文的过程称为解密，解密时采用的信息变换规则称为解密算法。

图 10-5 给出数据加密与解密过程。如果用户 A 想通过网络发送数据 "My bank account # is 1947"，首先用加密算法与密钥将数据由明文变成密文，并在网络上传输这个密文。即使窃听者获得密文也很难解密。当用户 B 接收到这个密文后，用双方商议的解密算法与密钥将密文还原成明文。

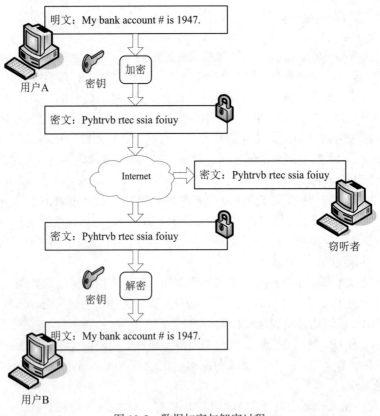

图 10-5　数据加密与解密过程

2. 密钥的作用

加密技术可分为两部分：加密、解密算法与密钥。其中，加密算法是用来加密的数学函数，而解密算法是用来解密的数学函数。密码是明文经过加密算法运算后的结果。实际上，密码是含有一个参数 K 的数学变换：

$$C = E_K(M)$$

其中，M 是未加密的信息（明文），C 是加密后的信息（密文），E 是加密算法，参数 K 称为密钥。密文 C 是明文 M 使用密钥 K，经过加密算法计算后的结果。

密码体制是指密码系统的工作方式。如果加密和解密使用相同密钥，该密码体制称为对称密码（symmetric cryptography）。如果加密和解密使用不同密钥，该密码体制称为非对称密码（asymmetric cryptography）。加密、解密算法可视为常量，而密钥则是一个变量。因此，密钥需要严格保密，用户应该及时更换密钥。

例如，恺撒密码是一种置位密码，明文与密文的对应关系如下：

明文：a b c d e f g h i j k l m n o p q r s t u v w x y z

密文：Q B E L C D H G I A J N M O P R Z T W V Y X F K S U

这种方法称为"单字母表替换法"，密钥是明文与密文的字母对应表。明文"nankai"对应的密文是"OQOJQI"。采用单字母替换的密钥有 4×10^{26} 个。虽然加密方法很简单，但是破译者哪怕用 1μs 尝试一个密钥，也需要很长的时间。这个系统表面上看很安全，其实通过统计字母出现频率可找出规律。从数学的角度，密钥改变后，实际改变了明文与密文之间等价的数学函数关系。

为了确保数据加密的安全性，人们一直在争论密钥长度问题。从理论上来说，密钥长度越大，说明密钥空间越大，攻击者越难以通过蛮力攻击来破译。在蛮力攻击中，破译者可通过穷举法来猜测密钥的所有组合，直到找出密钥为止。但是，密钥越长，加密和解密过程所需的计算时间越长。

10.3.2 对称密码体制

1. 对称加密的概念

对称加密技术对数据的加密与解密都使用同一密钥。图 10-6 给出了对称加密的工作原理。加密与解密必须使用同种加密算法和相同的密钥。

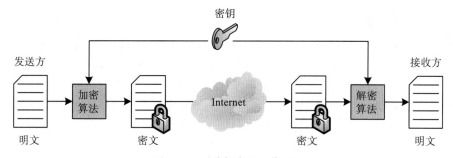

图 10-6 对称加密的工作原理

理解对称加密体制的工作原理，需要注意以下几个问题：

- 由于加密与解密使用同一密钥，因此第三方获得密钥就会造成失密。
- 如果某个用户要与 N 个用户通信，每个用户对应一个密钥，那么该用户需要维护 N 个密钥。当网络中有 N 个用户时，则需要 $N \times (N-1)$ 个密钥。

- 由于加密和解密使用同一密钥，保密性主要取决于密钥的安全性，因此密钥的传递和分发必须通过安全通道。如何产生满足保密要求的密钥，以及安全、可靠地传送密钥是复杂的问题。
- 密钥管理涉及密钥的产生、分配、存储与销毁。

2. 典型的对称加密算法

数据加密标准（Data Encryption Standard，DES）是典型的对称加密算法，它是由 IBM 公司提出、ISO 认定的国际标准。DES 在美国政府、银行业中得到广泛应用。DES 是一种典型的分组密码，将数据分解成固定大小分组，以分组为单位加密或解密。DES 每次处理一个 64 位的明文分组，每次生成一个 64 位的密文分组。DES 算法采用 64 位密钥，其中 8 位用于奇偶校验，用户可使用其余 56 位。在加密与解密过程中，DES 将置换与代换等操作相结合。从 DES 出现以来，人们认为 DES 的密钥长度太短，难以抵御蛮力攻击。随着技术进步带来计算能力提高，DES 的安全性受到严峻的挑战。

三重 DES（triple DES，3DES）是针对 DES 安全性的改进方案。1999，NIST 将 3DES 指定为过渡的加密标准。3DES 以 DES 算法为核心，采用 3 个 56 位密钥对数据执行三次 DES 计算，即加密、解密、再加密的过程。如果三个密钥互不同，则相当于一个 168 位的密钥。3DES 仍采用 DES 算法为核心，其迭代次数是 DES 的 3 倍，显然 3DES 的运算速度比 DES 慢得多。

高级加密标准（Advanced Encryption Standard，AES）是后出现的一种对称加密算法。AES 将数据分解成固定大小分组，以分组为单位进行加密或解密。AES 的主要参数是分组长度、密钥长度与计算轮数。分组与密钥长度是 32 位整数倍，范围是 128 ~ 256 位。AES 规定分组长度为 128 位，密钥长度是 128、192 或 256 位，根据密钥长度分别称为 AES-128、AES-192 或 AES-256。AES 以 32 位为单位处理密钥，计算轮数与密钥长度直接相关，AES-128、AES-192 与 AES-256 的密钥长度分别为 4、6 与 8，计算轮数分别为 10、12 与 14。AES 使用更长的密钥来保证安全，在加密与解密速度上有所牺牲。

其他对称加密算法主要包括 IDEA、Blowfish、RC2、RC4、RC5、CAST 等。

10.3.3 非对称密码体制

1. 非对称加密的概念

对称密码在应用中遇到的最大问题是密钥分配。1976 年，Whitfield Diffie 与 Martin Hellman 提出了公钥密码（又称为非对称加密）。公钥密码的特征是加密与解密密钥不同，并且两个密钥之间无法互相推导。公钥密码体制提供两个密钥：公钥与私钥。其中，公钥是可公开的密钥；私钥是须严格保密的密钥。公钥密码体制使用的加密与解密算法公开。公钥密码对保密性、密钥分发与认证都有深远影响。

图 10-7 给出了公钥密码的工作模式。在数据加密应用中，发送方使用接收方的公钥对明文加密，接收方使用自己的私钥对密文解密；在数字签名应用中，发送方使用自己的私钥对明文加密，接收方使用发送方的公钥对密文解密。与对称加密技术相比，公钥加密的加密与解密速度比较慢。很多数论概念是设计公钥密码算法的基础，如素数与互为素数、费马定理、欧拉定理、中国余数定理、离散对数等。公钥加密算法的主要运算是模运算，包括模加、模乘、指数模运算等。

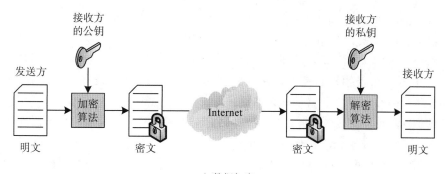

a）数据加密

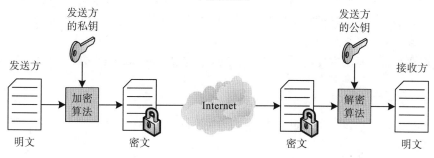

b）数字签名

图 10-7 公钥密码的工作模式

除了提供数据加密功能之外，公钥密码技术还能解决两个问题：密钥交换与数字签名。在不同的安全应用中，公钥与私钥的用途是不同的。表 10-1 给出了公钥密码的应用领域。从表中可以看出，RSA 与 ECC 是应用领域最广的公钥密码技术。公钥密码的计算速度决定了它主要用于少量信息加密。

表 10-1 公钥密码的应用领域

公钥密码技术	主要应用领域
RSA	数据加密、数字签名与密钥交换
ECC	数据加密、数字签名与密钥交换
DSS	数字签名
ElGamal	数字签名
Diffie-Hellman	密钥交换

理解非对称加密的工作原理，需要注意以下几个问题：

- 在非对称密码体系中，公钥与私钥不同，并且从理论上证明由公钥分析出私钥在计算上是不可行的。因此，公钥可以公开，私钥需要保密。
- 如果以公钥作为加密密钥，可实现多个用户加密的数据，只能由持有私钥的那个用户解密，这样公钥密码可用于数据加密。
- 如果以私钥作为加密密钥，可实现一个用户加密的数据，可以由持有公钥的多个用户解读，这样公钥密码可用于数字签名。
- 非对称加密可极大简化密钥管理，网络中 N 个用户之间进行通信加密，仅需要使用 N 对密钥。

与对称加密相比，公钥加密的优势在于：私钥不需要发往任何地方，即使公钥在传送过程中被截获，由于没有与公钥相匹配的私钥，公钥对入侵者也没有太大意义。公钥加密的缺点是加密算法复杂，加密与解密速度比较慢。

2. 典型的非对称加密算法

RSA 是一种典型的公钥加密算法，它在网络安全领域中得到广泛的应用。1977 年，Ron

Rivest、Adi Shamir 与 Leonard Adleman 设计了一种加密算法，并用三人姓氏首字母来命名该算法。目前，RSA 被认为是理论上最成熟的公钥算法。RSA 的理论基础是寻找大素数相对容易，而分解两个大素数的积在计算上不可行。RSA 密钥长度可变，用户可用长密钥增强安全性，也可用短密钥提高速度。常用的 RSA 密钥长度包括 512 位、1024 位、2048 位。RSA 分组长度也可变，明文分组长度必须比密钥长度小，密文分组长度等于密钥长度。由于 RSA 算法的加密速度比较慢，因此通常不直接用它来加密消息，而是用它对密钥进行加密。

椭圆曲线密码（Elliptic Curve Cryptography，ECC）是另一种典型的公钥加密算法。1985 年，它由 Neal Koblitz 和 Victor Miller 提出，安全性建立在求解椭圆曲线离散对数的困难性上。在同等密钥长度的情况下，ECC 算法的安全性高于 RSA 算法。在安全性相当的情况下，ECC 算法的密钥长度比 RSA 短。目前，未出现针对椭圆曲线的亚指数时间算法，ECC 是很有前景的公钥加密技术。

其他非对称加密算法主要包括 DSS、ElGamal 与 Diffie-Hellman 等。

10.3.4 数字签名技术

数据加密可防止信息在传输过程中泄露，但是如何确定发送人的身份问题，需要使用数字签名技术来解决。

1. 数字签名的概念

亲笔签名是保证文件或资料真实性的一种方法。在网络环境中，通常使用数字签名来模拟日常生活中的亲笔签名。数字签名将发送方身份与信息相结合，保证信息在传输过程中的完整性，并提供信息发送方的身份认证，防止发送方的抵赖行为。目前，各国已制定相应的法律法规，将数字签名作为执法的依据。采用非对称加密（如 RSA 算法）进行数字签名是最常用的方法。

数字签名需要实现三项主要功能：

- 接收方可核对发送方的签名，以确定对方身份。
- 发送方在发送数据后，无法抵赖其发送行为。
- 接收方无法伪造发送方的签名。

2. 数字签名的工作原理

非对称加密算法使用两个密钥，一个是用来加密的公钥，任何用户都可获得公钥；另一个是用户自己保管的私钥，可对公钥加密的数据进行解密。RSA 算法的计算效率比较低，并对加密的数据长度有一定限制。在采用 RSA 算法进行数字签名前，通常先使用单向散列函数对签名信息进行计算，生成信息摘要，并对信息摘要进行签名。

我们用一个例子来说明单向散列函数的实现方法。对一段英文消息中字符 a、e、h、o 的出现次数进行计数，生成的消息摘要值 H 取 a、e、h 出现次数的乘积，再加上 "o" 出现次数。那么，对于一句英文消息：

the combination to the safe is two, seven, thirty-five.

在这段英文消息中，a 出现次数为 2，e 出现次数为 6，h 出现次数为 3，o 出现次数为 4。那么，按照消息摘要生成规则：

$$H=(2\times6\times3)+4=40$$

如果有人截获这段消息，并把它修改为：

You are being followed, use back roads hurry.

在这段英文消息中，a 出现次数为 3，e 出现次数为 4，h 出现次数为 1，o 出现次数为 4。那么，按照消息摘要生成规则：

$$H'=(3\times4\times1)+4=16$$

显然，修改过的消息摘要值会发生变化。通过检查消息摘要值方法，可发现消息是否被人篡改。单向散列函数可对任意长的消息文生成定长的散列值。由于它生成的散列值具有唯一性，散列值经常被称为消息"指纹"，因此用单向散列函数可检测消息完整性。图 10-8 给出了数字签名的工作原理。

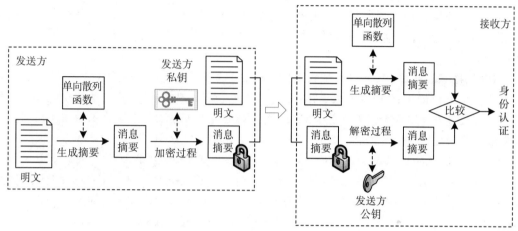

图 10-8　数字签名的工作原理

数字签名的工作过程如下：
- 发送方使用单向散列函数对消息进行计算，生成消息摘要。
- 发送方使用自己的私钥，利用非对称加密算法，对消息摘要进行数字签名。
- 发送方将消息和经过签名的消息摘要共同发送给接收方。
- 接收方使用相同的单向散列函数对消息进行计算，生成消息摘要。
- 接收方使用发送方的公钥对消息摘要进行解密。
- 接收方比较解密的消息摘要与计算的消息摘要，判断消息是否被篡改。

常用的数字签名算法是 MD5（Message Digest 5）。MD5 是 Rivest 提出的一种单向散列算法，可对任意长度的数据生成 128 位的散列值，也称为"不可逆指纹"。攻击者不能从 MD5 生成的散列值反向计算出原始数据。需要注意的是，MD5 算法并没有对数据进行加密操作，仅生成用于判断数据完整性的散列值。

10.4　网络安全协议

10.4.1　网络层安全与 IPSec

1. IPSec 安全体系结构

IPSec 是 IETF 为网络层通信安全制定的一个协议集，目前已被广泛应用于 VPN 系统。IPSec 适用于各版本的 IP 协议，IPv4 将它作为一种可选的协议，IPv6 将它作为组成部分来使用。设计 IPSec 是为 IP 分组传输提供安全服务，如身份认证、数据完整性与数据加密等。

由于 IPSec 工作在网络层,因此各种应用层协议可使用 IPSec。

IPSec 主要包括 3 个组成部分:认证头部(Authentication Header,AH)、封装安全负载(Encapsulating Security Payload,ESP)与密钥管理协议。其中,AH 可提供数据源身份认证、数据完整性认证,以及可选的抗重放功能;ESP 可提供 AH 所有功能与数据加密服务;密钥管理协议用于通信双方协商安全参数,如工作模式、加密算法、密钥及生存期等。实际上,AH 与 ESP 是网络层的安全协议,而密钥管理协议是应用层的安全协议。

IPSec 工作模式分为两种:隧道模式(channel mode)与传输模式(transport mode)。在隧道模式中,隧道两端分别为两台 IPSec 网关,可提供子网到子网的安全服务;在传输模式中,隧道两端分别为两台 IPSec 主机,可提供主机到主机的安全服务。由于隧道模式会隐藏 IP 分组的路由信息,因此可提供比传输模式更高的安全性,但是同时会带来更大的系统开销。

1999 年,IETF 对 IPSec 进行较大范围的改进,主要增加了几种密钥管理协议:Internet 密钥交换(Internet Key Exchange,IKE)与 Oakley 等。这些协议支持自动建立认证、加密信道,以及分发与更新密钥等功能。IPSec 通过 IKE 完成安全协议的安全参数自动协商。这里,安全协议是指 AH 或 ESP,安全参数是指相关密钥、生存期、发布与更新方式等。

安全关联(Security Association,SA)是 IPSec 的重要概念。在基于 IPSec 的 VPN 系统中,数据安全传输依靠的是专用的隧道,可以通过 AH 或 ESP 来建立。IKE 负责隧道相关安全参数的自动协商,这些参数主要包括 IPSec 模式、AH 或 ESP、认证与加密算法、密钥以及生存期等。安全关联是一组上述安全参数的集合,每个安全关联与一条隧道相关。安全关联主要有两个特点:安全关联描述了一种单向关系,如果通信双方的数据传输双向保护,则输入与输出须建立不同的安全关联;安全关联针对的是一种安全协议,如果结点同时使用 AH 与 ESP,则为 AH 与 ESP 建立不同的安全关联。

2. AH 的工作原理

AH 可工作在传输模式或隧道模式下。图 10-9 给出了传输模式 AH 的工作原理。在传输模式下,生成的 AH 头直接插入原 IPv4 分组头的后面;对于 IPv6 协议,AH 头则是 IPv6 扩展头的一部分。

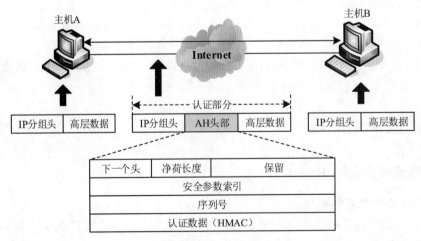

图 10-9　传输模式 AH 的工作原理

理解传输模式 AH 的工作原理，需要注意以下几点：

- "下一个头"字段标识 AH 头部之后的头类型。AH 与 ESP 可组合使用，如果下一个头是 ESP 头，则"下一个头"字段值为 50。
- "净荷长度"字段表示 AH 头部中认证数据长度。不同认证算法形成的数据长度不同。AH 头部长度以 32 位为单位。
- "安全参数索引"字段保存双方协商的密码算法、密钥与密钥生存期等参数。
- "序列号"字段是发送方为每个发送 IP 分组分配的序列号。接收方根据序列号确定该分组是否属于重放的 IP 分组。
- "认证数据"字段是发送方根据消息认证码（MAC）为每个 IP 分组计算的 IP 分组完整性校验值（ICV）；接收方根据 ICV 值确定该分组在传输中是否被修改。

3. ESP 的工作原理

ESP 可工作在传输模式或隧道模式下。图 10-10 给出了隧道模式 ESP 的工作原理。

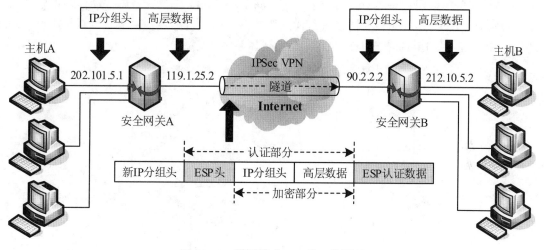

图 10-10　隧道模式 ESP 的工作原理

理解隧道模式 ESP 的工作原理，需要注意以下几点：

- 隧道模式一般通过安全网关来实现，由安全网关执行 ESP 协议。如果主机 A 与 B 通过安全网关 A 与 B 建立网络层安全连接，ESP 执行过程将由安全网关 A 与 B 完成。这个过程对于主机 A 与 B 是透明的。
- 在隧道模式中，原始 IP 分组经过安全处理封装在新 IP 分组中。新的 IP 分组头中的源地址与目的地址分别为两个安全网关的 IP 地址。主机 A（202.101.5.1）发送给主机 B（212.10.5.2）的分组，经过安全网关 A 进入隧道传输时，新分组的 IP 地址使用安全网关 A（119.1.25.2）与安全网关 B（90.2.2.2）的 IP 地址。
- 隧道模式采用 ESP 提供的主机认证与数据加密服务，加密与认证算法由安全网关在建立安全关联过程中协商确定。
- 对原始 IP 分组进行加密，可保证分组传输的安全性。对 ESP 头、加密的原始 IP 分组进行认证，可确认发送方与接收方身份的合法性。
- 根据不同类型的应用需求，ESP 可提供不同强度加密算法，增加攻击者破译密钥的难度，提高 IP 传输的安全性。

将 IPSec 隧道模式与构建 VPN 相结合，利用 IPSec 支持身份认证与访问控制，可保证数据的秘密性与完整性服务，为大型网络系统在 Internet 中建立安全的 IPSec VPN 提供重要的技术保证。

10.4.2 传输层安全与 SSL

1. SSL 协议的概念

1994 年，Netscape 公司提出用于 Web 应用的安全套接层（Secure Sockets Layer，SSL）协议，它的第一个版本是 SSLv1。1995 年，Netscape 公司开发了 SSLv2，并用于 Web 浏览器 Netscape Navigator 1.1 中。SSL 使用非对称加密体制和数字证书技术，可保护数据传输的秘密性和完整性。SSL 是最早用于电子商务的一种安全协议。

同期，Microsoft 公司开发了类似的 PCT（private communication technology）协议。Netscape 公司在 SSLv2 的基础上加以改进，推出了 SSLv3。鉴于 SSL 与 PCT 不兼容的现状，IETF 发布传输层安全（Transport Layer Security，TLS）协议，希望推动传输层安全协议的标准化。RFC2246 对 TLS 协议进行详细描述。目前，世界各国网上支付系统广泛应用的仍是 SSLv3。图 10-11 给出了 SSL 在网络协议体系中的位置。

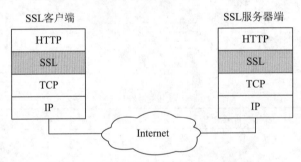

图 10-11   SSL 在网络协议体系中的位置

2. SSL 协议的特点

SSL 协议的特点主要表现在以下几个方面：

- SSL 可用于 HTTP、FTP、Telnet 等，但是目前主要应用于 HTTP，为基于 Web 服务的各种网络应用的身份认证与安全传输提供服务。
- SSL 处于端系统的应用层与传输层之间，在 TCP 上建立一个加密的安全通道，为 TCP 的数据传输提供安全保障。
- 当 HTTP 使用 SSL 时，HTTP 请求、应答格式与处理方法不变。不同之处在于：应用进程的数据经过 SSL 加密后，再通过 TCP 连接传输；在接收方，TCP 软件将加密数据传送给 SSL 解密后，再发送给应用层的 HTTP。
- 当 Web 系统采用 SSL 时，Web 服务器的默认端口号从 80 变换为 443，浏览器使用 HTTPS 代替常用的 HTTP。
- SSL 主要包含两个协议：SSL 握手协议（SSL handshake protocol）与 SSL 记录协议（SSL record protocol）。其中，SSL 握手协议实现双方的加密算法协商与密钥传递；SSL 记录协议定义 SSL 数据传输格式，实现对数据的加密与解密操作。

1995 年，开放源代码的 OpenSSL 软件包发布。目前，已推出 OpenSSL 1.1.1 版，支持 SSLv3 与 TLSv1 版本。

10.4.3　应用层安全与 PGP、SET

1. PGP 协议

近年来，垃圾邮件、诈骗邮件、病毒邮件等问题已经引起人们高度的重视。未加密的电子邮件在网络上很容易被截获，如果电子邮件未经过数字签名，则用户无法确定邮件是从哪里发送的。为了解决电子邮件安全问题，可采用以下几种技术：端 - 端的邮件安全、传输层安全、邮件服务器安全、用户端安全邮件技术。目前，已出现一些邮件安全相关的协议与标准，如 PGP（Pretty Good Privacy）、S/MIME（Secure MIME）、MOSS（MIME Object Security Services）。

PGP 协议于 1995 年开发，包括电子邮件的加密、身份认证、数字签名等功能。PGP 用来保证数据传输过程的安全，它的设计思想与数字信封一致。图 10-12 给出了数字信封的工作原理。PGP 涉及两个加密过程：明文加密与对称密钥加密。首先，利用对称加密算法加密邮件内容，每次传送可重新生成新密钥。其次，利用公钥加密算法加密对称密钥，保证密钥传递的安全性。PGP 数字签名能保证邮件完整性、身份真实性与不可抵赖性，数据加密可保证邮件内容的机密性。

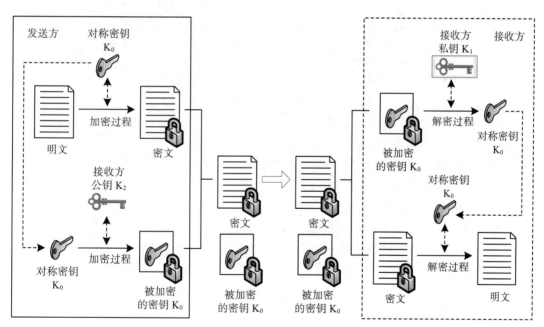

图 10-12　数字信封的工作原理

2. SET 协议

电子商务是以 Internet 环境为基础，在计算机系统支持下进行的商务活动。电子商务是基于浏览器 /Web 服务器工作模式，实现网上购物和在线支付的新型商业模式。基于 Web 的电子商务需要以下这些安全服务：

- 鉴别贸易伙伴、持卡人的合法身份，以及交易商家身份的真实性。
- 确保订购与支付信息的机密性。
- 保证在交易过程中数据不被篡改或伪造，确保信息的完整性。
- 运行在 TCP/IP 上，不抵制其他安全协议，不依赖特定硬件平台、操作系统。

1997年，两家信用卡公司VISA和MasterCard共同提出SET协议，并已成为公认、成熟的电子支付安全协议。SET使用对称加密与公钥加密体制，以及数字信封、信息摘要与双重签名技术。SET定义了体系结构、电子支付与证书管理过程。SET的设计思想是：在持卡人、商家与银行之间建立可靠的金融信息传递关系，解决网络环境中三方支付机制的安全性。图10-13给出了SET协议的体系结构。

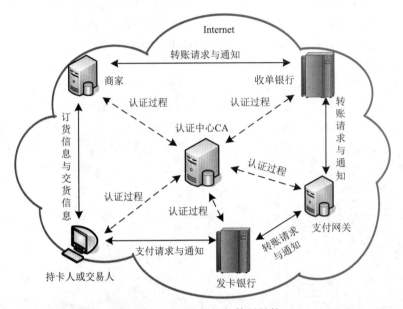

图10-13   SET协议的体系结构

基于SET的电子商务系统包括6个组成部分：

- 持卡人：发卡银行发行的支付卡的合法持有人。
- 商家：向持卡人出售商品或服务的商店或个人。
- 发卡银行：向持卡人提供支付卡的金融机构。
- 收单银行：与商家建立业务联系，处理支付卡授权和支付业务的金融机构。
- 支付网关：由收单银行或第三方运作，处理商家支付信息的机构。
- 认证中心：为持卡人、商家与支付网关签发数字证书的可信任机构。

10.5 防火墙技术

10.5.1 防火墙的基本概念

防火墙的概念源于中世纪的城堡防卫系统。为了保护自己城堡的安全，封建领主通常会在城堡周围挖一条护城河，每个进入城堡的人都要经过吊桥，并且需要接受城门守卫的检查。网络技术研究人员借鉴这种防护思想，设计出一种网络安全防护系统，这种系统被形象地称为防火墙（firewall）。防火墙是在网络之间执行控制策略的安全系统，它通常会包括硬件与软件等不同组成部分。

在设计防火墙时有一个假设，防火墙保护的内部网络是可信赖的网络，而位于其外部的网络是不可信赖的网络。图10-14给出了防火墙的基本结构。由于设置防火墙的目的是保护内部网络不被外部用户非法访问，因此防火墙需要位于内部网络与外部网络之间。防火墙的主要功能包括：检查所有从外部网络进入内部网络的数据分组；检查所有从内部网络传输到外部网络的数据分组；限制所有不符合安全策略要求的分组通过；具有一定的防攻击能力，能够保证自身的安全性。

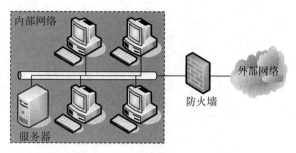

图 10-14　防火墙的基本结构

网络本质的活动是分布式进程通信。进程通信在计算机之间通过分组交换的方式实现。从网络安全的角度来看，对网络系统与资源的非法访问需要有"合法"用户身份，通过伪造成正常的网络服务数据包的方式进行。如果没有防火墙隔离内部网络与外部网络，内部网络中的结点都会直接暴露给外部网络的主机，这样就很容易遭到外部非法用户的攻击。防火墙通过检查进出内部网络的所有数据分组的合法性，判断分组是否会对网络安全构成威胁，从而为内部网络建立安全边界。

10.5.2　防火墙的主要类型

防火墙可以分为两种基本类型：包过滤路由器（packet filtering router）与应用级网关（application gateway）。最简单的防火墙由单个包过滤路由器组成，而复杂的防火墙系统通常是由包过滤路由器与应用级网关构成。由于包过滤路由器与应用级网关的组合方式有多种，因此防火墙系统的结构也有多种形式。

1. 包过滤路由器

包过滤路由器是基于路由器技术的防火墙。路由器根据内部设置的包过滤规则（即路由表），检查进入路由器的每个分组的源地址与目的地址，决定该分组是否应该转发以及如何转发。普通路由器只对分组的网络层头部进行处理，不会对分组的传输层头部进行处理。包过滤路由器需要检查传输层头部的端口号字段。包过滤路由器通常也称为屏蔽路由器。通常，包过滤路由器是内部网络与外部网络之间的第一道防线。

实现包过滤的关键是制定包过滤规则。包过滤路由器需要分析接收到的每个分组，按照每条包过滤的规则加以判断，将符合包转发规则的分组转发出去，而将不符合包转发规则的分组丢弃。通常，包过滤规则基于头部的全部或部分内容，如源地址、目的地址、协议类型、源端口号、目的端口号等。图 10-15 给出了包过滤路由器的工作原理。包过滤是实现防火墙功能的基本方法。

包过滤方法的主要优点是结构简单，造价低廉。由于包过滤在网络层与传输层操作，因此这种操作对应用层是透明的，不要求修改客户机与服务器程序。但是，包过滤方法的缺点是：设置过滤规则比较困难；基于内部主机可靠的假设，只能控制主机而不能控制用户；对某些服务（如 FTP）的效果不明显。

2. 应用级网关

包过滤方法主要在网络层监控进出网络的分组。用户对网络资源与服务的访问发生在应用层，需要在应用层进行用户身份认证与访问控制，这个功能通常由应用级网关来完成。在讨论应用级网关时，首先需要讨论的是多归属主机。

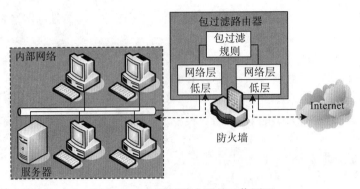

图 10-15   包过滤路由器的工作原理

（1）双归属主机

多归属主机又称为多宿主主机，它是具有多个网络接口的主机，每个接口均与一个网络连接。如果多归属主机只连接两个网络，则将它称为双归属主机。双归属主机可用作网络安全或服务的代理。只要能确定应用程序的访问规则，就可采用双归属主机作为应用级网关，在应用层过滤进出网络的特定服务请求。如果应用级网关认为用户身份与服务请求合法，就会将服务请求与响应转发到相应的服务器；否则拒绝用户的服务请求并丢弃分组，然后向网络管理员发出相应的报警信息。

图 10-16 给出了应用级网关的工作原理。例如，内部网络中的 FTP 服务器只能被内部用户访问，则所有外部用户对 FTP 服务的访问都是非法的。应用级网关的应用访问控制规则接收到外部用户对 FTP 服务的访问请求时，它会认为访问请求非法并将相应的分组丢弃。同样，如果确定内部用户只能访问外部网络中某些 Web 服务器，则所有不在允许范围内的访问请求都会被拒绝。

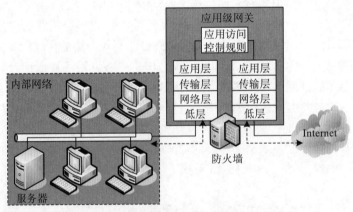

图 10-16   应用级网关的工作原理

（2）应用级代理

应用级代理（application proxy）是应用级网关的另一种形式。应用级网关以存储转发方式检查服务请求的用户身份是否合法，决定是转发还是丢弃该服务请求，因此应用级网关是在应用层转发合法的服务请求。应用级代理与应用级网关的不同之处：应用代理完全接管用户与服务器之间的访问，隔离用户主机与被访问服务器之间的分组交换通道。在实际应用中，应用级代理由代理服务器（proxy server）实现。

图 10-17 给出了应用级代理的工作原理。当用户希望访问内部网络中的 Web 服务器时，代理服务器会截获用户发出的服务请求。如果经过检查确定用户身份合法，代理服务器代替用户与 Web 服务器建立连接，完成用户操作并将结果返回给用户。对于外部网络中的用户来说，他就像可直接访问内部网络中的 Web 服务器，但实际访问 Web 服务器的是代理服务器。代理服务器可以提供双向访问服务，可作为外部用户访问内部服务器的代理，又可作为内部用户访问外部服务器的代理。

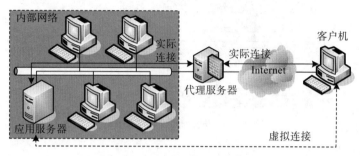

图 10-17　应用级代理的工作原理

应用级网关与应用级代理的优点是：可针对某种网络服务来设置，基于应用层协议分析来转发服务请求与响应；通常都会提供日志记录功能，日志可记录网络中发生的事件，管理员可根据日志监控可疑行为；只需在一台主机中安装软件，易于建立与维护。但是，如果要在主机中支持不同的网络服务，则须安装不同的代理服务器软件。

10.5.3　防火墙系统结构

防火墙系统是一个由软件与硬件组成的系统。由于不同内部网的安全策略与要求不同，防火墙系统的配置与实现方式有很大区别。

1. 屏蔽路由器结构

屏蔽路由器（screening router）是防火墙系统的基本构件，它通常是带有包过滤功能的路由器。屏蔽路由器被设置在内部网络与外部网络之间，所有外部分组经过路由器过滤后转发到内部子网，屏蔽路由器对内部网络的入口点实行监控，因此它为内部网络提供了一定程度的安全性。内部网络通常都要使用路由器与外部相连，屏蔽路由器既为内部网络提供了安全性，同时又没有过度地增加成本。但是，屏蔽路由器不像应用级网关那样分析数据，而这正是入侵者经常利用的弱点所在。

2. 堡垒主机结构

堡垒主机（bastion host）也是防火墙系统的基本构件，它通常是有两个网络接口的双归属主机。每个网络接口与对应的网络进行通信，因此双归属主机也具有路由器的作用。应用级网关或代理通常安装在双归属主机中，它处理的分组是特定服务的请求或响应，通过检查的请求或响应将被转发给相应的主机。双归属主机的优点是针对特定的服务，并能基于协议分析转发分组所属的服务。但是，不同双归属主机支持的服务可能不同，因此配置不同应用级代理所需的软件也不同。

3. 屏蔽主机网关结构

屏蔽主机网关由屏蔽路由器与堡垒主机组成，屏蔽路由器被设置在堡垒主机与外部网络之间。这种防火墙的第一个安全设施是屏蔽路由器，所有分组经过路由器过滤才转发到堡垒主机，由堡垒主机中的应用级代理对分组进行分析，然后将通过检查的分组转发给内部主机。图 10-18 给出了屏蔽主机网关的结构。屏蔽主机网关结构既具有堡垒主机的优点，同时消除了其允许直接访问的弊端。但是，屏蔽路由器配置为将分组转发到堡垒主机，因此需要保证屏蔽路由器的路由表安全。

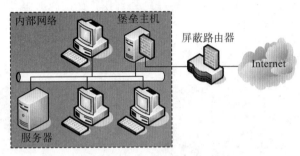

图 10-18　屏蔽主机网关的结构

4. 多级主机网关结构

对于那些安全要求更高的网络系统，可采用两个屏蔽路由器与两个堡垒主机的结构。外屏蔽路由器与外堡垒主机构成防火墙的过滤子网，内屏蔽路由器与内堡垒主机进一步保护内部网络中的主机。图 10-19 给出了多级主机网关的结构。这类网络系统通常将必须对外提供服务、安全要求较低的服务器（如 Web 服务器、E-mail 服务器）接入过滤子网，而安全要求较高的服务器（如文件服务器、数据库服务器）应接入内部网络。

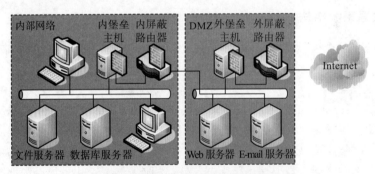

图 10-19　多级主机网关的结构

研究人员将过滤子网称为非军事区（DeMilitarized Zone，DMZ）。这里，DMZ 是指允许外部直接访问的公共区域，任何非敏感、可直接访问的服务器放在 DMZ 中，如对外宣传所使用的 Web 服务器等。由于 DMZ 中的服务器容易受到网络攻击，因此需要对可能出现的攻击做好应急预案。DMZ 与内部网络要实现防火墙保护下的逻辑隔离，其服务器安全状况对内部网络安全不构成威胁。

10.6　入侵检测技术

10.6.1　入侵检测的概念

入侵检测系统（Intrusion Detection System，IDS）是识别对计算机和网络资源的恶意使用行为的系统。入侵检测的目的是监测和发现可能存在的攻击行为，包括来自系统外部的入侵行为，以及来自内部用户的非授权行为，并采取相应的防护手段。

1. 入侵检测的概念

1980 年，James Anderson 提出入侵检测系统的概念。1987 年，Domthy Donning 提出入侵检测系统的框架结构。入侵检测系统的功能主要包括：

1）监控、分析用户和系统的行为。

2）检查系统的配置和漏洞。

3）评估重要的系统和数据文件的完整性。

4）对异常行为的统计分析，识别攻击类型，并向网络管理员报警。

5）对操作系统的审计、跟踪，识别违反授权的用户活动。

2. 入侵检测系统结构

图 10-20 给出了入侵检测系统框架结构。通用入侵检测框架结构（Common Intrusion Detection Framework，CIDF）由事件发生器、事件分析器、响应单元与事件数据库组成。CIDF 将需要分析的数据统称为事件（event）。事件发生器产生的事件可能是经过协议解析的数据包，或者是从日志文件中提取的相关部分。事件分析器根据事件数据库的入侵特征描述、用户行为模型等，解析事件得到格式化的描述，并判断事件是否合法。响应单元是对分析结果做出响应的功能单元，响应主要包括切断连接、报警与保存日志等。事件数据库用于保存攻击类型数据或检测规则等信息。

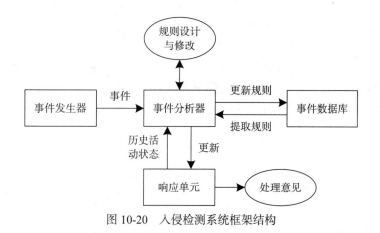

图 10-20　入侵检测系统框架结构

10.6.2　入侵检测技术分类

1. 入侵检测方法分类

入侵检测系统的核心功能即通过分析各种事件，从中发现违反安全策略的行为。按照采用的检测方法，入侵检测方法可分为异常检测、误用检测，以及两种方法的结合。

（1）异常检测

异常检测是指已知网络的正常活动状态，如果当前状态不符合正常状态，则认为有攻击行为发生。异常检测的关键是建立一个对应正常网络活动的特征原型。所有与特征原型差别很大的行为均被视为异常。显然，入侵活动与异常活动是有区别的，关键问题是如何选择一个区分异常事件的阈值，减少漏报和误报。在用户数量多、运行状态复杂的环境中，用逻辑方法明确划分正常和异常行为是困难的。

（2）误用检测

误用检测系统建立在使用特征描述方法，能对任何已知攻击进行表达的基础上。误用检测系统的主要问题是：如何确定定义的攻击特征模式覆盖与实际攻击相关的所有要素，以及如何对入侵活动特征进行匹配。根据入侵者的某些行为特征建立入侵行为模型，如果用户的行为与入侵模型一致，则判定入侵行为发生。

2. 入侵检测系统分类

按照检测对象和基本方法，入侵检测系统可分为：基于主机的入侵检测系统、基于网络的入侵检测系统与分布式入侵检测系统。

（1）基于主机的入侵检测系统

这类系统的主要任务是保护单个计算机系统，通常以系统日志作为数据来源。由于审计的信息来自单个主机，它能确定参与攻击的进程或用户，并且能预见本次攻击的后果，因此这类系统的分析结果相对准确。

（2）基于网络的入侵检测系统

这类系统通常是被动地在网络上监听整个网段的数据流，通过数据分析、异常检测或特征比较，发现网络入侵事件。这类系统通常采用以下几种识别方式：

- 模式、表达式或字节匹配。
- 频率或阈值。
- 事件的相关性。
- 统计意义上的非正常现象检测。

（3）分布式入侵检测系统

分布式入侵检测系统由分布在网络不同位置的检测部件组成，分别进行数据采集，通过控制中心进行数据汇总与分析，并产生入侵报警信号。分布式入侵检测系统不仅能检测到针对单个主机的入侵，也能检测到针对整个网络的入侵。

10.6.3 蜜罐的概念

蜜罐（honey-pot）是一个包含漏洞的诱骗系统，通过模拟一台主机、服务器或其他网络设备，为攻击者提供一个容易攻击的目标，诱骗攻击者对它发起攻击并攻陷它。蜜罐系统的设计目标主要有三个方面：

- 转移攻击者对有价值资源的注意力，使攻击者误认为是真正的网络设备，从而保护网络中的有价值资源。
- 通过收集、分析攻击者的攻击目标、行为与破坏方式等，了解网络安全状态，研究相应的对策。
- 记录入侵者的行为和操作过程，为起诉入侵者搜集有用的证据。

从应用目标的角度，蜜罐系统可分为两类：研究型蜜罐与实用型蜜罐。其中，研究型蜜罐的部署与维护都很复杂，主要用于科研、军事领域或重要政府部门。实用型蜜罐作为商业性产品，主要用于大型企业或机构的安全保护。

从系统功能的角度，蜜罐系统可分为三类：端口监控器、欺骗系统与多欺骗系统等。其中，端口监控器是一种简单的蜜罐，负责监听攻击者发起攻击的目标端口，并记录连接过程的所有数据；欺骗系统在端口监控器的基础上，模拟一种入侵者所需的网络服务，像真实系统那样与入侵者进行交互；多欺骗系统与一般的欺骗系统相比，可以模拟多种网络服务与多种操作系统。

10.7 恶意代码及防护技术

10.7.1 恶意代码的演变

恶意代码（malicious code）是在计算机之间或网络之间传播的程序，目的是在用户和网络管理员不知情的情况下故意修改系统。恶意代码具有三个共同特征，即恶意的目的、本身是程序、通过执行产生作用。恶意代码早期主要的形式是计算机病毒。目前，恶意代码主要包括计算机病毒、网络蠕虫、特洛伊木马，以及垃圾邮件、流氓软件等形式。近年来，恶意代码与网络攻击呈融合的趋势，变种速度快，检测难度增加。同时，恶意代码的传播途径主要集中在：利用操作系统或应用软件的漏洞、通过浏览器传播，以及利用用户的信任关系等。

1. 恶意代码事件

在恶意代码的演变过程中，以下几个事件具有代表性：

- 1982 年，出现第一个感染 PC 的病毒，它在 Apple-II 上编写，可通过软盘传播。编写这个病毒程序的是一名美国中学生，当第 50 次使用感染磁盘启动系统时，屏幕上会显示病毒编写者写的一首诗。
- 1986 年，出现第一个木马程序，它伪装成当时流行的字处理软件 PC-Write。当用户运行该木马程序时，文件分配表被删除，同时硬盘被格式化。
- 1988 年，出现第一个蠕虫（Morris）。这种蠕虫利用 UNIX 操作系统漏洞。1988 年 11月 2 日，网络管理人员发现不明入侵者；11 月 3 日，已有 6200 台运行 UNIX 操作系统的 VAX 机、SUN 工作站瘫痪。Morris 造成经济损失近亿美元。
- 1992 年，出现第一个 Windows 病毒（Win.Vir_1_4），专门感染 Windows 可执行文件。
- 1995 年，出现第一个宏病毒（WM.concept）。当被感染的 Word 文档打开时，病毒执行并修改文件名，封闭相关菜单，造成文件无法编辑等问题。
- 1996 年，出现第一个 Linux 病毒（Staog），专门感染 Linux 可执行文件。
- 1998 年，出现第一个可远程控制的木马（BO），它由美国一个黑客组织发布，可通过 Internet 操控远程计算机。

2. 恶意代码的发展阶段

从 1986 年第一个可自我复制的病毒出现，恶意代码大致经历四个发展阶段。

（1）第一代：DOS 病毒（1986 年—1995 年）

DOS 病毒通过磁盘等存储介质传播，感染 PC 的 DOS 操作系统与应用程序。这个阶段出现的 DOS 病毒约为 12 000 种。

（2）第二代：宏病毒（1995 年—2000 年）

随着 Windows 95 操作系统出现，病毒编写者转向 Microsoft Office 宏语言，随之出现第二代宏病毒。这段时间共出现上万种宏病毒，但其传播速度是 DOS 病毒的 3 至 4 倍。

（3）第三代：网络蠕虫（1999 年—2004 年）

1999 年 Morris、2000 年"I Love You"、2003 年 SoBig 与 2004 年 Mydoom，它们标志着第三代网络蠕虫的兴起。它们通过垃圾邮件大量群发，利用系统漏洞快速传播，感染的用户数 1 ～ 2 小时就增长一倍。

（4）第四代：趋利性恶意代码（2005 年至今）

第四代恶意代码的产生充分表现出趋利性动机：恶意代码制作者寻找各种获利手段，从垃圾邮件、点击广告获得收入，进而发展到窃取信用卡、公司机密。恶意代码的攻击目标转向无线网络。大规模僵尸网络的出现，极大地增加了恶意代码的危害性。传播途径不再主要依赖传统的病毒与蠕虫，而是利用各种信息传播渠道与社交网络。近年来，很多病毒与蠕虫开始结合了木马的功能。

10.7.2 计算机病毒的概念

计算机病毒（computer virus）是指侵入计算机或网络系统，具有感染性、潜伏性与破坏性等特征的程序。由此可见，计算机病毒是由生物学产生的计算机术语。1983 年，Fred Cohen 设计了一个有破坏性的程序，它用 30min 就能使 UNIX 系统瘫痪，从而通过实验证明计算机病毒的存在，并认识到病毒对计算机系统的破坏性。C-BRAN 是世界公认的第一个计算机病毒，编写它的目的是防止商业软件被随意拷贝。

针对计算机病毒，曾经出现很多种定义。例如，计算机病毒是一种人为制作，带有隐蔽性、潜伏性、传播性和破坏性等特征的程序。1994 年，在我国正式颁布的"中华人民共和国计算机安全保护条例"中，对计算机病毒给出一个明确的定义：计算机病毒是指在计算机程序中插入，破坏计算机功能或毁坏数据、影响计算机的使用，并能自我复制的一组计算机指令或程序代码。除了与其他程序一样可存储与运行之外，计算机病毒具有感染性、潜伏性、触发性、破坏性与衍生性等特点。随着计算机病毒的发展与演变，针对计算机病毒的定义一直在进行调整。

传染性是计算机病毒的一个基本特性。从计算机病毒产生至今，其主要传播途径有两种：移动存储介质与计算机网络。在计算机网络没有普及的年代，移动存储介质主要是软盘与光盘。由于光盘具有存储容量较大的特点，计算机病毒在盗版光盘猖獗时期，主要通过光盘存储的软件或游戏来传播。随着移动存储技术的快速发展，U 盘、移动硬盘、存储卡等设备广泛应用，它们逐渐成为计算机病毒的主要目标。

随着计算机网络特别是互联网的快速发展，计算机网络逐渐成为病毒主要传播途径，导致病毒传播速度更快且危害范围更广。计算机病毒主要利用各种网络协议或命令，以及计算机或网络漏洞来传播。近年来，病毒的网络传播对用户带来越来越大的影响。例如，2005 年的"灰鸽子"、2006 年的"熊猫烧香"、2008 年的"震荡波"，这些病毒让用户见识了网络传播的威力。有些病毒同时利用上述两种途径，传播速度更快。另外，几乎每种病毒都曾衍生出几十甚至几百个不同变种。

计算机病毒生命周期通常分为 4 个阶段：休眠、传播、触发与执行。在休眠阶段，计算机病毒并不执行操作，而是等待被某些事件激活，如到某个日期、启动某个进程、打开某个文件等。在传播阶段，病毒将自身副本植入其他程序，这个副本可能存在变型以应对检测。每个被感染的程序都包含病毒副本，而这些副本会自动向其他程序传播。在触发阶段，计算机病毒被某些事件激活，将会进入执行阶段。这时，计算机病毒执行预先设定的功能，这些功能可能是无害的行为，也可能具有很大的破坏性。

10.7.3 网络蠕虫的概念

网络蠕虫（network worm）在设计上与计算机病毒类似，有时被认为是计算机病毒的一个子类。蠕虫会从一台计算机传染到另一台计算机。网络蠕虫的最大优势表现在：自我复制与大规模传播能力。例如，当某个用户感染邮件蠕虫后，蠕虫将向联系人列表中的用户发送恶意邮件，并将蠕虫代码作为邮件附件传播。在针对蠕虫的多种定义中，多数强调的是蠕虫自身的主动性和独立性。蠕虫的权威定义是：一种无须用户干预、依靠自身复制能力、自动通过网络传播的恶意代码。

在蠕虫的发展过程中，主要经历两个阶段。第一个阶段是互联网发展阶段。随着互联网应用的快速发展，电子邮件成为互联网的典型应用，蠕虫利用它作为主要传播媒介。另外，计算机软件的复杂度越来越高，安全漏洞被利用并成为蠕虫的传播接口。第二个阶段是移动互联网发展阶段。随着社交网络应用的快速发展，通过基于社交网络的欺骗手段，攻击者更容易诱使用户感染蠕虫。

蠕虫和计算机病毒之间的区别主要表现在以下几个方面：
- 蠕虫是独立的程序，而病毒是寄生在其他程序中的一段程序。
- 蠕虫通过漏洞进行传播，而病毒是通过将自身复制到宿主文件来传播。
- 蠕虫感染计算机，而病毒感染计算机的文件系统。
- 蠕虫会造成网络拥塞甚至瘫痪，而病毒破坏计算机的文件系统。
- 防范蠕虫可通过及时修复漏洞的方法，而防治病毒需要依靠杀毒软件来查杀。

10.7.4 木马程序的概念

特洛伊木马（trojan horse）通常简称"木马"，它来源于古希腊神话"木马屠城记"，后来被引用为"后门程序"的代名词，特指为攻击者打开计算机后门的程序。木马是常见的网络攻击或渗透技术之一，在网络攻击过程中具有重要作用。虽然各种木马程序的功能不同，但它们的基本结构相似，本质上都是一种客户机/服务器程序，与普通网络程序没有多少区别。在网络安全领域，木马可以被定义为：伪装成合法程序或隐藏在合法程序中的恶意代码，这些代码本身可能执行恶意行为，或者为非授权访问系统提供后门。

木马程序通常不感染其他文件，它只是伪装成一种正常程序，并且随着其他程序安装在计算机中，但是用户不知道该程序的真实功能。木马与蠕虫的区别主要是：木马通常不对自身进行复制，而蠕虫对自身大量复制；木马通常依靠骗取用户信任来激活，而蠕虫自行在计算机之间进行传播，这个过程并不需要用户介入。例如，某个用户接收到包含木马的邮件，用户执行邮件附件时被安装木马程序，攻击者可通过该程序进入并控制计算机。大多数木马以收集用户的个人信息为主要目的。

早期的木马经常采用替代系统合法程序、修改系统合法管理命令等手段。例如，利用修改的 Login 命令替换系统原有命令，攻击者可通过修改后的 Login 进入系统。这种木马虽然功能简单、实现技术容易，但某些设计思想仍影响着现代木马。2005 年，Sony 公司的数字版权软件被披露包含 Rootkit，它是可被攻击者用来隐藏踪迹、保留访问权限、预留后门的一个工具集。

木马技术在隐蔽性与功能方面不断完善，从最早的木马出现至今，木马的发展大致可以划分为六代。第一代木马出现在网络发展的早期，以窃取系统密码为主要目的。第二代木马通常采用客户机/服务器模式，被控端作为服务器自动打开某个端口，提供远程文件操作、命令执行等功能。第三代木马在功能上与第二代木马类似，但是可能采用 ICMP 等协议或使用反向连接技术，在隐蔽性方面有很大的改进。第四代木马的变化主要体现在隐藏技术上，常见手段包括内核嵌入、远程插入线程、嵌入 DLL 等。第五代木马利用了普遍存在的软件漏洞，使木马与病毒结合更加紧密，该阶段的典型木马是网页木马。第六代木马普遍应用 Rootkit 技术，进入系统核心层 Ring0 级，使得木马程序能够深度隐藏。

10.7.5　网络防病毒技术

网络防病毒是网络管理员和网络用户很关心的问题。网络防病毒技术是网络应用系统设计中必须解决的问题之一。

1. 网络防病毒软件的功能

网络防病毒需要从两方面入手，即工作站与服务器。为了防止病毒从工作站侵入，可以采取以下措施：使用无盘工作站、带防病毒芯片的网卡、单机防病毒卡或网络防病毒软件。目前，用于网络环境的防病毒软件很多，其中多数运行在文件服务器，可同时检查服务器和工作站病毒。由于实际网络中可能有多个服务器，为了方便对多个服务器的管理，可将多个服务器组织在一个域中，管理员只需在主服务器上设置扫描方式，即可检测域中的多个服务器或工作站。

网络防病毒软件通常提供 3 种扫描方式：实时扫描、预置扫描与人工扫描。实时扫描要求连续不断地扫描文件服务器；预置扫描可在预先选择的时间扫描文件服务器；人工扫描可在任何时候扫描指定的目录和文件。当网络防病毒软件在服务器中发现有病毒时，扫描结果可保存在查毒记录文件中，并通过两种方法处理染毒文件。一种方法是更改染毒文件扩展名，使用户无法找到染毒文件，并提示网络管理员处理染毒文件；另一种方法是将染毒文件移到特殊目录下。

网络防病毒系统通常包括以下几个部分：客户端防毒软件、服务器端防毒软件、针对群件的防毒软件、针对黑客的防毒软件。其中，客户端防毒软件除了可检查一般文件外，还可检查用 ZIP、ARJ 等软件压缩的文件；服务器端防毒软件主要用于保护服务器，并防止病毒在用户网络内部传播；针对黑客的防毒软件可通过 MAC 地址与权限列表的严格匹配，控制可能出现的用户越权行为。

2. 网络防病毒系统的结构

网络防病毒系统通常包括以下几个子系统：系统中心、服务器端、客户端、管理控制台。每个子系统均包括若干不同模块，除了承担各自的任务之外，还要与其他子系统通信、协同工作，共同完成对网络病毒的防护工作。

（1）系统中心

系统中心是网络防病毒系统的核心部分，实时记录防病毒系统中每台主机的病毒检测和清除信息。系统中心根据管理控制台的设置，实现对整个防病毒系统的自动控制，其他子系统只有在系统中心工作后，才能实现各自的病毒防护功能。

（2）服务器端

服务器端是专门为网络服务器设计的防病毒子系统，负责服务器病毒的实时监控、检测与清除任务，自动向系统中心报告病毒监测情况。

（3）客户端

客户端是专门为网络工作站设计的防病毒子系统，负责工作站病毒的实时监控、检测和清除任务，自动向系统中心报告病毒监测情况。

（4）管理控制台

管理控制台是专门为网络管理员设计，用于配置网络防病毒系统的操作平台。管理控制台集中管理所有安装防病毒客户端的主机。管理控制台可安装在服务器或客户机中，它可根据网络管理员的需要来决定。

10.8　本章总结

1）近年来，网络空间被各国政府看作与国家领土、领海、领空、太空等四大空间同等重要的"第五空间"，并且各自制定网络空间安全政策。

2）OSI 网络安全体系包括三个重要概念：安全攻击、安全服务与安全机制。

3）加密是保证网络与信息安全的基础性技术，主要分为两种类型：对称加密与公钥加密机制。公钥加密的应用领域主要有数据加密、数字签名与密钥交换。

4）IPSec 是网络层的一个安全协议集，用于对 IP 分组进行安全处理。IPSec 的组成部分主要包括 AH 协议、ESP 协议与密钥管理协议。

5）SSL、TLS 是传输层的安全协议集。PGP、SET 是应用层的安全协议，分别用于Web、电子商务等应用系统中。

6）防火墙是内部网络与 Internet 之间的安全屏障。防火墙主要分为两种类型：包过滤路由器与应用级网关。防火墙系统由包过滤路由器与应用级网关共同构成。

7）入侵检测系统是识别对计算机和网络资源攻击行为的系统。入侵检测系统根据检测方法可以分为两种：异常检测与误用检测。

8）恶意代码是在计算机之间或网络之间传播的程序，目的是在用户和网络管理员不知情的情况下故意修改系统。恶意代码主要包括计算机病毒、网络蠕虫、特洛伊木马、流氓软件等。

参考文献

[1] Irv Englander. 现代计算机系统与网络（原书第 5 版）[M]. 朱利，译 . 北京：机械工业
出版社，2018.

[2] William Stallings，等 . 现代网络技术：SDN、NFV、QoE、物联网和云计算 [M]. 胡超，
等译 . 北京：机械工业出版社，2018.

[3] James F Kurose，等 . 计算机网络自顶向下方法（原书第 7 版）[M]. 陈鸣，译 . 北京：
机械工业出版社，2018.

[4] Kevin R Fall，等 . TCP/IP 详解　卷 1：协议（原书第 2 版）[M]. 吴英，等译 . 北京：
机械工业出版社，2016.

[5] Larry L Peterson，等 . 计算机网络：系统方法（原书第 5 版）[M]. 王勇，等译 . 北京：
机械工业出版社，2015.

[6] Douglas E Comer. 计算机网络与因特网（原书第 6 版）[M]. 范冰冰，等译 . 北京：电
子工业出版社，2015.

[7] William Stallings. 网络安全基础：应用与标准（原书第 5 版）[M]. 白国强，等译 . 北京：
清华大学出版社，2014.

[8] Andrew S Tanenbaum，等 . 计算机网络（原书第 5 版）[M]. 严伟，等译 . 北京：清华
大学出版社，2012.

[9] Behrouz A Forouzan. TCP/IP 协议族（原书第 4 版）[M]. 王海，等译 . 北京：清华大学
出版社，2011.

[10] 吴功宜，吴英 . 物联网工程导论 [M]. 2 版 . 北京：清华大学出版社，2018.

[11] 吴功宜，吴英 . 计算机网络 [M]. 4 版 . 北京：清华大学出版社，2017.

[12] 吴英 . 计算机网络软件编程指导书 [M]. 2 版 . 北京：清华大学出版社，2017.

[13] 吴功宜，吴英 . 计算机网络高级教程 [M]. 2 版 . 北京：清华大学出版社，2015.

[14] 吴英 . 网络安全技术教程 [M]. 北京：机械工业出版社，2015.

[15] 吴功宜，吴英 . 计算机网络课程设计 [M]. 2 版 . 北京：机械工业出版社，2012.

[16] 吴功宜 . 计算机网络与互联网技术研究、应用和产业发展 [M]. 北京：清华大学出版社，
2008.

推荐阅读

物联网工程导论（第2版）

作者：吴功宜 吴英 ISBN:978-7-111-58294-6 定价：49.00元

本书从信息技术、信息产业以及信息化和工业化融合的角度认识物联网，并从物联网工程专业的高度组织全书内容体系，阐述了物联网出现的社会背景、技术背景，而且以物联网的体系结构为主线，清晰地描述了物联网涉及的各项关键技术，为读者勾勒出物联网的全景。同时，本书给出了大量物联网及关键技术的应用案例，指出物联网关键技术中有待解决的前沿问题，使读者在了解物联网的同时，找到专业研究的方向。

物联网技术与应用（第2版）

作者：吴功宜 吴英 ISBN:978-7-111-59949-4 定价：39.00元

物联网的出现预示着"世上万物凡存在，皆互联；凡互联，皆计算；凡计算，皆智能"的发展前景。物联网既支撑着大数据、云计算、智能、移动计算、下一代网络等新技术，又支撑着智能工业、智能农业、智能医疗、智能交通等行业的应用。本书正是为了满足不同专业的初学者了解物联网的关键技术和应用而编写的。在严谨地阐述概念、原理、技术的同时，本书采用通俗易懂的案例，图文并茂地为读者解释物联网关键技术，既涉及物联网的经典技术和方法，又涵盖大数据、人工智能、机器人、云计算、CPS等热点技术与物联网的关系及其应用，使读者形成关于物联网的完整知识体系。

现代网络技术：SDN、NFV、QoE、物联网和云计算

作者：[美] 威廉·斯托林斯（William Stallings） 等 译者：胡超 邢长友 陈鸣
书号：978-7-111-58664-7 定价：99.00元

本书全面、系统地论述了现代网络技术和应用，介绍了当前正在改变网络的五种关键技术，包括软件定义网络、网络功能虚拟化、用户体验质量、物联网和云服务。无论是计算机网络的技术人员、研究者还是高校学生，都可以通过本书了解现代计算机网络。

本书包括六个部分，第一部分是现代网络的概述，包括网络生态系统的元素和现代网络关键技术的介绍。第二部分全面和透彻地介绍了软件定义网络概念、技术和应用。第三部分介绍网络功能虚拟化的概念、技术和应用，第四部分介绍与SDN和NFV出现同样重要的服务质量（QoS）和体验质量（QoE）的演化。第五部分介绍云计算和物联网（IoT）这两种占支配地位的现代网络体系结构，第六部分介绍SDN、NFV、云和IoT的安全性。

作者简介

威廉·斯托林斯（William Stallings）

世界知名计算机图书作者，拥有麻省理工大学计算机科学专业博士学位。他在推广计算机安全、计算机网络和计算机体系结构领域的技术发展方面做出了突出的贡献。他著有《数据通信：基础设施、联网和安全》《计算机组成与体系结构：性能设计》《操作系统：精髓与设计原理》《计算机安全：原理与实践》《无线通信网络与系统》等近20部计算机教科书，曾13次收到来自教科书和学术作者协会（Text and Academic Authors Association）颁发的年度最优计算机科学教科书奖。